DETLEF D. SPALT
VOM MYTHOS
DER MATHEMATISCHEN VERNUNFT

DETLEF D. SPALT

VOM MYTHOS
DER MATHEMATISCHEN VERNUNFT

Eine Archäologie zum Grundlagenstreit der Analysis
oder
Dokumentation einer vergeblichen Suche
nach der Einheit der Mathematischen Vernunft

1981
WISSENSCHAFTLICHE BUCHGESELLSCHAFT
DARMSTADT

CIP-Kurztitelaufnahme der Deutschen Bibliothek

Spalt, Detlef D.:
Vom Mythos der Mathematischen Vernunft: e. Archäologie zum Grundlagenstreit d. Analysis oder Dokumentation e. vergebl. Suche nach d. Einheit d. Math. Vernunft / Detlef D. Spalt. — Darmstadt: Wissenschaftliche Buchgesellschaft, 1981.
  ISBN 3-534-08758-5

2 3 4 5

Bestellnummer 8758-5

© 1981 by Wissenschaftliche Buchgesellschaft, Darmstadt
Druck und Einband: Wissenschaftliche Buchgesellschaft, Darmstadt
Printed in Germany

ISBN 3-534-08758-5

für alle,
die dem Archipel Bourbaki
entkommen wollen
            sind

L E I T F A D E N

Vorweg −2

Erster Tag

1.1 WIE EINEN BEGRIFF RECHTFERTIGEN? 1
Verstehen verlangt nach Rechtfertigung.

1.2 DAS MODERNE MÄRCHEN VON DER GLEICHMÄSSIGEN KONVERGENZ 2
Bourbakis und Klines Legende von der gleichmäßigen Konvergenz und ihre Ungereimtheiten: vier Fragen.

1.3 DER ENTMYSTIFIZIERUNGSVERSUCH VON LAKATOS 9
Die Lakatossche Entwicklunglogik der Mathematik und wie er die Geschichte der gleichmäßigen Konvergenz darunter faßt

1.4 DIE FRAGE NACH DER STRENGE UND DIE ENTWICKLUNG DER MATHEMATIK 14
Strenge mißt sich an der Existenz von Gegenbeispielen. Sie ist also veränderlich und unmittelbar an die jeweilige Entwicklungsstufe der Mathematik gebunden. Soll der Entwicklungsstand der Mathematik an logischen oder an gesellschaftlichen Maßstäben gemessen werden?

1.5 DIE FRAGE NACH DEN FORTSCHRITTSBEDINGUNGEN 18
Lakatos zufolge verwendeten die Mathematiker um 1820 eine falsche Methode; dadurch wurde der mathematische Fortschritt blockiert. Die u.a. von Bourbaki und Kline verfochtene These, Abel habe die gleichmäßige Konvergenz entdeckt, ist falsch; diese These ist ein Kunstprodukt der verwendeten rationalistischen Geschichtswissenschaft.

1.6 DIE FRAGE NACH DER FORTSCHRITTSLOGIK 25
Nach Lakatos garantiert erst die Verwendung der richtigen Methode mathematischen Fortschritt. Zu dieser richtigen Methode gehört es auch, falsche Vermutungen zu beweisen - etwa Cauchys Summensatz. Die Tatsache, daß subjektives Bewußtsein und objektive Rolle der mathematischen Tätigkeit auseinanderfallen können, erklärt das Funktionieren dieser Methode. Anders als Hegel vertritt Lakatos die antidogmatische Position eines dialektischen Wandels durch Kritik.

1.7 DAS ERGEBNIS VON LAKATOS' ENTMYSTIFIZIERUNG – UND SEINE UNGEREIMTHEITEN   29
Lakatos' Erklärungen lassen noch immer Fragen offen. Diese werden sich nur anhand von Originalliteratur klären lassen.

Zweiter Tag

2.1 CAUCHY-LEKTÜRE: ERSTE DEFINITIONEN ...   34
Das Lesen von Cauchys Originaltexten bringt Überraschungen: Der Begründer der Strenge in der Analysis rechnet mir unendlichkleinen Größen anstatt mit ε-δ! Er definiert Stetigkeit und Reihenkonvergenz mit Hilfe unendlicher Größen.

2.2 ... UND ERGEBNISSE   40
Cauchy kommt auch zu einer anderen als der gängigen Formulierung des Summensatzes für Reihen aus stetigen Funktionen. Eine sorgfältige Analyse seines Beweises zeigt nicht, ob Cauchy recht hat, sondern wie er recht hat: wie er mit unendlichen Größen rechnet.

2.3 ABELS AUFTRITT GEGEN CAUCHY   53
Abel behauptet, es gebe Gegenbeispiele zu Cauchys Summensatz, aber Cauchy rechnet vor, wie dieser Einwand danebengeht. Es gibt also für Cauchy keinerlei Anlaß, Zuflucht bei dem Begriff der gleichmäßigen Konvergenz zu suchen (wie das Bourbaki, Kline usw. behaupten), und er tut das auch nicht. Cauchys subjektives Bewußtsein seiner Rechnungen ist also auch objektiv gerechtfertigt.

2.4 SEIDELS ANDERSARTIGER BEWEIS ...   62
Wer nicht auf unendliche Größen zurückgreifen, sondern sich mit endlichen begnügen will, der muß selbstverständlich anders argumentieren als Cauchy. Dies tut Seidel, und er gelangt so auch zu einem anderen Lehrsatz als Cauchy – wen wundert's? Entgegen der allgemein verbreiteten Ansicht hat Seidel somit Cauchy in keiner Weise (objektiv) widerlegt, wenngleich er selbst dies (subjektiv) so sieht.

2.5 ... WIRFT EIN NEUES LICHT AUF DIE ANALYSIS ...   69
Da auch Seidels subjektive Sicht objektivierbar ist, stehen wir vor der verwirrenden Erkenntnis, daß ein mathematischer Lehrsatz

zur selben Stunde sowohl gültig bewiesen als auch gültig widerlegt ist. Dies ist ein Begräbnis erster Klasse für die Eine Allumfassende (Mathematische) Vernunft.

2.6 ... DIE SICH NUN IN VERSCHIEDENE FORSCHUNGSPROGRAMME AUFLÖST 72
Aber so leicht gibt sich der Rationalismus nicht geschlagen: Aus der Asche der Einen Vernunft erheben sich zwei miteinander konkurrierende Forschungsprogramme, um die Vernunft wenigstens im Kleinen zu rehabilitieren. An die Stelle der einen Analysis treten das Kontinuitäts- und das Finitärprogramm. Die von Lakatos so beweihräucherte methodologische Entdeckung Seidels erweist sich in diesem neuen Licht als propagandistische Rhetorik des Finitärgegen das Kontinuitätsprogramm.

2.7 DAS VERDIENST VON STOKES 76
Nachdem sich die eine Analysis in die zwei Forschungsprogramme aufgelöst hat, wird auch der Fortschrittsbegriff komplizierter. Neben den gesamtwissenschaftlichen Fortschritt, den die Programme im Wettbewerb gegeneinander vollziehen, tritt der interne Fortschritt, der etwa den Rückstand des einen Programms gegenüber dem anderen wettmacht. So war Seidels Beweis ein interner Fortschritt des Finitärprogramms, der den durch Cauchy erzielten Vorsprung des Kontinuitätsprogramms einholt. Anders als der Mathematiker Seidel begnügt sich der Physiker Stokes aber nicht mit einem internen Fortschritt, sondern er verhilft dem Finitärprogramm sogar zu einem gesamtwissenschaftlichen Fortschritt.

2.8 DIE GLEICHMÄSSIGE KONVERGENZ – EIN SCHWERFÄLLIGER BEGRIFF
DES FINITÄRPROGRAMMS, DER VIELE ZUSAMMENHÄNGE BESCHREIBT,
JEDOCH KEINEN VOLLSTÄNDIG 92
Die Bedeutung des Begriffs gleichmäßige Konvergenz rührt von seiner Brauchbarkeit in verschiedenen Zusammenhängen her, wo die dadurch beschriebene Eigenschaft stets die Gültigkeit gewisser mathematischer Operationen garantiert. In keinem dieser Fälle jedoch liefert die gleichmäßige Konvergenz eine vollständige Beschreibung des vorliegenden Sachverhaltes, d.h. sie stellt stets nur eine hinreichende, aber keine notwendige Bedingung dar.

2.9 GLEICHMÄSSIGE KONVERGENZ UND MATHEMATISCHER FORTSCHRITT – EIN WINDEI 102

Durch den neuen Begriff der gleichmäßigen Konvergenz ergeben sich (für das Finitärprogramm) zahlreiche neue Forschungsmöglichkeiten. Der jahrelangen vereinten Anstrengung hervorragender Mathematiker (Borel, Lebesgue usw.) gelingt schließlich die Formulierung eines Summensatzes im Finitärprogramm, der Cauchys Summensatz aus dem Kontinuitätsprogramm an Eleganz gleichkommt und einen Deut allgemeiner ist. Während also das Finitärprogramm mit Hilfe des Begriffs der gleichmäßigen Konvergenz vielen Berufsmathematikern Brot gab, war sein Beitrag zum gesamtwissenschaftlichen Fortschritt unscheinbar: der gesamtwissenschaftliche Fortschritt geht in diesem Falle eindeutig auf das Konto des Kontinuitätsprogramms.

2.10 GESAMTWISSENSCHAFTLICHER FORTSCHRITT DURCHS KONTINUITÄTSPROGRAMM: RIEMANN 112

Riemanns Beispiel der Funktionen, die zwischen je zwei noch so engen Grenzen unendlich oft unstetig sind, ist im Kontinuitätsprogramm sofort, im Finitärprogramm erst nach langwieriger Rechnung zu verstehen. – Wie Cauchy, so hat auch Riemann seinen Integralbegriff in der Sprache des Kontinuitätsprogramms eingeführt; die uns heute geläufige Definition des Riemann-Integrals ist eine Übertragung in die Sprache des Finitärprogramms und wesentlich schwerfälliger als die Riemannsche.
1 Die Riemannschen Funktionen (S. 112) – 2 Das Riemann-Integral (S. 120)

2.11 GESAMTWISSENSCHAFTLICHER FORTSCHRITT DURCHS KONTINUITÄTSPROGRAMM: FOURIER 126

Fouriers Durchbruch auf dem Gebiet der Darstellbarkeit willkürlicher Funktionen durch trigonometrische Reihen erfolgte wesentlich mit Hilfe der vom Kontinuitätsprogramm bereitgestellten Mittel.
1 Die Vorgeschichte (S. 126) – 2 Fouriers Methode (S. 130)

2.12 GESAMTWISSENSCHAFTLICHER FORTSCHRITT DURCHS KONTINUITÄTSPROGRAMM: WILBRAHAM ODER DAS GIBBSSCHE PHÄNOMEN 143

Das nach Gibbs benannte besondere Verhalten trigonometrischer Reihen an ihren Sprungstellen wurde fünfzig Jahre vor Gibbs be-

reits von Wilbraham beschrieben. Während Wilbraham sich des Kontinuitätsprogramms bediente, arbeitete Gibbs im Finitärprogramm und übersah dieses Phänomen im ersten Anlauf sogar: Erneut ist die im Finitärprogramm erforderliche Rechnung verwickelter als die durchs Kontinuitätsprogramm ermöglichte.

1 Fouriers Standpunkt zum Sprungverhalten (S. 143) - 2 Wilbrahams Standpunkt und eine Rechnung im Kontinuitätsprogramm (S. 145) - 3 Die konkurrierende Rechnung im Finitärprogramm (S. 158)

2.13 ZWISCHENSPIEL: RECHTFERTIGUNG - EIN PROBLEM DER STRUKTUR-
MATHEMATIK, NICHT DER INHALTLICHEN MATHEMATIK   167

Wer wie Bourbaki unter Mißachtung der tatsächlichen geschichtlichen Gegebenheiten an der Einen Allumfassenden (Mathematischen) Vernunft festhält, der muß notwendig die konkreten Bezüge der inhaltlichen Mathematik zerschlagen und aus den Trümmern ein blutleeres Kunstprodukt (wie die Strukturmathematik) kombinieren. Erst dieser künstliche Aufbau treibt das allgemeine Rechtfertigungsproblem auf die Spitze. Eine weitere Wirkung eines solchen dogmatischen Überbaus ist seine Denunziation des radikalen kritischen Denkens - nur noch systemimmanente Nörgelei ist gestattet.

2.14 DIE KONKURRENZ ZWISCHEN KONTINUITÄTS- UND FINITÄRPROGRAMM
    - AKTUELL ZUR ENTSTEHUNGSZEIT DER HÖHEREN ANALYSIS WIE
    AUCH HEUTE

2.14.1 DER BEGINN: DIFFERENZIALRECHNUNG GEGEN FLUXIONSRECHNUNG   177

Ein erster geschlossener Kalkül des Kontinuitätsprogramms ist die Leibnizsche Differenzialrechnung. Die konkurrierende Methode des Finitärprogramms, Newtons Fluxionsrechnung, war logisch weniger abgesichert und benötigte nach Berkeleys vernichtender Kritik eine gründliche Weiterentwicklung durch so hervorragende Mathematiker wie Robins, MacLaurin und d'Alembert; letzterer vollzog den entscheidenden Schritt von der Fluxions- zur Grenzwertrechnung. D'Alemberts Leistung besteht - vollkommen seinem Beruf als Aufklärer angemessen - in einem metaphysischen Kahlschlag, der nicht nur das Finitärprogramm ein beachtliches Stück voranbrachte, sondern auch das Kontinuitätsprogramm weiter stärkte, indem er darauf verwies, daß das sinnvolle Rechnen mit unendlichkleinen Größen keineswegs deren reale Existenz voraussetzt.

1 Der Differenzialkalkül bei Leibniz (S. 177) - 2 Die Fluxionsrechnung von Newton bis d'Alembert (S. 194)

2.14.2 HEUTE: DISTRIBUTIONSRECHNUNG GEGEN Ω-KALKÜL 214

Knapp zwanzig Jahre, von 1926 bis 1945, dauerte es, bis es den modernen Vertretern des Finitärprogramms gelang, in Form der Distributionsrechnung das von dem theoretischen Physiker Dirac erstmals geforderte (und späterhin sehr hilfreiche) Handwerkszeug der δ-Funktion bereitzustellen. Trotz ihrer langjährigen Bemühungen und verschiedener Vorschläge brachte das Finitärprogramm nur ein sehr schwerfälliges Werkzeug zustande. Ganz anders dagegen das Kontinuitätsprogramm, das zwanglos und unmittelbar ein elegantes Hilfsmittel für die Physik bereitstellte, und zwar mit Hilfe des Ω-Kalküls.

1 Diracs Problem und die Distributionslösung durch Schwartz (S. 214) - 2 Die Lösung durch den Ω-Kalkül (S. 221) - 3 Eine kleine Einübung in den Ω-Kalkül ... (S. 222) - 4 ... und eine 'konstruktive' Rechtfertigung (S. 229) - 5 Die Dynamik des Kontinuitätsprogramms (S. 231) - 6 Das Kontinuitätsprogramm hat Diracs Problem direkt gelöst (S. 233)

2.15 DIE ZEITWEILIGE NIEDERLAGE DES KONTINUITÄTSPROGRAMMS - EINE FOLGE DER SICH ENTFALTENDEN KAPITALISTISCHEN PRODUKTIONSVERHÄLTNISSE 235

Trotz seiner unbestreitbaren mathematischen Überlegenheit wurde das Kontinuitätsprogramm im 19. Jahrhundert fast vollständig vom Finitärprogramm verdrängt. Warum? Im 19. Jahrhundert trat ein grundlegender Wandel im Charakter der mathematischen Forschung ein, welcher der Finitärmethode eindeutigen Vorrang vor ihrer Konkurrenz verschaffte, indem er genau jene Fragen für wichtig erklärte, welche mit den damaligen logischen Mitteln nur im Finitärprogramm beantwortbar waren. Dieser grundlegende Wandel im Charakter der mathematischen Forschung beruhte auf einer grundsätzlichen Neuformierung der Wissenschaft Mathematik seit der französischen Revolution - eine Neuformierung, die wiederum Ergebnis des sich verselbständigenden Momentes der mathematischen Arbeit unter den sich entfaltenden kapitalistischen Produktionsverhältnissen ist.

1 Ein grundlegender Wandel in der Mathematik des 19. Jahrhunderts (S. 235) - 2 Die Entstehungsbedingungen der reellen Zahlen (S. 242) - 3 Präzisierungsversuche des Zahlbegriffs im Kontinuitätsprogramm (S. 246): 3.1 Bolzanos Ansatz ... (S. 248); 3.2 ... und der Grund seines Scheiterns (S. 250); 3.3 Euler und der Begriff der Äquivalenz-

relation (S. 254) - 4 Eine materialistische Erklärung für den Niedergang des Kontinuitätsprogramms? (S. 261)

D r i t t e r   T a g

3.1 WIE DER SCHÖNE TRAUM ZERPLATZT 285
Ein breiter angelegtes Studium von Originalliteratur offenbart die Mangelhaftigkeit der Methodologie der wissenschaftlichen Forschungsprogramme. Je eingehender sich der forschende Blick auf die niedergeschriebene Mathematik richtet, desto stärker verschwimmt die Idee der konkurrierenden Forschungsprogramme: der Rationalismus wird zur Räumung auch der Bastion der 'Vernuft im Kleinen' gezwungen. Bleibt dem Rationalismus nach diesem Zusammenbruch der vertikalen Vernunft nur noch eine horizontale Vernunft?

3.2 DER UNENTSCHLOSSENE RATIONALISMUS 303
Die mathematikgeschichtliche Vernunft steht am Scheideweg: Bricht sie sich mit neuer Kraft eine eigene Bahn - oder versickert sie in der Breite der allgemeinen Entwicklung des Denkens? (Vielleicht ist das gar keine Alternative?)
1 Die Systematik der Denkebenen (S. 304) - 2 ... und die Geschichte des Stetigkeitsbegriffs in diesem Raster (S. 313) - 3 Foucaults Schema der epistemologischen Felder des Wissens (S. 318) - 4 Aufbruch (S. 327)

ABGANG 331

A n h ä n g e

1 WAS SIND UNENDLICHKLEINE ZAHLEN ? Ω
2 DER ECKIGE KREIS HÜPFT 2Ω
3 BEWEIS, DASS $0,\overline{9}... < 1$ ODER DIE GEBURT DER UNENDLICHKLEINEN
  ZAHLEN AUS DER ASCHE DER DREI PUNKTE 3Ω

L i t e r a t u r 4Ω

R e g i s t e r 5Ω

VORWEG

Durch die Machtergreifung des Rationalismus seit der Aufklärung erfuhr die Mathematik eine enorme Aufwertung - die Säkularisierung stürzte die Theologie und inthronisierte an ihrer Stelle die Mathematik als oberste Instanz: Die frühere Rezitation eines Psalms wird heute in, sagen wir, einer sozialwissenschaftlichen oder medizinischen Schrift ersetzt durch die Anrufung der mathematischen Statistik. In der Mathematik als dem Rückenmark der modernen science konzentrierte sich die Essenz des Rationalismus - sein Anspruch auf Wahrheit und Objektivität.

Allerdings geraten die Expansionsgelüste der science in Konflikt mit ihrem (von der christlichen Religion übernommenen) Credo von der *Einheit* der Wahrheit und der Objektivität - die Vielfalt der Welt läßt sich eben nicht so ohne weiteres unter einen einzigen Hut bringen. So wurde eine Arbeitsteilung erforderlich: Während die Naturwissenschaftler für die Eroberung und Kolonisierung neuer heidnischer Gebiete kämpften, fiel den Mathematikern der Gottesdienst zu, den Glorienschein der Einheit des rationalen Denkens zu sichern. Das neueste Ritual dieses Gottesdienstes (der auch den säkularen Namen 'Grundlagenforschung' trägt) ist Bourbakis Strukturmathematik, sein Hochgebet ist der Mathematische Formalismus.

Aber je größer die Vielfalt ist, die ein Hut einfangen soll, desto weniger kann es ein Hut bleiben. Und umgekehrt, je unverwechselbarer der Hut, desto geringer die abgedeckte Vielfalt.

Also: Je erdverbundener die Theorie, desto fragwürdiger ihre Einheit - Beispiel Analysis (geschaffen im 17. - 19. Jahrhundert); je stärker die Einheit der Theorie betont und in den Vordergrund gerückt wird, desto weniger Realität erfaßt sie - Beispiel: moderne Algebra. (Anders scheint es bei nicht erdverbundener 'Realität' zu sein: Bei der *Herrschafts*verarbeitung und Kommunikationssteuerung scheint die *einheitliche* Algebra sehr wohl ihre Dienste leisten zu können - allerdings ist dies aus mangelnder Distanz heraus heute nur unsicher und schwer zu erkennen.)

Jedenfalls: Dort, wo die Mathematik dazu genutzt wird, erdverbundene Aussagen zu machen, wo sie direkt mit der Vielfalt der Welt in Berüh-

rung steht, dort kann es mit ihrer Einheit nicht weit her sein, dort
muß sie Brüche haben. Zu den priesterlichen Aufgaben des modernen
Rationalisten gehört nun gerade die Verschleierung der Tatsache, daß
dieser Gott tot ist; aber ein Ketzer kann schon mal versuchen, den
Schleier zu lüften.

Ein solcher Versuch ist der folgende Text. Er befragt die Analysis auf
ihre Einheit - und deckt Brüche auf. Er versucht (weil von einem Mathematiker geschrieben) diese Brüche zu kitten - und scheitert dabei (der
Mathematiker scheint kein echter zu sein). Er handelt von Mathematik
- und kann sich ihr nur über ihre Geschichte nähern, denn das moderne
Ritual ist perfekt: seine Schöpfer haben ganze Arbeit geleistet (dies
ist kein Lob!).

Wer einen Hebel wirkungsvoll ansetzen will, der braucht ein fest verankertes Widerlager. Deswegen eröffnet der Text vergleichsweise hart:
er stürzt sich sofort auf einen nicht (ganz) elementaren mathematischen
Begriff, analysiert ihn jedoch in der Folge mit aller Ausführlichkeit
und schafft sich hier seine Ausgangsposition. Davon ausgehend unternimmt er sodann Erkundungsreisen in weitere Gebiete und erschließt
sich so einige wichtige und interessante Teile der Analysis: die Grundlagen der Differenzial- und Integralrechnung, das Sprungverhalten von
Fourierreihen, die (für die moderne Physik wichtigen) δ-Funktionen
('Distributionen') und weiteres. Es wird stets besondere Sorgfalt auf
die Herausarbeitung des je vorliegenden Bruches verwandt (wodurch die
eine oder andere technische Rechnung unumgänglich wird, wenngleich sie
auf ein Mindestmaß reduziert bleibt, das schwerlich unterbietbar ist
- wenn man den Anspruch auf *mathematische* Argumentation erheben will).
Diese Herausarbeitung der Brüche gelingt gewöhnlich durch das Studium
und gegebenenfalls die Gegenüberstellung mathematischer *Originalarbei*ten oder *älterer* Lehrbücher.

Vielleicht ist es noch wichtig zu sagen, daß der gesamte Ablauf des
Textes weniger taktisch als ehrlich ist: er ist weniger systematisch
konzipiert, sondern er zeichnet viel eher die Spur meiner eigenen
intellektuellen Entwicklung auf diesem Gebiet nach - selbstverständlich in leicht idealisierter Form. (Aber auch dies läßt sich natürlich
als Taktik - oder 'Didaktik' - verstehen...)

Zum Zustandekommen des Textes oder einzelner Teile sage ich an der jeweiligen Stelle das Notwendige. Was nirgendwo angemerkt werden konnte, aber dennoch entscheidend zum Zustandekommen des Textes beitrug, das ist die offene und anregende Atmosphäre des Fachbereichs Mathematik der TH Darmstadt; hier konnte ich mich nach Interesse an den von Herrn Laugwitz und Herrn Schmieden veranstalteten Seminaren zur Geschichte der Mathematik beteiligen und auch gemeinsam mit Herrn Claus selbst je ein geschichtliches und ein methodisches Proseminar gestalten. Und einige Passagen des Textes (wie auch des Vorwortes) wären sicherlich anders ausgefallen, wenn nicht Herr Wille seit nunmehr drei Semestern hier eine Arbeitsgruppe 'Mathematisierung' initiiert hätte, in deren Zusammenhang ich auch in einige entscheidende Grundlagendiskussionen und -überlegungen gestürzt wurde. Dem freundlichen Adlerauge von Bernd Arnold schließlich verdankt der Text eine gewichtige Entlastung von Tippfehlern.

Dem forschen Leser möge das nachstehende Diagramm ein roter Faden zum Verständnis der folgenden Dialoge sein; diese verlaufen zwischen drei erkenntnistheoretischen Polen: dem Fach, der Geschichte und dem rechnenden Menschen, zwischen denen vier Mittelpositionen entstehen:

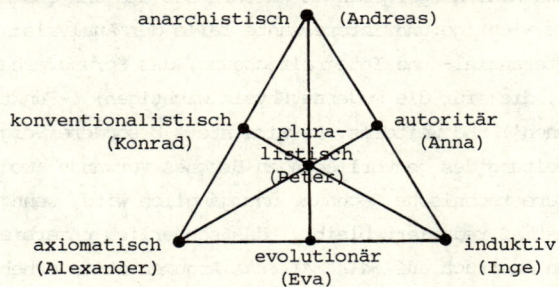

Doch genug der Vorrede – es ist Zeit anzufangen. Der zielstrebige Diagonalleser moderner Fachliteratur sei allerdings warnend an Goethes Einsicht erinnert:

Die Naturwissenschaften haben sich bewundernswürdig erweitert, aber keineswegs in einem stetigen Gange, auch nicht einmal stufenweise, sondern durch Auf- und Absteigen, durch Vor- und Rückwärtswandeln in gerader Linie oder in der Spirale; wobei sich denn von selbst versteht, daß man in jeder Epoche über seine Vorgänger weit erhaben zu sein glaubte. Doch wir dürfen künftigen Betrachtungen nicht vorgreifen. Da wir die Teilnehmenden durch einen labyrinthischen Garten zu führen haben, so müssen wir ihnen und uns das Vergnügen mancher überraschenden Aussicht vorbehalten.

Disse Geschicht is lögenhaft to vertellen, aver wahr is se doch:

ERSTER TAG

> Ich bin der Herr, dein Gott, der dich aus dem Ägypterland hinweggeführt hat, aus dem Haus der Knechtschaft: Du sollst keine fremden Götter neben mir haben!
> *Deuteronomium 5, 6-7*

1.1 WIE EINEN BEGRIFF RECHTFERTIGEN ?

Verstehen verlangt nach Rechtfertigung.

ALEXANDER Also, ich finde das noch immer eine verrückte Idee: Geschichtsbücher wälzen, um die Rechtfertigung für einen mathematischen Begriff zu finden! Das stiftet doch gewiß nur Verwirrung, die völlig unnötig ist. Sehen wir uns einfach die Lehrbücher an, die diesen Begriff *gleichmäßige Konvergenz* verwenden, und wir werden dort seine Rechtfertigung schon finden.

PETER Wir hatten uns gestern darauf geeinigt, einmal in Geschichtsbüchern herumzusuchen, um uns über die geschichtliche Entstehung dieses Begriffs zu informieren. Wenn man weiß, welche Umstände einen Begriff hervorbringen, dann weiß man doch, wozu er dient, welches sein Sinn ist. Und genau diesen Entstehungsbedingungen wollen wir am Beispiel des Begriffs der gleichmäßigen Konvergenz einmal nachspüren.

ALEXANDER Aber warum ausgerechnet bei einem solchen *technischen Begriff*, wie es die gleichmäßige Konvergenz ist? Nehmen wir uns doch besser einen *Grundbegriff* vor, etwa den der Funktion oder der Stetigkeit! Da lernen wir doch bestimmt interessantere Dinge über die Geschichte und die Entwicklung der Mathematik.[1]

PETER Nein, es geht uns doch gar nicht so allgemein um die Geschichte der Mathematik! Gestern in der Vorlesung wurde dieser Begriff der gleichmäßigen Konvergenz eingeführt, und zwar in einer Weise, die uns ziemlich willkürlich erschien. Weil wir nun aber diesen Begriff besser verstehen wollten, weil wir sehen wollten, wie man auf ihn gekommen ist - deswegen hatten wir verabredet, in Geschichtsbüchern nach ihm zu fahnden. So etwas erfährt man ja in der Vorlesung sowieso nicht!

---

[1] Wie grundfalsch diese Vermutung ist, erweist der Fortgang des Gesprächs!

1.2 DAS MODERNE MÄRCHEN VON DER GLEICHMÄSSIGEN KONVERGENZ

Bourbakis und Klines Legende von der gleichmäßigen Konvergenz und ihre Ungereimtheit: vier Fragen.

INGE Hier - ich habe etwas zum Thema gefunden!
KONRAD Tatsächlich? Wo denn? Ich habe nämlich nirgends etwas über die Entstehung dieses Begriffs entdecken können!
INGE Bei Bourbaki! Ich habe mir gedacht: Ein so grundlegendes Werk wie das von Bourbaki, das die gesamte moderne Mathematik systematisch aufbauen will - ein so grundlegendes Werk muß auch etwas zur Begriffsgeschichte sagen. Und so ist es auch. Es gibt von Nicolas Bourbaki einen Band mit dem Titel 'Elemente der Mathematikgeschichte'[2], und der ist genau das, was wir brauchen. Hier, im Vorwort steht es: 'Schließlich findet der Leser in diesen Kapiteln praktisch nichts Biographisches und keinerlei Anekdoten über die Mathematiker, von denen die Rede ist; die Bemühungen gingen vor allem dahin, für jede Theorie so klar wie möglich die Leitgedanken hervortreten zu lassen und sichtbar zu machen, wie sie aufeinander gewirkt haben.'
KONRAD Ja, das genau ist es, was wir suchen - die *Leitgedanken!*
ANDREAS Was? Ein Geschichtsbuch ohne Anekdoten? Das muß ja furchtbar trocken sein!
PETER Ach was, das gibt's doch gar nicht! Jedes Geschichtsbuch enthält Anekdoten - und wenn es unfreiwillige sind.
INGE So, und hier steht es dann, auf Seite 239, im Kapitel 'Funktionenräume': 'Die Konvergenz einer Folge von reellen Funktionen wurde jedoch in mehr oder weniger bewußter Weise seit den Anfängen der Infinitesimalrechnung verwendet. Doch es handelte sich dabei nur um einfache Konvergenz, und das konnte erst anders werden, als die Begriffe "konvergente Reihe" und "stetige Funktion" von Bolzano und Cauchy exakt definiert wurden. Cauchy erkannte nicht von Anfang an den Unterschied zwischen einfacher und gleichmäßiger Konvergenz ...'
KONRAD Da haben wir sie!
INGE '... und glaubte beweisen zu können, daß jede konvergente Reihe stetiger Funktionen als Summe eine stetige Funktion hat. Der Irrtum wurde jedoch beinahe sofort von Abel aufgedeckt, der zur selben

---

[2] Bourbaki [1960]

Zeit bewies, daß jede Potenzreihe im Innern ihres Konvergenzintervalles stetig ist. Er benutzt dabei die klassisch gewordene Überlegung, die in diesem Spezialfall wesentlich die Idee der gleichmäßigen Konvergenz verwertete. Es war ihm nicht mehr gegeben, diesen Begriff allgemein herauszuarbeiten; das geschah dann unabhängig voneinander durch Stokes und Seidel in den Jahren 1847-1848 und durch Cauchy selbst im Jahre 1853.' Und an dieser Stelle ist eine Fußnote: 'In einer aus dem Jahre 1841 stammenden Arbeit, die aber erst 1894 veröffentlicht wurde, benutzt Weierstraß ganz sauber den Begriff der gleichmäßigen Konvergenz (der er zum ersten Mal [soll wohl heißen: als erster] diesen Namen gab) für Potenzreihen einer oder mehrerer komplexer Variablen.'

PETER   Halt mal einen Moment ein, Inge! Ich will das kurz wiederholen, was du eben vorgelesen hast, damit ich besser mitkomme. Also:
- Zuerst haben Bolzano und Cauchy die Begriffe 'konvergente Reihe' und 'stetige Funktion' definiert.
- Dann hat Cauchy den falschen Lehrsatz bewiesen, daß jede konvergente Reihe stetiger Funktionen als Summe eine stetige Funktion hat. - Ja, stimmt! Da braucht man als Voraussetzung die *gleichmäßige Konvergenz* der Reihe - die einfache Konvergenz genügt da nicht. Das war ja genau der Lehrsatz gestern in der Vorlesung:

Die Grenzfunktion einer gleichmäßig konvergenten Reihe stetiger Funktionen ist stetig.

Gut. Dann ging die Geschichte weiter:
- Cauchys Fehler wurde sogleich von Abel aufgedeckt. Und zwar durch seinen Beweis, daß jede Potenzreihe im Innern ihres Konvergenzintervalles stetig ist. Den allgemeinen Begriff der gleichmäßigen Konvergenz jedoch fand Abel noch nicht, sondern
- dies gelang erst Stokes und Seidel in den Jahren 1847-1848 sowie Cauchy im Jahre 1853.
- 1841 aber kannte Weierstraß schon den sauberen Begriff der gleichmäßigen Konvergenz.
Aber das verstehe ich gar nicht...

EVA   Lassen wir Inge doch zu Ende lesen, und klären wir auftretende Fragen anschließend. Vielleicht haben ja auch noch andere von uns etwas Material gefunden (ich zum Beispiel habe auch etwas), und wenn das alles beisammen ist, dann klärt sich bestimmt manche Frage von selbst. Heb dir deine Frage einstweilen auf, Peter.

PETER Wenn du meinst - - Aber es sind mehrere!

INGE Bourbaki schreibt weiter: 'Unter dem Einfluß von Weierstraß und Riemann wurde das systematische Studium der gleichmäßigen Konvergenz und damit zusammenhängender Fragen im letzten Drittel des 19. Jahrhunderts von der deutschen (Hankel, du Bois-Reymond) und vor allem der italienischen Schule betrieben: Dini und Arzelà präzisieren die notwendigen Voraussetzungen, unter denen der Limes einer Folge stetiger Funktionen wieder stetig ist, während Ascoli den fundamentalen Begriff der gleichgradigen Stetigkeit einführt und den Satz beweist, der die kompakten Mengen stetiger Funktionen charakterisiert (dieser Satz wurde später durch Montel in seiner Theorie der "normalen Familien" bekannt, die nichts anderes sind als relativ kompakte Mengen analytischer Funktionen).'

PETER Ich verstehe immer weniger!

INGE Das war's auch schon fast. Auf der nächsten Seite steht noch ein interessanter Satz: 'Weierstraß selbst entdeckte andererseits die Möglichkeit, eine stetige reellwertige Funktion einer oder mehrerer Variablen in einer beschränkten Menge durch Polynome gleichmäßig zu approximieren: dieses Ergebnis erregt sofort ein lebhaftes Interesse und führt zu zahlreichen "quantitativen" Untersuchungen, die außerhalb unseres jetzigen Standpunkts liegen.'

EVA Ja, so ähnlich habe ich das auch gefunden. Ein bißchen ausführlicher nur und damit auch etwas leichter verständlich. Morris Kline schreibt in seinem Buch 'Mathematical Thought from Ancient to Modern Times'[3], also 'Mathematisches Denken von der Antike zur Moderne', auf den Seiten 963-966 (ich habe es zum besseren Verständnis übersetzt[4]):

'Cauchy betrachtete auch die Summe einer Reihe
$$\Sigma\, u_n(x) = u_1(x) + u_2(x) + u_3(x) + \ldots,$$
in der alle Glieder stetige, einwertige reelle Funktionen sind. [...] Cauchy unterliefen hier einige zusätzliche Fehltritte, was die Strenge angeht. In seinem *Cours d'analyse* (S. 131-132) behauptet er, daß $F(x)$ stetig ist, falls die Reihe

---

[3] Kline [1972]

[4] Die fremdsprachigen Zitate habe ich hier und im folgenden stets übersetzt. Knifflige oder umstrittene Passagen werde ich in den Fußnoten original wiedergeben.

$$F(x) = \sum_{n=1}^{\infty} u_n(x)$$

konvergiert und die $u_n(x)$ stetig sind. In seinem Résumé des leçons sagt er, daß man die Reihe gliedweise integrieren kann, wenn die $u_n(x)$ stetig sind und die Reihe konvergiert; d.h.

$$\int_a^b F(x)\, dx = \sum_{n=1}^{\infty} \int_a^b u_n(x)\, dx$$

Er übersah die Notwendigkeit der gleichmäßigen Konvergenz. Er nahm für stetige Funktionen des weiteren an, daß gilt

$$\frac{\partial}{\partial u} \int_a^b \delta(x,u)\, dx = \int_a^b \frac{\partial \delta}{\partial u}\, dx .$$

Cauchys Werk beflügelte Abel. In einem Brief aus Paris an seinen früheren Lehrer Holmboë schrieb Abel im Jahre 1826, Cauchy "ist gegenwärtig derjenige, welcher weiß, wie Mathematik behandelt werden sollte". Im selben Jahr untersuchte Abel den Konvergenzbereich der Binomialreihe

$$1 + mx + \frac{m(m-1)}{2}x^2 + \frac{m(m-1)(m-2)}{3!}x^3 + \ldots$$

mit komplexen m und x. Er drückte sein Erstaunen darüber aus, daß noch niemand zuvor die Konvergenz dieser höchst wichtigen Reihe untersucht hat. Er beweist zuerst, daß wenn die Reihe

$$\delta(\alpha) = v_0 + v_1 \alpha + v_2 \alpha^2 + \ldots$$

mit den Konstanten v_i und der reellen Variablen α für einen Wert δ von α konvergiert - daß sie dann auch für jeden kleineren Wert von α konvergieren wird und daß $\delta(\alpha-\beta)$ für gegen null gehendes β sich $\delta(\alpha)$ nähern wird, wenn α gleich oder kleiner ist als δ. Der letzte Teil besagt, daß eine konvergente Potenzreihe bis einschließlich δ (denn α kann δ sein) eine stetige Funktion ihres Argumentes ist.

In derselben Arbeit von 1826 berichtigte Abel Cauchys Fehler bezüglich der Stetigkeit der Summe einer konvergenten Reihe aus stetigen Funktionen. Er gab das Beispiel

$$\sin x - \frac{\sin 2x}{2} + \frac{\sin 3x}{3} \ldots ,$$

das für $x = (2n+1)\pi$ und ganzzahliges n unstetig ist, obwohl die einzelnen Glieder stetig sind. (Diese Reihe ist die Fourier-Entwicklung von $\frac{x}{2}$ im Intervall $-\pi < x < \pi$. Folglich stellt die Reihe die periodische Funktion dar, die $\frac{x}{2}$ in jedem 2π-Intervall ist. Die Reihe konvergiert dann nach $\frac{\pi}{2}$, wenn x sich $(2n+1)\pi$ von links nähert, und die Reihe konvergiert nach $-\frac{\pi}{2}$, wenn x sich $(2n+1)\pi$ von rechts nähert.)

Unter Verwendung der *Idee* der gleichmäßigen Konvergenz gab er dann
einen richtigen Beweis dafür, daß die Summe einer gleichmäßig konvergenten Reihe stetiger Funktionen im Innern des Konvergenzintervalls
stetig ist. Abel arbeitete die Eigenschaft der gleichmäßigen Konvergenz einer Reihe nicht klar heraus.
Der Begriff der gleichmäßigen Konvergenz einer Reihe $\sum_{n=1}^{\infty} u_n(x)$ erfordert, daß es zu jedem gegebenen ε ein N gibt, so daß für alle $n > N$
gilt

$$| S(x) - \sum_{i=1}^{n} u_i(x) | < \varepsilon \quad \text{für alle } x \text{ eines Intervalles.}$$

$S(x)$ ist natürlich die Summe der Reihe. Dieser Begriff an und für sich
wurde von Stokes erkannt, einem führenden mathematischen Physiker, und
unabhängig von Philipp L. Seidel (1821-96). Keiner von beiden gab die
genaue Formulierung an. Vielmehr zeigten beide, daß es dann,
wenn die Summe einer Reihe stetiger Funktionen bei x_0 unstetig
ist, Werte x in der Nähe von x_0 gibt, für welche die Reihe beliebig
langsam konvergiert. Ebenso bezog keiner von beiden die Notwendigkeit
der gleichmäßigen Konvergenz auf die Rechtfertigung der gliedweisen
Integration einer Reihe. Ja, Stokes anerkannte sogar Cauchys Verwendung der gliedweisen Integration. Cauchy erkannte letztlich (1853) die
Notwendigkeit der gleichmäßigen Konvergenz, um die Stetigkeit der Summe einer Reihe stetiger Funktionen zu sichern, aber selbst er sah damals nicht den Fehler in seiner Verwendung der gliedweisen Integration
von Reihen.
Tatsächlich hatte Weierstraß den Begriff der gleichmäßigen Konvergenz
bereits im Jahr 1842. In einem Lehrsatz, der unwissentlich Cauchys
Lehrsatz über die Existenz von Potenzreihen als Lösungen eines Systems
gewöhnlicher Differentialgleichungen erster Ordnung wiederholt, behauptet er, daß die Reihen gleichmäßig konvergieren und so analytische
Funktionen der komplexen Variablen sind. Zu ungefähr derselben Zeit
verwendete Weierstraß den Begriff der gleichmäßigen Konvergenz, um Bedingungen für die gliedweise Integration einer Reihe sowie um Bedingungen für die Differentiation unter dem Integralzeichen anzugeben.
Durch den Hörerkreis um Weierstraß wurde die Wichtigkeit des Begriffs
der gleichmäßigen Konvergenz verbreitet. Heine unterstrich den Begriff
in einer Arbeit über trigonometrische Reihen (1870). Heine könnte die
Idee von Georg Cantor gelernt haben, der in Berlin studiert hatte [wo
Weierstraß lehrte] und im Jahr 1867 nach Halle kam, wo Heine Professor

für Mathematik war. Während seiner Jahre als Gymnasiallehrer [1842-54] entdeckte Weierstraß auch, daß jede stetige Funktion über einem abgeschlossenen Intervall der reellen Achse in diesem Intervall als absolut und gleichmäßig konvergente Reihe von Polynomen ausgedrückt werden kann. Weierstraß schloß auch Funktionen mehrerer Variabler ein. Dieses Ergebnis erweckte beträchtliche Aufmerksamkeit, und zahlreiche Verallgemeinerungen dieses Ergebnisses auf die Darstellung komplexer Funktionen durch eine Reihe aus Polynomen oder eine Reihe aus rationalen Funktionen wurden im letzten Viertel des neunzehnten Jahrhunderts begründet.'

PETER Na - wenn das keine Anekdoten waren![5]

INGE Oh, ich glaube, wir können vom Anekdotenhaften absehen und die reine Begriffsgeschichte leicht herausschälen!

ANNA Nur zu - ich bin neugierig!

INGE Lassen wir also alles Persönliche weg und betrachten wir nur die mathematische Substanz:

- Zuerst mußten die Begriffe 'konvergente Reihe' und 'stetige Funktion' *definiert* werden.
- Dann wurde der - falsche - *Lehrsatz* bewiesen, daß die Summenfunktion einer konvergenten Reihe stetiger Funktionen stetig ist.
- Darauf wurde durch ein *Gegenbeispiel* der falsche Lehrsatz entlarvt. Gleichzeitig (und nochmals späterhin) wurde bewiesen, daß eine Potenzreihe im Innern ihres Konvergenzbereiches *gleichmäßig konvergiert*.
- Schließlich wurde der widerlegte Lehrsatz *berichtigt*: Die Summenfunktion einer gleichmäßig konvergenten Reihe stetiger Funktionen ist stetig.
- In der weiteren Entwicklung wurde erkannt, daß sich eine stetige Funktion durch eine gleichmäßig konvergierende Reihe aus *Polynomen* darstellen läßt.

Nun, das ist doch eine sehr schöne, einsichtige Begriffsgeschichte!

Schallendes Gelächter

INGE Was gibt's denn da zu lachen?

ANNA Da fragst du noch? Eine Ungereimtheit nach der anderen - und du nennst das 'einsichtig'!

---

[5] 'Die wissenschaftliche Ausbildung, wie wir sie heute kennen, [...] simplifiziert die "Wissenschaft", indem sie diejenigen simplifiziert, die sie betreiben.' (Feyerabend [1976], S. 30f) Freilich geschieht dies nicht immer in solch plumper Weise wie hier bei Bourbaki und Kline.

INGE   Was ist denn ungereimt an meiner Rekonstruktion?
ANNA   Alles. Ganz einfach alles. Bolzano wirkte im wesentlichen unbeachtet von seinen wissenschaftlichen Zeitgenossen. Cauchy soll einen falschen Lehrsatz *bewiesen* haben: wie stellst du dir das eigentlich vor? Abel kommt mit dem Gegenbeispiel einer trigonometrischen Reihe – und beweist Lehrsätze über Potenzreihen. Weierstraß werkelt an seinem Gymnasium nächtens vor sich hin und stößt beim Arbeiten mit Potenzreihen ebenfalls auf die gleichmäßige Konvergenz – rein zufällig. Und Stokes und Seidel ...

INGE   Was soll denn das, Anna? Ich rede von Mathematik, du von den Mathematikern. Ich rekonstruiere die Begriffsgeschichte, du schwatzt von persönlichen Zufälligkeiten. So kannst du doch nicht gegen mich argumentieren!

PETER   Na ja, so ganz unrecht hat Anna nun auch nicht, Inge, das mußt du schon zugeben! Selbst wenn wir die *Personen* beiseite lassen und uns nur den *Verlauf* der Entwicklung ansehen:

1817 und 1821 Definition der konvergenten Reihe und der stetigen
   Funktion
1821 der – falsche – Lehrsatz
1826 das Gegenbeispiel
1826 und 1841 die gleichmäßige Konvergenz von Potenzreihen
1847/8 und 1853 die Berichtigung des Lehrsatzes mit Hilfe des Begriffs
   der gleichmäßigen Konvergenz.

Da bleiben doch wichtige Fragen offen:
(1) Wie kann der Begriff der gleichmäßigen Konvergenz am Beispiel der Potenzreihen gefunden werden – da doch bei Potenzreihen dieser Begriff mit dem der gewöhnlichen Konvergenz zusammenfällt: Potenzreihen konvergieren (im Innern ihres Konvergenzintervalles) stets gleichmäßig!?
(2) Wieso paßt der bei den *Potenzreihen* gefundene Begriff der gleichmäßigen Konvergenz auch für die Richtigstellung des *allgemeinen* Lehrsatzes (selbst wenn das lange Zeit *nicht* erkannt wurde)? (Eine *Frage nach der Fortschrittslogik*)
(3) Warum dauerte es so lange, nämlich 26 Jahre, bis der falsche Lehrsatz berichtigt wurde? Insbesondere da der erforderliche Begriff (eben die gleichmäßige Konvergenz) schon (fast) die ganze Zeit zur Verfügung stand? (Eine *Frage nach den Fortschrittsbedingungen*)

(4) Ja, noch schlimmer - was noch gar nicht erwähnt wurde: Wie kann 1821 ein Lehrsatz bewiesen werden (und eben: von einem solch hervorragenden Mathematiker wie Cauchy), der nicht erst 1826 widerlegt wird, sondern der schon 14 Jahre vor seiner Formulierung widerlegt war? Denn bereits 1807 hatte Fourier seine Ergebnisse über die Darstellbarkeit beliebiger Funktionen durch trigonometrische Reihen veröffentlicht! (Eine *Frage nach der Strenge*)

INGE Ist das wahr?

PETER Selbstverständlich! Ich kann dir diese Arbeit zeigen![6]

EVA Peter hat uns eine Fülle schwieriger Fragen gestellt! Ich glaube, wir sollten eine kleine Pause einlegen, uns darüber Gedanken machen, Literatur studieren und sehen, ob uns Antworten dazu einfallen.

1.3 DER ENTMYSTIFIZIERUNGSVERSUCH VON LAKATOS

Die Lakatossche Entwicklungslogik der Mathematik und wie er die Geschichte der gleichmäßigen Konvergenz darunter faßt.

PETER Und - wie sieht's jetzt aus? Habt ihr euch etwas zu meinen Fragen überlegt?

EVA Noch viel besser - ich habe ein Buch gefunden, das in einem Kapitel unser Problem fast genau behandelt und in meinen Augen sehr befriedigend löst!

INGE Oh, da bin ich aber gespannt: zeig her!

EVA Hier. Es heißt 'Beweise und Widerlegungen'[7] und ist von dem ungarischen Mathematik-Philosophen und Wissenschaftstheoretiker Imre Lakatos verfaßt. Und hier, im Anhang 1 setzt er sich - wenn auch unter etwas anderem Blickwinkel als wir - mit der Problematik der Begriffsbildung 'gleichmäßige Konvergenz' auseinander. Dabei zeichnet er ein, wie mir scheint, sehr überzeugendes Bild der geschichtlichen Entwicklung.

INGE Erzähl uns das Wesentliche - das Kapitel ist zu lang, um es hier in allen Einzelheiten vorzutragen.

---

[6] Ich werde darauf nochmals zurückkommen. Hier muß ich mich aber für den kleinen Stilbruch entschuldigen, doch ist diese frühe Arbeit Fouriers den modernen gängigen Geschichtswerken leider nicht geläufig.

[7] Lakatos [1961]

EVA Gerne. Lakatos beschäftigt sich mit der Geschichte des Lehrsatzes:

Die Grenzfunktion jeder konvergenten Reihe stetiger Funktionen ist stetig.

den wir ja aus der Vorlesung kennen und von dem wir wissen, daß er in dieser Form falsch ist. Dazu holt Lakatos etwas weiter aus.

Lakatos' Anliegen ist es zu zeigen, daß sich die *inhaltliche Mathematik* nach einem bestimmten *heuristischen Muster* von *induktivem* Charakter höherentwickelt:

(1) Auf eine 'ursprüngliche Vermutung' folgt

(2) ein erster 'Beweis, ein grobes Gedankenexperiment oder Argument, das die ursprüngliche Vermutung in Untervermutungen oder Hilfssätze zerlegt.

(3) Dann tauchen 'globale Gegenbeispiele, [das sind] Gegenbeispiele zur ursprünglichen Vermutung' auf.

(4) Diese erfordern eine 'Neuuntersuchung des Beweises: der "schuldige Hilfssatz", zu dem das globale Gegenbeispiel ein lokales Gegenbeispiel ist [d.h. der durch das Gegenbeispiel widerlegt wird], wird ausfindig gemacht. Dieser schuldige Hilfssatz kann vorher "versteckt" geblieben oder falsch eingeordnet worden sein. Jetzt wird er deutlich bestimmt und als Bedingung in die ursprüngliche Vermutung eingebaut. Der Satz - die verbesserte Vermutung - verdrängt die ursprüngliche Vermutung mit dem neuen beweiserzeugten Begriff als entscheidendem neuem Merkmal.'[8]

Dies sind nach Lakatos die vier Grundelemente des mathematischen Entdeckungsmusters oder Fortschritts. Häufig jedoch schließen sich daran noch Fortsätze an:

'(5) Beweise anderer Sätze werden untersucht, um zu sehen, ob der neugefundene Hilfssatz oder der neue beweiserzeugte Begriff in ihnen auftaucht: man könnte vielleicht herausfinden, daß dieser Begriff an einem Schnittpunkt verschiedener Beweise liegt und sich somit als von grundlegender Wichtigkeit erweist.

(6) Die bislang anerkannten Folgerungen aus der ursprünglichen und jetzt widerlegten Vermutung werden überprüft.

(7) Gegenbeispiele werden in neue Beispiele gewendet - neue Untersuchungsgebiete eröffnen sich.'[9]

---

[8] Lakatos [1961], S. 119   [9] Lakatos [1961], S. 120

ANNA Und nach diesem starren Schema soll sich die Mathematik entwickeln? Daß ich nicht lache!

EVA Warte nur ab - wer zuletzt lacht, lacht am besten. Ich will jetzt Lakatos' Darstellung der Geschichte jenes Lehrsatzes wiedergeben und dabei deutlich die einzelnen Stufen des Entwicklungsverlaufs benennen - was Lakatos selbst nicht getan hat. Also:

(1) Die *ursprüngliche Vermutung* lautet:
Die Grenzfunktion jeder konvergenten Reihe stetiger Funktionen ist stetig.

'Sie wurde als Sonderfall jenes "Axioms" angesehen, nach dem "das, was bis zum Grenzwert gilt, auch für den Grenzwert selbst gilt" (Whewell)'[9], und dieses 'Axiom' wurzelt in Leibniz' Kontinuitätsprinzip.

(1/2) Warum erfolgte nun ein Übergang zur nächsten Stufe? Warum wurde ein Beweis dieser Vermutung für notwendig gehalten?

Solange man das Problem der schwingenden Saite untersucht und 'eine Funktion wie

$$\sin x - \frac{1}{2} \sin 2x + \frac{1}{3} \sin 3x - + \ldots$$

als Ausgangslage einer Saite [deutet, wird man] sie gewiß als stetig ansehen'[10] - auch wenn sie Senkrechten enthält: Eine Saite ist eben ein kontinuierlich Ding, und 'stetig' war damals - etwa für Fourier - jede 'Funktion, [deren] Bild mit einem Bleistift gezeichnet werden konnte, ohne ihn vom Papier abzuheben'[11].

Wenn man jedoch wie Fourier Wärmeerscheinungen untersucht und 'diese Funktion als, sagen wir, Darstellung des Temperaturverlaufs entlang eines Drahtes [deutet, dann] wird sie offensichtlich als unstetig erscheinen.'[10]

Da nun Cauchy eine neue Stetigkeitsdefinition vorgeschlagen hatte (wie die englischen Herausgeber des Lakatos-Buches sagen: die ε-δ-Definition[12]) und da diese neue Stetigkeitsdefinition keine Senkrechten mehr zuließ[10], 'schienen Fouriers Ergebnisse dem Kontinuitätsaxiom zu widersprechen. Dies sieht wie ein strenges, vielleicht gar entscheidendes Argument gegen Cauchys

[10] Lakatos [1961], S. 121 Fußnote 222
[11] Lakatos [1961], S. 121
[12] Lakatos [1961], S. 122 Fußnote *37

neue Definitionen (nicht nur der Stetigkeit, sondern auch anderer Begriffe wie dem des Grenzwertes) aus. Es ist also kein Wunder, daß Cauchy zu zeigen versuchte, daß er tatsächlich das Kontinuitätsaxiom in seiner neuen Bedeutung beweisen konnte, womit er zugleich den Augenschein erweckte, daß seine Definition dieser strengsten Angemessenheitsforderung genügt. Es gelang ihm, den Beweis aufzustellen...'[13] - und damit sind wir auch auf der nächsten Stufe:

(2) Cauchy bewies diese ursprüngliche Vermutung - aus der *Vermutung* wurde ein *Lehrsatz*. Da nun sowohl Cauchys Stetigkeitsdefinition und sein Lehrsatz als auch Fouriers trigonometrische Reihen anerkannt wurden, war damit auch sofort die nächste Stufe erklettert:

(3) Fouriers trigonometrische Reihen widerlegten als *globale Gegenbeispiele* Cauchys Lehrsatz. Damit 'war die Verwirrung vollständig: wie konnte ein bewiesener Satz falsch sein oder "Ausnahmen erleiden"'[14] - wie es Abel 1826, fünf Jahre nach Cauchys Beweis, formuliert hatte?

(3/4) Was geschah nun? Zunächst lieferte Cauchy 'einen Beweis für die Konvergenz der Fourierreihen'[14], der jedoch 'auf einer unrettbar falschen Annahme [beruht]'[15]. Dann geschah lange Zeit nichts. 'Jedermann spürte, daß dieser Streit Cauchy - Fourier nicht nur eine harmlose Verlegenheit war, sondern ein verhängnisvoller Makel am Gesamtgebäude der neuen "strengen" Mathematik. In seinen gefeierten Arbeiten über Fourierreihen, in denen er sich ausschließlich damit beschäftigte, *wie* konvergente Reihen stetiger Funktionen unstetige Funktionen darstellen, wobei er offenkundig sehr deutlich um die Cauchy-Fassung des Kontinuitätsprinzips wußte, erwähnte Dirichlet diesen offenkundigen Widerspruch mit keinem Wort.'[14]

(4) Schließlich, im Jahr 1847, gelang es Seidel, 'das Rätsel zu lösen, indem er den schuldigen versteckten Hilfssatz in Cauchys Beweis ausfindig machte'[14]. Schauen wir uns - mit Lakatos - 'Seidels berühmte Entdeckung ein wenig näher'[14] an:

---

[13] Lakatos [1961], S. 122
[14] Lakatos [1961], S. 123
[15] Lakatos [1961], S. 123 Fußnote 226 unter Verweis auf Riemann

'Sei $\Sigma\ \delta_n(x)$ eine konvergente Reihe stetiger Funktionen, und für jedes n definiere

$$\delta_n(x) = \sum_{m=0}^{n} \delta_m(x) \quad \text{und}$$

$$\kappa_n(x) = \sum_{m=n+1}^{\infty} \delta_m(x) \ .$$

Nun ist der Kern von Cauchys Beweis die Schlußfolgerung aus den Voraussetzungen:

Gegeben irgendein $\varepsilon > 0$:

(1) es gibt ein δ, so daß für jedes b gilt:

falls $|b| < \delta$ gilt, dann gilt auch $|\delta_n(x+b) - \delta_n(x)| < \varepsilon$

(es gibt ein solches δ wegen der Stetigkeit der $\delta_n(x)$);

(2) es gibt ein N, so daß für alle $n \geq N$ gilt:

$|\kappa_n(x)| < \varepsilon$

(es gibt ein solches N wegen der Konvergenz von $\Sigma\ \delta_n(x)$);

(3) es gibt ein N', so daß für alle $n \geq N'$ gilt:

$|\kappa_n(x+b)| < \varepsilon$

(es gibt ein solches N' wegen der Konvergenz von $\Sigma\ \delta_n(x+b)$);

auf das Ergebnis, daß gilt:

$$|\delta(x+b) - \delta(x)| = |\delta_n(x+b) + \kappa_n(x+b) - \delta_n(x) - \kappa_n(x)|$$

$$\leq |\delta_n(x+b) - \delta_n(x)| + |\kappa_n(x)| + |\kappa_n(x+b)|$$

$$< 3\varepsilon \quad \text{für alle } |b| < \delta \ .$$

Nun zeigen die globalen Gegenbeispiele jener Reihe aus stetigen Funktionen, die gegen Cauchy-unstetige Funktionen konvergieren, daß irgendetwas an dieser (hier nur grob dargestellten) Beweisführung falsch ist. Doch wo steckt der schuldige Hilfssatz?

Eine um ein weniges sorgfältigere Beweisanalyse (unter Verwendung der gleichen Symbole wie zuvor, jedoch mit deutlicher Herausstellung der funktionalen Abhängigkeiten einiger der verwendeten Größen) ergibt den folgenden Schluß:

(1') $|\delta_n(x+b) - \delta_n(x)| < \varepsilon$, falls $|b| < \delta(\varepsilon, x, n)$

(2') $|\kappa_n(x)| < \varepsilon$, falls $n > N(\varepsilon, x)$

(3') $|\kappa_n(x+b)| < \varepsilon$, falls $n > N'(\varepsilon, x+b)$

folglich

$|\delta_n(x+b) + \kappa_n(x+b) - \delta_n(x) - \kappa_n(x)| = |\delta(x+b) - \delta(x)| < 3\varepsilon$,

falls $n > \max_z N(\varepsilon, z)$ und $|b| < \delta(\varepsilon, x, n)$.

Der versteckte Hilfssatz ist, daß dieses Maximum, $\max_z N(\varepsilon, z)$, für jedes feste ε existiert. Diese Forderung erhielt später den Namen *gleichmäßige Konvergenz.*'[16]

1.4 DIE FRAGE NACH DER STRENGE UND DIE ENTWICKLUNG DER MATHEMATIK

Strenge mißt sich an der Existenz von Gegenbeispielen. Sie ist also veränderlich und unmittelbar an die jeweilige Entwicklungsstufe der Mathematik gebunden. Soll der Entwicklungsstand der Mathematik an logischen oder an gesellschaftlichen Maßstäben gemessen werden?

INGE Ah, wunderbar, Eva - ganz großartig! Damit haben wir eine Antwort auf Peters schwierigste Frage gefunden - auf seine vierte Frage, die *Frage nach der Strenge*[17]. Strenge ist nicht absolut und unveränderlich, sondern sie entwickelt sich gemeinsam mit der Mathematik. Vor Fourier war am Kontinuitätsprinzip und an seiner speziellen Fassung, dem Cauchyschen Summensatz, nichts auszusetzen: Beides war streng, denn es gab keine Gegenbeispiele. *Die Existenz von Gegenbeispielen ist das Maß für die Strenge* - was nicht widerlegt ist, das ist *streng* bewiesen. Das Auftauchen von Gegenbeispielen erzwingt eine Erhöhung der Strenge: Vor Fourier bedurfte es *keines Beweises* für den Cauchyschen Summensatz - weil nichts gegen ihn sprach. Fouriers (Gegen-)Beispiele zogen den Summensatz in Zweifel - und forderten so *einen Beweis* für ihn heraus: eine zweifellos höhere Stufe der Strenge. Fouriers Gegenbeispiele widersetzten sich jedoch auch dem *bewiesenen Summensatz* und erzwangen somit eine Beweisanalyse, die zu einem *verbesserten Summensatz* und einem *verbesserten Beweis* führten: eine neuerliche Erhöhung der Strenge. Mathematisches Kennzeichen für diese neuerliche Erhöhung ist die Schöpfung des Begriffes 'gleichmäßige Konvergenz'. Diese Lakatossche Geschichtsschreibung gefällt mir sehr gut!

ALEXANDER So ein Unsinn - veränderliche Strenge! Ein Beweis ist streng oder unstreng, und das steht ein für allemal fest. Wenn der Beweis Lücken hat (oder gar falsch ist), dann ist er *unstreng*, und er ist dann *kein* Beweis für den Lehrsatz (oder der Lehrsatz ist gar falsch). Ein *strenger* Beweis ist niemals angreifbar ...

---

[16] Lakatos [1961], S. 124f   [17] siehe S. 9

EVA Und wie willst du das feststellen - ob der Beweis Lücken hat oder nicht?

ALEXANDER Aber das ist doch klar: indem ich ihn mir *genau ansehe!*

EVA Oh - das ist gar nicht so einfach, wie du zu glauben scheinst. Wie erklärst du es dir denn, daß weder Cauchy - der sicher kein unfähiger Mathematiker war - noch irgendeiner seiner mathematischen Zeitgenossen diese Lücke in seinem Beweis entdeckte? Und zwar ein Vierteljahrhundert lang - obwohl doch genügend Indizien für die Ungültigkeit des Satzes in dieser Cauchy-Fassung vorlagen?

ALEXANDER Nun ja ... *nobody is perfect*, niemand ist vollkommen. Aber immerhin hatte es sich Cauchy ja aufs Panier geschrieben: 'Ich bringe sämtliche Ungewißheit zum Verschwinden' verkündet er in der Einleitung seines *Cours d'analyse* von 1821, S. iij.[18] Von verschiedenen Stufen der Strenge ist da keine Rede!

PETER Um so verwunderlicher ist dann Cauchys Fehler!

INGE Nun ja - das findet man ja oft: daß einer ein *falsches Bewußtsein* hat von dem, was er tut. Das ändert aber nichts am *objektiven Sachverhalt* - und der ist in diesem Fall eben: Cauchys Beweis war streng auf der ersten Stufe, d.h. er wurde argumentativ nicht angegriffen. Aber 26 Jahre später wurde dieser Beweis dann auf die nächst höhere Stufe der Strenge emporgehoben; es wurden neue Argumente vorgebracht und insbesondere der neue Begriff der gleichmäßigen Konvergenz entwickelt - die Mathematik hatte einen weiteren Fortschritt getan.

ALEXANDER Aber das ist doch Quatsch: Auch wenn es 26 Jahre dauert, bis die Ungültigkeit eines Beweises oder Satzes erwiesen wird - so war doch der Beweis oder Satz von allem Anfang an falsch! Der Wahrheitswert eines Argumentes oder Satzes ändert sich doch nicht im Verlauf der Zeit!

INGE Logik beschäftigt sich mit Sprachstillstand, Heuristik mit Sprachentwicklung![19] Selbstverständlich: Wenn du die Ergebnisse einer zeitlich früheren Entwicklungsstufe auf die zeitlich spätere hinaufprojizierst, dann erscheinen sie *auf dieser höheren Stufe* als unvollkommen, lückenhaft, unstreng. *Aber welchen Sinn hat das?* Odysseus wäre auch eleganter mit dem Fallschirm über Troja abgesprungen, anstatt

[18] zitiert nach Lakatos [1961], S. 20
[19] vgl. Lakatos [1961], S. 86

sich in so einem ollen hölzernen Pferd zu verkriechen und auf diese
Weise in die Stadt einzuschleichen - nur: ihm fehlten eben die entsprechenden (technischen) Hilfsmittel. Und genauso fehlten den Mathematikern um 1820, 1830, 1840 die methodischen Hilfsmittel, um diesen Lehrsatz zu verbessern.

ALEXANDER Aber die Logik ist doch zeitlos, die verändert sich doch nicht!

INGE Keineswegs! Die altgriechische, die scholastische, die moderne formale Logik - das sind ganz unterschiedliche Dinge.

ALEXANDER Nein, ich meine: von 1820 bis 1850 haben sich die mathematischen Hilfsmittel doch nicht geändert - auch 1820 hätte man doch bei genügend sorgfältigem Nachdenken den Seidelschen Beweis finden und den Begriff der gleichmäßigen Konvergenz prägen können!

ANNA Eben nicht - das ist doch der Witz! Das zeigt doch diese Geschichte. Die Mathematiker damals waren doch nicht blöd!

INGE Ja, die Mathematik entwickelt sich eben nicht nach den Maßstäben der Logik - das hat Alexander sehr schön erkannt! Und das ist auch kein Wunder. Es ist doch klar, 'daß zwischen der Mathematik und den allgemeinen kulturellen Bestrebungen einer Epoche ein enges Wechselverhältnis besteht. Diese Bestrebungen ihrerseits spiegeln direkt oder indirekt die jeweils herrschenden gesellschaftlichen und ökonomischen Verhältnisse wider.'[20] 'Die Geschichte der Mathematik [...] ist [...] ein Teil der Geschichte des menschlichen Handelns, in dem sich der Kampf des Menschen mit der Natur widerspiegelt - nicht irgendeines abstrakten Menschen, sondern des Menschen als Glied der Gesellschaft.'[21]

ALEXANDER Was ist denn das für ein seltsames Glaubensbekenntnis?

INGE Kein Glaubensbekenntnis, sondern Wissenschaft!

ANDREAS Ist das ein Unterschied? Warum willst du anderen nicht dasselbe Recht zubilligen wie dir, Alex? Du verkündest doch auch ein Glaubensbekenntnis, wenn du sagst: Die Mathematik entwickelt sich, indem sie immer mehr strenge Lehrsätze und Beweise aufstellt.

ALEXANDER Aber das ist doch viel sinnvoller: die Mathematik an *logischen* Maßstäben zu messen anstatt an solch dunklen und unbestimmten *gesellschaftlichen*! ...

[20] Struik [1948], S. 8   [21] Struik [1948], S. 7

ANDREAS Warum nicht beispielsweise am Maßstab der *Anschaulichkeit*? Oder an sonst einem? Was nützt dir die Sinnhaftigkeit deines Strebens, wenn du so erfolglos bleibst wie bisher?

ALEXANDER ... Es kann doch niemand im Ernst den mathematischen Entwicklungsstand mit dem Stand der -wie sagt man da?- sozialökonomischen Verhältnisse in Beziehung setzen wollen?

INGE Aber doch noch viel eher als mit dem (derzeitigen!) Stand der wissenschaftlichen Logik: daß du damit nicht weit kommst, Alexander, das haben wir schon gesehen.

ALEXANDER Und wie weit kommst du, Inge?

INGE Wesentlich weiter! Ich behaupte, 'daß im allgemeinen die wesentlichen Richtungen des mathematischen Schaffens (aber auch etwaige Stagnation) nur in direkter oder indirekter Beziehung zu den sozialökonomischen Verhältnissen verstanden werden können.'[20]

ALEXANDER Schön. Und welche sozialökonomischen Verhältnisse bewirkten nun die Stagnation in der Entwicklung des Summensatzes zwischen 1821 und 1847? Ich bin sehr neugierig auf deine Beantwortung dieser genau und klar formulierten Frage!

INGE 'Im allgemeinen beeinflußten die gesellschaftlich-ökonomischen Faktoren diese Entwicklung nicht unmittelbar. Sie wirkten vielmehr meist über Physik, Geographie, Navigation oder sogar über Architektur, Kunst, Religion und Philosophie auf die Mathematik ein. Wichtige mathematische Untersuchungen waren selten das direkte Resultat gesellschaftlicher Einflüsse, sie waren meist nicht für einen unmittelbar nützlichen Zweck bestimmt. [...] Dennoch [...] müssen [wir] uns immer vor Augen halten, daß die mathematischen Begriffe keine freien Schöpfungen des Geistes sind, sondern eine Widerspiegelung der realen objektiven Welt, wenn auch oft in höchst abstrakter Form.'[22]

ALEXANDER Eine klare Antwort auf meine Frage kann man das ja wohl nicht nennen! Eher ein klares Ausweichen.

INGE Nein, das sollte es auch nicht sein. Aber eine Programmskizze, wie deine Frage zu beantworten ist. Und dies ist bestimmt wissenschaftlich fruchtbarer als dein einfältiger Zweifel an der mathematischen Kompetenz sämtlicher Mathematiker von 1821 bis 1847!

ALEXANDER Bislang vermag ich noch keine solche wissenschaftliche Frucht zu erspähen!

[22] Struik [1948], S. 8f, 10

1.5 DIE FRAGE NACH DEN FORTSCHRITTSBEDINGUNGEN

Lakatos zufolge verwendeten die Mathematiker um 1820 eine falsche Methode; dadurch wurde der mathematische Fortschritt blockiert. Die u.a. von Bourbaki und Kline verfochtene These, Abel habe die gleichmäßige Konvergenz entdeckt, ist falsch; diese These ist ein Kunstprodukt der verwendeten rationalistischen Geschichtswissenschaft.

PETER Lassen wir doch diese allgemeinen Erörterungen beiseite - wenigstens einstweilen! Werden wir lieber wieder präzise: Eva war dabei, mit Hilfe von Lakatos' Buch meine vier Fragen zu beantworten[23]. Bislang haben wir es ihr nur ermöglicht, eine einzige Antwort zu geben - auf die Frage nach der Strenge. Daran entzündete sich ein Streit zwischen Alexander und Inge, die beide sehr unterschiedliche Standpunkte zu diesem Problem bezogen. Ich meine aber, wir sollten jetzt Eva erst einmal fortfahren lassen - sie hat sich so gut vorbereitet und kam gar nicht dazu, alles Vorbereitete uns zu erzählen. Außerdem bin ich natürlich auch neugierig, wie sie meine anderen drei Fragen beantworten will. Seid ihr alle einverstanden, daß wir so weiterverfahren?

ALLE Ja!

EVA Schön. Ich möchte Peters Liste der vier Fragen von hinten aufrollen und - mit Lakatos - als nächstes seine dritte Frage beantworten, die *Frage nach den Fortschrittsbedingungen*:

> Warum dauerte es so lange, nämlich 26 Jahre, bis der falsche Lehrsatz berichtigt wurde? Insbesondere da der erforderliche Begriff (eben die gleichmäßige Konvergenz) schon die ganze Zeit zur Verfügung stand?

ALEXANDER Da bin ich aber neugierig, wie Lakatos das beantwortet!

EVA Folgendermaßen: Lakatos stellt fest, daß die damaligen Mathematiker eine *ungeeignete mathematische Methode* verwendeten - er nennt sie die *Methode der Ausnahmesperre*.[24]

ALEXANDER Was heißt 'ungeeignete Methode'?

EVA Statt 'ungeeignet' verwendet Lakatos den Begriff 'heuristisch unfruchtbar', also: für den Fortschritt untauglich.

ANNA Und worin besteht diese Methode der Ausnahmesperre?

---

[23] siehe S. 8f   [24] Lakatos [1961], S. 128

EVA Sie besteht einfach darin, die *Gegenbeispiele* zu einem Lehrsatz als *Ausnahmen* zu betrachten, die einen dazu anspornen, den *wahren Gültigkeitsbereich der ursprünglichen Vermutung* herauszufinden und einzugrenzen.[25]

PETER Oh ja - das kann ich mir gut vorstellen: daß die Mischung dieses methodischen Programms zusammen mit Cauchys Absicht, die Analysis *streng* zu begründen, brisant - und das heißt hier konservativ beharrend wirkt.

EVA Genau! Lakatos beschreibt es so: 'Cauchys Revolution der Strenge gründete auf dem bewußten Versuch, die Euklidische Methodenlehre auf die Analysis anzuwenden.'

ALEXANDER Was ist denn das, die Euklidische Methodenlehre?

EVA Die *Euklidische Methodenlehre* fordert eine Ordnung des Wissens in einem deduktiven System, an dessen Spitze unbezweifelbar wahre Axiome stehen, woraus dann mittels gültiger Schlußfolgerungen die wahren Sätze der Theorie abgeleitet werden. Die Wahrheit fließt hier von den Axiomen hin zu den einzelnen Sätzen.[26] - Also nochmal: 'Cauchys Revolution der Strenge gründete auf dem bewußten Versuch, die Euklidische Methodenlehre auf die Analysis anzuwenden. (Cauchy selbst schreibt in seinem [1821], S. ij: "Was die Methoden anbetrifft, so mußte ich ihnen die ganze Strenge beilegen, die man in der Geometrie verlangt, und konnte niemals meine Zuflucht zu Gründen nehmen, die sich aus der Allgemeinheit der Algebra ergeben.") Er und seine Nachfolger dachten, auf diesem Wege Licht in das "schreckliche Dunkel der Analysis" (Abel) zu bringen. Cauchy ging im Geist von Pascals Regeln vor: zunächst begann er damit, die unklaren Ausdrücke der Analysis - wie Grenzwert, Konvergenz, Stetigkeit usw. - in den wohlbekannten Ausdrücken der Arithmetik zu definieren, und dann bewies er alles, was zuvor noch nicht bewiesen worden war oder was nicht vollkommen offensichtlich war. Nun gibt es aber im Euklidischen System keine Stufe, auf der man etwas Falsches zu beweisen sucht, ...'

INGE Was soll denn das heißen?

EVA ' ... so daß Cauchy zunächst den noch vorhandenen Teil der mathematischen Vermutungen verbessern mußte, indem er den falschen Plunder über Bord warf. Um die Vermutungen zu verbessern,

---

[25] Lakatos [1961], S. 18, 20   [26] vgl. Lakatos [1962], S. 158

bediente er sich der Methode, nach Ausnahmen Ausschau zu halten und
dann den Gültigkeitsbereich der ursprünglichen, nur grob aufgestellten Vermutungen auf ein sicheres Gebiet zu beschränken, d.h. er bediente sich der Methode der Ausnahmensperre.'[27] Dieses methodische
Vorgehen Cauchys scheint zwingend zu sein. An anderer Stelle in seinem Buch zitiert Lakatos aus Cauchys Einleitung zu seinem *Cours
d'analyse* von 1821, er lasse niemals '"den Gültigkeitsbereich einer
Formel unbestimmt. In Wirklichkeit sind die meisten Formeln nur dann
wahr, wenn gewisse Bedingungen erfüllt werden. Durch die Bestimmung
dieser Bedingungen und natürlich durch die genaue Fassung der von mir
benutzten Ausdrücke bringe ich alle Ungewißheit zum Verschwinden."
(S. iij)'[28]
Und auch Cauchys Zeitgenossen übernehmen 'dieses neue Wünschelruten-
Verhalten der Cauchy-Schule'[27], wie Lakatos mit einem Briefzitat
Abels aus dem Jahr 1825 belegt, das da lautet: 'Ich habe damit begonnen, die wichtigsten Regeln, die wir (gegenwärtig) in dieser Beziehung gutheißen, zu untersuchen und zu zeigen, in welchen Fällen sie
ungeeignet sind. Dies geht sehr gut und interessiert mich unendlich.'[27]

Dieser Zeitgeist, die allgemeine Herrschaft dieser Methode der Ausnahmensperre, verharmloste die logische Brisanz der damaligen Situation
– und hemmte dadurch den mathematischen Fortschritt: 'Der Beweis beweist den Satz, aber er läßt die Frage offen, welches der Gültigkeitsbereich des Satzes ist. Wir können diesen Bereich durch Darstellen und sorgfältiges Ausschließen der "Ausnahmen" (dieses beschönigende Wort kennzeichnet diesen Zeitabschnitt) bestimmen. Diese
Ausnahmen werden dann in die Formulierung des Satzes aufgenommen.'[29]
Fouriers trigonometrische Reihen waren keine *Gegenbeispiele*, die
Cauchys Lehrsatz *widerlegten*, sondern lediglich *Ausnahmen*, die seinen
Gültigkeitsbereich einschränkten.
　　ANDREAS　Das ist ja wirklich eine wunderbare Antwort auf Peters
Frage nach den Fortschrittsbedingungen – sie hat nur einen kleinen
Nachteil: Sie schüttet das Kind mit dem Bade aus!
　　EVA　Wieso denn das?
　　ANDREAS　Nun, es ist doch gewiß unstreitig, daß deine bzw. Lakatos'

---

[27] Lakatos [1961], S. 129　　[28] Lakatos [1961], S. 20
[29] Lakatos [1961], S. 132

Erklärung Peters Frage, warum Cauchys Lehrsatz und Beweis erst nach 26 Jahren berichtigt wurden, hervorragend beantwortet. Nur schießt diese Erklärung aus meiner Sicht glatt übers Ziel hinaus - denn sie behauptet schlichtweg, *die damaligen Mathematiker hätten ihr Handwerk nicht verstanden.*

EVA Aber keineswegs! Wieso denn? Wie meinst du das?

ANDREAS Lakatos' Erklärung ist doch nichts anderes als eine formvollendet höfliche Bejahung von Annas Frage vorhin - nämlich ob die damaligen Mathematiker blöd gewesen seien[30]. Jedenfalls in diesem besonderen Fall. Schließlich waren sie sich - nach Lakatos - doch allesamt darin einig, daß Fouriers trigonometrische Reihen zu Cauchys Lehrsatz in Widerspruch stehen - und da das Schema des Widerspruchsbeweises damals selbstverständlich längst be- und anerkannt war, war damit Cauchys Lehrsatz eindeutig gestorben und vom Tisch. Von Anfang an.[31] Auch nach damaligen methodischen Maßstäben. Da kann es gar keinen Zweifel geben! Die einzige Möglichkeit für Lakatos, seine These zu stützen, besteht darin, daß er eine Form dieses Lehrsatzes *mit eingeschränktem Gültigkeitsbereich* aus der damaligen Zeit vorzeigt. *Das aber tut er nicht.* Also hängt seine Erklärung in der Luft - und ist folglich wertlos. Peters Frage nach den Fortschrittsbedingungen ist für mich nach wie vor unbeantwortet.

EVA Nur nicht vorschnell, lieber Andreas! Selbstverständlich erläutert Lakatos, in welcher Richtung die damaligen Mahtematiker den Gültigkeitsbereich dieses Lehrsatzes einzuschränken *gedachten* ...

ANDREAS Was heißt: einzuschränken *gedachten*? Taten sie's, oder taten sie's nicht? Weist Lakatos einen solchen eingeschränkten Lehrsatz nach oder nicht?

EVA Nein, aber ...

ANDREAS Na bitte! Damit ist seine Erklärung für mich *unbelegt* - und folglich uninteressant.

EVA Du bist ein Extremist, Andreas! Du forderst *Beweise*, wo wir um jedes *plausible Argument* froh sind.

ALEXANDER Andreas ist eben ein *strenger* Methodiker.

ANDREAS Daß du dich da mal nicht täuschst, Alex! Nein, Eva, ich fordere keine *Beweise* - so unmenschlich, wie der Alex mich hinstellt,

---

[30] siehe S. 16   [31] vgl. oben S. 9 bei Fußnote 6

bin ich gewiß nicht. Nein, nicht um *strenge Beweise* geht es mir - aber einen kleinen *Anhaltspunkt*, einen kleinen *Beleg* muß ich von Rationalisten wie Eva oder Lakatos schon verlangen! Schließlich ist es ihnen doch um eine *rationale Rekonstruktion* zu tun.

EVA   Eben - und einen 'kleinen Beleg' kann ich dir durchaus vorweisen, Andreas!

ANDREAS   Nur zu - ich bin neugierig.

EVA   Gut. Ich werde jetzt - wieder mit Lakatos - Peters erste Frage beantworten, die da lautet:

> Wie kann der Begriff der gleichmäßigen Konvergenz am Beispiel der Potenzreihen gefunden werden - da doch bei Potenzreihen dieser Begriff mit dem der gewöhnlichen Konvergenz zusammenfällt?

Mit dieser Antwort werde ich sowohl den von Andreas geforderten Beleg liefern als auch Peters zweite Frage - die nach der Fortschrittslogik - erledigen:

> Wieso paßt der bei den *Potenzreihen* gefundene Begriff der gleichmäßigen Konvergenz auch für die Richtigstellung des *allgemeinen* Lehrsatzes?

Das Argument geht so:
Wir haben von Bourbaki[32] und genauer von Kline[33] bereits gehört, daß Abel im Jahr 1826 folgenden Lehrsatz bewies - Lakatos zitiert ihn auf Seite 126:

> 'Wenn die Reihe
> $$\delta(\alpha) = v_0 + v_1\alpha + v_2\alpha^2 + \ldots + v_m\alpha^m + \ldots$$
> für einen gewissen Werth δ von α convergirt, so wird sie auch für jeden *kleineren* Werth von α convergiren, und von der Art seyn, daß $\delta(\alpha-\beta)$, für stets abnehmende Werthe von β, sich der Grenze $\delta(\alpha)$ nähert, vorausgesetzt, daß α gleich oder kleiner ist als δ.'

Hieraus und aus einer weiteren Briefstelle Abels[34] geht Abels großes Interesse für *Potenzreihen* und sein Vertrauen in ihr 'vernünftiges' Verhalten hervor. Und da nun alle damals bekannten Ausnahmen (oder Gegenbeispiele) zu Cauchys Summensatz *trigonometrische Reihen* waren,

---

[32]   siehe S. 2f   [33]   siehe S. 5
[34]   vgl. Lakatos [1961], S. 126

'deswegen schlug [Abel] vor, die Analysis in die sicheren Grenzen der Potenzreihen zurückzuziehen, womit Fouriers wohlgehegte trigonometrische Reihen als undurchdringlicher Dschungel, in dem die Ausnahmen der Regelfall und Erfolge ein Wunder sind, ausgeschlossen wurden.'[35] Und damit ist auch klar, wie der eingeschränkte Summensatz hätte formuliert werden müssen bzw. in welchem Sinne er von Abel verstanden wurde.

ANDREAS Das soll wohl dein 'Beleg' sein, Eva? '... hätte formuliert werden müssen ...' usw.?

EVA Ja. Lakatos geht sogar noch einen Schritt weiter und formuliert: '[Abels] Antwort auf diese Frage [= Welches ist der sichere Bereich von Cauchys Satz?] lautet: Der Gültigkeitsbereich der Sätze der Analysis im allgemeinen und *der Gültigkeitsbereich des Satzes über die Stetigkeit der Grenzfunktion* im besonderen *beschränkt sich auf Potenzreihen*'[36], aber Lakatos gibt keinen Nachweis für diese Behauptung - was er gewiß getan hätte, wenn ihm ein solcher bekannt gewesen wäre. Somit ist dies zwar nicht *streng bewiesen*, aber doch immerhin *plausibel belegt*.

ANDREAS Das finde ich aber gar nicht - solange Lakatos nicht das *missing link* vorweist, das fehlende Bindeglied. Aber mach mal weiter, du wolltest auch Peters erste Frage beantworten.

EVA Ja, und das ist schon so gut wie geschehen. All diese Urteile, Abel sei der Entdecker der gleichmäßigen Konvergenz, sind falsch! Abel schränkte ja nicht die *Konvergenzweise der Reihen* ein, sondern den *Bereich der zulässigen Funktionen*: '*In Wirklichkeit gibt es für Abel nur eine einzige Art der Konvergenz, nämlich die einfache*; und das Geheimnis der Scheingewißheit seines Beweises liegt in seinen vorsichtigen (und glücklich gewählten) *Nulldefinitionen*'[37].

PETER Demnach hat also Abel den Begriff der gleichmäßigen Konvergenz gar nicht geprägt?

EVA Nein! Diese Behauptung von Abels Entdeckung ist ein Artefakt, ein Kunstprodukt der 'moderne[n] rationalistische[n] Mathematikhistoriker'[34].

---

[35] Lakatos [1961], S. 125
[36] Lakatos [1961], S. 125, meine Hervorhebung
[37] Lakatos [1961], S. 127

INGE Wie meinst du das?

EVA Lakatos formuliert es so: 'Moderne rationalistische Mathematikhistoriker, welche die Geschichte der Mathematik als gleichmäßigen Fortschritt der Erkenntnis auf der Grundlage einer unveränderlichen Methodenlehre betrachten, nehmen an, daß jeder, der ein globales Gegenbeispiel entdeckt und eine neue Vermutung vorschlägt, die von dem infragestehenden Gegenbeispiel nicht widerlegt wird, automatisch den entsprechenden versteckten Hilfssatz und den beweiserzeugten Begriff entdeckt hat. So schreiben diese Geschichtsforscher die Entdeckung der gleichmäßigen Konvergenz Abel zu.'[34]

ANDREAS Oder anders gesagt: Weil erstens Abel sowohl Cauchys Lehrsatz als auch die ihn widerlegenden Gegenbeispiele bekannt waren, weil zweitens Cauchys Lehrsatz 26 Jahre später mit Hilfe des Begriffs der gleichmäßigen Konvergenz berichtigt wurde und weil drittens Abel einen Satz bewies, in dem die Eigenschaften konvergent und gleichmäßig konvergent zusammenfallen – deswegen gilt Abel allgemein als *Entdecker der gleichmäßigen Konvergenz*. Obwohl sich die Definition dieses Begriffs bei ihm *nirgends, auch nicht in verkappter Form nachweisen* läßt.

EVA Genau so.

ANDREAS Jetzt verstehe ich auch diese vorsichtigen Formulierungen bei Bourbaki und Kline! Beide sprechen ja nur von Abels Verwendung der *Idee* der gleichmäßigen Konvergenz – sie vergaßen eben nur hinzuzufügen, daß ihm von dieser Idee *nicht das geringste* bewußt war und auch nicht bewußt sein konnte – weil eben in dem von ihm betrachteten Fall kein Unterschied zwischen der einfachen und der gleichmäßigen Konvergenz besteht.

EVA Ja, diese Mathematikgeschichtler schütten – und hier ist deine Formulierung nun wirklich angebracht, Andreas – das Kind mit dem Bade aus!

1.6 DIE FRAGE NACH DER FORTSCHRITTSLOGIK

Nach Lakatos garantiert erst die Verwendung der richtigen Methode mathematischen Fortschritt. Zu dieser richtigen Methode gehört es auch, falsche Vermutungen zu beweisen - etwa Cauchys Summensatz. Die Tatsache, daß subjektives Bewußtsein und objektive Rolle der mathematischen Tätigkeit auseinanderfallen können, erklärt das Funktionieren dieser Methode. Anders als Hegel vertritt Lakatos die antidogmatische Position eines dialektischen Wandels durch Kritik.

ANDREAS Schön, damit ist Peters erste Frage (in recht naheliegender Weise) beantwortet - und natürlich auch seine zweite, die nach der Fortschrittslogik: Von einer solchen Fortschrittslogik ist hier weit und breit nichts zu sehen, weil sich diese Frage erübrigt - der Begriff der gleichmäßigen Konvergenz wurde gar nicht bei den Potenzreihen gefunden, sondern erst von Seidel bei der Richtigstellung des Cauchyschen Summensatzes.

PETER Jetzt würde mich freilich interessieren, *wodurch Seidel zu dieser Entdeckung veranlaßt wurde.* Offenbar hat er ja diese Methode *der Ausnahmensperre,* der Cauchy und seine Zeitgenossen folgten, aufgegeben ...

EVA In der Tat!

PETER Aber welche Methode hat er stattdessen befolgt? Sagt Lakatos auch etwas dazu?

ANDREAS *beiseite* Wieso denn immer nach Methoden suchen?

EVA Selbstverständlich! Lakatos feiert Seidel als den großartigen Entdecker der *Methode 'Beweise und Widerlegungen'* - so jedenfalls nennt er jenes heuristische Muster, nachdem sich in seinen Augen die inhaltliche Mathematik entfaltet und das ich vorhin skizziert habe.[38]

PETER Du meinst diesen vier- oder siebenstufigen Prozeß?

EVA Ja, genau: ursprüngliche Vermutung - Beweis - Gegenbeispiele - Beweisanalyse und verbesserte Vermutung ... Laktos schreibt nun zu Seidels Entdeckung - oder besser Entdeckungen, denn es waren ja deren zwei: 'Tatsächlich entdeckte Seidel den beweiserzeugten Begriff der gleichmäßigen Konvergenz und die Methode "Beweise und Widerlegungen" auf einen Schlag. Dieser Entdeckung in der

---

[38] siehe S. 10

Methodenlehre war er sich voll bewußt und beschrieb sie in seiner
Arbeit in großer Klarheit: "Wenn man, ausgehend von der so erlangten
Gewissheit, dass der Satz nicht allgemein gelten kann, also seinem
Beweis noch irgend eine versteckte Voraussetzung zu Grunde liegen
muss, denselben einer genauern Analyse unterwirft, so ist es auch
nicht schwer, die verborgne Hypothese zu entdecken; man kann dann
rückwärts schliessen, dass diese bei Reihen, welche discontinuirliche Functionen darstellen, nicht erfüllt sein darf, indem nur so
die Übereinstimmung der *übrigens* richtigen Schlussfolge mit dem, was
andrerseits bewiesen ist, gerettet werden kann."'[39]

Und damit, lieber Peter, findet sich doch noch eine Antwort auf deine
zweite Frage, auf die Frage nach der Fortschrittslogik – es ist genau
die Logik der Methode 'Beweise und Widerlegungen':

(1) Am Anfang stand die *ursprüngliche Vermutung* 'Was bis zum Grenzwert gilt, gilt auch für den Grenzwert selbst.' oder spezieller:
'Die Grenzfunktion jeder konvergenten Reihe stetiger Funktionen
ist stetig.'

(1/2) Fouriers trigonometrische Reihen lieferten *Gegenbeispiele* zu
dieser ursprünglichen Vermutung.

(2) Daraufhin gab Cauchy seinen *Beweis* dieser falschen Vermutung.

(3) D.h. die Gegenbeispiele zu dieser Vermutung blieben bestehen.

(4) Seidels Beweisanalyse entdeckte einen 'versteckten' Hilfssatz
in Cauchys Beweis, bestimmte ihn deutlich und baute ihn als
Bedingung in die ursprüngliche Vermutung ein. 'Der [neue Lehr-]
Satz – die verbesserte Vermutung – verdrängt die ursprüngliche
Vermutung mit dem beweiserzeugten Begriff als entscheidendem
neuen Merkmal'[40].

Der neue Lehrsatz lautet jetzt:

'Die Grenzfunktion jeder *gleichmäßig konvergenten* Reihe
stetiger Funktionen ist stetig.'

Gleichmäßige Konvergenz ist der neue beweiserzeugte Begriff.

INGE Das ist aber doch pervers: 'Cauchy bewies eine falsche Vermutung' – was soll das? *Erstens* hast du selbst vorhin[41] gesagt, Cauchy
habe die ursprüngliche Vermutung *bewiesen* – und selbstverständlich in

---

[39] Lakatos [1961], S. 128   [40] Lakatos [1961], S. 119
[41] siehe S. 12

der Absicht, ihren Wahrheitsgehalt abzusichern: davon, daß er eine
falsche Vermutung bewies, war vorhin keine Rede!
Und *zweitens* verstehe ich nicht, wie Fortschritt dadurch zustande kommen kann, daß *etwas Falsches bewiesen* wird! Auch eben noch[42] hast du
schon so etwas Seltsames gesagt: Du hast Cauchy sein Verhaftetsein in
der Euklidischen Methodenlehre vorgehalten ...

    EVA Ja, *Euklidische Methodenlehre*[43] im Gegensatz zur *Methode 'Beweise und Widerlegungen'*!

    INGE ... und dabei bemängelt, daß es in diesem Euklidischen System
'keine Stufe [gebe], auf der man etwas Falsches zu beweisen sucht'.
Der Fortschritt kann doch nicht aus dem Falschen erwachsen!

    EVA Wie du siehst, doch! Aber laß mich die Zusammenhänge erklären.
Du mußt zweimal zwei Dinge auseinanderhalten:
Zum *ersten*: Cauchys (subjektives) Bewußtsein seiner Tätigkeit einerseits und andrerseits die (objektive) Rolle der von ihm geschaffenen
Mathematik. 'Mathematische Tätigkeit ist menschliche Tätigkeit.'[44]
Insofern ist Cauchys Bewußtsein von seiner Tätigkeit von Interesse:
'Gewisse Gesichtspunkte dieser Tätigkeit - wie aller menschlichen Tätigkeit - können mit Hilfe [...] der Geschichtsforschung untersucht
werden.'[44] Das haben wir, das hat Lakatos getan, und er hat dargestellt, wie Cauchy eine in seinem Bewußtsein *richtige* Vermutung bewies und dadurch zu einem Lehrsatz erhob. Doch 'die Heuristik ist
nicht in erster Linie an diesen Gesichtspunkten interessiert. Aber
mathematische Tätigkeit bringt Mathematik hervor. Die Mathematik,
dieses Produkt menschlicher Tätigkeit ...'

    ANDREAS *und* INGE Sehr richtig!

    EVA '... "entfremdet sich" jener menschlichen Tätigkeit, die sie
hervorgebracht hat. Sie wird zu einem lebenden, wachsenden Ganzen, das
eine gewisse Selbständigkeit von der Tätigkeit, die es hervorgebracht
hat, *erwirbt;* sie entwickelt ihre eigenen unabhängigen Gesetze des
Fortschritts, ihre eigene Dialektik.'[44] Und unter diesem Gesichtspunkt
der Dialektik der 'entfremdeten' Mathematik ist die (objektive) Rolle
von Cauchys Mathematik wichtig. Hier aber ist es völlig eindeutig, daß
er eine *falsche* Vermutung bewies.

---

[42] siehe S. 19
[43] Der Leser wird sich an die kurze Erläuterung auf S. 19 erinnern.
[44] Lakatos [1961], S. 138

Das zum einen[45] und soweit in Hegels Nachfolge. Nun aber *zum zweiten* - es gibt da nämlich auch einen Unterschied zu Hegel: 'Für Hegel und seine Anhänger ist ein Wandel im begrifflichen Rahmen ein vorausbestimmter, unvermeidlicher Prozeß, in dem individuelle Schöpferkraft oder rationale Kritik keine wesentliche Rolle spielen. Wer vorauseilt, begeht nach dieser [Hegelschen] "Dialektik" ebenso einen Fehler wie der, der zurückbleibt. [...] So erklärt die [Hegelsche] Dialektik einen Wandel ohne Kritik.'[46] Dies scheint auch dein Standpunkt zu sein, liebe Inge: Der Fortschritt entfaltet sich entlang dem objektiv Richtigen.

INGE Na klar: Wie ich schon sagte, sind die 'mathematischen Begriffe keine freien Schöpfungen des Geistes [...], sondern eine Widerspiegelung der realen objektiven Welt'[47] -

ANDREAS Wir erinnern uns sehr gut deines pathetischen Glaubensbekenntnisses, Inge!

INGE - insofern ist die Mathematik *stets objektiv richtig*. Und das heißt natürlich insbesondere: *stets logisch richtig*.

ANDREAS Wobei 'logisch richtig' sich an der jeweils zufällig geltenden Logik mißt - der Aristotelischen, der scholastischen, der Booleschen, der Russellschen ...

INGE Die jeweils geltende Logik gilt nicht *zufällig*, sondern *notwendig* - auch sie ist ja Widerspiegelung der realen objektiven Welt. Und das ist kein Glaubensbekenntnis, Andreas, sondern klare Wissenschaft.

ANDREAS Natürlich. *Objektive* Wissenschaft ...

EVA Was soll dieser nutzlose Streit? Was ich sagen wollte, ist: Entgegen dieser Hegelschen Dialektik vertritt Lakatos die antidogmatische Position eines *Wandels durch Kritik*. Nach seiner Ansicht wächst die inhaltliche Mathematik 'durch die unaufhörliche Verbesserung von Vermutungen durch Spekulation und Kritik, durch die Logik der Beweise und Widerlegungen'[48]. Und deswegen ist es in seinen Augen auch sinn-

---

[45] Gewöhnlich wird *nur* diese erste Unterscheidung getroffen - z.B. trennt Jourdain [1913] die 'Geschichte der Mathematik', deren Gegenstand die *psychologische Natur* der Begriffe sei, von den 'Grundlagen der Mathematik', deren Gegenstand die Begriffe als *logische Entitäten* sind (S. 663).

[46] Lakatos [1961], S. 48 Fußnote 95 und Lakatos [1970a], S. 102 Fußnote 36

[47] Struik [1948], S. 10   [48] Lakatos [1961], S. XV

voll, eine *falsche* Vermutung zu beweisen – ja, er erhebt das sogar zu einem Teil seines Programms[49]! Und wie wir sehen – unabhängig von allem Streit zwischen Glaubensbekenntnissen oder Wissenschaftlichkeit – : Cauchys Mathematik bestätigt Lakatos' Methodenlehre in diesem Punkt, *der Beweis einer falschen Vermutung war eine Stufe im mathematischen Fortschritt.*

INGE Das war nur die List der Vernunft!

1.7 DAS ERGEBNIS VON LAKATOS' ENTMYSTIFIZIERUNG – UND SEINE UNGEREIMT-HEITEN

Lakatos' Erklärungen lassen noch immer Fragen offen. Diese werden sich nur anhand von Originalliteratur klären lassen.

KONRAD Lassen wir doch endlich diese langweilige ideologische Keiferei und halten wir lieber die wichtigsten Ergebnisse unserer bisherigen[50] Diskussion fest!

Da ist zunächst das *erste geschichtliche Ergebnis*: Nicht Abel hat den Sachverhalt der gleichmäßigen Konvergenz entdeckt – wie es Bourbaki und Kline und auch andere behaupten – , sondern Seidel, Stokes und Cauchy.

Da ist weiterhin das *erste methodologische Ergebnis*: Die Fortschrittslogik der Mathematik besteht in der Methode 'Beweise und Widerlegungen'.

---

[49] Lakatos [1961], S. 18, 31, 69

[50] Es ist wohl nicht unangebracht, den mathematisch vorbelasteten Leser ausdrücklich auf die Vorläufigkeit dieser Zwischenbilanz aufmerksam zu machen – damit er sich keine falschen Lehrsätze der Mathematikgeschichte einprägt. Ich werde mich hier nämlich blasphemisch über Freudenthals resignierende Warnung hinwegsetzen, die da lautet: 'Es gibt neben der Heiligen Schrift doch einen "Heiligen Druck". Was gedruckt wird, muß definitiv sein. Nicht auf S. 112 widerrufen, was man auf S.12 ausgesprochen hat. Nicht auf S. 12 etwas beweisen, was man auf S. 112 ein bißchen verallgemeinern muß, um es auf S. 114 zu verwenden, sondern gleich auf S. 12 das allgemeinere, in der Hoffnung, daß der Leser es auf S. 114 nicht vergessen hat. Denn sonst könnte ein Rezensent bemerken: "Es ist dem Verfasser entgangen, daß der Satz auf S. 112 eine leichte Verallgemeinerung des Satzes auf S. 12 ist, die dort schon hätte bewiesen werden können." [...] Das Buch ist der große Feind der sokratischen Methode.' (Freudenthal [1973], S. 104) Und was in der Mathematik die Verallgemeinerung, das ist in der Mathematikgeschichte nun mal die Widerlegung.

Daran knüpft sich unmittelbar als weitere Erkenntnis das *zweite geschichtliche Ergebnis*: Die Verwendung einer falschen Methode (in diesem Fall der Methode der Ausnahmensperre) blockierte den mathematischen Fortschritt.
Und da ist schließlich noch das *zweite methodologische Ergebnis*: Mathematische Strenge ist kein absoluter, unwandelbarer Maßstab, sondern unterliegt selbst geschichtlichem Wandel – ein strenger Satz oder Beweis ist einer, der nicht durch Gegenbeispiele widerlegt ist.

ALEXANDER *Noch* nicht!

KONRAD Ja eben: *noch* nicht – darin besteht gerade die Wandelbarkeit der Strenge.

PETER Ich gebe zu: Diese Vorstellung von Eva über den geschichtlichen Verlauf der Entwicklung leuchtet mir weit besser ein als Inges Vorstellung, die sie anfangs dargelegt hat[51] – aber auch hier scheinen mir einige wichtige Fragen ungeklärt zu sein.

EVA Als da sind?

PETER Laß sie mich wieder numerieren:

(1) Wo bleibt Weierstraß? In deiner gesamten Rekonstruktion kommt Weierstraß nirgends vor[52] – obwohl wir doch von Bourbaki und Kline wissen, daß Weierstraß bereits 1841 oder 1842 den Begriff der gleichmäßigen Konvergenz verwendete: Woher hatte er ihn? Hat auch er Cauchys Beweis des Summensatzes berichtigt?

(2) Wie kam Stokes zu der Begriffsbildung gleichmäßige Konvergenz? Und wie Cauchy? Von Bourbaki und Kline wissen wir, daß Stokes etwa gleichzeitig mit und unabhängig von Seidel ebenfalls zu diesem Begriff gelangte. Oh ja, hier, beim Durchblättern sehe ich, daß Lakatos – allerdings sehr beiläufig! – selbst eingesteht, daß Stokes diese Entdeckung 'nicht mit der Methode "Beweise und Widerlegungen"'[53] gelang! Wenn die Verwendung einer falschen Methode (Aus-

---

[51] siehe S. 7

[52] Lakatos gibt in einer Anmerkung am Ende seines 'Anhang 1' noch eine kurze Skizze, wie er sich die Rekonstruktion der Begriffsentwicklung *gleichmäßige Konvergenz* auf den ergänzenden Stufen 5, 6 und 7 seiner Fortschrittslogik vorstellt, und erst dort fällt der Name Weierstraß: ein einziges Mal und in beiläufiger Form: 'Die Jagd auf die gleichmäßige Konvergenz, mit Weierstraß an der Spitze, entdeckte einmal in Gang gekommen sehr rasch den Begriff in den Beweisen über gliedweises Differenzieren ...' (Lakatos [1961], S. 133)

[53] Lakatos [1961], S. 133

nahmensperre) den Fortschritt verhinderte und *wenn* die Methode
'Beweise und Widerlegungen', die den Fortschritt fördert, von
Stokes nicht verwendet wurde: wie konnte Stokes dann zum Fortschritt beitragen? Überhaupt scheint mir Lakatos' Euphorie über
Seidels 'Entdeckung in der Methodenlehre'[54] doch reichlich übertrieben und geradezu grotesk. Sehen wir uns Seidels Formulierungen doch nochmals an:
'Wenn man, ausgehend von der so erlangten Gewissheit, dass der
Satz nicht allgemein gelten kann, also seinem Beweis noch irgend
eine versteckte Voraussetzung zu Grunde liegen muss, denselben
einer genauern Analyse unterwirft, so ist es auch nicht schwer,
die verborgne Hypothese zu entdecken; man kann dann rückwärts
schliessen, dass diese bei Reihen, welche discontinuirliche Functionen darstellen, nicht erfüllt sein darf, indem nur so die
Übereinstimmung der *übrigens* richtigen Schlussfolge mit dem, was
andrerseits bewiesen ist, gerettet werden kann.'
Also - das einzige, was ich hier herauslese, ist eine handfeste
persönliche Abneigung gegen Cauchys Summensatz, ein klar formuliertes Vorurteil. Wenn ich die ersten acht Worte des Zitates
richtig verstehe, dann ist Seidel aufgrund irgendwelcher[55] allgemeiner Erwägungen *von vornherein* gegen (die Gültigkeit von)
Cauchys Lehrsatz, und er gibt dann eine methodische Strategie an,
wie er seine Position zu stützen gedenkt und Cauchys Satz aus den
Angeln heben will. Daß er zu diesem Zweck gegen Cauchys *Beweis*
vorgehen muß, ist für einen Mathematiker ja wohl *selbstverständlich* ...

ANDREAS Ach, wirklich?

PETER ... - und keineswegs eine großartige neue *Entdeckung*. Meine
dritte Frage also lautet:

(3) Worin besteht Seidels methodologische Entdeckung (wenn er tatsächlich eine gemacht hat)?

KONRAD Nun, damit ist klar, was wir für das nächste Mal zu tun
haben: Wir müssen herausfinden, was Weierstraß, Stokes und Seidel

---

[54] Lakatos [1961], S. 128

[55] Lakatos' Seidel-Zitat ist nicht vollständig genug, um Peter eine
bestimmtere Vermutung zu erlauben; erst die Lektüre des Seidelschen
Originaltextes hilft da weiter. Vgl. auch unten S. 74f, besonders bei
den Fußnoten 142, 143.

tatsächlich getan, d.h. geschrieben haben – denn aus dem uns bisher Bekannten lassen sich Peters neue Fragen sicher nicht beantworten.

ALEXANDER Du meinst, wir müssen uns die Originalliteratur anschauen? Dieses uralte Zeugs?

KONRAD Ja, da werden wir wohl kaum drum herum kommen – wenn wir Klarheit haben wollen über das, was tatsächlich geschah. Und ich finde das jetzt so spannend, daß ich meine, wir sollten das tun!

ALEXANDER Aber das wird uns doch nicht das geringste nützen! Uns interessierte doch nur die *Rechtfertigung* für diesen Begriff gleichmäßige Konvergenz – und nicht, was unsere Vorvorfahren gerechnet haben!

PETER Eben – es ist uns doch noch immer nicht gelungen, eine einsichtige, *konsistente* Rechtfertigung zu entdecken; also müssen wir weitersuchen.

ANDREAS Außerdem ist das jetzt wirklich dermaßen spannend – wir können einfach nicht auf halbem Wege aufhören!

KONRAD Gut. Und da es sicherlich nicht so einfach ist, diese Originalliteratur aufzutreiben, sollten wir uns nicht schon morgen wieder treffen, sondern erst in, sagen wir, einer Woche. Einverstanden?

ALLE Ja.

KONRAD Ich werde mich um den Stokes-Text kümmern. Wer übernimmt Seidel?

PETER Ich!

ANNA Und ich werde mir mal Cauchy ansehen – das ist vielleicht auch ganz wichtig.

KONRAD Vielleicht, ja ...[56]

---

[56] In jedem Gespräch werden mehr Fragen aufgeworfen als beantwortet – so auch hier. Die Frage, woher Weierstraß den Begriff der gleichmäßigen Konvergenz hat, wird im folgenden nicht wieder aufgenommen. So sei wenigstens hier angemerkt, daß Weierstraß' 'Entdeckung der gleichmäßigen Konvergenz' keineswegs 'ein anderes Beispiel seiner peinlich genauen Denkweise ist' (Struik [1948], S. 168), wie eine der zahllosen Verklärungen Weierstraß' behauptet. 'Da die betrachtete Potenzreihe für alle, der Bedingung $|x| = r$ entsprechenden Werthe von x gleichmäßig convergirt [...]' heißt es beiläufig in Weierstraß [1841], S. 67 – was keineswegs die Form ist, in der jemand einen neu entdeckten Begriff vorstellt. Anders gesagt: Für Weierstraß war dieser Begriff schon im Jahre 1841 *offensichtlich* keineswegs mehr neu. Woher also kannte Weierstraß diesen Begriff, wenn er ihn nicht selbst geprägt hat, sondern so selbstverständlich verwendet? Es liegt nicht

sehr fern, da auf seinen Lehrer zu tippen. Und diese Vermutung läßt sich auch tatsächlich bestätigen! Bei Weierstraß' bedeutendstem Lehrer Gudermann findet sich gegen Ende eines längeren Artikels die *Anmerkung 1*. Es ist ein bemerkenswerther Umstand, dass sowohl die unendlichen Producte im §58. als auch die so eben gefundenen Reihen einen im Ganzen gleichen Grad der Convergenz haben [...]' (Gudermann [1838], S. 251f). Es war also keineswegs Weierstraß' peinlich genaue Denkweise, welche den Begriff der gleichmäßigen Konvergenz geschichtlich erstmals in den Griff bekam, sondern Gudermanns aufmerksames Studium der Eigenschaften der von ihm untersuchten Objekte. (Diesen Hinweis auf Gudermann verdanke ich Herrn Laugwitz. Auch Grattan-Guiness scheint neuerdings diese Stelle entdeckt zu haben - vgl. sein im übrigen sehr demagogisches [1979], Punkt 5.)

ZWEITER TAG

Der große Geist läßt sich seine Geheimnisse nie nehmen. Nie. Es ist noch niemand höher geklettert, als die Palme hoch war, die seine Beine umschlungen hielten. Bei der Krone mußte er umkehren; es fehlte ihm der Stamm, um höher hinauf zu klimmen. Der große Geist liebt auch die Neugierde der Menschen nicht, deshalb hat er über alle Dinge große Lianen gezogen, die ohne Anfang und Ende sind. Deshalb wird jeder, der allem Denken genau nachspürt, sicherlich herausfinden, daß er am Ende immer dumm bleibt und dem großen Geiste die Antworten lassen muß, die er sich selber nicht geben kann. Die klügsten und tapfersten der Papalagi geben das auch zu. Trotzdem lassen die meisten Denkkranken nicht von ihrer Wollust ab, und daher kommt es, daß das Denken den Menschen auf seinem Wege so vielfach in die Irre führt, geradeso, als ginge er im Urwald, wo noch kein Pfad getreten ist. Sie verdenken sich, und ihre Sinne können, wie es tatsächlich vorgekommen ist, plötzlich Mensch und Tier nicht mehr unterscheiden. Sie behaupten, der Mensch sei das Tier und das Tier menschlich.

Tuiavii aus Tiavea

2.1 CAUCHY-LEKTÜRE: ERSTE DEFINITIONEN ...

Das Lesen von Cauchys Originaltexten bringt Überraschungen: Der Begründer der Strenge in der Analysis rechnet mit unendlichkleinen Größen anstatt mit ε-δ! Er definiert Stetigkeit und Reihenkonvergenz mit Hilfe unendlicher Größen.

ANNA Unglaublich, einfach unglaublich!
ALLE Was denn?
KONRAD Du bist ja ganz aus dem Häuschen, Anna!
ANNA Kein Wunder! Hier - seht euch das an!
PETER Was denn? Was hast du denn da?
ANNA Cauchy! Ich hatte doch versprochen, mich einmal um den Originaltext von Cauchy zu kümmern!
ALEXANDER Und was ist dabei so aufregend?
ANNA Hier, sieh selber - ich bin aus allen Wolken gefallen!
ALEXANDER *liest die Stelle vor, die ihm Anna bedeutet:*
   'Die Funktion $f(x)$ bleibt zwischen den gegebenen Grenzen stetig bezüglich x, wenn zwischen diesen Grenzen ein unendlichkleiner

Zuwachs der Variablen stets einen unendlichkleinen Zuwachs der Funktion selbst hervorruft.'[57]

Na und - was regt dich daran so auf, Anna?

ANNA   Ja - siehst du denn nicht? Cauchy - der strenge Begründer der Analysis, Cauchy - der mit allen Unklarheiten und Unsauberkeiten gründlich aufgeräumt hat, - was erwartet man von ihm? Welchen Begriff der Stetigkeit wird er haben? Selbstverständlich erwartet man doch die ε-δ-*Definition der Stetigkeit*:

Die Funktion f heißt stetig in der Variablen x, wenn für alle Werte x_0 des Definitionsbereichs gilt:

Zu jedem $\varepsilon > 0$ gibt es ein $\delta > 0$, so daß für alle x mit $|x-x_0| < \delta$ gilt: $|f(x) - f(x_0)| < \varepsilon$.

Wir haben es schon gehört[58]: Auch die englischen Herausgeber des Lakatos-Buches sind dieser Ansicht![59] Und was finde ich stattdessen bei Cauchy? *Diese* seltsame Stetigkeitsdefinition mit solch einem unscharfen Begriff wie 'unendlichkleiner Zuwachs'! Eine *Infinitesimal-Definition der Stetigkeit!* Das habe ich nun wirklich nicht erwartet - unendlichkleine Größen bei Cauchy![60]

ALEXANDER   Was regst du dich denn so auf, Anna? Ich verstehe das gar nicht! Eine unendlichkleine Größe ist doch nichts anderes als 'eine diskrete Veränderliche x_n, die den Grenzwert Null hat'[61], oder anders gesagt: 'Eine diskrete Veränderliche wird *unendlich klein* genannt, wenn sie ihrem Absolutbetrag nach von einer bestimmten Stelle an kleiner als eine beliebig vorgegebene Zahl $\varepsilon > 0$ wird und bleibt'[61]. Wenn du dies berücksichtigst, dann ist Cauchys Stetigkeitsdefinition

---

[57] *'La fonction f(x) restera continue par rapport à x entre les limites données, si, entre ces limites, un accoissement infiniment petit de la variable produit toujours un accroissement infinment petit de la fonction elle-même.'* (Cauchy [1821], S. 43; auch im Original sind diese Worte kursiv gesetzt.)

[58] siehe bei Fußnote 12

[59] und sie folgen dabei nur dem heute allgemein verbreiteten Vorurteil, das etwa Strubecker [1967] so ausspricht: 'Selbst noch im vorigen Jahrhundert hielten manche Mathematiker, trotz der inzwischen erfolgten Klärung der Grundbegriffe durch A. L. Cauchy (1821), die *Differentialrechnung* für ein *mystisches* Operieren mit unendlich kleinen Größen.' (S. 74)

[60] Diese *dramatische* Entdeckung haben, wie ich sehe, auch andere gemacht - etwa Robinson [1966], S. 269.

[61] Fichtenholz [1959a], S. 35

nichts anderes als (im zweiten Fall) die ε-δ-Definition bzw. (im ersten Fall) die *Grenzwert-Definition der Stetigkeit*:

Die Funktion f heißt stetig in der Variablen x, wenn für alle Werte x_0 des Definitionsbereiches gilt:
Für jede gegen x_0 konvergierende Folge $(x_n)_{n \in \mathbb{N}}$ aus dem Definitionsbereich konvergiert die Folge $(f(x_n))_{n \in \mathbb{N}}$ gegen $f(x_0)$.

Woher also deine ganze Aufregung, Anna?

ANNA Aber verstehst du denn nicht? Und außerdem ist deine Erklärung völlig unzulänglich! Du selbst weißt doch ganz genau, daß die ε-δ-Definition und die Grenzwert-Definition nicht *von vornherein* als gleichwertig hingenommen werden, sondern daß ihre Äquivalenz erst einmal *bewiesen* werden muß![62] Und da du dich doch sonst für die logische Strenge so stark machst, darfst gerade du auf keinen Fall behaupten, Cauchys Stetigkeitsdefinition sei die ε-δ-Definition!

ALEXANDER Nun gut, meinetwegen. Dann hat Cauchy eben die Grenzwert-Definition der Stetigkeit erfunden - das ist immerhin auch schon etwas!

ANNA Jedenfalls nicht die ε-δ-Definition!

ALEXANDER Und wenn schon - du hast ja eben selbst gesagt: Das macht keinen logischen Unterschied ...

ANNA Keinen *logischen* - aber einen *inhaltlichen*!

ALEXANDER Als Mathematiker interessiert mich gerade die *Logik* und nicht die *Semantik*, also die *Bedeutung* eines Satzes, nicht nur sein *Sinn*: Als Mathematiker bin ich 'wohl berechtigt, [mich] nicht mit dem Sinne eines Satzes zu begnügen, sondern auch nach seiner Bedeutung zu fragen'[63]. Die Bedeutung eines Satzes aber ist sein Wahrheitswert.[63] Und wenn es also keinerlei *logische* Unterschiede gibt ...

ANDREAS Daß du mir nur über dieser 'Bedeutung' des Satzes seinen *Sinn* nicht vergißt!

---

[62] Ich erinnere mich noch sehr gut an die Schwierigkeit dieses Beweises, den uns Herr Martensen im ersten Semester vorführte - nachzulesen in Martensen [1969], S. 84f, 87. Aber auch andere moderne Lehrer bestehen auf diesem Beweis, etwa Endl/Luh [1972], S. 99, Satz 2.9.2; die erfreulichen Lehrbücher, die diesen Beweis mit einem 'kurz gesagt' bewältigen, sind doch schon etwas älter - vgl. etwa Erwe [1962a], S. 112: Die Klärung der Grundbegriffe schreitet eben unaufhaltsam voran!

[63] Frege [1892a], S. 48

ANNA Aber es geht hier doch nicht um *Sätze*, Alexander, sondern um *Definitionen* – und nur *Sätze* haben einen Wahrheitswert, *sind wahr oder falsch*, *Definitionen* dagegen sind nur *angemessen oder unangemessen*.

ALEXANDER Ganz recht – bei einer Definition handelt es 'sich immer darum, mit einem Zeichen einen Sinn oder eine Bedeutung zu verbinden'[64]. Darüberhinaus aber – und jetzt komme ich *inhaltlich* auf deinen Einwand zurück, Anna – , darüberhinaus aber 'darf nicht verkannt werdn, daß man denselben Sinn, denselben Gedanken verschieden ausdrücken kann, wobei denn also die Verschiedenheit nicht eine solche des Sinnes, sondern nur eine der Auffassung, Beleuchtung, Färbung des Sinnes ist und für die Logik nicht in Betracht kommt. [...] Wenn man jede Umformung des Ausdrucks verbieten wollte unter dem Vorgeben, daß damit auch der Inhalt verändert werde, so würde die Logik geradezu gelähmt; denn ihre Aufgabe ist nicht wohl lösbar, ohne daß man sich bemüht, den Gedanken in seinen mannigfachen Einkleidungen wiederzuerkennen.'[65] Und so gesehen hat Cauchy *doch* die ε-δ-Definition der Stetigkeit erfunden: *indem* er die Grenzwert-Definition formulierte – beide haben ja offensichtlich denselben Sinn!

PETER Du wirst das wohl nie begreifen, Alexander: Das ist doch keine Frage der *Logik*, sondern eine der *Methodik*! Und methodisch ist es völlig klar: Cauchys Erfindung ist *nicht* die ε-δ-Definition der Stetigkeit, sondern die Infinitesimal-Definition.

ANDREAS Außerdem ist der *Sinn* eines Satzes (und also auch einer Definition) seine *Verwendung*[66], also der *Gebrauch seiner Zeichen*[67] – sehen wir uns also Cauchys Verwendung seiner Sätze, seiner Definitionen und Begriffe an!

[64] Frege [1891], S. 20 Fußnote 4
[65] Frege [1892b], S. 70 Fußnote 7
[66] Wittgenstein [1944], S. 224 §3
[67] Wittgenstein [1944], S. 366f §10. Natürlich ist dies keine moderne Idee, auch nicht in der Mathematik: 'Allein es ist [...] mit dergleichen Producten diplomatischer Definitionskunst überhaupt nicht viel geleistet. Wir erhalten durch sie ebenso wenig einen Ueberblick über den Umfang und Inhalt eines so zart und reich verzweigten Begriffs, als wenn uns eine neue Thierform durch Angabe einer gewissen Anzahl sie einschliessenden Ebenen beschrieben würde. Der richtige Weg ist, den Begriff in den verschiedenen Erkenntnissgebieten, in denen er voraussichtlich auftritt, aufzusuchen und zu verfolgen, und sein Gemeinsames, wo es sich zeigt, sogleich festzulegen. So werden wir denn bald genug auf eine Grundform des mathematischen Grössenbegriffs geführt,

ALEXANDER Ja, sehen wir doch nach, wie Cauchy den Begriff 'unendliche Größe' definiert. Hier, hier steht es ja: 'Man sagt, eine variable Größe wird *unendlichklein*, wenn ihr numerischer Wert in solcher Weise unbeschränkt abnimmt, daß er gegen die Grenze Null konvergiert.'[68] Bitte schön – da haben wir's ja: Cauchy definiert die 'unendlichkleine Größe' als 'Nullfolge'[69].

ANDREAS Das sehe ich hier noch keineswegs! Zum einen scheint mir dies eher eine Definition für 'unendlichklein werdend' zu sein als für 'unendlichklein'. Zum andern aber habe ich es auch ganz anders gemeint: Sehen wir doch nach, wie Cauchy mit den unendlichen Größen rechnet, wie er mit ihnen argumentiert – *daraus* ergibt sich der tatsächliche, der 'objektive' Sinn, den er seinen Begriffen beigelegt hat; und nicht aus den Definitionen, die er gibt – die informieren höchstens über Cauchys (subjektives) Bewußtsein, das er von seiner Tätigkeit hat.

ANNA Ja eben – laßt mich doch einmal Cauchys Art, Mathematik zu treiben, vorführen! Im Kapitel 6 seines *Cours d'analyse* handelt Cauchy von konvergenten und divergenten Reihen. Dabei unterscheidet er noch nicht – wie wir es heute tun – zwischen 'Reihen' und 'Folgen', sondern er schreibt oft eine Reihe so auf, wie wir es heute mit einer Folge tun. Da aber der Zusammenhang stets klarmacht, worum es geht, halte ich mich hier an Cauchys Begrifflichkeit und Schreibweise.

Zunächst erklärt Cauchy den Begriff der *Konvergenz*: 'Damit die Reihe

$$u_0, u_1, u_2, \ldots, u_n, u_{n+1}, \ldots$$

konvergent ist, ist es notwendig und hinreichend, daß wachsende Werte von n die Summe

$$s_n = u_0 + u_1 + u_2 + \ldots + u_{n-1}$$

gegen eine feste Grenze s unbeschränkt konvergieren lassen; oder in anderen Worten: es ist notwendig und hinreichend, daß für unendlich-

---

deren Herrschaft sich nicht allein über die äussere Wahrnehmungswelt, sondern auch weit in das Seelenleben hinein erstreckt.' (du Bois-Reymond [1882], S. 14f)

[68] 'On dit qu'une quantité variable devient *infiniment petite*, lorsque sa valeur numérique décroit indéfiniment de manière à converger vers la limite zéro.' (Cauchy [1821], S. 37)

[69] Dies ist die Standard-Lesart von Cauchy, die bis in die jüngste Zeit ihre hartnäckigen Verfechter findet – siehe z.B. Guggenheimer [1979], S. 193.

große Werte der Zahl n die Summen
$$s_n, \, s_{n+1}, \, s_{n+2}, \, \ldots$$
von der Grenze s und demzufolge auch voneinander sich um unendlichkleine Größen unterscheiden. [...] das heißt, die Summen der Größen
$$u_n, \, u_{n+1}, \, u_{n+2}, \, \ldots ,$$
– von der ersten an eine solch große Zahl genommen, wie man will – erreichen schließlich beständig solche numerischen Werte, die kleiner sind als jede angebbare Grenze'[70] oder kurz:
$$u_n + u_{n+1} + \ldots + u_{n+k}$$
ist für unendlichgroßes n und für jedes k (sei es endlich, sei es unendlichgroß) ein unendlichkleiner Wert.

Du siehst also, Alexander, dies ist etwas ganz anderes als unsere moderne Definition der Reihenkonvergenz, die ja lautet: Die Reihe
$$u_0 + u_1 + u_2 + \ldots$$
konvergiert genau dann, wenn die Folge ihrer Teilsummen
$$u_0, \quad u_0 + u_1, \quad u_0 + u_1 + u_2, \quad \ldots$$
konvergiert, d.h. wenn es zu jedem $\varepsilon > 0$ eine natürliche Zahl N gibt, so daß für alle $n, m > N$
$$|(u_0 + u_1 + \ldots + u_m) - (u_0 + u_1 + \ldots + u_n)| =$$
$$= |u_{n+1} + u_{n+2} + \ldots + u_m| < \varepsilon$$

ALEXANDER So groß scheint mir der Unterschied gar nicht zu sein – der Unterschied zwischen
$$u_n + u_{n+1} + u_{n+2} + \ldots + u_{n+k} \quad \text{ist unendlichklein}$$

[70] 'Pour que la série
$$u_0, \, u_1, \, u_2, \, \ldots, \, u_n, \, u_{n+1}, \, \ldots$$
soit convergente, il est nécessaire et il suffit que des valeurs croissantes de n fassent converger indéfiniment la somme
$$s_n = u_0 + u_1 + u_2 + \ldots + u_{n-1}$$
vers une limite fixe s; en d'autres termes, il est nécessaire et il suffit que, pour des valeurs infiniment grandes du nombre n, les sommes
$$s_n, \, s_{n+1}, \, s_{n+2}, \, \ldots$$
diffèrent de la limite s, et par conséquent entre elles, de quantités infiniment petites. [...] c'est-à-dire les sommes des quantités
$$u_n, \, u_{n+1}, \, u_{n+2}, \, \ldots ,$$
prises, à partir de la première, en tel nombre que l'on voudra, finissent par obtenir constamment des valeurs numériques inférieures à toute limite assignable.' (Cauchy [1821], S. 115f)

und

$$|u_{n+1} + \ldots + u_{n+k}| < \varepsilon \quad \text{für jedes } \varepsilon > 0.$$

Aber ich glaube, du solltest erst einmal Cauchys Lehrsatz zitieren, ehe wir das alles diskutieren.

2.2 ... UND ERGEBNISSE

Cauchy kommt auch zu einer anderen als der gängigen Formulierung des Summensatzes für Reihen aus stetigen Funktionen. Eine sorgfältige Analyse seines Beweises zeigt nicht, ob Cauchy recht hat, sondern wie er recht hat: wie er mit unendlichen Größen rechnet.

ANNA Selbstverständlich.[71] Ich wollte nur schon hier darauf hinweisen, daß Cauchy bei seiner Konvergenz-Definition durchaus *unendliche Summen* betrachtet, die unendlichklein werden müssen, denn bei

$$u_n + u_{n+1} + \ldots + u_{n+k}$$

darf ja k ausdrücklich auch einen *unendlichgroßen* Wert annehmen. Demgegenüber betrachten wir bei der modernen Definition nur *endliche Summen*:

$$|u_n + u_{n+1} + \ldots + u_m| < \varepsilon$$

für *endliche* Werte von (n und) m.

Aber weiter mit Cauchy: Nachdem er einige Reihen auf Konvergenz bzw. Divergenz (= Nicht-Konvergenz) untersucht hat - die allgemeine geometrische Reihe, die harmonische Reihe, die Exponentialreihe - , betrachtet er den Fall, daß die u_n *Funktionen einer Variablen x* sind und beweist über diese Funktionenreihen sogleich[72] den folgenden

---

[71] Dem zeitgenössischen Mathematiker ist diese Vorstellung, die Einzelheiten innerhalb des Zusammenhangs, in dem sie stehen, zu interpretieren, sehr fremd - offenkundig eine Auswirkung des Bourbakismus: vgl. unten S. 173. Ein besonders tragisches Opfer dieses Bourbakistischen Hackstils ist Grattan-Guiness: Trotz Freudenthals ausdrücklicher Warnung - speziell an ihn gerichtet! - ('Es ist nicht sehr wichtig, was künstlich isolierte Textstellen bedeuten, wenn der Gesamttext klar ist' - Freudenthal [1970], S. 385) frönt Grattan-Guiness munter seinem Laster weiter, vgl. sein [1979], insbesondere Punkt 3, der wohl eine bislang unerreichte Meisterleistung mathematikgeschichtlicher Textauslegungskunst markiert. Vgl. auch Fußnote 78.

[72] Dies (gerechtfertigte!) Wort wird bei Fußnote 169 nochmals aufgegriffen werden!

'*Lehrsatz 1*: Wenn die verschiedenen Glieder der Reihe
$$u_0, u_1, u_2, \ldots, u_n, u_{n+1}, \ldots$$
Funktionen einer bestimmten Variablen x sind, und wenn sie in der Nähe eines bestimmten Wertes dieser Variablen, für den die Reihe konvergiert, stetig bezüglich dieser Variablen sind, dann ist die Summe s der Reihe in der Nähe dieses bestimmten Wertes auch eine stetige Funktion von x.'[73]

PETER Eine klare, ausführliche und unmißverständliche Formulierung! Kürzer könnte man sagen:

'Die Grenzfunktion jeder Reihe stetiger Funktionen ist an ihren Konvergenzpunkten stetig.'

oder eben noch verkürzter:

'Die Grenzfunktion jeder konvergenten Reihe stetiger Funktionen ist stetig.'

- wobei es sich natürlich stets um Funktionen einer Variablen handelt. Ja, und von dieser letzten Formulierung wissen wir heute alle, daß sie falsch ist.

ANNA Keine vorschnellen Urteile, Peter! Wie ich schon erklärt habe, *hat Cauchy seine eigenen Begriffe von Stetigkeit und Konvergenz*. Und wie wir auch schon gesehen haben, stimmen die nicht vollinhaltlich mit unseren heutigen Begriffen von Stetigkeit und Konvergenz überein, ...

ALEXANDER Das ist noch längst nicht bewiesen!

ANNA ... so daß der Lehrsatz in Cauchys Mathematik vollkommen richtig ist! Schließlich gibt er ja auch einen Beweis dafür!

ALEXANDER Diesen Beweis will ich sehen! Da der Lehrsatz in dieser Allgemeinheit falsch ist, muß der Beweis fehlerhaft sein, und wir werden diesen Fehler bestimmt entdecken!

PETER Du redest wie Seidel![74] Aber bitte, Anna, schieß los - auch ich bin gespannt.

---

[73] 'Théorème I. -*Lorsque les différents termes de la série*
$$u_0, u_1, u_2, \ldots, u_n, u_{n+1}, \ldots$$
sont des fonctions d'une même variable x, continues par rapport à cette variable dans le voisinage d'une valeur particulière pour laquelle la série est convergente, la somme s de la série est aussi, dans le voisinage de cette valeur particulière, fonction continue des x.' (Cauchy [1821], S. 120)

[74] vgl. S.26!

ANNA Cauchy gibt einen überraschend einfachen Beweis dieses Satzes; erinnert euch an seine Definitionen und - haltet euch fest:
'Es sind

$$s_n = u_0 + u_1 + \ldots + u_{n-1},$$
$$r_n = u_n + u_{n+1} + \ldots \quad \text{und}$$
$$s = s_n + r_n = u_0 + u_1 + \ldots + u_n + u_{n+1} + \ldots$$

drei Funktionen der Variablen x, deren erste in der Nähe des bestimmten Wertes, um den es sich handelt, offensichtlich stetig bezüglich x ist. Betrachten wir nun die Zuwächse, die diese drei Funktionen erhalten, wenn man x um eine unendlichkleine Größe α wachsen läßt. Der Zuwachs von s_n ist für alle möglichen Werte von n eine unendlichkleine Größe; derjenige von r_n wird gemeinsam mit r_n klein, wenn man n einen beträchtlich großen Wert beilegt. Folglich kann der Zuwachs der Funktion s nichts anderes sein als eine unendlichkleine Größe.'[75] Womit der Lehrsatz auch schon bewiesen ist.

ALEXANDER Ein hervorragender Beweis! Man sieht: Unter Zuhilfenahme unendlichkleiner Zahlen kann man sogar falsche Lehrsätze scheinbar schlüssig beweisen!

ANNA Was heißt hier 'scheinbar' schlüssig? Dieser Beweis *ist* schlüssig - in Cauchys Mathematik.

INGE Was heißt 'schlüssig in Cauchys Mathematik'? *Gibt es denn mehrere Arten von Mathematik?* Und kann etwas in der einen schlüssig, in der anderen nicht schlüssig sein?? Das ist doch Unsinn! Die Mathematik ist (als entfremdetes Produkt menschlicher Tätigkeit) *objektiv*, und deswegen ist ein Beweis *objektiv* schlüssig oder nicht schlüssig - gleichgültig, wer ihn führt.

PETER Menschliche Tätigkeit hat Menschen zum Urheber. Vielleicht bringt die Tätigkeit *verschiedener* Menschen auch *verschiedene* (ent-

---

[75] '... s_n, r_n et s sont encore trois fonctions de la variable x, dont la première est évidemment continue par rapport à x dans le voisinage de la valeur particulière dont il s'agit. Cela posé, considérons les accroissements que reçoivent ces trois fonctions, lorsqu'on fait croître x d'une quantité infiniment petite α. L'accroissement de s_n sera, pour toutes les valeurs possibles de n, une quantité infiniment petite; et celui de r_n deviendra insensible en même temps que r_n, si l'on attribue à n une valeur très considérable. Par suite, l'accroissement de la fonction s ne pourra être qu'une quantité infiniment petite.' (Cauchy [1821], S. 120)

fremdete) Produkte hervor: eben *verschiedene Arten* von Mathematik
- *verschiedene Mathematiken?!*

ANNA Ehe ihr euch weiter so allgemein herumstreitet, ist es vielleicht besser, wenn ich euch - und besonders Alexander - erläutere, *wieso Cauchys Beweis für ihn selbst schlüssig ist.*

PETER Eine gute Idee!

ANNA Cauchy zerlegt zunächst

$$s = u_0 + u_1 + \ldots + u_{n-1} + u_n + u_{n+1} + \ldots$$
$$= s_n + r_n$$

Dies sind alles Funktionen einer Variablen x, so daß man treffender schreiben kann:

$$s(x) = s_n(x) + r_n(x) .$$

Dann betrachtet er die Veränderungen der Werte dieser Funktionen bei unendlichkleinen Veränderungen der Variablen x - denn um zu zeigen, daß die Funktion s an der Stelle x *stetig* ist, muß er (nach seiner Stetigkeits-Definition[76]) zeigen, daß für unendlichkleines α stets

$$s(x+\alpha) - s(x)$$

unendlichklein ist. Nun ist

$$s(x+\alpha) - s(x) = (s_n(x+\alpha) + r_n(x+\alpha)) - (s_n(x) + r_n(x))$$
$$= (s_n(x+\alpha) - s_n(x)) + (r_n(x+\alpha) - r_n(x)) .$$

Jetzt argumentiert Cauchy folgendermaßen:

1° $s_n(x+\alpha) - s_n(x)$ ist für alle n unendlichklein.

2° $r_n(x+\alpha) - r_n(x)$ wird gemeinsam mit $r_n(x)$ unendlichklein.

Wenn beide Argumente gültig sind, dann ist $s(x+\alpha) - s(x)$ als Summe dreier unendlichkleiner Werte unendlichklein, und damit ist die Stetigkeit der Funktion s bei x gezeigt (α war ja eine *beliebige* unendlichkleine Größe).

ALEXANDER Und warum sind diese beiden Argumente gültig?

ANNA Das Argument 2° ist deswegen gültig, weil die Reihe an der Stelle x und (natürlich auch!) an der Stelle x+α konvergiert - nach Cauchys Konvergenz-Definition sind für unendlichgroße n dann $r_n(x)$ und $r_n(x+\alpha)$ unendlichklein.

ALEXANDER Aha - für *unendlichgroße* n also werden $r_n(x)$ und $r_n(x+\alpha)$

---

[76] siehe S. 34f.

unendlichklein! Und dazu gleich noch eine Frage: Wenn die Reihe bei x konvergiert (d.h. $r_n(x)$ unendlichklein ist), warum muß sie *dann* auch bei x+α konvergieren (d.h. $r_n(x+\alpha)$ unendlichklein sein)?

PETER Aber das ist doch klar: Wenn die Reihe bei x+α *nicht* konvergiert (oder für *gewisse* α dort nicht konvergiert), dann ist auch die Frage nach der Stetigkeit hinfällig! Eine Funktion, die in der unmittelbaren Nähe eines Wertes x (oder in *einer* unmittelbaren Nähe) nicht erklärt ist, für die ist es *sinnlos*, nach ihrer Stetigkeit in x zu fragen.

ALEXANDER Bzw. ist sie dort, *logisch* gesehen, in jedem Fall stetig.

PETER Nicht schon wieder ein Streit um Logik!

ALEXANDER Jedenfalls ist hier ein Punkt, bei dem Cauchy hätte etwas ausführlicher sein können.

KONRAD Aber das ist doch ein unwesentlicher Punkt! Und außerdem ist da auch alles richtig.[77]

ALEXANDER Zufällig, ja.

ANNA Unverschämtheit! Als ob Cauchy sein Handwerk nicht verstünde!

ALEXANDER Tut er ja auch nicht - das wirst du gleich sehen! Du warst nämlich gerade dabei, die Schlüssigkeit von Cauchys Beweis zu begründen. Beim Argument 2° haben wir gesehen, daß nur für *unendlichgroße* n tatsächlich $r_n(x+\alpha)$ und $r_n(x)$ unendlichklein sind. Jetzt interessiert mich das Argument 1°: Warum ist $s_n(x+\alpha) - s_n(x)$ - wie du oder Cauchy sagen - *für alle* n unendlichklein?

ANNA Nun, für *endliche* n ist das ja klar, denn es gilt doch:

$$s_n(x+\alpha) - s_n(x) = u_0(x+\alpha) + u_1(x+\alpha) + \ldots + u_{n-1}(x+\alpha)$$
$$- (u_0(x) + u_1(x) + \ldots + u_{n-1}(x))$$
$$= (u_0(x+\alpha) - u_0(x)) + (u_1(x+\alpha) - u_1(x)) + \ldots +$$
$$+ (u_{n-1}(x+\alpha) - u_{n-1}(x)),$$

und dies ist eine *endliche Summe unendlichkleiner Werte* (denn die u_i sind ja allesamt stetig), mithin also *natürlich* ebenfalls unendlichklein.

ALEXANDER Geschenkt - wenn man sich mal auf diese seltsame Argumentationsweise einlassen will. Aber die *endlichen* n interessieren hier ja gar nicht - wie wir gesehen haben, sind die *unendlichen* n entscheidend.

---

[77] Dieser Punkt wird nochmals aufgegriffen werden - siehe S. 55f.

ANNA Stimmt. Und da Cauchy an dieser Stelle keine weitere Begründung gibt, *zeigt dies, wie er mit unendlichgroßen natürlichen Zahlen rechnet*: welchen *Sinn* er ihnen gibt.

EVA Nämlich?

ANNA Offenkundig schließt Cauchy von den Gegebenheiten im Endlichen auf diejenigen im Unendlichen. Oder genauer formuliert, eng angelehnt an die hier vorliegende Situation: *Was für alle endlichen natürlichen Zahlen gilt, das gilt auch für alle unendlichgroßen natürlichen Zahlen.*[78]

EVA Ein Beispiel für das Leibnizsche Kontinuitätsprinzip![79]

ALEXANDER So ein Unfug! Man kann doch nicht einfach *willkürlich* irgendwelche Rechengrundsätze einführen.

KONRAD Doch, selbstverständlich - wenn sie *konsistent*, also verträglich sind mit den anderen!

EVA Und dieser Grundsatz ist auch gar nicht *willkürlich* - er ist Teil des Leibnizschen Kontinuitätsprinzips!

ALEXANDER Bleib uns doch endlich mit deinem Leibniz vom Hals, Eva! Der interessiert uns hier gar nicht. Konrad kommt der Sache da schon näher: Du mußt zeigen, Anna, daß dieser Rechengrundsatz widerspruchsfrei vereinbar ist mit den übrigen Rechengrundsätzen und -gesetzen!

PETER Du wirst es wohl nie begreifen, Alexander, daß dein unaufhörliches Bemühen, *geschichtliche* Fragen in *logische* zu wenden, uns niemals einen Schritt weiter bringt! Ich finde Evas Bemerkung ungeheuer wichtig und bedeutsam - während deine (bzw. Konrads) Frage völlig uninteressant ist, nicht zuletzt, weil ihre Antwort *trivial* ist: Selbstverständlich ist dieser neue Rechengrundsatz widerspruchsfrei vereinbar mit allem übrigen - schließlich sagt er als erster (und bisher einziger) Grundsatz, wie mit den unendlichgroßen natürlichen Zahlen gerechnet werden soll. Was kann da schon groß schiefgehen? Du

---

[78] Beim Korrekturlesen kommt mir Grattan-Guiness [1979] auf den Tisch, der behauptet: 'Allerdings meinte Cauchy mit "unendlichgroß" gewiß lediglich "sehr groß, aber endlich".' (S. 247) Das ist natürlich vollkommener Unsinn, aber immerhin steht Grattan-Guiness hier an der entscheidenden Weggabelung. Daß er sich weigert, den zweiten Weg *anzuerkennen* und lieber ein Rückzugsscharmützel der Einen Objektiven Mathematischen Vernunft liefert, ist schade. Geradezu peinlich aber ist Grattan-Guiness' abwertendes Urteil über Fischer [1978], von dessen sorgfältig an den Quellen orientierter Argumentationsweise er nur lernen könnte (sofern er noch lernfähig sein sollte - vgl. Fußnote 71).

[79] vgl. Seite 11

kannst höchstens einen weiteren Grundsatz hinzufügen - dann wird die Frage nach der *Konsistenz* vielleicht wichtig (die Frage nach dem *Sinn* steht auf einem ganz anderen Blatt). Bis jetzt aber ist die Konsistenzfrage bedeutungslos ...

ALEXANDER Der Grundsatz könnte *in sich* widersprüchlich sein!

PETER ... Mir jedenfalls leuchtet Annas Cauchy-Verständnis voll und ganz ein! Es ist doch klar, daß Cauchy dann, wenn er mit unendlichen Zahlen rechnet, dies nach wohlbestimmten Gesetzen tun muß. Auch wenn er diese Gesetze selbst nicht ausdrücklich formuliert - was er offenbar nicht tut. Oder, Anna?

ANNA Nein, mir ist jedenfalls nichts davon bekannt.

PETER Eben. *Wenn Cauchy diese Gesetze nirgends selbst formuliert, dann muß man sie aus seinen Texten herauskristallisieren*: rekonstruieren.[80] Und mir scheint, genau das hat Anna hier in überzeugender Weise getan!

ANNA Danke für die Blumen, Peter.

PETER Gern geschehen. Und da dieser Grundsatz -
Was für alle endlichen natürlichen Zahlen gilt, das gilt auch für alle unendlichen natürlichen Zahlen.
vermutlich sehr wichtig ist, sollte man ihm einen Namen geben. Ich schlage vor: *Kontinuitätsprinzip für die natürlichen Zahlen* - damit der Anklang an das *Leibnizsche Kontinuitätsprinzip* deutlich gewahrt ist.

ALEXANDER Mit der *Namensgebung* bin ich einverstanden - in kleinen Dingen bin ich großzügig. Auch damit, *daß* ein solcher Grundsatz formuliert wird - das ist tatsächlich eine logische Notwendigkeit. Aber mit der *konkreten Fassung* dieses Grundsatzes bin ich *nicht* einverstanden:
Zum einen ist er viel zu unbestimmt - ja er ist sogar *in sich selbst widersprüchlich*! Denn alle endlichen natürlichen Zahlen sind ja wohl endlich - aber dennoch hat keine einzige **unendlichgroße** natürliche

---

[80] In Übertragung einer Formulierung von Lakatos ließe sich sagen: Cauchy hat niemals das 'Cauchysche Programm' artikuliert: das Cauchysche Programm ist nicht das Programm Cauchys. (Vgl. Lakatos [1970b], S. 289) Passend dazu auch Freudenthals Urteil: 'Cauchy erscheint in sich widersprüchlich, aber er war einfach ein Opportunist in der Mathematik, ungeachtet seines religiösen und politischen Dogmatismus. Er konnte sich seinen Opportunismus leisten, da er vor dem Hintergrund seiner gewaltigen [*vast*] Erfahrung ein sicheres Gefühl für das hatte, was wahr ist.' (Freudenthal [1970], S. 377)

Zahl diese schöne Eigenschaft!

PETER   Nicht philosophieren, Alex - *rechnen!* Es geht um *Rechnungen*, um Kalküle - nicht um *Logik*, um Aussagen!

ALEXANDER   Wer hat das wann gesagt? Na ja, lassen wir das vorläufig; schließlich ist da noch ein anderer Punkt, einer, der sich unmittelbar auf Cauchys *Rechnung* bezieht:
Damit Cauchys Argumente 1° und 2° gemeinsam gültig werden, genügt *ein einziges* unendlichgroßes n, für welches das Argument 1° gültig wird!
Es muß ja nur ein einziges unendlichgroßes n nachgewiesen werden, für das $\delta_n(x+\alpha) - \delta_n(x)$ unendlichklein ist![81] Mit anderen Worten: Aus diesem Beweis von Cauchy läßt sich gar nicht der von Anna formulierte Grundsatz ableiten, sondern allenfalls der folgende (ich bleibe einmal bei Annas unbestimmter Art der Formulierung):
Was für alle endlichen natürlichen Zahlen gilt, das gilt auch für mindestens eine *unendlichgroße natürliche Zahl.*[82]

ANNA   Ach ja, Alexander - wie üblich führt dich die Logik auf Abwege.

ALEXANDER   Ich möchte wissen, was du gegen die Logik hast, Anna! Deine Abneigung gegen sie ist ja krankhaft.

ANNA   Ob krankhaft oder nicht - jedenfalls ist diese Abneigung notwendig und gerechtfertigt: Mit der Logik ist in der Geschichte kein Blumentopf zu gewinnen - das ist es, was ich gegen die Logik habe! Außerdem habe ich mich ja auch keiner *logischen* Schlußweise (in deinem Sinne, Alexander!) bedient: *herauskristallisieren* ist nicht *ableiten*!

INGE   So allgemein ist diese Abneigung gegen die Logik natürlich unangebracht - man muß schon die *richtige* Logik verwenden, um zu den rechten Einsichten zu gelangen.

ALEXANDER   Du willst doch nicht etwa bestreiten, Inge, daß die mathematische Logik für die Mathematik die richtige Logik ist?

---

[81]   Ein *tendenziell* vergleichbares Argument findet sich m.W. erstmals bei Robinson [1966], S. 272. Allerdings ist bei der Robinson-Lektüre Vorsicht geboten: Seine 'unendlichen Zahlen' sind Kinder der Prädikatenlogik und als solche sehr zerbrechliche Wesen, die mit den robusteren Naturburschen, wie sie etwa in Cauchys Analysis (und überhaupt durchgängig in dem hier vorliegenden Text) erstehen, nur unter einigen Vorsichtsmaßnahmen in Kontakt gebracht werden dürfen.

[82]   vgl. Robinson [1966], S. 65, Lehrsatz 3.3.20 - jedoch unter Beachtung des in der vorigen Fußnote Gesagten!

PETER Aufhören! Nicht schon wieder ideologisches Geschwätz! Sag uns lieber, Anna, warum du deine Fassung des Kontinuitätsprinzips für die natürlichen Zahlen für angemessener hältst als die Alexandersche.

ANNA Das ist ganz einfach. Nehmen wir an, es gebe unendliche Werte n, für die $\delta_n(x+\alpha) - \delta_n(x)$ *endlich* wäre - das ist es ja, was Alexander zulassen möchte. Dann gäbe es natürlich auch einen *kleinsten* unendlichen Wert mit dieser Eigenschaft; nennen wir ihn n'. Dann aber wäre die Differenz des *endlichen* Wertes

$$\delta_{n'}(x+\alpha) - \delta_{n'}(x)$$

und des *unendlichkleinen* Wertes

$$\delta_{n'-1}(x+\alpha) - \delta_{n'-1}(x)$$

zweifellos ein *endlicher* Wert - obgleich sich diese Differenz doch gerade zu

$$(\delta_{n'}(x+\alpha) - \delta_{n'-1}(x+\alpha)) - (\delta_{n'}(x) - \delta_{n'-1}(x)) =$$
$$= u_{n'-1}(x+\alpha) - u_{n'-1}(x)$$

berechnet, was wegen der vorausgesetzten Stetigkeit *aller* u_i jedoch *unendlichklein* sein muß!

PETER Donnerwetter - sehr schön, Anna! Das überzeugt mich.

ALEXANDER Mich nicht. Was sagt denn dieser Widerspruch, den Anna uns gerade vorgeführt hat? Doch nur, *daß es ein solches n' nicht gibt*! Trotzdem könnte es unendliche Werte n geben, für die

$$\delta_n(x+\alpha) - \delta_n(x)$$

endlich ist - nur gibt es darunter eben keinen kleinsten. Mehr zeigt Annas Beweis doch nicht!

PETER Oh doch! Unter der Voraussetzung, daß es *überhaupt* unendliche Werte n gibt, für welche die Differenz

$$\delta_n(x+\alpha) - \delta_n(x)$$

endlich ist, - unter dieser Voraussetzung zeigt der Beweis, daß es *kein* unendliches n gibt, für den diese Differenz *unendlichklein* ist. Denn gäbe es ein solches n, für das diese Differenz unendlichklein ist, dann nehme man den größten Wert mit dieser Eigenschaft, nenne ihn $n'-1$ und ...

ALEXANDER Und woher weißt du, daß es einen solchen *größten* Wert darunter gibt? Die einzelnen Bereiche derjenigen Werte von n, für die

$$\delta_n(x+\alpha) - \delta_n(x)$$

endlich bzw. unendlichklein sind, könnten doch so verteilt sein, daß

sie nicht direkt aneinanderstoßen - so wie ja wohl auch der Bereich
der endlichen und der unendlichen Werte bei den natürlichen Zahlen
nicht direkt aneinanderstoßen: Es gibt weder eine endliche Zahl m, für
die $m+1$ unendlichgroß ist, noch eine unendliche Zahl n, für die $n-1$
endlich ist. Annas Beweis zeigt lediglich, daß die Bereiche derjenigen natürlichen Zahlen n, für welche die Differenz

$$\delta_n(x+a) - \delta_n(x)$$

endlich bzw. unendlichklein sind, ebenso voneinander getrennt liegen.

ANNA Welch krankhafte Phantasie hast du, Alexander? Welche abscheulichen Eigenschaften traust bzw. mutest du den unendlichen natürlichen Zahlen zu?

ALEXANDER Dieses Krankhafte liegt keineswegs in meiner Phantasie, sondern vielmehr in der Natur - oder besser: in der *Logik der unendlichen natürlichen Zahlen*![83] Die unendlichen natürlichen Zahlen sind in verschiedene, voneinander getrennte Bereiche geteilt, in Inseln: etwa wenn du zu einer unendlichen Zahl n ihre Vielfachen $2n$, $3n$, $4n$ usw. betrachtest - jede liegt auf einer neuen Insel, umgeben von ihren additiven Nachbarn: ..., $n-2$, $n-1$ und $n+1$, $n+2$, ...; ..., $2n-2$, $2n-1$ und $2n+1$, $2n+2$, ...; ... Und ebenso liegen dann natürlich $\frac{n}{2}$, $\frac{n}{3}$, $\frac{n}{4}$ usw. ihrerseits auf Inseln, ebenfalls von ihren additiven Nachbarn umgeben: ..., $\frac{n}{2} - 2$, $\frac{n}{2} - 1$ und $\frac{n}{2} + 1$, $\frac{n}{2} + 2$, ...

ANNA Ein Kontinuum von Zahleninseln?

ALEXANDER Wenn wir eine unendliche Zahl mal benannt haben - ja.[84]

PETER Darf ich euch von eurer geographischen Entdeckungsreise wegholen? Mir ist nämlich ein Argument eingefallen, das Annas Beharren auf dem Rechengrundsatz des Kontinuitätsprinzips für die natürlichen Zahlen stützt.

ALEXANDER Und das lautet?

PETER Anna hat ja *bewiesen*, daß es *kein* unendlichgroßes n gibt, für das die Differenz

$$\delta_n(x+a) - \delta_n(x)$$

endlich ist, und zwar folgendermaßen:

---

[83] Ob dies wohl eine Anspielung auf Robinson [1966] sein soll?

[84] 'Die Uebergänge einer Grössen-Art in eine andere weisen z.B. nicht die Continuität der Veränderung der mathematischen Grössen auf, wenn sich auch keine sprungweisen Aenderungen ergeben.' (du Bois-Reymond [1882], S. 76) - Herr Schmieden pflegt von der 'Inseltaktik' zu sprechen.

1° Es gibt unendliche *n*, für welche diese Differenz *unendlichklein* ist.
Dieses Argument gilt nach dem Kontinuitätsprinzip für die natürlichen Zahlen.
2° Wenn es unendliche *n* gibt, für welche diese Differenz *endlich* ist, dann gibt es darunter ein kleinstes. (Dies führt zu einem Widerspruch.)
Dieses zweite Argument gilt nun ebenfalls nach dem Kontinuitätsprinzip für die natürlichen Zahlen! Denn jede Gesamtheit *endlicher* natürlicher Zahlen hat eine kleinste Zahl – folglich hat auch jede Gesamtheit *unendlicher* natürlicher Zahlen eine kleinste: nach eben diesem Prinzip! Ich sehe gar nicht, aus welchem Grund ihr euch streitet, Anna und Alexander – Anna hat vollkommen recht, ihr Beweis ist völlig schlüssig.

ALEXANDER Woher willst du denn wissen, ob das, was du von *einzelnen* Zahlen ungestraft sagen darfst, auch auf eine *Gesamtheit*, eine *Menge* von Zahlen problemlos übertragbar ist? Jetzt kommt eben doch wieder die *Logik* ins Spiel, ganz zwangsläufig – obwohl ihr sie vorhin so heftig herausdrängen wolltet!

KONRAD Schluß mit diesen Schlüssigkeitshaarspaltereien! Keine Logik jetzt! Ich finde, wir haben Cauchys Beweis mittlerweile genügend breitgetreten. Wir sollten sehen, daß wir mit der Geschichte weiterkommen.
Anna hat uns bisher vorgeführt, welchen Lehrsatz Cauchy 1821 aufgestellt hat und wie er ihn bewies.[85] Wie aber ging es weiter? Wenn der Beweis schlüssig war, *für Cauchy schlüssig* war, meinetwegen – welche Haltung nahm er denn dann zu den (angeblichen) Gegenbeispielen ein? Und wie kam er schließlich zu der Entdeckung der gleichmäßigen Konvergenz – denn sowohl Bourbaki als auch Kline berichten ja von dieser Entwicklung?

---

[85] Gegen diese Erkenntnis der Stichhaltigkeit von Cauchys Beweis wehrt sich die Gesamtheit aller bisherigen Mathematikgeschichtler. Werfen wir einen Rundblick auf die Ehrengalerie der namhaften Fürsprecher der Einen Vernunft und schauen uns an, wie sie über Cauchy den Stab brechen: Bourbaki (siehe S. 2f) und Kline (siehe S. 6) befinden sich hier in der besten Gesellschaft:
3) Garrett Birkhoff [1973] bemerkt mit der Bescheidenheit des Besserwissers: 'Cauchys Beweise sind nicht immer streng, denn er war sich nicht des Unterschiedes zwischen Stetigkeit und gleichmäßiger Stetigkeit oder zwischen Konvergenz und gleichmäßiger Konvergenz bewußt.' (S. 2)

4) Offenkundig die Frucht außerordentlich sorgfältiger Quellenstudien ist auch das etwas ins Allgemeine gewendete Urteil von Bell [1940]: 'Als Zeichen für die Schwierigkeiten [*subtleties*], die dem widerspruchsfreien Denken über das Unendliche und das Kontinuum anhaften, mag dienen, daß auch ein so sorgfältiger Geist wie Cauchy in die Irre ging, sobald er sich der Intuition ergab. Er glaubte eine Zeitlang, daß die Summe jeder konvergenten Reihe stetiger Funktionen stetig ist ...' (S. 292)
5) Überraschend oberflächlich formuliert auch Klein [1926]: 'Die Unkenntnis dieses Begriffs [nämlich der gleichmäßigen Konvergenz einer Reihe in einem Intervall] läßt Cauchy auf S. 120 [seines *Cours d'analyse*] den unrichtigen Satz aussprechen, daß eine konvergente Reihe stetiger Funktionen im Konvergenzintervall [*sic!*] notwendig stetig sei, den er, eben unter Umgehung [*sic!*] des wichtigen Begriffes der Gleichmäßigkeit, daselbst fälschlich beweist.' (S. 84) Worin denn nun der Fehler dieses Beweises besteht, das verrät uns Klein leider nicht. Auch ist die gesamte Kleinsche Formulierung wenig einfühlsam: Ist schon das Wort 'Konvergenzintervall' nicht so ganz Cauchy-gerecht, so ist die Formulierung von der 'Umgehung des wichtigen Begriffes der Gleichmäßigkeit' (den Cauchy nach Kleins eigenen Worten gar nicht gekannt hat!) ausgesprochen nachlässig: Wie kann Cauchy - oder sonstwer - einen Begriff *umgehen*, der ihm fehlt? Etwa *rein zufällig*, so wie ein Wanderer in unbekanntem Gelände *zufällig* einen Sumpf umgeht? Tappt Cauchy wirklich so ziellos in der Analysis umher, daß er an Sachverhalten, die durch solch 'wichtige Begriffe' wie gleichmäßige Konvergenz beschrieben werden, *blind* vorbeistolpert? Mir scheint, wir dürfen Cauchy ruhig ein wenig mehr Gespür, etwas größere Fähigkeiten auf seinem Spezialgebiet zubilligen. Der Leser erinnert sich hier an das in Fußnote 80 zitierte Urteil Freudenthals.)
6) Nicht viel anders als Klein sieht es Burkhardt [1914]: 'Im übrigen ist auch Cauchy an der Erkenntnis der vorhin bezeichneten allgemeinen Tatsache [= die Reihenfolge zweier Grenzübergänge darf nicht ohne weiteres vertauscht werden] dadurch vorbeigeführt worden, daß er zwar die fundamentale Bedeutung des Grenzbegriffs für die Analysis erkannt hat und die Terminologie des Rechnens mit unendlich kleinen und unendlich großen Größen nur als eine abgekürzte Sprechweise für seine Benutzung ansieht [*sic!*], daß er aber doch dieser Abkürzung sich auch in Fällen bedient, in welchen sie zu Fehlschlüssen Anlaß geben kann, indem sie nicht erkennen läßt, von welchen Variabeln die "unendlichkleinen", d.h. gegen Null konvergierenden Größen noch abhängen und von welchen nicht. So kommt er zu Scheinbeweisen [ein schönes Wort!] für die Behauptungen: daß die Summe einer konvergenten Reihe stetiger Funktionen selbst eine stetige Funktion sei ...' Und dazu noch die Anmerkung: 'Der Schlußfehler liegt in den Worten "der Zuwachs ... von r_n wird gemeinsam mit r_n klein".' (S. 972 und Anmerkung 736) Wir sehen also: eine halsbrecherische Interpretation, die sich trotz eifriger Flickschusterei nicht felsenfest begründen läßt: Worin besteht denn nun dieser vorgebliche 'Schlußfehler'? Und wie steht es überhaupt mit dieser 'allgemeinen Tatsache', daß die Reihenfolge zweier Grenzübergänge 'nicht ohne weiteres vertauscht werden' darf? Wie jede 'Tatsache' von der zugrundegelegten Beobachtungstheorie abhängt, so hängt auch die hier zitierte vom gewählten Modell der Analysis ab - und in der Nichtstandard-Analysis gilt ja bekanntlich der allgemeine Lehrsatz: 'Die Reihenfolge von Grenzübergängen ist vertauschbar.' (siehe etwa Schmieden/Laugwitz [1958], S. 13)
7) Pringsheim [1899] greift einfallslos auf plumpe Unterstellung zurück: 'Der von Cauchy ausgesprochene Satz, daß aus der Stetigkeit der einzelnen $u_i(x)$ allemal diejenige von $s(x)$ folge, beruhte auf der irri-

gen Supposition, dass jede in der Umgebung [*sic!*] von $x = a$ konvergierende Reihe daselbst *eo ipso gleichmäßig* konvergieren müsse, und wurde zunächst von N. H. Abel [...] als unzutreffend erkannt.' (S. 34)
8) Du Bois-Reymond [1871] sieht da überhaupt kein Problem: 'In Cauchys Cours d'Analyse de l'Ecole Polytechnique findet sich S. 131 der Satz aufgestellt, dass die Summe einer convergenten Reihe, deren einzelne Glieder stetige Functionen von einer Variabeln x sind, ebenfalls eine stetige Function dieser Variabeln sein müsse. Dass diese Behauptung,so allgemein ausgesprochen, unrichtig ist, lehren die physikalischen Reihen.' (S. 135)
9) Aber auch die forschenden Mathematiker zu Cauchys Zeiten urteilten nach demselben Muster. Etwa Seidel [1848]: 'Gleichwohl steht der Satz [Cauchys] im Widerspruch zu dem, was Dirichlet gezeigt hat [...] Man braucht selbst nicht den intricaten Gang der Dirichlet'schen Beweise nachzugehn, um sich zu überzeugen, dass die Allgemeinheit des Satzes, von welchem die Sprache ist, Einschränkungen hat.' (S. 382)
10) Abel [1826a] wird unten im Text noch zu diesem Thema zitiert werden - vgl. S. 54.
11) All diese Urteile über Cauchys Lehrsatz erscheinen jedoch noch geradezu maßvoll, wenn man Hardy [1918] zu Gesicht bekommt: 'Der Lehrsatz, daß eine konvergente Reihe stetiger Funktionen notwendig eine stetige Summe hat, gehört zu jenen, deren Falschheit offenkundig, ja schreiend ist: Beispiele für das Gegenteil drängen sich dem Analytiker und dem Physiker in gleicher Weise auf.' (S. 149) Da Cauchy ja bekanntlich nicht taub war, ist er also wohl kein Analytiker gewesen?
12) Auch die Verfügung über scheinbar geeigneteres mathematisches Werkzeug garantiert noch keine sorgfältige Cauchy-Lektüre, wie Robinson [1966] beweist: 'Wir wollen jetzt einen berühmten Irrtum von Cauchy betrachten, der schon wiederholt in der Literatur erörtert wurde.' (S. 271) Aber natürlich paßt Robinsons ausgefeilte logische Theorie der unendlichkleinen Zahlen nicht *genau* auf Cauchys Analysis, so daß auch Robinson seinen Grund findet, das Trugbild von Cauchys falschem Lehrsatz aufrechtzuerhalten - vgl. auch die Fußnoten 81 und 96!

Anders urteilt ausschließlich Lakatos [1966] (vgl. Fußnote 96): 'Cauchy unterlief nicht der geringste Fehler, er bewies lediglich einen vollständig anderen Lehrsatz ...' (S. 50) Dies ganz deutlich zu entfalten, darum geht es hier.

2.3 ABELS AUFTRITT GEGEN CAUCHY

Abel behauptet, es gebe Gegenbeispiele zu Cauchys Summensatz, aber Cauchy rechnet vor, wie dieser Einwand danebengeht. Es gibt also für Cauchy keinerlei Anlaß, Zuflucht bei dem Begriff der gleichmäßigen Konvergenz zu suchen (wie das Bourbaki, Kline usw. behaupten), und er tut das auch nicht. Cauchys subjektives Bewußtsein seiner Rechnungen ist also auch objektiv gerechtfertigt.

ANNA Es ist wirklich spannend zu verfolgen, wie Cauchy mit den angeblichen Gegenbeispielen zu seinem Lehrsatz fertig wurde. Ihr erinnert euch[86]: Kline erzählt, daß Abel im Jahre 1826, also fünf Jahre nach der Veröffentlichung von Cauchys Lehrbuch, folgendes Beispiel angab:

$$\sin x - \frac{\sin 2x}{2} + \frac{\sin 3x}{3} - + \ldots$$

Offenkundig sind die einzelnen Glieder dieser Reihe stetige Funktionen - doch die Summenfunktion hat bekanntlich folgendes Bild:

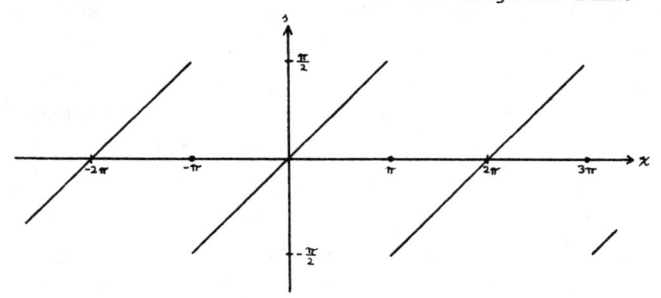

ALEXANDER Genau. Und die Unstetigkeit dieser Summenfunktion an den Stellen π, $-\pi$, 3π, -3π, ..., allgemein also $(2z+1)\pi$ für jede ganze Zahl z - die ist ja mit den Händen zu greifen. Ein wunderschönes Gegenbeispiel also gegen Cauchys Lehrsatz!

PETER Ganz so selbstbewußt wie bei dir, Alexander, klingt es bei Abel allerdings noch nicht! Ich habe mir einmal seine Arbeit angesehen und dort lediglich eine *Fußnote* gefunden, in der in dieser Thema der Gegenbeispiele zu Cauchys Lehrsatz abgehandelt wird. In dieser Fußnote zitiert Abel zunächst den Wortlaut des Lehrsatzes, und dann fährt er

[86] siehe S. 5

folgendermaßen fort: 'Es scheint mir aber, dass dieser Lehrsatz Ausnahmen leidet. So ist z.B. die Reihe

$$\sin \phi - \frac{1}{2}\sin 2\phi + \frac{1}{3}\sin 3\phi - \ldots \text{ u.s.w.}$$

unstetig für jeden Werth $(2m+1)\pi$ von $[\phi]$[87], wo m eine ganze Zahl ist. Bekanntlich giebt es eine Menge von Reihen mit ähnlichen Eigenschaften.'[88]

EVA Erneut[89] ein klarer Beweis dafür, daß auch Abel nach der Methode der Ausnahmensperre vorging: Er sieht diese Reihe nicht als *widerlegendes Gegenbeispiel*, sondern als eine *Ausnahme* (eine unter vielen anderen)!

PETER Ja, und darüberhinaus ist ihm diese Angelegenheit gar nicht so wichtig - greift er sie doch lediglich in einer Fußnote auf! Er scheint also gar nicht groß beunruhigt zu sein von dieser Situation.

ALEXANDER *und* ANNA Nein!

PETER Einer nach dem andern!

ALEXANDER Es könnte ja auch sein, daß er die ganze Angelegenheit deshalb nur in einer Fußnote aufgriff, weil er selbst keine Lösung wußte, keinen Satz, der diese 'Ausnahmen' auch tatsächlich ausschließt.

EVA Oh doch - Abels Vorschlag war ja, nur über Potenzreihen zu reden[90], d.h. er wußte sehr wohl, wie man den Gültigkeitsbereich dieses Lehrsatzes einschränken muß[90]. Sein Unwissen kann also nicht der Grund dafür sein, daß er hier nur eine Fußnote schrieb.

ANNA Abel war einfach ein höflicher Mensch - und eine solch angesehene Kapazität wie Cauchy kann man doch nicht lauthals eines Irrtums bezichtigen. Noch dazu, wo Abel so große Stücke auf Cauchy hielt![91] Da ist ein leichter Tadel in einer Fußnote genau der richtige Ton.

ALEXANDER Wieso? Fehler ist Fehler - wer den macht, ist doch egal!

ANNA Genies machen keine Fehler! Und Abel tat auch recht daran, Cauchy keinen Fehler vorzuwerfen - denn es war ja gar kein Fehler!

---

[87] im Original steht hier irrtümlich 'x'
[88] Abel [1826a], S. 316
[89] siehe S. 20   [90] siehe S. 22f
[91] vgl. oben auf S. 5 das von Kline aus einem Brief zitierte respektvolle Urteil Abels über Cauchy!

PETER Jetzt aber los: Was hat Cauchy zu der von Abel genannten Reihe gesagt?
ANNA Daß sie kein Gegenbeispiel zu seinem Satz ist.
ALEXANDER Aber warum denn nicht? Die Summenfunktion ist doch unstetig, z.B. bei π, obwohl alle Reihenglieder stetig sind!
ANNA Kannst du *beweisen*, daß die Reihe unstetig ist, etwa bei π?
ALEXANDER Selbstverständlich - aber das ist doch unnötig: *das* sieht doch nun wirklich ein Blinder! Schau dir doch nur das Bild an!
ANNA Da siehst du, wie dich dein Auge täuschen kann! Denn man kann schlicht *beweisen*, daß diese Reihe bei π *nicht* unstetig ist.
ALEXANDER Wie bitte?? Da bin ich aber neugierig! Nein, das glaube ich nicht, das ist ganz ausgeschlossen.
ANNA Oh doch - mit einer ganz naheliegenden[92] Überlegung: Man beweist einfach, daß die Reihe gar nicht überall in der Nähe von π konvergiert! Dann ist nämlich die Grenzfunktion nicht überall in der Nähe von π erklärt - und also kann man auch nicht davon sprechen, daß sie dort unstetig ist.
EVA Kannst du nicht ein bißchen deutlicher werden? Wo in der Nähe von π konvergiert denn die Reihe nicht?
ANNA An gewissen Punkten in der unendlichkleinen Umgebung von π natürlich! Aber eins nach dem andern. Ich werde euch zeigen, wie Cauchy vorgegangen ist. Ich habe mir nämlich jene späte Arbeit von ihm einmal besorgt, die aus dem Jahr 1853, die von Bourbaki[93] und von Kline[94] angeführt wird[95]. Ich habe sie mir angeschaut und eine sehr interessante Rechnung gefunden.[96]

---

[92] Vgl. oben, S. 44, aber dies ist natürlich eine gewisse Beschönigung der tatsächlichen Geschehnisse: Immerhin ließ Cauchy das mathematische Publikum 32 Jahre lang auf diese Lösung warten, und in dieser Zeit war ihm auch kein anderer beigesprungen! Siehe auch unten, S. 310.

[93] siehe S. 3   [94] siehe S. 6

[95] und auch sonst überall

[96] M.W. sind es erstmals Lakatos [1966] und (auf ihn gestützt) Cleave [1970], die Cauchys *Rechnung* in seinem [1853] aufgreifen und würdigen. Beide jedoch sind noch sehr der heute herrschenden (Standard-)Theorie der Analysis verhaftet - d.h. dem Rechnen mit Grenzwerten - , so daß sie (und ganz besonders Cleave) immer wieder *Folgen* sehen, wo *unendliche Zahlen* stehen; vgl. Lakatos [1966], S. 57 und Cleave [1970], S. 34.
Wichtig ist es, den Wandel in Lakatos' Denken zu bemerken: Nach Vorstudien in den Jahren 1957-8 urteilte Lakatos in seiner Doktorarbeit (1961) über Cauchy noch ganz im Sinne des heute herrschenden Vorur-

Cauchy nimmt sich hier zwar nicht genau die von Abel genannte Reihe
vor, sondern eine andere, aber die ist der Abelschen eng verwandt:

$$\sin x + \frac{1}{2}\sin 2x + \frac{1}{3}\sin 3x + \ldots$$

Lediglich die Vorzeichen sind hier anders, aber die Grundproblematik
ist dieselbe, denn das Bild dieser Grenzfunktion ist

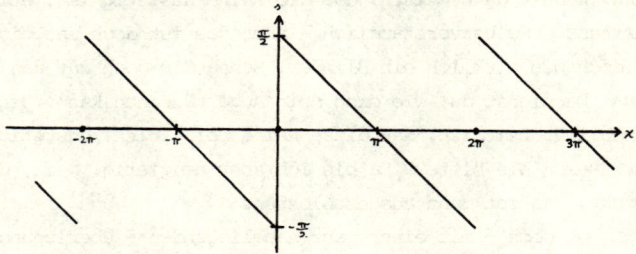

teils (vgl. oben Fußnote 59 und den dortigen Text) - offenkundig,
ohne Cauchy im Original gesehen zu haben. Das makabre Ergebnis dieses
Vor-Urteils habe ich oben auf S. 13f wiedergegeben. Irgendwann zwischen 1961 und 1966 kam Lakatos in Kontakt mit Robinsons *Non-Standard-Analysis* (vgl. Robinson [1966]) (und leider nicht mit dem schon länger existierenden Ω-*Kalkül* - vgl. Schmieden/Laugwitz [1958]) und holte
auch die versäumte Cauchy-Lektüre nach. Das Ergebnis war ein grundlegender Sinneswandel: 'Nachdem ich Robinson gelesen hatte, bemerkte
ich meinen Irrtum: Ich hatte Cauchy fälschlicherweise als unmittelbaren Vorläufer von Weierstraß gelesen [*gelesen?*]' - Lakatos [1966],
S. 44 Fußnote 1. Ein erster Niederschlag dieses Sinneswandels ist
eben sein [1966]. Leider starb Lakatos vorzeitig (1974), so daß andere
seine Ideen weiterdenken müssen. Ein erster Versuch in dieser Richtung
soll das hier vorliegende Kapitel ('Zweiter Tag') sein. -
Ein Wort noch zur etwas verwickelten Chronologie der Lakatos-Veröffentlichungen: Sein [1966] sollte nach dem 'International Logic Colloquium,
Hanover' des Jahres 1966 noch im selben Jahr in einer Zeitschrift veröffentlicht werden, doch Lakatos hielt den Text zurück, und so erschien
er erst posthum 1978 in Lakatos [1978b]. Ich selbst hatte - aufgrund
des Hinweises in Cleave [1970], S. 27 - die Fährte schon früher aufgenommen und war im Sommer 1976 nach London geflogen, um an Lakatos'
letzter Wirkstätte, der *London School of Economics and Political
Sciences*, nach diesem Text zu fahnden. Damals war der Nachlaß schon
für den Druck vorbereitet, und Mr. Howson versprach, mir einen Fahnenabzug der Arbeit zukommen zu lassen. Den erhielt ich dann auch, und
nach der Lektüre beschloß ich, meinerseits an diesem Thema zu arbeiten.
Als ich dann 1977 die 1976 erstmals veröffentlichten Teile von Lakatos'
Doktorarbeit ins Deutsche übertrug (also die Anhänge in Lakatos
[1961]), da war der 1961er Cauchy-Aufsatz (Anhang 1) längst überholt,
so daß ich mich dort zu einer abwiegelnden Fußnote genötigt sah (Fußnote *38). Mittlerweile beginnt der Aufsatz Lakatos [1966] aber schon
größeres Aufsehen zu erregen, nicht zuletzt durch den schnellen Wiederabdruck in der Zeitschrift *The Mathematical Intelligencer* 1 (3) (1978),
S. 151-61.

Die problematischen Stellen sind hier $2\pi z$ für jede ganze Zahl z, also z.B. die Stelle 0. Einverstanden, Alexander?

ALEXANDER Auch diese Reihe ist ein Gegenbeispiel zu Cauchys Lehrsatz, ja.

ANNA Abwarten. Cauchy beweist jetzt, daß diese Reihe nicht überall in der Nähe der Null konvergiert.

PETER Konvergenz heißt bei Cauchy: Der Reihenrest r_n wird für unendlichgroße n unendlichklein - stimmt's?[97]

ANNA Ausgezeichnet, Peter - ja, das stimmt. In diesem Beispiel hier gilt für den Reihenrest

$$r_n(x) = \sum_{k=0}^{\infty} \frac{\sin(n+k)x}{n+k}.$$

Und jetzt hört selbst, wie Cauchy den Wert dieses Reihenrestes berechnet: 'Für solche Werte von x, die sehr nahe bei null liegen, beispielsweise für $x = \frac{1}{n}$, wobei n eine sehr große Zahl ist, kann er sich beträchtlich von null unterscheiden; und wenn man für n einen sehr großen Wert wählt und nicht nur $x = \frac{1}{n}$ setzt, sondern auch $n' = \infty$, dann wird die Summe

$$\frac{\sin(n+1)x}{n+1} + \frac{\sin(n+2)x}{n+2} + \ldots + \frac{\sin n'x}{n'}$$

oder - was dasselbe ist - der Rest r_n der Reihe (56) im wesentlichen zu dem Integral

$$\int_1^{\infty} \frac{\sin x}{x}\,dx = \frac{\pi}{2} - 1 + \frac{1}{1\cdot 2\cdot 3}\cdot\frac{1}{3} - \frac{1}{1\cdot 2\cdot 3\cdot 4\cdot 5}\cdot\frac{1}{5} + \ldots$$
$$= 0{,}6244 \text{ '}[98]$$

PETER Oh, ich sehe! Damit ist für ein unendlichgroßes n der Wert des Reihenrestes r_n an der Stelle $\frac{1}{n}$ zu $0{,}6244$ berechnet, also endlich - und nicht unendlichklein, wie es für die Konvergenz der Reihe erforderlich wäre. Also konvergiert die Reihe an dieser Stelle gar nicht, die Summenfunktion ist an dieser Stelle gar nicht definiert - und folglich auch nicht unstetig.

ALEXANDER Wo? An welcher Stelle?

---

[97] siehe S. 38f

[98] 'Pour des valeurs de x très voisines de zéro, par example pour $x = 1/n$, n étant un très grand nombre, elle pourra différer notablement de zéro; et si, en attribuant à n une très grande valeur, on pose non seulement $x = 1/n$, mais encore $n' = \infty$, la somme [...], ou, ce qui revient au même, le reste r_n de la série [...] se réduira sensiblement à l'intégrale ...' (Cauchy [1853], S. 33)

ANNA An jeder Stelle $\frac{1}{n}$ mit einem unendlichgroßen Wert für n.
Diese Stellen liegen unendlichnahe bei null.

INGE Ich verstehe Cauchys Rechnung gar nicht!

PETER Oh, die ist doch klar und durchsichtig! Paß auf, ich will sie dir erklären. Cauchy rechnet folgendermaßen:

Er berechnet den Wert des Reihenrestes r_n an einer Stelle x, die den Wert $\frac{1}{n}$ hat:

$$r_n(x)\Big|_{x=\frac{1}{n}} = \sum_{k=0}^{\infty} \frac{\sin(n+k)\cdot\frac{1}{n}}{(n+k)\cdot\frac{1}{n}} = \sum_{k=0}^{\infty} \frac{\sin(n+k)\cdot\frac{1}{n}}{(n+k)\cdot\frac{1}{n}} \cdot \frac{1}{n}$$

Die Summanden dieser letzten Summe kann man deuten als Produkte von Ordinatenlängen $\frac{\sin\frac{n+k}{n}}{\frac{n+k}{n}}$ und Abszissenlängen $\frac{1}{n}$, also als Summe von Rechtecksflächen

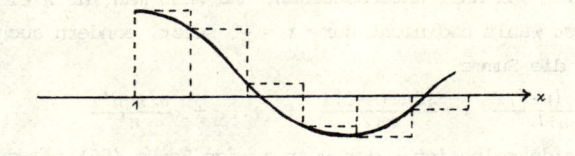

und diese Summe nähert die (orientierte) Fläche unter der Kurve $\frac{\sin x}{x}$ in dem Bereich $x \geq 1$ an. Für unendlichgroßes n ist diese Summe gerade das Integral

$$\int_1^{\infty} \frac{\sin x}{x}\, dx$$

- das genau ist ja das Cauchy-Integral![99] -, und dieses Integral ist ein endlicher Wert.

---

[99] 'Wir betrachten jedes bestimmte Integral zwischen zwei gegebenen Grenzen als nichts anderes als die Summe der unendlichkleinen Werte des Differenzialausdrucks unter dem ∫-Zeichen, die den verschiedenen Variablenwerten zwischen diesen gegebenen Grenzen entsprechen.' = 'Nous considérons chaque intégrale définie, prise entre deux limites données, comme n'étant autre chose que la somme des valeurs infiniment petites de l'expression différentielle placée sous le signe ∫, qui correspondent aux diverses valeurs de la variable renfermées entre les limites dont il s'agit.' (Cauchy [1822], S. 333f) Vgl. auch Cauchy [1823], S. 128.

→

KONRAD Donnerwetter! Sehr raffiniert!

INGE Listig, listig - in der Tat!

ALEXANDER Und damit also glaubst du, Anna, hat Cauchy Abels Gegenbeispiel widerlegt?

ANNA Zweifellos! Cauchy hat vorgerechnet, daß es unendlichkleine Werte von x gibt, für welche der Reihenrest r_n für unendlichgroße n einen endlichen Wert hat - für die also die Reihe (56) gar nicht konvergiert. Was willst du mehr, Alexander? Damit ist die Summenfunktion s für einen solchen unendlichkleinen Wert gar nicht definiert, also auch nicht der Zuwachs oder die Veränderung von s für solche Veränderungen der Variablen beim Wert Null:

$s(0+\frac{1}{n}) - s(0)$ existiert nicht, weil

$s(0+\frac{1}{n})$ nicht existiert.

Also kann man nicht behaupten, die Summe der Reihe (56) sei eine bei Null unstetige Funktion!

EVA Und doch kann man das! Nach Cauchys eigener Definition[100] ist eine Funktion genau dann *stetig*, wenn ein unendlichkleiner Zuwachs der Variablen höchstens einen unendlichkleinen Zuwachs der Funktion selbst bewirkt. Auf dieses Beispiel hier übertragen heißt das also:

(*) Wenn α unendlichklein ist,
     dann muß auch $s(x+\alpha) - s(x)$ unendlichklein sein.

Wenn nun aber $s(x+\alpha)$ - in unserem Fall also $s(0+\frac{1}{n})$ - nicht existiert, dann ist die Dann-Aussage von (*) falsch, also die Bedingung (*) nicht erfüllt, also die Summe bei Null unstetig.

ANNA Aber nicht doch! Wir werden doch über $s(x+\alpha)$ keine Aussage machen, ohne gleichzeitig vorauszusetzen, daß $s(x+\alpha)$ überhaupt existiert!

ALEXANDER Ganz recht. Das ist schon in Ordnung, Eva; selbstverständlich ist (*) in folgendem Sinn zu verstehen[101]:

Der Trick, das Differenzial dx mit $1/n$ für unendlichgroßes n zu identifizieren, war natürlich keineswegs Cauchys Erfindung sondern zu seiner Zeit gang und gäbe: 'Ich ersetze u durch x/n und nehme dann n unendlich gross an. [...] macht man also $n = 1/dq$, wo dq das Differential einer Grösse q ist ...' (Fourier [1822], zitiert nach Weinstein [1884], S.317)

[100] siehe S. 34f

[101] Hier das Einschmuggeln einer 'versteckten Annahme' zu sehen (vgl. zu diesem Begriff Lakatos [1961], S. 45), wäre offenkundig methodologische Schaumschlägerei.

Wenn α unendlichklein ist und
(**) wenn $\delta(x)$ und $\delta(x+α)$ existieren,
dann muß $\delta(x+α) - \delta(x)$ unendlichklein sein.
Schließlich nennen wir ja auch täglich solche Funktionen, die in einem Intervall definiert sind - etwa im Intervall $[a,b]$ - auch in ihren *Randpunkten* stetig: obwohl sie nach Evas Definition (*) dort *niemals* stetig sein könnten (weil ja etwa $\delta(b+α)$ für positives α nicht definiert ist).

EVA Für Randpunkte braucht man halt eine *andere*[102] Stetigkeitsdefinition!

KONRAD Aber das tut doch keiner, und das will auch niemand: Das wäre nichts weiter als logische Haarspalterei ohne jeden praktischen Nährwert. Lassen wir ruhig die Kirche im Dorf.

ALEXANDER Was ich bei Cauchy viel unlogischer, viel inkonsequenter finde, das ist seine Argumentation: Da die Reihe an einer gewissen Stelle nicht konvergiert, habe sie dort auch keine Summe, die Summenfunktion also auch keinen Wert.

ANNA Wieso findest du das inkonsequent?

ALEXANDER Nun, Cauchy rechnet ja offenkundig mit unendlichgroßen Zahlen - so hast du es ja gerade vorgeführt, Anna.

ANNA Ja, und weiter?

ALEXANDER Da wäre es doch völlig konsequent, wenn Cauchy statt von *divergierenden* (= nicht konvergierenden) *Reihen von Reihen mit unendlichem Wert* sprechen würde. Und dann wäre auch wieder alles klar und in Ordnung: Die von Abel genannten Reihen wären wieder Gegenbeispiele ...

---

[102] Selbstverständlich gibt es heute einheitliche Stetigkeitsdefinitionen, die auch Untersuchungen bei ausgefallenster Struktur des Definitionsbereichs gestatten. Etwa die Stetigkeitsdefinition von Baire, die ich zum Vergleich hier wiedergeben möchte, und zwar seine Stetigkeitsdefinition für eine beschränkte Funktion $f(x)$: Es seien $G(f,\delta)$ bzw. $g(f,\delta)$ die obere bzw. untere Grenze der Funktionswerte von $f(x)$ in dem Intervall δ. Die untere Grenze von $G(f,\delta)$ für alle den Punkt A enthaltende Intervalle δ heiße *oberer Limes der Funktion* $f(x)$ *im Punkt* A und werde durch $M(f,A)$ bezeichnet, ebenso heiße die obere Grenze von $g(f,\delta)$ für alle A enthaltenden Intervalle δ *unterer Limes der Funktion* $f(x)$ *im Punkt* A $m(f,A)$. Die Differenz $\omega(f,A) = M(f,A) - m(f,A)$ heißt die *Schwankung* der Funktion f im Punkt A. Die Funktion f ist in A stetig, wenn ihre Schwankung dort, $\omega(f,A)$ Null ist. (Dies ist weitgehend wörtlich übernommen von Zoretti-Rosenthal [1923], S. 1003.)

ANNA Aber das ist doch Quatsch, Alexander! Das war doch gerade ein wesentlicher Teil von Cauchys 'Revolution der Strenge'! Wenn überhaupt, so kann man in diesem Fall von einem Vorgehen nach der Methode der Ausnahmensperre sprechen: Cauchy erkannte die problematische Rolle, welche die *divergierenden Reihen* in den Rechnungen der damaligen und früheren Mathematiker spielten. Ich erinnere nur an die seltsame Formel

$$\ldots + \frac{1}{x^2} + \frac{1}{x} + 1 + x + x^2 + \ldots = 0,$$

die Euler[103] aus den Beziehungen

$$\frac{x}{1-x} = x + x^2 + x^3 + \ldots \quad \text{und}$$

$$\frac{x}{x-1} = \frac{1}{1-\frac{1}{x}} = 1 + \frac{1}{x} + \frac{1}{x^2} + \ldots$$

herleitet. Um derartige Rechnungen aus dem Verkehr zu ziehen, bestand Cauchy auf der Beschränkung der Analysis auf das Rechnen mit *konvergenten Reihen*. Und nicht zu vergessen: Es hat ja auch nicht jede nicht konvergente Reihe eine unendlichgroße Summe – denkt nur an die *oszillierenden Reihen*!

INGE Außerdem mußte Cauchy Ingenieure ausbilden – und was sollen die schon mit unendlichgroßen Werten anfangen?

ALEXANDER Aber warum beschränkte Cauchy sich nicht allgemein auf die *endlichen Zahlen*? Warum rechnete er weiter mit unendlichen Zahlen – sowohl unendlichgroßen als auch unendlichkleinen? Wenn doch unendlichgroße Reihensummen solches Unheil anrichten!?

INGE Unendlichkleine Größen haben doch sehr wohl eine praktische Bedeutung – und außerdem liefern sie ja offenkundig sehr interessante theoretische Ergebnisse!

ANNA Und warum denn auch das Kind mit dem Bade ausschütten? Wenn unendlichgroße *Reihensummen* Probleme machen, dann wird man doch zunächst beim Hantieren mit derartigen *Reihen* Vorsicht walten lassen – eben bei *divergenten Reihen* –, aber man wird doch nicht gleich die unendlichen *Zahlen* allgemein über Bord werfen! Schließlich sind die unendlichkleinen Zahlen hier gar nicht in Verruf geraten; es gibt also keinerlei Anlaß, sie aus den Rechnungen zu verbannen. Und mit unendlichkleinen Zahlen hat man ja auch *automatisch* unendlichgroße Zahlen

[103] Euler [1739], S. 362

im Kalkül: denn der Kehrwert einer unendlichkleinen Zahl ist natürlich unendlichgroß. Außerdem ermöglichen doch gerade die unendlichen Zahlen so wunderschöne und tragfähige Definitionen - nicht nur der Reihenkonvergenz und der Stetigkeit, sondern vor allem auch des Integrals!

PETER Ja genau, Anna! So verstehe ich Cauchy auch. Er erkannte die Bedeutung des Begriffs *konvergente Reihe* und die Fruchtbarkeit des Begriffs *unendliche Zahl*, und mit Hilfe dieser Begriffe schuf er konsequent seinen Aufbau der Analysis.

INGE Aber wann und wie kam er dabei zum Begriff *gleichmäßige Konvergenz*? Das war doch unsere Ausgangsfrage!

PETER Und die haben wir auch beantwortet: *Bei Cauchy kommt der Begriff der gleichmäßigen Konvergenz überhaupt nicht vor!* In seiner Mathematik war dafür weder Platz noch Bedarf.

ALEXANDER Klar - wenn er die Gegenbeispiele in dieser Weise wegdiskutierte ...

ANNA Was heißt hier 'wegdiskutierte'? *Das waren in seiner Mathematik eben keine Gegenbeispiele!* Fertigaus. Nichts weiter.

INGE Dann war das aber eine sehr unfruchtbare Art der Mathematik! Wenn sie keines Fortschritts fähig war. Da wundert es mich nicht mehr, daß sie mittlerweile ausgestorben ist und daß wir heute anders rechnen. Nur durch Widersprüche ist Fortschritt möglich. Wo Widersprüche ausbleiben, da gibt's natürlich auch keinen Fortschritt.

2.4 SEIDELS ANDERSARTIGER BEWEIS ...

Wer nicht auf unendliche Größen zurückgreifen, sondern sich mit endlichen begnügen will, der muß selbstverständlich anders argumentieren als Cauchy. Dies tut Seidel, und er gelangt so auch zu einem anderen Lehrsatz als Cauchy - wen wundert's? Entgegen der allgemein verbreiteten Ansicht hat Seidel somit Cauchy in keiner Weise (objektiv) widerlegt, wenngleich er selbst dies (subjektiv) so sieht.

PETER Oh, so ausgestorben, wie du es hier behauptest, ist Cauchys Art der Mathematik gar nicht! Da gibt es durchaus einen Traditionsstrang, der von Leibniz ausgehend über Euler und Cauchy hinausführt bis hin in unsere Zeit: Heute trägt dieser Traditionsstrang den Namen

Nichtstandard-Analysis. Aber ich glaube, wir sollten uns momentan noch nicht zu sehr in allgemeinen Geschichtstheorien ergehen, als vielmehr die konkreten Fragen beantworten, die wir gestellt haben. Die eine ist beantwortet: Wie kam Cauchy zur Begriffsbildung der gleichmäßigen Konvergenz? Antwort: Gar nicht - entgegen den Behauptungen sämtlicher Mathematikgeschichtler.[104]

KONRAD Ja - es bleiben noch Stokes, Seidel und Weierstraß zu untersuchen: wie sie zu diesem Begriff kamen ...

ALEXANDER ... und ob sie überhaupt dahin kamen!

KONRAD Du bist mir ja ein schöner Skeptiker, Alexander!

ALEXANDER Gebranntes Kind scheut das Feuer. Aber bitte: Ich schlage vor, daß wir mit Seidel weitermachen. Nach Evas Ausführungen am ersten Tag hat Seidel doch durch eine sorgfältige *Beweisanalyse* Cauchys Fehler aufgedeckt und den Begriff der gleichmäßigen Konvergenz entdeckt. Wenn Cauchy nun aber gar keinen Fehler begangen hat, auch nicht objektiv, wie Anna uns gezeigt hat, dann bin ich sehr neugierig, wie Seidels Methode fruchtbar zu werden vermochte: am untauglichen Objekt!

KONRAD Ja, das wäre interessant zu erfahren. Wer hat denn Seidels Arbeit gelesen?

PETER Ich. Und ich muß dich auch gleich enttäuschen, Eva: Seidel hat gar keine Beweisanalyse gegeben! Er ist auf Cauchys Beweis mit keiner Silbe eingegangen.

EVA Sondern?

PETER Seidel gibt eine eigene Analyse des Sachverhaltes - ohne jegliche Berücksichtigung, ja vermutlich in völliger Unkenntnis der Cauchyschen Analyse.

ALEXANDER Was - Seidel geht gar nicht von Cauchys Beweis aus?

PETER Nein, ganz und gar nicht. Allerdings - er selbst behauptet das Gegenteil, indem er schreibt, daß seine Analyse 'in der That nur eine detaillirtere Ausführung desjenigen Beweises ist, welchen Cauchy am angeführten Ort [d.i. Cauchy [1821]!] mittheilt.'[105] Aber sehen wir uns doch Seidels Vorgehen im einzelnen an und bilden uns dann ein Urteil!

---

[104] Es ließe sich hier zwanglos eine ähnliche Liste wie oben in Fußnote 85 aufstellen - aber das darf ich mir wohl ersparen.

[105] Seidel [1848], S. 390. Möglicherweise ist dies die Quelle für Lakatos' Fehler 1961 - siehe S. 25f.

Ihr erinnert euch an die entscheidende Gleichung:

$$s(x+\alpha) - s(x) = (s_n(x+\alpha) - s_n(x)) + r_n(x+\alpha) - r_n(x)$$

Die Funktion ist dann bei x stetig, wenn $s(x+\alpha) - s(x)$ 'mit α zugleich unendlich abnimmt'[106]. Dazu 'wird man zeigen müssen, dass die drei Grössen zur Rechten in der letzten Gleichung sich gleichzeitig so sehr verkleinern lassen, als man nur immer will. Da man nehmlich im Voraus nicht weiss, ob $r_n(x)$ eine stetige Funktion ist, so kann man im Allgemeinen nicht anders darauf ausgehn, den Unterschied

$$r_n(x+\alpha) - r_n(x)$$

zu verkleinern, als dadurch, dass man jede dieser Grössen für sich sehr klein macht. Diess muss durch Vergrösserung von n geschehen, während man durch Verkleinerung von α bewirkt, dass

$$s_n(x+\alpha) - s_n(x)$$

unendlich abnimmt. Zum Beweise der Continuität von $s(x)$ in der Gegend des bestimmten Werthes x wird also erforderlich sein zu zeigen, dass man für diesen Werth gleichzeitig n so gross aber endlich, und α so klein aber von Null verschieden machen kann, dass die drei Bedingungen erfüllt werden:

$$s_n(x+\alpha) - s_n(x) < \tau$$
$$r_n(x) < \rho'$$
$$r_n(x+\alpha) < \rho''$$

wo τ, ρ', ρ'' beliebig klein anzunehmende absolute Grössen bezeichnen, und sämtliche Ungleichheiten *abgesehen vom Zeichen*[107] zu nehmen sind...'

KONRAD Seidel will also ausdrücklich nur *endliche* Werte von n zulassen?

PETER Ja, ganz genau - das scheint der springende Punkt zu sein! Aber hören wir weiter, was Seidel zu diesen drei Ungleichungen sagt: 'Bestehen sie alle zugleich, so wird dann aus [(64.1)] $s(x+\alpha) - s(x)$ dem Zahlenwerthe nach $< \tau + \rho' + \rho''$, kann also so klein gemacht werden, als man nur will.

---

[106] Seidel [1848], S. 385. Hier und im folgenden passe ich Seidels Wahl der Namen für seine Funktionen und Variablen den hier im Text bereits eingeführten Namen an - in der Hoffnung auf bessere Verständlichkeit.

[107] also jeweils der Absolutbetrag der linken Seite

65

Was zunächst die Erfüllung der beiden letzten Ungleichheiten betrifft, so kann man folgende Betrachtung anstellen: Es bezeichne η irgend einen bestimmten, von Null verschiedenen Werth des Incrementes α von x. So klein es auch gewählt sein mag, so wird man doch nachher τ *so* klein annehmen können (was in der Willkühr liegt), dass für das Bestehen der ersten Ungleichheit in [(64.4)] erforderlich ist, α < η zu nehmen; wir können also 0 und η als die möglichen Grenzwerthe von α ansehen.'[108]

ALEXANDER Moment – das ist ein wenig verwirrend formuliert.[109] Gemeint ist wohl: Wie willkürlich auch τ gewählt sein mag – immer kann man ein η (> 0) finden, das die Erfüllung der Ungleichung

$$|s(x+\alpha) - s(x)| < \tau$$

stets garantiert, wenn nur gilt: α < η. Kurz: die Obergrenze η für die Variable α wird erst *nach* der Toleranz τ gefunden.

PETER Ganz genau – so verstehe auch ich die beiden letzten Sätze dieses Seidel-Zitates.[110] Und es geht weiter: 'Es sei nun ρ eine Grösse, kleiner als der kleinere der beiden Werthe ρ' und ρ", und man verstehe unter ν (abhängig von α) die möglichst kleine positive ganze Zahl, welche gleichzeitig allen Bedingungen genügt:

[108] Seidel [1848], S. 385f

[109] Ein prominentes Opfer dieses Verwirrspiels wurde Hardy: Er mißversteht Seidel und rekonstruiert dessen Begriff der gleichmäßigen Konvergenz nicht angemessen. Hardy [1918] stellt sieben (!) verschiedene Fassungen von gleichmäßiger Konvergenz vor, darunter die beiden folgenden:
'A2: *Gleichmäßige Konvergenz in der Umgebung eines Punktes.* Die Reihe heißt gleichmäßig konvergent in der Umgebung des Punktes x des Intervalls [a,b], wenn es ein Intervall [$x-\eta(x)$, $x+\eta(x)$] gibt, zu dem es für jedes positive τ ein $n_0(x,\tau)$ gibt, so daß für alle $n \geq n_0$ und für alle $x \in [x-\eta(x), x+\eta(x)]$ gilt $|r_n(x)| < \tau$.
A3: *Gleichmäßige Konvergenz an einem Punkt.* Die Reihe heißt gleichmäßig konvergent an dem Punkt x, wenn es zu jedem positiven τ ein positives $\eta(x,\tau)$ und ein $n_0(x,\tau)$ gibt, so daß für alle $n \geq n_0$ und für alle $x \in [x-\eta(x,\tau), x+\eta(x,\tau)]$ gilt $|r_n(x)| < \tau$.' (S. 150) Nach Hardys Meinung wird nun Seidels Begriff der gleichmäßigen Konvergenz (vgl. den Text oben weiter bis S. 66) durch die Definition A2 erfaßt (Hardy [1918], S. 151), was offenkundig falsch ist – die Definition A3 greift hier sicherlich besser: siehe den weiteren Text und die nächste Fußnote!

[110] Hardy sieht die Reihenfolge, in der Seidel η und τ wählt, genau umgekehrt. Er orientiert sich also am vorletzten Satz dieses Zitats (der jedoch offenkundig nur eine *Namensgebung für die Größe* η ist) und übergeht den letzten Satz (der erst die vollständige *Bestimmung der Rolle* von η in bezug auf die Toleranz τ gibt) - möglicherweise ist Hardy ein Opfer der sprachlichen Schwierigkeiten dieser kompliziert formulierten Passage geworden.

$$r_\nu(x+\alpha) < \rho$$
$$r_{\nu+1}(x+\alpha) < \rho$$
$$r_{\nu+2}(x+\alpha) < \rho$$
etc. *in inf.*

(Bedingungen, die sich, bei der vorausgesetzten Convergenz der Reihe, immer müssen erfüllen lassen) - so können zwei Fälle eintreten: *entweder* es wird,
(I) während α alle Werthe von 0 bis η durchläuft (einschliesslich der Grenzen), ν für irgend einen darunter einen Maximalwerth erlangen (und dann überhaupt nur eine endliche Zahl verschiedener Werthe haben), *oder* (II) es kann ν in der nächsten Nähe von $\alpha = 0$, zugleich mit dem ohne Ende abnehmenden α, über alle Grenzen wachsen[111]. Geschähe nehmlich das Letztere in der Nähe eines *andern* bestimmten Werthes von α als bei $\alpha = 0$, so würde man diesen dadurch ausschliessen können, dass man η kleiner machte, so dass er nicht mehr in das Intervall von 0 bis η fiele.[112] Es braucht also nur der eben bezeichnete Fall berücksichtigt zu werden.'[113]

KONRAD Also nochmal zusammengefaßt: Seidel *will zeigen*, daß gilt
$$s_n(x+\alpha) - s_n(x) < \tau$$
$$r_n(x) < \rho'$$
$$r_n(x+\alpha) < \rho''$$

Er wählt sich zunächst ein ρ mit $\rho < \rho'$ und $\rho < \rho''$. *Er weiß*: Wegen der Konvergenz der Reihe in der η-Gegend von x gibt es für jeden Wert α (< η) eine Indexzahl ν_α, für die gilt:
$$r_{\nu_\alpha+k}(x+\alpha) < \rho \quad \text{für alle natürlichen Zahlen } k$$
- oder in Worten: zu jedem α (< η) gibt es eine Indexzahl ν_α, *ab der alle* Reihenreste bei x+α kleiner sind als ρ.

---

[111] Auch hier wird es nochmals ganz deutlich: Seidel beleuchtet die Abhängigkeit des ν von (der Obergrenze η von) α - die Toleranz (hier ist es die des Reihenrestes: ρ) spielt da keinerlei Rolle mehr; ein weiteres Indiz dafür, daß Alexander recht und Hardy unrecht hat (siehe den Text bei den Fußnoten 109 und 110): Seidel wählt die Toleranz (τ bzw. ρ) *vor* η.

[112] Seidel übersieht hier die Möglichkeit, daß - modern gesprochen - *x* ein *Häufungspunkt* solcher Punkte sein kann, die alle selbst diese Eigenschaft (II) haben - aber das kippt sein Argument glücklicherweise nicht.

[113] Seidel [1848], S. 386f

Er unterscheidet nun die Fälle, ob es unter all diesen Zahlen ν_α (I) eine größte gibt oder (II) ob das nicht der Fall ist. So ist es doch, Peter?

    PETER Ja.

    KONRAD Schön. Der Fall (I) ist ja einfach: Wenn es unter den Indexzahlen ν_α eine größte gibt - nennen wir sie $N-$, dann gilt
$$r_N(x+\alpha) < \rho$$
für sämtliche α ($< \eta$). Da aber $s_n(x)$ eine stetige Funktion ist, kann man ein positives η' ($\leq \eta$) so wählen, daß gilt:
$$s_N(x+\alpha) - s_N(x) < \tau \quad \text{für alle } \alpha \ (< \eta').$$
Insgesamt hat man dann also für die η'-Gegend von x:
$$s(x+\alpha) - s(x) = s_N(x+\alpha) - s_N(x) + r_N(x+\alpha) - r_N(x)$$
$$< \tau + \rho + \rho$$
$$< \tau + \rho' + \rho''$$

    PETER Ja, und 'da die Grössen zur Rechten beliebig klein angenommen werden können, so [ist gezeigt], daß die Aenderung der durch die Reihe dargestellten Function $s(x)$ zugleich mit dem Incremente α der Variabeln x unendlich abnimmt, dass also die ganze convergirende Reihe, deren einzelne Glieder stetig von x abhängen, ebenfalls eine in der Nähe des bestimmten Werthes von x continuirliche Function dieser Grösse darstellt. In diesem ersten Falle ergibt sich also wirklich der Cauchy'sche Satz.'[114]

    ALEXANDER Schön. Ich schlage vor, in diesem Fall zu sagen[115]:
Die Reihe konvergiert gleichmäßig an diesem Punkt x. Seidel hat also gezeigt:
Wenn die Reihe an jedem Punkt gleichmäßig konvergiert, so ist die Summenfunktion stetig.
Es bleibt jetzt noch der Fall (II) zu besprechen, also der Fall, in dem es unter den Indexzahlen ν_α keine größte gibt.

    EVA Ist das überhaupt möglich?

    PETER Na klar - das ist 'ohne Weiteres verständlich'[116]! Es könnte

---

[114] Seidel [1848], S. 387f

[115] in Anlehnung an Hardy [1918], S. 151, Definition A3. Rosenthal (in Fréchet-Rosenthal [1923], S. 1164) schlägt den Namen *pseudo-gleichmäßige Konvergenz im Punkt x* vor.

[116] sagt Dini [1878], S. 136 - dreißig Jahre nach Seidel, fünfzig Jahre nach Cauchy

doch folgender Zusammenhang bestehen:[117]
$$\nu_\alpha = \left[\frac{1}{\alpha}\right],$$
d.h. ν_α ist die größte ganze Zahl, die kleiner oder gleich $\frac{1}{\alpha}$ ist
- und zwar für alle $\alpha \neq 0$, während ν_α 'für $\alpha = 0$ aber, die Continuität des Gesetzes verletzend, gleichwohl keine unendliche sondern irgend eine bestimmte Grösse hätte. Also würde in dem Beispiele sich in der That für jedes α, die Null eingeschlossen, ein endliches ν angeben lassen, welches die Bedingungen (66.1) erfüllt, und doch kein Grenzwerth, unter welchem alle diese ν liegen. Mit anderen Worten: die Reihe wird zwar für die betrachteten Werthe der Variabeln immer convergiren, wie es die Voraussetzung fordert, aber man wird, in der nächsten Nähe von $\alpha = 0$, Stellen angeben können, wo sie es *beliebig langsam* thut, d.h. wo man, um sicher zu sein, dass die Summe aller weggelassenen Glieder $< \rho$ ist, die Anzahl der mitgenommenen grösser machen muss, als eine beliebig grosse Zahl N.'[118]

ANNA Mit einem unstetigen Bildungsgesetz kann man freilich keine stetige Funktion beschreiben!

PETER Ganz genau, Anna! Seidels Bilanz ist also klar: 'Alsdann bricht der ganze Beweis von der Continuität der Function $\delta(x)$ zusammen, welcher unter (I) auf die Voraussetzung der Existenz eines solchen Werthes [eben N] gegründet worden [...]. Man würde sich auch vergebens für diesen Fall nach einem andern Beweise umsehen; das thatsächliche Vorhandensein convergirender Reihen, welche discontinuirliche Functionen einer Variabeln repräsentiren, von der ihre einzelnen Glieder stetig abhängen, lässt an einen solchen nicht denken. Man kann also nur schliessen, dass Reihen dieser Art in der Nähe desjenigen Werthes der absolut Veränderlichen, für welchen sie springen, sich nothwendig in dem hier mit (II) bezeichneten Falle befinden müssen; also in der Gegend dieses Werthes *beliebig langsam convergiren*'[119], wie Seidel dies nennt.

ANDREAS Oh, das ist nun aber wirklich ein drolliges Argument!

ALEXANDER Drollig? Das ist *gar kein* Argument! Anstatt zu *beweisen*, daß die Gegenbeispiele zu Cauchys Lehrsatz zu diesem Fall (II) gehören,

---

[117] Seidel erörtert - geschichtlich als erster - diese Situation: siehe weiter im Text.

[118] Seidel [1848], S. 389   [119] Seidel [1848], S. 390

behauptet Seidel dies schlankweg - ohne den geringsten Beleg dafür zu haben.

ANDREAS Du übertreibst wieder maßlos, Alex! Selbstverständlich hat Seidel Belege für seine Behauptung - sogar ausreichende!

ALEXANDER Und die sind?

ANDREAS Nun, Seidel hat eine vollständige Fallunterscheidung getroffen, die sämtliche logischen Möglichkeiten erfaßt. Dann zeigt er, daß im ersten Fall Cauchys Lehrsatz gilt - folglich müssen die Gegenbeispiele zu diesem Lehrsatz unter die zweite Möglichkeit fallen![120]

ALEXANDER *Wenn* es Gegenbeispiele sind![121] Aber das ist ja gar nicht klar. Cauchys Rechnung ...

INGE ... die Seidel gar nicht kennen konnte, weil sie erst fünf Jahre später niedergeschrieben wurde ...

ALEXANDER Cauchys Rechnung zeigt, daß diese Reihen gar keine Gegenbeispiele zum Cauchy-Satz sind.

2.5 ... WIRFT EIN NEUES LICHT AUF DIE ANALYSIS ...

Da auch Seidels subjektive Sicht objektivierbar ist, stehen wir vor der verwirrenden Erkenntnis, daß ein mathematischer Lehrsatz zur selben Stunde sowohl gültig bewiesen als auch gültig widerlegt ist. Dies ist ein Begräbnis erster Klasse für die Eine Allumfassende (Mathematische) Vernunft.

ANDREAS Gott, ja - Cauchys *Rechnung*. Du solltest Rechnungen nicht überbewerten, Alex!

ALEXANDER Aber die *Rechnungen* sind doch die Basis der Mathematik, ihre feste Grundlage, auf der alles aufbaut - wie es in den Naturwissenschaften die *Experimente* sind.[122]

---

[120] Den direkten Beweis der Tatsache, daß Fourierreihen an ihren Sprungstellen beliebig langsam konvergieren, mittels einer Rechnung zu führen vermochte erst 33 Jahre später Lindemann [1881]. Bereits 11 Jahre zuvor hatte Heine bewiesen, daß die Fourierreihen an den Stetigkeitsstellen der Summenfunktion 'in gleichem Grade convergent' (= gleichmäßig konvergent) sind - vgl. Heine [1870], Satz I.

[121] Lindemann [1881] spricht von der 'durch Beispiele feststehende[n] Thatsache [...], dass Unstetigkeiten der dargestellten Function möglich sind.' (S. 518)

[122] Wie ich jetzt sehe, hat auch Wittgenstein [1944] eine Analogie zwischen Rechnung und Experiment gesehen - siehe z.B. S. 194 - 200,

→

ANDREAS Aber weißt du denn nicht: Diese 'Basis schwankt'[123] – in den Naturwissenschaften wie in der Mathematik!

ALEXANDER Aber eine exakte Rechnung ist doch unbezweifelbar! Wie soll die schwanken?

ANDREAS Du unerschütterlicher Optimist! Hat dich Cauchys Rechnung denn nicht überrascht? War die denn nicht völlig unerwartet für dich?

ALEXANDER Doch, doch, das kann man wohl sagen! Aber du hast ja bemerkt: ich habe sie anerkannt! So, wie es einer korrekten Rechnung gebührt.

ANDREAS Ach, bist du naiv! So wirst du nie ein guter Mathematiker: wenn du jeder Rechnung auf den Leim gehst.

ALEXANDER Jeder *korrekten* Rechnung!

ANDREAS Ja – dieser Fetisch: Korrektheit.

EVA Aber – hältst du denn nichts von Korrektheit, Andreas? Willst du auf korrekte Rechnungen verzichten?

ANDREAS Als Mathematiker natürlich nicht! Aber andrerseits bin ich nicht – wie du oder Alexander – ein Verehrer des allmächtigen Gottes *Korrektheit im Großen*. Mir genügt ein kluger Rat in einer brenzligen Situation, ich freue mich an *Korrektheit im Kleinen*, an einer schönen Rechnung zum Beispiel – so, wie wir sie etwa bei Cauchy gefunden haben.

EVA Aber wenn die mit einer anderen Rechnung im Widerspruch steht?

ANDREAS Dann kümmert mich das wenig. Wieso auch? 'Man kann alles beweisen, wenn's nit direkt en Widerspruch hat.'[124]

EVA Das ist die Bankrotterklärung der Vernunft!

ANDREAS Nichts weiter als ein notwendiges Zurechtstutzen des Allmachtanspruchs der Vernunft.

INGE Aber du willst doch nicht etwa leugnen, Andreas, daß in der Mathematik die Vernunft regiert? In anderen Wissenschaften mag das ja fragwürdig sein – aber doch nicht in der Mathematik!

§§ 69 - 74. Vgl. dazu auch den beeindruckenden Tagebuchbericht Merten [1970]!

[123] eine Erkenntnis, die für die Naturwissenschaften mindestens auf die Anfänge des Kritischen Rationalismus zurückgeht: vgl. Poppers Zusatz von 1968 zu seinem [1934] auf S. 76. Es ist ein Thema dieses Textes hier, auch im Bereich der Mathematik diesen Umstand deutlich zu machen.

[124] Prof. Dr. Edmund Hlawka, Wien, in seinem Vortrag 'Zur Geschichte des Inhaltsbegriffs' auf dem Fortbildungstag für Lehrer an Höheren Schulen, gehalten in Klagenfurt am 26.9.1978

ANDREAS Warum denn nicht? Die Geschehnisse zeigen das doch sonnenklar. *Im Jahr 1848 oder auch im Jahr 1853 war Cauchys Lehrsatz sowohl gültig bewiesen als auch gültig widerlegt; gewisse trigonometrische Reihen waren sowohl Beispiele für als auch Beispiele gegen diesen Satz.* Kurz: Es galt der Satz, und es galt zugleich auch sein Gegen-Satz. Wo bleibt da eure Vernunft?

ANNA Ja, das ist eindeutig, Andreas, da gebe ich dir völlig recht: Auch in der Mathematik gibt es keine allumfassende Vernunft! Und daß die gängigen Rettungsversuche zugunsten dieses Gespenstes[125] nichts anderes sind als unverfrorene Geschichtsfälschungen, das haben wir ja bereits gesehen.

ALEXANDER Wie meinst du das, Anna?

ANNA Nun, wir haben es doch von Bourbaki und von Kline gehört: Nach deren Ansicht hat Cauchy 1821 einen Beweis für seinen Lehrsatz gegeben; diesen Lehrsatz hat Abel 1826 durch Gegenbeispiele widerlegt, und 1848 bzw. 1853 haben Seidel und Stokes bzw. Cauchy den falschen Beweis korrigiert und den Satz richtig formuliert. Wir haben es aber schon bemerkt: Dies ist nichts anderes als Orwellsche 1984-Geschichtsschreibung für den Großen Bruder Vernunft. In Wirklichkeit war alles ganz anders: Cauchy bewies 1821 einen Lehrsatz, den einige Mathematiker schon damals als widerlegt ansahen - schließlich waren Fouriers trigonometrische Reihen längst bekannt.[126] Seidel bewies 1848 einen Lehrsatz, der dem Cauchyschen widersprach. Cauchy jedoch ließ sich nicht beirren und hielt an seinem Satz fest ... *Wo ist da die Eine Mathematische Vernunft?* Offenkundig ist weit und breit keine zu sehen! Cauchy behauptete sich *entgegen* solcher angeblichen Ver-

---

[125] Der Leser erinnert sich an Fußnote 85.

[126] Schon im Jahr 1808 war Fouriers Theorie der Darstellung beliebiger Funktionen durch trigonometrische Reihen in Paris veröffentlicht worden (Fourier [1807]), so daß kein Weg vorbeiführt an der 'erstaunlichen Tatsache, daß Cauchy seinen Lehrsatz *in Kenntnis* der Gegenbeispiele bewies' (Lakatos [1966], S. 48 Fußnote 3). Und wenn jemand ganz hartnäckig bestreiten wollte, daß Cauchy 1821 Fouriers Erstüberlegungen von 1807 gekannt hat, so hilft ihm das gar nichts. Denn unstreitig wiederholt Cauchy seinen 1821-Lehrsatz wortwörtlich zwölf Jahre später in seinem Lehrbuch [1833] (einschließlich altem Beweis - siehe S. 55f) - und das war nicht nur sieben Jahre nach Abels Veröffentlichung des Gegenbeispiels, sondern auch elf Jahre, nachdem Fouriers Theorie in einem umfassenden Werk gedruckt worden war - eben Fourier [1822]. Und ob Cauchy nun im Jahre 1821 einen Lehrsatz bewies, den andere für falsch hielten, oder ob er das erst im Jahre 1833 tat, das ist für die Problemgeschichtsschreibung ohne Zweifel eins!

nunft.[127] Nicht die Vernunft regiert die Mathematik, sondern geniale Mathematiker gestalten diese Wissenschaft! Wie bei der Politik auch.

2.6 ... DIE SICH NUN IN VERSCHIEDENE FORSCHUNGSPROGRAMME AUFLÖST

Aber so leicht gibt sich der Rationalismus nicht geschlagen: Aus der Asche der Einen Vernunft erheben sich zwei miteinander konkurrierende Forschungsprogramme, um die Vernunft wenigstens im Kleinen zu rehabilitieren. An die Stelle der einen Analysis treten das Kontinuitäts- und das Finitärprogramm. Die von Lakatos so beweihräucherte methodologische Entdeckung Seidels erweist sich in diesem neuen Licht als propagandistische Rhetorik des Finitär- gegen das Kontinuitätsprogramm.

PETER Du übertreibst die Rolle des subjektiven Faktors in der Wissenschaft, Anna! Gewiß wird auch die Mathematik von Menschen gemacht. Und gewiß ist es unmöglich, sämtliche als korrekt anerkannten Rechnungen unter einen einzigen Hut zu bringen - das haben unsere bisherigen Studien ergeben. Aber das zeigt doch nicht, daß keinerlei Vernunft waltet!
ANNA Sondern?
PETER Das zeigt nur, daß keine *allumfassende Vernunft* regiert, keine *Vernunft im Großen*. Aber deswegen kann es trotzdem noch Vernunft geben: *Vernunft im Kleinen*!
INGE *beiseite* Eine Vernunft im Kleinen ist keine Vernunft!
ANNA Du meinst, Peter, die genialen Mathematiker entwerfen jeweils eine solche Vernunft im Kleinen?
PETER Nein, umgekehrt, Anna: Gute Wissenschaftler sind in der Lage, nach einer solchen Vernunft zu handeln. Aber diese Vernunft ist mehr als die Leistung eines einzelnen Wissenschaftlers. Laß es mich in geläufigere Begriffe übersetzen: Gute Wissenschaftler handeln nach einem *Programm* - oder sagen wir deutlicher: nach einem *Forschungsprogramm*. Ein solches Forschungsprogramm 'besteht aus methodologischen Regeln: Einige dieser Regeln beschreiben Forschungswege, die man vermeiden soll (*negative Heuristik*), andere geben Wege an, denen man folgen soll (*positive Heuristik*)'.[128] Das 'Spiel der Wissenschaft'[129]

---

[127] siehe S. 27   [128] Lakatos [1970a], S. 129
[129] Lakatos [1970b], S. 280

besteht in der Erfindung, Entfaltung und Weiterentwicklung solcher
'konkurrierenden Forschungsprogramme'[130].

ALEXANDER Und du siehst hier solche konkurrierenden Forschungsprogramme, Peter?

PETER Aber ja! Ich habe doch heute schon ganz zu Anfang[131] darauf hingewiesen, daß verschiedene Menschen verschiedene Arten von Mathematik hervorbringen. Und den Kerngedanken der von Cauchy betriebenen Mathematik haben wir ja auch bereits herausgearbeitet[132]: *Es wird ausdrücklich mit unendlichen Zahlen gerechnet; dabei gilt für die unendlichgroßen natürlichen Zahlen alles das, was für sämtliche endlichen natürlichen Zahlen gilt.* Das ist die *positive Heuristik* dieses Forschungsprogrammes, und dieses Forschungsprogramm will ich deswegen das *Kontinuitätsprogramm* nennen.

EVA Weil es vom Leibnizschen Kontinuitätsprinzip bestimmt wird[133]?

PETER Offenbar ist das so - ja. Aber dies sollten wir uns vielleicht als nächstes Thema vornehmen: Wie entwickelte sich dieses Kontinuitätsprogramm im Laufe der Geschichte?

ALEXANDER Eins nach dem andern! Zunächst mußt du uns noch erklären, Peter, welches Forschungsprogramm denn nun mit diesem Kontinuitätsprogramm konkurriert. Ich vermute, du zählst Seidel zu den Vertretern dieses Konkurrenzprogramms?

PETER Richtig vermutet, Alexander! Seidel war ein heftiger Verfechter des Gegenprogramms. Das wird nicht nur dadurch deutlich, daß er seine Rechnungen ausdrücklich auf *endliche* natürliche Zahlen beschränkt, wie wir ja bereits bemerkt haben[134]. Nein - darüberhinaus formuliert er ganz zu Anfang seiner Arbeit unverholen seine Abneigung[135] gegen Cauchys Lehrsatz: 'Hieraus [eben aus diesem Lehrsatz] würde folgen, dass Reihen der vorausgesetzten Art nicht geeignet sind, *discontinuirliche* Functionen in der Nähe der Stellen, wo ihre Werthe springen, noch darzustellen; - mit anderen Worten: dass durch ein Aggregat stetiger Grössen discontinuirliche auch dann nie repräsentiert werden können, wenn man die Form des Unendlichen zu Hilfe nimmt; so dass das Letztere nicht, wie es einen Uebergang vom Rationalen zum Irrationalen bildet, so auch eine Brücke zwischen stetigen und nicht stetigen Grössen zu schlagen vermöchte.'[136]

[130] Lakatos [1970b], S. 283   [131] siehe S. 42f
[132] siehe S. 45   [133] siehe S. 46   [134] siehe S. 64
[135] siehe S. 31   [136] Seidel [1848], S. 381

Positiv gewendet ist das nichts anderes als die Formulierung einer neuen *positiven Heuristik: Die Form des Unendlichen* (oder: *ein Grenzprozeß*) *ist das Hilfsmittel,* um Größen unterschiedlicher Natur zueinander *in Beziehung zu setzen* - irrationale Zahlen sind Grenzwerte rationaler Zahlen; unstetige Funktionen sind Grenzwerte stetiger Funktionen. Das Unendliche dient als Brückenschlag, der zuvor Unverbundenes miteinander verbindet. Entscheidende Bedeutung erlangt dabei natürlich die Betonung und besondere Herausstreichung dieser Unterschiedlichkeiten, die es dann zu verbinden gilt. Kennzeichnend dafür ist eben diese starke Abgrenzung der *endlichen* Zahlen von den *unendlichen,* die in der Verachtung und schließlich Verbannung der unendlichen Zahlen, insbesondere der unendlichen natürlichen Zahlen, gipfelt. Aus diesem Grund schlage ich den Namen *Finitärprogramm* für dieses konkurrierende Forschungsprogramm vor.

EVA Schön. Diese Idee von den beiden einander bekämpfenden Forschungsprogrammen sollten wir vielleicht später des Näheren überprüfen - dazu sind sicher noch weitere Quellenstudien erforderlich. Vorher aber sollten wir uns wirklich bemühen, unsere letzthin gestellten Fragen[137] endlich zu beantworten. Mir scheint, Peter hat gerade eine Antwort auf die damalige Frage Nummer drei gegeben, die hieß: 'Worin besteht Seidels methodologische Entdeckung?'

PETER Ja, das ist mittlerweile klar: *Seidels methodologische Entdeckung bestand in seiner Erarbeitung der* soeben beschriebenen *positiven Heuristik des Finitärprogramms.*

EVA Dann ist Lakatos' Behauptung also falsch, Seidel sei der Entdecker der Methode 'Beweise und Widerlegungen'?[138]

PETER Na, das habe ich doch ausdrücklich vorgeführt: Seidel hat sich keinen Deut um Cauchys ursprünglichen Beweis geschert - geschweige denn hat er ihn analysiert und verbessert. Er hat lediglich *vorgespiegelt,* dies zu tun - offenbar *aus rein propagandistischen Gründen.*

INGE Propaganda in der Mathematik?

ANDREAS Selbstverständlich - wieso denn nicht?

PETER Ja, Seidel spricht das sogar ganz unverblümt aus![139] Nachdem

---

[137] siehe S. 30f   [138] siehe S. 25

[139] Solche Offenheit findet sich freilich nicht zu häufig. Eine dieser erquickenden aber leider sehr raren Formulierungen gibt Barfuß [1869], S. VII in einer Fußnote: '... will ich auf einen Aufsatz [...] von dem Prof. Dr. Schlömilch hinweisen, dessen blinder Eifer in dieser Angelegenheit beinahe an die Wuth politischer Parteigänger erinnert...'

er zu Beginn seiner Ausführungen klargelegt hat, wie sehr Cauchys Lehrsatz dem *harten Kern*[140] seines eigenen Forschungsprogramms widerspricht[141], erklärt er sodann unzweideutig, daß er auf eingehende Beweisanalysen pfeift - er schreibt wörtlich: 'Man braucht selbst nicht den intricaten Gang der Dirichlet'schen Beweise nachzugehn, um sich zu überzeugen, dass die Allgemeinheit des Satzes, von welchem die Sprache ist, Einschränkungen hat'[142], und verweist mit großartiger Geste auf 'die Fourier'schen Reihen' und den Integralsinus[143] - freilich ohne eine einzige belegende Rechnung vorzulegen. Mit anderen Worten: Seine 'Gewissheit, dass der Satz nicht allgemein gelten kann'[144], bezieht er aus allgemeinen weltanschaulichen Gründen - und keineswegs aus methodisch vorgenommener Analyse des mathematischen Sachverhalts, geschweige denn eines Beweises.

ANDREAS Ja, ganz klar! Seidel sagt einfach: Mir paßt die ganze Richtung nicht!, wischt damit einen streng bewiesenen Lehrsatz vom Tisch und setzt seinen eigenen dagegen, der dem alten widerspricht. Das nenn' ich Courage!

PETER Seidel setzt Cauchy weit mehr entgegen als nur einen widersprechenden Lehrsatz - er formuliert sogar ein ganzes Forschungsprogramm!

ANNA Mit dem dafür erforderlichen propagandistischen Aufwand. Was Lakatos als geniale methodologische Entdeckung feiert[145], ist in der Tat nichts als gekonnte Rhetorik!

PETER ... die darüber hinwegtäuschen soll, daß Seidel Cauchy gar nicht widerlegt, sondern daß er lediglich das Finitärprogramm auf eine Stufe hebt, die das Kontinuitätsprogramm dank Cauchy längst schon erreicht hat: Endlich ist auch das Finitärprogramm imstande, eine Aussage über konvergente Reihen stetiger Funktionen zu treffen - 27 Jahre später als das Kontinuitätsprogramm! Und damit, Inge, ist deine Behauptung von vorhin[146] widerlegt und sogar ihr Gegenteil erwiesen:

---

[140] Lakatos [1970a], S. 129   [141] siehe S. 73

[142] Seidel [1848], S. 382   [143] Seidel [1848], S. 382f

[144] Seidel [1848], S. 383

[145] Ich möchte hier nochmals darauf hinweisen, daß an dieser Stelle vom 1961-Lakatos die Rede ist und nicht vom 1966-Lakatos - vgl. Fußnote 96. (Lakatos selbst würde wohl von Lakatos$_1$ und Lakatos$_2$ sprechen ...)

[146] siehe S. 62

Cauchys Mathematik - oder besser: das Kontinuitätsprogramm war viel fortschrittsfähiger als sein Konkurrent, das Finitärprogramm!

2.7 DAS VERDIENST VON STOKES

Nachdem sich die eine Analysis in die zwei Forschungsprogramme aufgelöst hat, wird auch der Fortschrittsbegriff komplizierter. Neben den gesamtwissenschaftlichen Fortschritt, den die Programme im Wettbewerb gegeneinander vollziehen, tritt der interne Fortschritt, der etwa den Rückstand des einen Programms gegenüber dem anderen wettmacht. So war Seidels Beweis ein interner Fortschritt des Finitärprogramms, der den durch Cauchy erzielten Vorsprung des Kontinuitätsprogramms einholt. Anders als der Mathematiker Seidel begnügt sich der Physiker Stokes aber nicht mit einem internen Fortschritt, sondern er verhilft dem Finitärprogramm sogar zu einem gesamtwissenschaftlichen Fortschritt.

ANDREAS Und was ist mit Stokes? Nachdem uns klargeworden ist, daß Seidels Ergebnis keineswegs das Ergebnis einer neuen Methode war, brauchen wir uns natürlich auch nicht mehr der entmystifizierenden Aufgabe zu widmen und zu fragen, wie Stokes das Wunder vollbringen konnte, dasselbe Ergebnis wie Seidel - nur eben ohne dessen Methode - zu gewinnen.[147] Trotzdem interessiert es mich, wie Stokes gerechnet hat; möglicherweise hat er noch einen ganz anderen, einen dritten Ansatzpunkt, ein drittes Forschungsprogramm? Hat sich nicht auch jemand den Stokes vorgenommen?

KONRAD Doch, ich. Aber leider muß ich dich gleich enttäuschen, Andreas: Ein drittes Forschungsprogramm hat Stokes, so scheint mir, nicht zu bieten. Vielmehr argumentiert er ganz im selben Stil wie Seidel: er beschränkt sich auf *endliche Zahlen*, insbesondere auf *endliche natürliche Zahlen*, und vollzieht *Grenzprozesse*. Aber dennoch scheint es mir interessant, sein Vorgehen hier vorzustellen. Was meint ihr?

ANDREAS Aber selbstverständlich: irgendwas Neues ist doch bestimmt dran!

KONRAD Ganz recht - mehreres sogar. Erstens rechnet Stokes ein kon-

---

[147] siehe S. 30f

kretes Beispiel vor, das Beispiel einer konvergenten Reihe stetiger
Funktionen mit unstetigem Grenzwert ...

PETER Sehr gut!

KONRAD ... und zweitens beweist Stokes auch noch, daß die unendlich langsame Konvergenz an einem Punkt nicht nur eine notwendige, sondern auch eine hinreichende Bedingung für die Unstetigkeit der Grenzfunktion ist. Das heißt, er gibt über Seidel hinaus eine vollständige Analyse der Situation: Er zeigt nicht nur -wie Seidel-, daß eine konvergente Reihe stetiger Funktionen mit einer an einem gewissen Punkt unstetigen Grenzfunktion an diesem Punkt *unendlich langsam konvergiert*; sondern er zeigt auch umgekehrt, daß die unendlich langsame Konvergenz der Reihe an einem Punkt die Unstetigkeit der Grenzfunktion an diesem Punkt bedeutet. Kurz, Stokes beweist, daß *unendlich langsame Konvergenz der Reihe an einem Punkt* genau dasselbe bedeutet wie *Unstetigkeit der Grenzfunktion an diesem Punkt*.

ALEXANDER Sehr interessant auch dieser zweite Punkt! Das bedeutet ja einen echten Fortschritt der Mathematik - über Seidel hinaus!

PETER Oh, soviel Enthusiasmus scheint mir hier unangebracht, Alexander! Dieser neue Lehrsatz von Stokes -denn darum handelt es sich ja offenbar-, ist doch bestenfalls *ein Fortschritt des Finitärprogramms*. Nicht mehr, wenn auch nicht weniger.

ALEXANDER Wieso? Ist der Fortschritt eines Forschungsprogramms denn kein Fortschritt der Wissenschaft?

PETER Wie kommst du denn zu solcher Vermutung? Das Forschungsprogramm ist doch nur Teil der gesamten Wissenschaft. Und wenn etwa ein Forschungsprogramm, das im Verhältnis zu seinen Konkurrenten noch sehr wenig entwickelt ist - wenn ein solches Programm einen Schritt vorwärts macht, dann kann sein Stand nachher noch immer weit weniger entwickelt sein als der seiner Konkurrenten. Oder aber, was ebenfalls denkbar ist, der neue Lehrsatz löst ein Problem, das nur innerhalb dieses bestimmten Forschungsprogramms besteht, anderswo aber gar nicht auftaucht.

ANDREAS Ja, und genau um solch ein *programminternes Problem* handelt es sich ja wohl in diesem Fall: *unendlich langsame Konvergenz* ist doch ein Begriff, der nur dem Finitärprogramm angehört, der im Kontinuitätsprogramm gar nicht vorkommt, dort gar nicht benötigt wird. Insofern wäre Stokes' neuer Lehrsatz dann zwar ein Fortschritt, aber nur ein (*interner*) *Fortschritt des Finitärprogramms*, jedoch kein *Fortschritt für die Gesamtwissenschaft Mathematik*.

EVA   Was wäre dann aber ein Fortschritt für die gesamte Mathematik?

PETER   Nun, etwa ein völlig neues, noch nirgends aufgetauchtes Beispiel - also eine in eine Theorie eingebettete Rechnung.

ANDREAS   *Beispiele* sind für die *Mathematik* das, was *Tatsachen* für die *Naturwissenschaften* sind?

PETER   Ja.

ANDREAS   Wie ein naturwissenschaftliches Forschungsprogramm durch die Erklärung oder Voraussage neuer Tatsachen voranschreitet[148], so schreitet ein mathematisches Forschungsprogramm durch die Berechnung eines neuen Beispiels voran?

PETER   Ja - und es handelt sich um einen gesamtwissenschaftlichen Fortschritt, wenn es ein bislang unbekanntes Beispiel ist. Wenn also jetzt Stokes vorrechnet, daß eine gewisse trigonometrische Reihe an einer Unstetigkeitsstelle ihrer Grenzfunktion unendlich langsam konvergiert[149], so ist das jedenfalls ein interner Fortschritt des Finitärprogramms[150] - und höchstwahrscheinlich sogar ein *gesamtwissenschaftlicher* Fortschritt, da ja Cauchys rechnerische Behandlung einer Fourierreihe (im Kontinuitätsprogramm) erst fünf Jahre später erfolgte und uns eine frühere derartige Rechnung unbekannt ist. Stammte Cauchys Rechnung jedoch aus, sagen wir, dem Jahr 1821, so bliebe Stokes' Rechnung allein ein *interner* Programmfortschritt.

KONRAD   Aber Stokes rechnet gar keine Fourierreihe vor - er erfindet ein völlig neues Beispiel!

PETER   Um so besser - dann ist das ganz eindeutig auch ein gesamtwissenschaftlicher Fortschritt!

ANDREAS   So wie die Voraussage eines neuen Planeten in Newtons Himmelsmechanik.

ALEXANDER   Jetzt redet doch nicht so lange herum, wie welche Leistung von Stokes denn nun einzuschätzen sei - laßt Konrad doch endlich Stokes' Argumente vortragen! Die allein sind doch wichtig.

[148] vgl. (nicht nur) Lakatos [1970a], S. 130f

[149] was er nicht tut - siehe den weiteren Text und vgl. auch Fußnote 120

[150] der jedoch in voller Allgemeinheit erst 1881 durch Lindemann zustande kam: Fußnote 120

PETER Zu jeder Theorie gehört notwendig eine Bewertung dieser Theorie - sonst ist sie wertlos ...

ALEXANDER Wertfrei!

PETER ... Aber selbstverständlich müssen wir wissen, was zu bewerten ist: Schieß also los, Konrad!

KONRAD Oh, so ganz unwichtig schien mir diese Diskussion nicht zu sein, Alexander - immerhin legt sie eine Erklärung dafür nahe, warum so häufig auch Nicht(nur)mathematiker (und insbesondere Physiker) zum Fortschritt der Mathematik beitragen! Und zwar zum Fortschritt der Gesamtwissenschaft Mathematik und weniger zum internen Fortschritt eines Forschungsprogramms - für letzteren sind wohl eher die (reinen) Mathematiker zuständig, die in der Regel mit dem Forträumen der Steine, die sie sich selbst in den Weg legen, vollauf beschäftigt sind.[151] Auch in diesem Fall ist es so: Der hervorragende Mathematiker Seidel [152], der sich mit der reinen Theorie beschäftigt und gegen Cauchys Lehrsatz und Beweis wettert, wird für bestenfalls ein Drittel der Leistung gefeiert, die der Physiker Stokes erbracht hat. Aber Stokes ging es eben nicht in erster Linie um die Klärung eines freischwebenden theoretischen Problems, sondern Stokes schlug sich ursprünglich mit physikalischen Problemen der Wärmeleitung, der Elektrizitätslehre, der bewegten Flüssigkeiten herum[153], und dies führte ihn (beim damaligen Stand der Wissenschaften) zwangsläufig und unter anderem auch

---

[151] Ein solches Beispiel wird uns später noch beschäftigen - siehe S. 214ff, 233ff

[152] 'Seidel ist ein ganz eminent mathematisches Talent. Aus der Schule eines Bessel, Jacobi, Encke, Dirichlet hervorgegangen, ist er jetzt der geeignete Mann, unsern tief daniederliegenden mathematischen Studien an der Universität neuen Aufschwung zu geben' schrieb Ministerialrat Steinheil 1851 an das bayerische Kultusministerium. Zitiert nach Lorey [1916], S. 109 Fußnote 2, wo es auch heißt: 'Von großem Einfluß auf [Seidels] mathematische Ausbildung war sein Lehrer am Gymnasium in Hof, Schnürlein, der selbst bei Gauß gehört hatte. Durch Privatunterricht, den ihm Schnürlein erteilte, wurde er so vorgebildet, daß er in seinem ersten Semester gleich bei Dirichlet Theorie der bestimmten Integrale hören konnte.' (Theorie der bestimmten Integrale zählte damals, 1840 - Seidel begann sein Studium Ostern 1840 in Berlin (Lindemann [1898], S. 24) - , zu den fortgeschritteneren Vorlesungen an der Universität, die im übrigen durchaus auch Themen wie 'Ebene Geometrie' (vierstündig) und 'Analytische Ebene und sphärische Trigonometrie' (dreistündig) umfaßten (aus dem Sommersemester 1833, Berlin, vgl. Lorey [1916], S. 65).)

[153] Stokes [1847], S. 533 sowie S. 566-83

zu diesem hier infrage stehenden mathematischen Problem - das er sogleich löste (und zwar vollständig!), mit Beispielen veranschaulichte und auf weitere mathematische Konsequenzen untersuchte[154]: alles Dinge, die wir bei Seidel vergeblich suchen, nicht wahr, Peter?

PETER Stimmt. In Seidels Arbeit steht nicht mehr an mathematischer Substanz, als ich euch vorgetragen habe.

KONRAD Das ist bei Stokes ganz anders. Da stehen noch jede Menge mathematischer Überlegungen im Text, von denen ich hier gar nichts erzählen will - ganz zu schweigen von den physikalischen Erörterungen.

ALEXANDER Schieß doch endlich los, Konrad!

KONRAD Schon dabei. Stokes formuliert das Problem folgendermaßen: 'Sei

$$u_1 + u_2 \ldots + u_n + \ldots$$

eine unendliche konvergente Reihe mit der Summe U. Sei

$$v_1 + v_2 \ldots + v_n + \ldots$$

eine weitere unendliche Reihe, deren allgemeines Glied v_n eine Funktion der positiven Variablen h ist und das gleich u_n wird, wenn h verschwindet ...'

ALEXANDER Die u_n sind also die Grenzwerte der v_n, wenn h gegen Null geht?

KONRAD Ja, ganz recht. 'Nehmen wir weiterhin an, daß für einen genügend kleinen Wert von h und für alle kleineren Werte die zweite Reihe konvergiert und die Summe V hat ...'

ALEXANDER V ist also eine Funktion von h - oder?

KONRAD Natürlich. Stokes fährt nun fort: 'Auf den ersten Blick könnte man annehmen, daß der Grenzwert von V für $h = 0$ notwendig gleich U ist. Das ist jedoch nicht wahr. Denn man bezeichne die Summe der [ersten] n Glieder der zweiten Reihe durch $\emptyset(n,h)$: dann ist der Grenzwert von V der Grenzwert von $\emptyset(n,h)$, wenn zuerst n unendlich wird und danach h verschwindet, während U der Grenzwert von $\emptyset(n,h)$ ist, wenn zuerst h verschwindet und dann n unendlich wird - und diese Grenzwerte können verschieden sein ...'

---

[154] Stokes [1847], S. 563-6

PETER   Also folgende Zusammenhänge:

$$\begin{array}{c} h \\ + \\ 0 \end{array} \Bigg\{ \begin{array}{ccccccc} v_1 + v_2 + \ldots + v_n & = & \mathit{f}(n,h) & \longrightarrow & v \\ \downarrow & \downarrow & \downarrow & & \downarrow & & \downarrow ? \\ u_1 + u_2 + \ldots + u_n & = & U_n & \longrightarrow & U \end{array}$$
$$n \to \infty$$

Und wie begründet Stokes dies?

KONRAD   Ganz einfach folgendermaßen:'Wannimmer eine unstetige Funktion in eine periodische Reihe wie etwa

$$A_1 \sin\frac{\pi x}{a} + A_2 \sin\frac{2\pi x}{a} \ldots + A_n \sin\frac{n\pi x}{a} + \ldots$$

oder

$$B_0 + \sum B_n \cos\frac{n\pi x}{a}$$

entwickelt wird, haben wir ein Beispiel davon; ...'

PETER   Dies ist lediglich eine *Behauptung* - so, wie sie auch Seidel aufstellt[155]. Gibt Stokes auch einen *Beweis* dafür?

KONRAD   Nein, auch nicht. Aber Stokes gibt noch ein weiteres Beispiel - und dieses *mit Beweis*! Er fährt nämlich fort: 'aber es ist leicht, zwei Reihen zu bilden, die nichts mit periodischen Reihen zu tun haben, bei denen aber dasselbe geschieht. Dafür ist es nur erforderlich, für $\mathit{f}(n,h) - U_n$ (U_n ist die Summe der ersten n Glieder der ersten Reihe) eine Größe zu nehmen, die unterschiedliche Grenzwerte hat je nach der Reihenfolge, in der man n und h ihre Grenzwerte erreichen läßt, und die als endliche Differenz [d.h. $\Delta\{\mathit{f}(n,h) - U_n\} :=$
$:= (\mathit{f}(n+1,h) - U_{n+1}) - (\mathit{f}(n,h) - U_n)$] eine Größe hat, die mit unendlich werdendem n verschwindet, sei es, daß h eine genügend kleine positive Größe ist, oder tatsächlich Null.
Sei beispielsweise

$$\mathit{f}(n,h) - U_n = \frac{2nh}{nh+1}$$

was mit $[h]^{156} = 0$ verschwindet. Dann gilt

$$\Delta\{\mathit{f}(n,h) - U_n\} = v_{n+1} - u_{n+1} = \frac{2h}{(nh+1)(nh+h+1)} \cdot {}'$$

ALEXANDER   Ja, denn der letzte Ausdruck ist gerade $\frac{2(n+1)h}{(n+1)h+1} - \frac{2nh}{nh+1}$, also wirklich $\Delta\{\mathit{f}(n,h) - U_n\}$.

---

[155] siehe oben bei Fußnote 120
[156] im Original steht hier irrtümlich n

KONRAD 'Nehmen wir weiterhin an

$$u_n = 1 - \frac{1}{n+1},$$

so daß $u_n = \Delta u_{n-1} = \frac{1}{n(n+1)}$,

so erhalten wir die Reihen

$$\frac{1}{1\cdot 2} + \frac{1}{2\cdot 3} \ldots + \frac{1}{n(n+1)} + \ldots,$$

$$\frac{1+5h}{2(1+h)} \ldots + \frac{h(h+2)n^2 + h(4-h)n + 1 - h}{n(n+1)\{(n-1)h+1\}(nh+1)},$$

die beide konvergent sind und deren allgemeines Glied gleich wird, wenn h verschwindet. Dennoch ist die Summe der ersten Reihe 1, während die Summe der zweiten 3 ist.'[157]

EVA Das letzte ging mir ein bißchen schnell – hat das jemand verstanden und kann es mir nochmal erklären?

ALEXANDER Na ja, Stokes bastelt sich ganz systematisch ein Beispiel, indem er davon ausgeht, daß der Ausdruck

$$\frac{2nh}{nh+1}$$

unterschiedliche Grenzwerte hat, je nachdem ob man zuerst h gegen Null und dann n gegen Unendlich gehen läßt oder umgekehrt; im ersten Fall ist dieser Grenzwert nämlich 0, im zweiten Fall dagegen 2 (denn $\frac{2nh}{nh+1} = \frac{2nh+2}{nh+1} - \frac{2}{nh+1} = 2\frac{nh+1}{nh+1} - \frac{2}{nh+1} \to 2$ für $n \to \infty$ bei beliebigem h).

Dieser Ausdruck $\frac{2nh}{nh+1}$ beschreibt ihm also im wesentlichen die Summe $\mathcal{S}(n,h)$ der ersten n Glieder der Reihe der v_i; Stokes koppelt ihn nur noch mit der Summe U_n der ersten n Glieder der Reihe der u_i, eben durch

$$\mathcal{S}(n,h) - U_n := \frac{2nh}{nh+1}.$$

Daraus ergibt sich dann der oben stehende Ausdruck für die Differenz

$$v_{n+1} - u_{n+1},$$

und wenn er sich nun noch die Reihe der u_i vorgibt (Stokes tut das, indem er definiert $U_n := 1 - \frac{1}{n+1}$, also $u_i = \frac{1}{i} - \frac{1}{i+1} = \frac{1}{i(i+1)}$, denn $(\frac{1}{1} - \frac{1}{2}) + (\frac{1}{2} - \frac{1}{3}) + \ldots + (\frac{1}{n} - \frac{1}{n+1}) = 1 - \frac{1}{n+1}$) – dann kann er sich daraus die Reihe der v_i berechnen, da ja gilt

$$v_{n+1} = \frac{2h}{(nh+1)(nh+h+1)} + u_{n+1}$$

[157] Stokes [1847], S. 561f

EVA Und wie sehe ich, daß dies genau diese schreckliche Reihe ergibt, die Stokes da aufschreibt - mit den entsprechenden Summen?

ALEXANDER Indem du nicht soviel zusammenfaßt wie er. Schau her. Betrachten wir statt $v_{n+1} - u_{n+1}$ lieber $v_n - u_n$, da wir uns ja für v_n interessieren; also:

$$v_n - u_n = \frac{2nh}{nh+1} - \frac{2(n-1)h}{(n-1)h+1}$$

oder mit $u_n = \frac{1}{n} - \frac{1}{n+1}$:

$$v_n = \left(\frac{2nh}{nh+1} - \frac{2(n-1)h}{(n-1)h+1}\right) + \left(\frac{1}{n} - \frac{1}{n+1}\right)$$

Hier erkennst du nun sofort, wie groß die Summe der ersten n Glieder dieser Reihe ist.

EVA Ja natürlich! Bei diesem schlauen Bildungsgesetz, bei dem jeder neue Summand das wieder verschluckt, was der vorherige hinzugefügt hat - da ist das keine Kunst: es bleibt einfach der eine Teil von v_1 und der andere Teil von v_n übrig:

$$\begin{aligned}\oint(n,h) &= \left(-\frac{2(1-1)h}{(1-1)h+1} + \frac{2nh}{nh+1}\right) + \left(1 - \frac{1}{n+1}\right) = \\ &= \frac{2nh}{nh+1} + 1 - \frac{1}{n+1} .\end{aligned}$$

Aha, und jetzt seh' ich es selbst! Wenn jetzt n gegen Unendlich geht, dann wird dies einfach zu $2 + 1 - 0 = 3$ - völlig unabhängig von h, d.h. es bleibt 3, wenn jetzt noch h gegen Null geht. Wenn aber umgekehrt zuerst h gegen Null geht, dann wird dies zu $1 - \frac{1}{n+1}$, und wenn jetzt n unendlich wird, dann bleibt nur 1 als Ergebnis.

PETER Ja, genau so wurde das Beispiel doch konstruiert - von dem Ausdruck

$$\oint(n,h) = \frac{2nh}{nh+1} + u_n$$

ging Stokes ja aus!

ALEXANDER Und an unserer Formel (83.2) für v_n sieht man auch unmittelbar, daß für h gegen Null v_n gegen u_n geht - es ist also alles korrekt.

PETER Sehr schön! Zwar ein konstruiertes Beispiel - aber immerhin: ein Fortschritt, sowohl fürs Finitärprogramm als auch für die Gesamtwissenschaft Mathematik.

ANDREAS Glaubst du wirklich?

INGE Und dieses Beispiel widerlegt doch sicherlich Cauchys Summensatz!

ANNA Nicht doch, liebe Inge! Wie kommst du denn darauf? Selbstverständlich wird dieses Beispiel Cauchys Lehrsatz *nicht* widerlegen - in seiner Mathematik!

INGE Wieso nicht? Beweis' uns das doch, wenn du kannst!

ANNA Aber gerne - nichts leichter als das! Es ist mit diesem Beispiel natürlich genau dasselbe wie mit den Fourierreihen: auch hier konvergiert die Reihe der v_i für gewisse unendlichkleine h nicht - vermutlich schon nicht für die Werte $h = \frac{1}{n}$ mit unendlichgroßem n.

INGE Beweisen, beweisen!

ANNA Selbstverständlich. Die Reihe der v_i konvergiert genau dann, wenn der Reihenrest r_n für unendlichgroße n stets unendlichklein ist. Wie groß ist hier aber r_n? Nun,
$$r_n = s - s_n.$$
Für die Reihensumme s hat Eva gerade den konstanten Wert 3 (für jedes $h > 0$) berechnet, und für s_n hat Stokes immer $\delta(n,h)$ geschrieben, d.h.
$$\delta(n,h) = \frac{2nh}{nh+1} + u_n = \frac{2nh}{nh+1} + 1 - \frac{1}{n+1}.$$
Insgesamt gilt also
$$r_n = 3 - \left(\frac{2nh}{nh+1} + 1 - \frac{1}{n+1}\right) =$$
$$= 2 - \frac{2nh}{nh+1} + \frac{1}{n+1}.$$
Für $h = \frac{1}{n}$ wird dies aber zu
$$r_n\bigg|_{h=\frac{1}{n}} = 2 - \frac{2}{1+1} + \frac{1}{n+1} = 1 + \frac{1}{n+1}$$
und das ist für alle positiven n, also jedenfalls auch für die unendlichgroßen n, größer als 1 und somit *nicht unendlichklein*.

Womit der Beweis auch schon zuende ist und Cauchys Summensatz unangefochten bleibt - da er über nichtkonvergente Reihen nichts aussagt.

ALEXANDER Aber lassen wir doch endlich dieses Beispiel ...

KONRAD Diese *Beispiele* - denn es sind mehrere! Stokes selbst schreibt: Wenn man im Zähler von $\frac{2nh}{nh+1}$ den Wert pnh für $2nh$ einsetzt, dann ergibt sich für jedes p ein neues Beispiel.

ALEXANDER Meintewegen. Aber es geht uns doch nicht um Beispiele ...

PETER Doch - warum denn nicht? Selbstverständlich geht es uns um Beispiele!

ALEXANDER ... sondern um Lehrsätze. Und du hast einen Lehrsatz von Stokes angekündigt, Konrad, der zum Teil mit Seidels Lehrsatz übereinstimmt, zum Teil über diesen hinausgeht. Willst du uns den nicht endlich erzählen?

KONRAD Doch, gerne. Stokes formuliert den Lehrsatz wie folgt: 'LEHRSATZ. Der Grenzwert von V unterscheidet sich nur dann von U, wenn die Konvergenz der Reihe

$$v_1 + v_2 \ldots + v_n + \ldots$$

unendlich langsam wird, sobald h verschwindet.

Dabei heißt die Konvergenz unendlich langsam, wenn die Zahl n der Glieder, die genommen werden müssen, damit die Summe der vernachlässigten Glieder wertmäßig kleiner bleibt als eine gegebene Größe e, die so klein sein kann, wie wir es wünschen, - wenn diese Zahl n über alle Grenzen wächst, sobald h unter alle Grenzen fällt.'[158]

PETER Also haargenau derselbe Begriff wie bei Seidel: derselbe Name und dieselbe Bedeutung.[159]

ANDREAS Dieselbe Gehirnakrobatik.

KONRAD Stokes' Beweis ist kurz und bündig: 'Wenn die Konvergenz nicht unendlich langsam ist, wird es möglich sein, eine Zahl n_1 zu finden, die so groß ist, daß für den Wert von h, mit dem wir beginnen, und für alle kleineren Werte, die größer als Null sind, die Summe der vernachlässigten Glieder wertmäßig kleiner als e ist. Nun ist der Grenzwert der Summe der ersten n_1 Glieder von (85.1) bei verschwindendem h die Summe der ersten n_1 Glieder von

$$u_1 + u_2 \ldots + u_n + \ldots$$

Wenn also e' der zahlenmäßige Wert der Summe der Glieder nach dem n_1-ten dieser Reihe (85.2) ist, dann können U und V sich um keine Größe unterscheiden, die größer oder gleich $e+e'$ ist. Aber e und e' können kleiner gemacht werden als jede angebbare Größe, und folglich ist U gleich dem Grenzwert von V.'[158]

ALEXANDER In den uns jetzt geläufigen Zeichen $\delta = \delta_n + r_n$ formuliert, handelt es sich also um die folgende Argumentation (durch die hochgestellten Buchstaben zeige ich jeweils die gemeinte Reihe an, also $\delta^U = U$, $\delta^V = V$ usw.). Zu einer beliebig kleinen Toleranz e [160] gibt es stets

---

[158] Stokes [1847], S. 562
[159] Hardy ist anderer Meinung - siehe unten Fußnote 161
[160] In meinen Augen läßt Stokes' Text nicht den geringsten Zweifel daran, daß die Toleranz e *vor* der Obergrenze h_e für h gewählt wird. Hardy,

einen gewissen Wert h_e von h und eine natürliche Zahl n_1, so daß gilt

$$r^v_{n_1}(h) < e \quad \text{für alle } h \leq h_e.$$

Nach Voraussetzung gilt

$$s^v_{n_1} \to s^u_{n_1} \quad \text{für } h \to 0.$$

Sei weiter

$$e' := r^u_{n_1}.$$

Somit gilt

$$U - V = s^u - s^v = s^u_{n_1} + r^u_{n_1} - s^v_{n_1} - r^v_{n_1} =$$

$$= s^u_{n_1} - s^v_{n_1} + r^u_{n_1} - r^v_{n_1} \to$$

$$\to 0 + r^u_{n_1} - r^v_{n_1} \quad (\text{für } h \to 0)$$

$$< e' + e.$$

Nun war e beliebig klein vorgegeben, aber e' war *fest definiert*, eben als

$$e' := r^u_{n_1}.$$

Wir müssen uns also noch überlegen, *ob auch e' beliebig klein vorgegeben werden kann!*[161]

der schon bei Seidel die Reihenfolge dieser Quantoren vertauscht hat (siehe Fußnoten 109 und 110), sieht auch hier wieder die Dinge anders herum und behauptet ausdrücklich (nach dem Zitieren des ersten Satzes des Stokesschen Beweises): 'Stokes betrachtet [... keine] Eigenschaft eines einzigen Punktes, die [...] von keinem seiner Nachbarpunkte geteilt zu werden braucht, sondern eine Eigenschaft eines Intervalls *im Kleinen* [im Original deutsch], das heißt *ein kleines aber festes Intervall, so gewählt, daß es einen bestimmten Punkt einschließt.*' (Hardy [1918], S. 155) Hier kann ich wohl nicht länger 'Sprachschwierigkeiten' für Hardys Fehlverständnis vermuten.'

[161] Dieser entscheidende Punkt scheint Hardy völlig entgangen zu sein. Und nur aus diesem Irrtum heraus kann er behaupten: 'Stokes betrachtet eine Ungleichung, die für einen besonderen Wert von n erfüllt ist oder bestenfalls für eine unendliche Folge von Werten von n und *nicht* notwendig für alle Werte von n ab einem gewissen Punkt. In dieser Beziehung gibt es einen sehr scharfen Unterschied zwischen Stokes' Arbeit und der von Seidel.' (Hardy [1918], S. 155) Daß für das Stokessche Argument keineswegs ein *einziger* Wert für n genügt, zeigt das oben im Text vorgeführte Stokes-Zitat, das im nachfolgenden Text nochmals entfaltet wird. →

KONRAD Aber das ist ja klar. Da die Reihe der u_i konvergiert, findet sich zu jedem beliebig vorgegebenen e' eine natürliche Zahl n, für die gilt

$$e' \geq r_n^u.$$

Und da für n ($\geq n_1$) auch gilt

$$|r_n^v(h)| \leq |r_{n_1}^v(h)|,$$

ist also für alle n ($\geq n_1$) auch

$$r_n^v(h) < e \quad \text{für alle } h \leq h_e.$$

Und demzufolge gilt Stokes' Argumentation auch für jedes n ($\geq n_1$) - folglich kann die Differenz $U - V$ tatsächlich mit verschwindendem h *beliebig klein* gemacht werden, d.h. U ist tatsächlich der Grenzwert von V für $h \to 0$: der Beweis ist in Ordnung.

Interessant ist nun, daß Stokes - wie ich bereits angekündigt habe - auch die Umkehrung dieses Satzes beweist. Ich zitiere wieder:

'Umgekehrt, wenn

$$u_1 + u_2 \ldots + u_n + \ldots$$

konvergiert und wenn gilt $U = V_0$ [V_0 ist der Grenzwert von V für $h \to 0$], dann kann die Reihe

$$v_1 + v_2 \ldots + v_n + \ldots$$

nicht unendlich langsam konvergieren, wenn h verschwindet.'[162]

Hardy beschäftigt sich in seinem [1918] ausführlich mit verschiedenen Begriffen und Definitionen der gleichmäßigen Konvergenz (er gibt auf fünf Seiten, wie gesagt, sieben verschiedene Definitionen!-ohne ein einziges Beispiel, versteht sich ...). Dies ist Hardy nur möglich aufgrund seiner logischen Schulung (nach Frege und Russell) und 40 Jahre nach Dini, der (als erster?) diesen Begriff der *quasi-gleichmäßigen Konvergenz* formulierte (Dini [1878], S. 137f; er spricht dort von *einfach-gleichmäßiger Konvergenz*): dabei kommt es nicht mehr auf *sämtliche* Werte von n ab einer gewissen Stelle an, sondern nur noch auf *unendlich viele* (vgl. unten S. 90f). Wenn nun Hardy angesichts all dieser Vorsprünge, die er vor Stokes hat, an dieser Stelle von Stokes' Beweis entdeckt, daß Stokes hier mit dem schwächeren Begriff (quasi-gleichmäßige Konvergenz) ausgekommen wäre (S. 155), so bedeutet das noch lange nicht, daß auch Stokes dies bemerkte *und so argumentierte*. Ganz im Gegenteil tat Stokes das offenkundig nicht! Der Versuch einer Geschichtsschreibung der *objektiven mathematischen Entwicklung* scheint beinahe zwangsläufig zu einer Orwellschen 1984-Geschichtsschreibung zu führen.

[162] Stokes [1847], S. 563

ALEXANDER Tatsächlich: die Umkehrung des Satzes!

KONRAD Ja, und Stokes' Beweis geht so: 'Wenn U_n', V_n' die Summen der Glieder nach dem n-ten für die beiden Reihen sind, dann haben wir
$$V = V_n + V_n' \quad , \quad U = U_n + U_n' \; ;$$
woraus folgt
$$V_n' = V - U - (V_n - U_n) + U_n' .$$
Nun verschwinden $V-U$, $V_n - U_n$ mit h, und U_n' verschwindet, wenn n unendlich wird. Folglich kann für einen hinreichend kleinen Wert für h und alle kleineren, zusammen mit einem genügend großen Wert für n, der unabhängig von h ist, der Wert von V_n' kleiner gemacht werden als jede gegebene Größe e, wie klein auch immer die sei; und deswegen wird - nach Definition - die Konvergenz der Reihe der v_i nicht unendlich langsam, wenn h verschwindet.'[162]

Womit schon alles bewiesen ist.

EVA Ich finde, wir sollten auch dies in die uns geläufigen Zeichen übersetzen! Und das ist ja auch nicht schwer. Stokes argumentiert so: Wegen
$$s^v = s_n^v + r_n^v \quad \text{und} \quad s^u = s_n^u + r_n^u$$
gilt
$$r_n^v = s^v - s_n^v - s^u + s_n^u + r_n^u =$$
$$= s^v - s^u - (s_n^v - s_n^u) + r_n^u$$

1° Da nach Voraussetzung $s^v \to s^u$ für $h \to 0$, gibt es zu beliebig vorgegebenem e_1 ein h_1, so daß gilt
$$s^v - s^u < e_1 \quad \text{für} \quad h < h_1 .$$

2° Da weiterhin $v_i \to u_i$ für $h \to 0$, gibt es bei beliebig vorgegebenem e_2 für jedes n ein h_2, so daß gilt
$$s_n^v - s_n^u < e_2 \quad \text{für} \quad h < h_2 .$$

3° Da die Reihe der u_i konvergiert, gibt es zu beliebig vorgegebenem e_3 eine natürliche Zahl N, so daß gilt
$$r_n^u < e_3 \quad \text{für alle} \quad n > N .$$

Zusammengefaßt gilt also
$$r_n^v = (s^v - s^u) - (s_n^v - s_n^u) + r_n^v <$$
$$< e_1 + e_2 + e_3 ,$$

und da die e_i beliebig klein vorgegeben waren, ist damit die Konvergenz der Reihe der v_i gezeigt - für sämtliche Werte h, die kleiner sind als der kleinere von h_1 und h_2. Ein wirklich sehr einfacher Beweis! Warum nur Seidel diese Umkehrung nicht auch gefunden hat?

ALEXANDER   Vorsicht - da scheint mir eine Unsauberkeit enthalten zu sein!

EVA   Wo?

ALEXANDER   Bei der Schlußfolgerung. Damit die Konvergenz der Reihe der v_i bewiesen ist, muß die Ungleichung

$$r_n^v < e_1 + e_2 + e_3$$

für *alle* n ($\geq N$) gezeigt werden. Dies aber ist nicht geschehen! Denn im Argument 2° ist die Ungleichung

$$s_n^v - s_n^u < e_2 \quad \text{für} \quad h < h_2$$

ja keineswegs für *alle* n nachgewiesen! Es hängt doch die Wahl von h_2 von dem Wert von n ab: $h_2 = h_2(n)$, und so kann *nachher* der Wert von n nicht mehr beliebig vergrößert werden, ohne h_2 zu ändern. D.h. Stokes' Formulierung, der Wert für n sei 'unabhängig von h' ist insofern irreführend, als sie zwar wörtlich richtig ist, jedoch verschleiert, daß der Wert von h keineswegs unabhängig von n ist!

EVA   Du meinst also, Stokes hat seine Behauptung gar nicht korrekt bewiesen?

ALEXANDER   Genau! Stokes hat keineswegs bewiesen[163], daß an einem Stetigkeitspunkt der Grenzfunktion die Reihe nicht unendlich langsam konvergiert, sondern sein Beweis zeigt nur:

---

[163] Daß Stokes bei diesem Beweis ein Irrtum unterlief, behauptet auch Hardy, doch argumentiert er auch hier wieder mit seiner Verdrehung der Quantorenreihenfolge (siehe Fußnote 160). Den Vogel jedoch schießt Hardy mit seiner Schlußbemerkung ab: 'Wenn wir Stokes' Idee mit [dem Begriff der quasi-gleichmäßigen Konvergenz in einem Punkt] identifizieren, dann können wir ihn von jedem Fehler freisprechen, da [die quasi-gleichmäßige Konvergenz in einem Punkt] tatsächlich eine notwendige und hinreichende Bedingung für die Stetigkeit ist. Wir können dann Stokes' Arbeit als Vorwegnahme des Dinischen Lehrsatzes betrachten': Ein guter Mathematiker - so lernen wir hier von Hardy - vergreift sich vielleicht einmal in einer Definition ('In einem Wort: er [Stokes] verwechselt vorübergehend [die von Hardy gegebenen Definitionen] B2 und B3' - Hardy [1918], S. 156), aber ansonsten ist seine Beweisführung 'vollkommen richtig' (S. 156). Echte Fehler machen eben nur die Dummen.

An einem Stetigkeitspunkt der Grenzfunktion konvergiert die Reihe
quasi-gleichmäßig.¹⁶⁴ Dabei heißt eine Reihe *quasi-gleichmäßig konvergent an einem Punkt* x_0, wenn es zu jeder Toleranz ε und zu jeder natürlichen Zahl N eine Umgebung von x_0 und *mindestens eine* (aufgepaßt!)

---

¹⁶⁴ Die quasi-gleichmäßige Konvergenz in einem Punkt als notwendige (und hinreichende! - siehe weiter im Text) Bedingung für einen Stetigkeitspunkt der Grenzfunktion formuliert ausdrücklich Hobson [1903], S. 376, und er gibt einen schönen Beweis. Auch Hardy [1918] gibt diesen Beweis, ohne Bezug auf Hobson, wohl aber auf Dini, der möglicherweise als erster diesen Sachverhalt formuliert hat - wenn auch in seiner sehr umständlichen, auf Vollständigkeit bedachten Weise:
'Lehrsatz III. Wenn die Glieder einer Reihe Σu_n in einem gegebenen Intervall (α,β) Functionen von x sind oder von einer Variabelen x abhängen, die fähig ist, eine unendlich grosse Anzahl von Werthen anzunehmen, von welchen a ein Grenzpunkt ist und wenn diese Glieder u_n für $x = a$ rechts oder links zum Beispiel auf der rechten Seite Grenzwerthe u_n' haben, die bestimmt und endlich sind, so besteht die nothwendige und ausreichende Bedingung dafür, dass die Summe $U(x)$ der Reihe Σu_n für $x = a+0$ einen bestimmten und endlichen Grenzwerth habe und dass dieser Grenzwerth die Summe der Reihe der Grenzwerthe $\Sigma u_n'$ darstelle, in Folgendem: 1) muss diese Grenzwertreihe $\Sigma u_n'$ convergent sein, 2) müssen sich zu jeder positiven und beliebig kleinen Zahl σ und zu jeder willkürlich grossen ganzen Zahl m' *zwei* Zahlen ε und m finden lassen, von denen die erste von Null verschieden und *die zweite* ganzzahlig und grösser als m' ist, dergestalt, dass für alle zwischen a und $a+ε$ (a ausgeschlossen) in Betracht kommenden Werthe von x der Rest $R_n(x)$ der Reihe Σu_n numerisch kleiner als σ ist.' (Dini [1878], S. 143f, meine Hervorhebungen)
Drei Seiten später formuliert Dini mit Hilfe seines schon zuvor (auf S. 137f) eingeführten Begriffs der *einfach gleichmäßigen Konvergenz* etwas leichter faßlich den vollständigen uns hier interessierenden Sachverhalt:
'Lehrsatz VI. Wenn die Glieder einer Reihe Σu_n in einem ganzen Intervall (α,β) endliche und continuirliche Functionen von x sind und wenn in diesem Intervall die Reihe Σu_n wenigstens einfach gleichmäßig convergent ist, so ist auch ihre Summe $f(x)$ in diesem Intervall eine endliche und continuirliche Function von x.
Und auf Grund dieses Satzes kann man nun auch behaupten: Wenn eine Reihe Σu_n in einem ganzen Intervall (α,β) wenigstens einfach gleichmäßig convergent ist, so kann ihre Summe $f(x)$ in diesem Intervall nur in den Punkten discontinuirlich sein, in welchen eine oder mehrere der Functionen $u_1, u_2, \ldots, u_n, \ldots$ discontinuirlich sind.' (S. 147)
Im übrigen ist dieser hier von Dini übernommene Name für den vorliegenden Sachverhalt nicht zu verwechseln mit Arzelàs Begriff *convergenza uniforme a tratti*, der laut Rosenthal (Fréchet-Rosenthal [1923], S. 1166) von Borel *quasi-gleichmäßige Konvergenz* getauft, von Rosenthal selbst *streckenweise gleichmäßige Konvergenz* genannt wurde (S. 1166) und heute allgemein *gleichgradige Stetigkeit* heißt. Daß diese Bedingung ebenfalls eine notwendige und hinreichende Kennzeichnung für die Stetigkeit der Reihensumme ist, bewies Arzelà [1883] und vereinfachte später Vivanti [1910] - aber auf diese Theoriefranze möchte ich hier nicht näher eingehen.

natürliche Zahl $n \geq N$ gibt, so daß gilt

$|r_n(x)| < e$ für alle x dieser Umgebung.

EVA Also ist die nicht unendlich langsame Konvergenz, oder wie wir früher sagten: die gleichmäßige Konvergenz in einem Punkt gar keine *notwendige* Bedingung für die Stetigkeit der Grenzfunktion dort?! Das heißt, auch wenn die Grenzfunktion an einer Stelle stetig ist, braucht die Konvergenz der Reihe dort keineswegs gleichmäßig zu sein?!

ALEXANDER Stimmt genau, Eva - aber sie ist dann *quasi-gleichmäßig*.

EVA Und umgekehrt? Wenn an einem Punkt quasi-gleichmäßige Konvergenz vorliegt - ist dies dann ein Stetigkeitspunkt der Grenzfunktion?

ALEXANDER Ich denke ja - das wird sich wohl leicht beweisen lassen. Versuchen wir's doch einfach! Die quasi-gleichmäßige Konvergenz der Reihe bei x heißt doch nichts anderes, als daß es für jede Toleranz e eine natürliche Zahl n und eine Umgebung von x gibt - kennzeichnen wir diese Umgebung durch h_1 -, für die gilt

$|r_n(x+h)| < \frac{e}{3}$ für alle $|h| < h_1$.

Betrachten wir für dieses n die n-te Teilsumme s_n der Reihe. Da s_n eine stetige Funktion ist, gibt es eine Umgebung von x - kennzeichnen wir sie durch h_2 -, für die gilt

$|s_n(x) - s_n(x+h)| < \frac{e}{3}$ für $|h| < h_2$.

Und damit sehen wir auch schon die Stetigkeit der Grenzfunktion in x, denn für dieses n gilt ja jetzt

$|s(x) - s(x+h)| = |s_n(x) - s_n(x+h) + r_n(x) - r_n(x+h)| \leq$

$\leq |s_n(x) - s_n(x+h)| + |r_n(x)| + |r_n(x+h)| <$

$< \frac{e}{3} + \frac{e}{3} + \frac{e}{3} = e$,

solange $|h|$ kleiner ist als das Minimum von h_1 und h_2. Damit ist schon alles bewiesen.[165]

---

[165] Dieser Beweis findet sich z.B. bei Dini [1878], S. 144, bei Hobson [1903], S. 377 und bei Hardy [1918], S. 153.

2.8 DIE GLEICHMÄSSIGE KONVERGENZ - EIN SCHWERFÄLLIGER BEGRIFF DES FINITÄRPROGRAMMS, DER VIELE ZUSAMMENHÄNGE BESCHREIBT, JEDOCH KEINEN VOLLSTÄNDIG

Die Bedeutung des Begriffs gleichmäßige Konvergenz rührt von seiner Brauchbarkeit in verschiedenen Zusammenhängen her, wo die dadurch beschriebene Eigenschaft stets die Gültigkeit gewisser mathematischer Operationen garantiert. In keinem dieser Fälle jedoch liefert die gleichmäßige Konvergenz eine vollständige Beschreibung des vorliegenden Sachverhaltes, d.h. sie stellt stets nur eine hinreichende, aber keine notwendige Bedingung dar.

PETER Aha - damit ist es endlich geschafft!
EVA Was ist geschafft?
PETER Mit diesen beiden Beweisen ist es dem Finitärprogramm endlich gelungen, den Vorsprung des Kontinuitätsprogramms wettzumachen.
EVA Wie meinst du das? Hatte das Kontinuitätsprogramm denn schon früher diesen Begriff der quasi-gleichmäßigen Konvergenz?
PETER Aber nein, natürlich nicht: und es benötigt ihn doch auch gar nicht! Dieser Begriff der quasi-gleichmäßigen Konvergenz ist ein *interner Begriff des Finitärprogramms*. Allein die innere Logik dieses Programms macht ihn *erforderlich* und gibt ihm seine *Berechtigung*. Denn erst mit seiner Hilfe läßt sich in diesem Programm der Zusammenhang zwischen dem Konvergenzverhalten einer Reihe stetiger Funktionen und der Stetigkeit der Summenfunktion dieser Reihe vollständig beschreiben: Die Stetigkeitspunkte der Summenfunktion und die Punkte der quasi-gleichmäßigen Konvergenz der Reihe sind identisch.
Oder: Die Begriffe 'Stetigkeit der Summenfunktion' und 'quasi-gleichmäßige Konvergenz' sind für Reihen stetiger Funktionen äquivalent.[166]
Dieser Lehrsatz des Finitärprogramms ist ein Ergebnis vieljähriger, mühevoller Arbeit der Mathematiker, eine Arbeit, die - wie wir gesehen haben - im Jahre 1847 mit Seidel und Stokes gerade erst angelaufen war.[167] Lenkten doch sowohl Seidel als auch Stokes[168] die Aufmerksamkeit

---

[166] Ich erinnere hier an das Ende von Fußnote 164. Die soeben im Text gegebene Formulierung ist deutliches Kind des Mengenlehre-Zeitalters.

[167] Der Leser weiß bereits, daß dieser Abschluß möglicherweise erst durch Dini im Jahre 1878 erfolgte.

[168] In der Tat ist in diesem Zusammenhang noch ein dritter Name zu nennen: Auch Björling bemerkt - übrigens zu genau derselben Zeit, also

im Jahre 1847! - mit Blick auf die von Abel genannte Reihe zu Cauchys
Lehrsatz: 'Mit Recht läßt sich manches dagegen einwenden' (Björling
[1847], S. 66 Fußnote). Und er wendet in dieser Fußnote auch mit Recht
ein: 'So ist in der Tat etwa jene Reihe

$$\sin x, \; \frac{1}{2}\sin 2x, \; \frac{1}{3}\sin 3x, \; \&c.$$

konvergent für beliebige x zwischen 0 und 2π; aber dennoch, wenn man
x unbeschränkt gegen 0 oder 2π konvergieren läßt, so ist es keineswegs
erlaubt zu sagen, daß die Reihe in einem Zuge konvergent bleibt. Im
Gegenteil kann man kraft dieses Lehrsatzes II mit Gewißheit sagen, *daß
es so nicht ist.*' (Sic ex. gr. series illa [...] convergens equidem
est, x datâ qualibet inter 0 et 2π; at tamen, si ponatur x indefinite
in 0 aut 2π convergere, seriem uno tenore convergentem permanere neu-
tiquam stutui licet *ita non esse.* - S. 66) Und Björling wiederholt
diesen Einwand in derselben Fußnote, diesmal im Sperrdruck. Wie aber
lautet der so gepriesene Lehrsatz II?
'Lehrsatz II . Wenn die Reihe mit den reellen Gliedern

$$f_1(x), \; f_2(x), \; f_3(x), \; \&c.$$

für beliebige reelle x von x_0 ununterbrochen bis X konvergent ist (die
Grenzen eingeschlossen) und wenn außerdem die Glieder allein stetige
Funktionen von x zwischen diesen Grenzen sind, dann muß die Summe

$$f_1(x) + f_2(x) + f_3(x) + \&c.$$

selbst zwischen diesen Grenzen eine stetige Funktion von x sein.'
(Theor. II. Si fuerit series terminorum realium

$$f_1(x), \; f_2(x), \; f_3(x), \; \&c.$$

convergens x reali qualibet ab x_0 inde usque ad X (limitibus inclusive) atque præterea termini functiones ipsius x inter hos limites
continuas conficiant; fieri non potest quin summa ipsa

$$f_1(x) + f_2(x) + f_3(x) + \&c.$$

continua eosdem inter limites sit functio ipsius x. - S. 65)
Weder die Formulierung dieses Lehrsatzes noch der darauf folgende
Beweis (S. 66-9) - Hardy hätte hier, soweit ich sehe, seine helle
Freude: endlich könnte er einmal zurecht eine Vertauschung von Quantoren bemängeln!- enthalten den in der Fußnote aufgetauchten Begriff
der *Konvergenz in einem Zuge* (convergens uno tenore)! Nichtsdestoweniger zitiert Björling später diesen Lehrsatz in folgender Weise:
'... *wenn die Reihe obendrein in einem Zuge konvergent bleibt, ununt-
terbrochen bis U einschließlich,* dann folgt aus jenem Lehrsatz II,
Teil I, daß die Summe

$$f_1(u) + f_2(u) + f_3(u) + \&c.$$

selbst notwendig eine stetige Funktion zwischen den Grenzen u_0 und U
ist.' (... *si insuper convergens uno tenore permaneat series usque
ad U inclusive;* ex Theorem. illo II. Part.I:æ consequitur summam
ipsam [...] continuam necesse esse functionem inter limites u_0 et U.
- S. 157f) Und auch in einer unmittelbar vorher zu findenden langen
Fußnote findet sich der Satz: 'Natürlich bleibt es dabei, daß *diese
Reihe*

$$\frac{\pi-x}{2} = \sin x + \frac{1}{2}\sin 2x + \frac{1}{3}\sin 3x \;\; + \&c.$$

*mit den nachfolgenden Gliedern nicht bis zu $x = 0$ in einem Zuge kon-
vergent bleibt;* das, was mit Gewißheit festgestellt werden kann, ist
das, was sogleich in 1:0) verkündet werden wird.' (Scilicet in eo res
hæret, quod *series ista membri posterioris* [...] *convergens non uno*

der Mathematiker zuerst auf den Begriff der *gleichmäßigen Konvergenz* (bzw. sein Gegenteil: die *unendlich langsame Konvergenz*). Der jedoch erwies sich später als nicht ausreichend geeignet, sondern mußte noch zu dem Begriff der *quasi-gleichmäßigen Konvergenz* weiterentwickelt werden. Welch eine ungeheuer lange, schwerfällige Entwicklung mit allerhand logischen Falltüren, in die auch große Mathematiker tappten - denkt nur an Stokes selbst! Wieviel kürzer, eleganter und müheloser dagegen die entsprechende Entwicklung im konkurrierenden Kontinuitätsprogramm!

Dort ist keinerlei langwierige, komplizierte Begriffsschöpfung nötig, dort wird der Sachverhalt sofort und mit den *Urbegriffen* der Theorie selbst erfaßt: Die Stetigkeitspunkte der Summenfunktion und die Konvergenzpunkte der Reihe sind identisch. Oder: Die Begriffe *Stetigkeit der Summenfunktion* und *Konvergenz der Reihe* sind für Reihen stetiger Funktionen äquivalent.

Ein einfacher, übersichtlicher Zusammenhang, der sich dem Schöpfer der Urbegriffe *von selbst* zeigte und den dieser *en passant*: im Vorübergehen formulierte.[169]

ANDREAS   Mir scheint, es ist höchste Zeit, unsere *Zwischenbilanz* von neulich[170] einmal auf den neuesten Stand zu bringen - schließlich haben unsere neueren Untersuchungen völlig neue Ergebnisse hervorgebracht. So müssen wir unser *erstes geschichtliches Ergebnis* von damals völlig zurücknehmen: Ganz gewiß hat Cauchy niemals den Sachverhalt der gleichmäßigen Konvergenz entdeckt[171] - er arbeitete ja in einem Forschungsprogramm, in dem dieser Begriff gar nicht vorkommt. Aber auch Seidel und Stokes entdeckten nicht die (un)gleichmäßige Konvergenz, so wie wir sie heute in den Vorlesungen hören, ebensowenig den von der Theorie hier geforderten Begriff der quasi-gleichmäßigen Konvergenz

tenore usque ad $x = 0$ *permanet*: id quo pro certo stutui licet ex iis quæ mox in 1:0) monita erunt. - S. 156 Fußnote)

Vielleicht vermag ein eingehendes Studium des umfangreichen Textes diese einstweilen noch undurchsichtige Argumentationsweise Björlings durchschaubar zu machen, die auch Burkhardt [1914] bemängelt: 'Nachher gebraucht [Björling] aber bei der Formulierung seiner Sätze doch wieder bloß das Wort convergens, wo er seiner Bemerkung gemäß 'convergens uno tenore' sagen müßte ...' (S. 982)

[169] vgl. oben S. 40f bei Fußnote 72, aber auch unten S. 310
[170] siehe S. 29f   [171] vgl. oben bei Fußnote 104

in einem Punkt, sondern sie entdeckten lediglich eine verwandte Form bzw. Vorform davon, die sie *beliebig langsame Konvergenz* nannten.[115, 149]

Auch unser damaliges *erstes methodologisches Ergebnis* können wir in allen Ehren bestatten: Die Fortschrittslogik *der Mathematik* besteht sicher nicht in der Methode 'Beweise und Widerlegungen' – denn, wie Anna schon deutlich gesagt hat[172], ist von der Einen Mathematischen Vernunft, welche die Leitplanke dieses Fortschritts wäre, weit und breit nichts zu sehen. Stattdessen haben wir zwei konkurrierende Forschungsprogramme entdeckt, die im Verhältnis zueinander den gesamtwissenschaftlichen Fortschritt hervorbringen. Diese Methode 'Beweise und Widerlegungen' steuert allenfalls jedes einzelne Forschungsprogramm für sich, keinesfalls jedoch die Mathematik insgesamt.

Und damit ist auch unser damaliges *zweites geschichtliches Ergebnis* hinfällig, das in der Verwendung einer falschen Methode durch die Mathematiker (nämlich der Methode der Ausnahmensperre) eine Hemmung des mathematischen Fortschritts sah. Was ursprünglich wie eine methodologische Revolution durch Seidel erschien[173], das erwies sich bei näherem Hinsehen als zufällige Interessenverlagerung von einem Forschungsprogramm aufs andere: vom Kontinuitäts- zum Finitärprogramm.[174] Wobei man höchstens das Moment des Zufälligen durch den Hinweis auf die damalige Rückständigkeit des Finitär- gegenüber dem Kontinuitätsprogramm ein wenig abschwächen kann. Von all der anfänglichen Pracht bleibt uns also lediglich das *zweite methodologische Ergebnis* erhalten: Mathematische Strenge unterliegt geschichtlichem Wandel.

ALEXANDER Während Andreas in seinen theologischen Ausführungen schwelgte, habe ich mir nochmals Gedanken um das Problem des Summensatzes gemacht. Also ich meine, diese einfache Lösung des Problems im Kontinuitätsprogramm ist ja vielleicht elegant – aber sie gab keinerlei Veranlassung zum mathematischen Fortschritt! Und insofern ist *diese* Lösung keineswegs zufriedenstellend!

PETER Das verstehe ich nicht – was soll das heißen: Diese Problemlösung (im Kontinuitätsprogramm) ist *nicht zufriedenstellend?* Das Problem ist doch vollständig gelöst, die Frage nach dem Zusammenhang

---

[172] siehe S. 71f [173] siehe S. 25f
[174] siehe S. 63, 74f

zwischen den Konvergenzpunkten einer Reihe stetiger Funktionen und den Stetigkeitspunkten der Grenzfunktion vollständig beantwortet! Was willst du noch mehr?

ALEXANDER Eine Bereicherung, eine Weiterentwicklung der Mathematik natürlich! Probleme sind doch nicht nur dazu da, um gelöst zu werden, sondern sie sollen uns doch auch neue Ideen, neue Anregungen geben, neue Fragen aufwerfen.

PETER Also schön, Alexander - dein Interesse an der *reinen Wissenschaft*, die um ihrer selbst willen betrieben wird, erkenne ich ja an ...

ALEXANDER Na also - und in diesem Sinne mußt du auch die großen Nachteile des Kontinuitätsprogramms zugestehen! Es gab sofort eine Antwort auf die Frage an die Hand - und dadurch keinerlei Anstoß zu neuer Forschung.

PETER Aber du wirst dem Kontinuitätsprogramm doch nicht im Ernst vorwerfen wollen, Alexander, daß es in der Lage ist, eine aufgeworfene Frage sofort und mit den einfachsten Hilfsmitteln zu lösen?

ALEXANDER Nein, aber daß es den mathematischen Fortschritt blockiert!

PETER Nicht gleich so pauschal, Alexander! Wir haben uns doch vorhin[175] überlegt, daß man sorgfältig unterscheiden muß zwischen dem (*internen*) Fortschritt eines Forschungsprogramms und dem *gesamtwissenschaftlichen* Fortschritt. Und daß ein interner Fortschritt nicht zwangsläufig auch ein gesamtwissenschaftlicher Fortschritt ist.

ALEXANDER Aber die Entwicklung neuer Begriffe und neuer Lehrsätze ist doch *selbstverständlich* ein gesamtwissenschaftlicher Fortschritt!

PETER Selbstverständlich? *Keineswegs selbstverständlich!* Wie kommst du denn darauf?

ALEXANDER Das ist doch ganz klar: Ein neuer Begriff oder ein neuer Lehrsatz ist eben *neu* - und deswegen ein Fortschritt!

PETER Begriff und Lehrsatz gehören stets einem bestimmten Forschungsprogramm an (sonst sind sie sowieso wertlos)[176], und deswegen

---

[175] siehe S. 77f

[176] Erneut sei der Leser davor gewarnt, sich ihm möglicherweise momentan einleuchtende Lehrsätze (hier von methodologischem Charakter) allzu endgültig einzuprägen - sie könnten später widerlegt werden. Vgl. in diesem Fall unten S. 299-301.

ist ein neuer Lehrsatz ein fragloser Fortschritt nur in diesem Forschungsprogramm. Der durch ihn beschriebene Sachverhalt kann aber doch schon längst durch ein Konkurrenzprogramm erfaßt und dargestellt sein - und dann ist der *interne Fortschritt* des Programms *gesamtwissenschaftlich* betrachtet nur ein *Nachschritt*, ein Nachziehen - ein Wettmachen des Vorsprungs eines Konkurrenten. Und so ist es offenbar in dem von uns gerade untersuchten Fall: Der schließlich von dir selbst bewiesene[177] Lehrsatz ist zwar ein *interner Fortschritt* des Finitärprogramms[178] - *gesamtwissenschaftlich* jedoch ist er nur ein *Nachschritt*, der den 1821 vom Kontinuitätsprogramm erzielten (internen und *zugleich* gesamtwissenschaftlichen) Fortschritt wettmacht. Und ebenso haben die Begriffsbildungen *unendlich langsame Konvergenz* bzw. *gleichmäßige Konvergenz* und *quasi-gleichmäßige Konvergenz* und was man sich in diesem Zusammenhang noch so alles auszudenken vermag [179], zunächst nur einen *programminternen Wert*, der *gesamtwissenschaftlich* gesehen keinerlei Bedeutung zu haben braucht. So ist der Begriff *quasi-gleichmäßige Konvergenz an einem Punkt* gesamtwissenschaftlich wertlos (ohne neuen Wert) - weil der mit seiner Hilfe im Finitärprogramm dargestellte Sachverhalt im Kontinuitätsprogramm wesentlich einfacher beschrieben werden kann: nämlich einfach mit Hilfe des Urbegriffs *Konvergenz*, ohne jegliche Zusatzbedingungen. Und der gewöhn-

[177] siehe S. 85f
[178] der in der Tat womöglich erst 1878 vollzogen wurde - vgl. Fußnote 164!
[179] Das Finitärprogramm hat hier eine schier unübersehbare Begriffsfülle hervorgebracht: Wie bereits erwähnt (Fußnote 161) finden sich bei Hardy [1918] sieben verschiedene Definitionen: *uniform convergence throughout an intervall, uniform convergence in the neighbourhood of a point, uniform convergence at a point, quasi-uniform convergence throughout an intervall, quasi-uniform convergence in the neighbourhood of a point, quasi-uniform convergence at a point* und *quasi-uniform convergence by intervalls* (= convergenza uniforme a tratti - vgl. Fußnote 164). In dem Übersichtsartikel Fréchet-Rosenthal [1923] finden sich in dem Abschnitt 'Quasi-gleichmäßige Konvergenz' (S. 1163-6) folgende zehn Namen für acht verschiedene Definitionen: *gleichmäßige Konvergenz [im Intervall], einfach-gleichmäßige Konvergenz [im Intervall], gleichmäßige Konvergenz im Punkte x_0, pseudo-gleichmäßige Konvergenz im Punkte x_0, einfach-gleichmäßige Konvergenz im Punkte x_0, einfachst-gleichmäßige Konvergenz im Punkte x_0* (= *uniforme Konvergenz in x_0* bei Hausdorff), *streckenweise gleichmäßige Konvergenz* (= *convergenza uniforme a tratti* bei Arzelà und *convergence quasi-uniforme* bei Borel, d.h. *quasi-gleichmäßige Konvergenz*) und in der abschließenden Fußnote noch *quasi-uniforme Konvergenz*.

lich so sehr gepriesene Begriff *gleichmäßige Konvergenz* ist hier *völlig überflüssig!*

ALEXANDER Du überspitzt deine Position, Peter! Du wirst doch nicht *im Ernst* behaupten wollen, die Begriffsbildung *gleichmäßige Konvergenz* sei überflüssig?!

PETER Aber sicher! Sie ist *überflüssig für die Beantwortung der ursprünglichen Fragestellung*, von der wir ganz zu Anfang ausgegangen sind[180], nämlich: Unter welchen Bedingungen ist die Grenzfunktion einer Reihe stetiger Funktionen wieder stetig? Wie unsere Untersuchungen ergeben haben, läßt sich diese Frage im Finitärprogramm vollständig beantworten nur mit Hilfe des Begriffs *quasi-gleichmäßige Konvergenz an einem Punkt*, während es der Begriff der *gleichmäßigen Konvergenz* allenfalls erlaubt, Teilantworten zu geben – wie etwa: Wenn die Reihe an einem Punkt gleichmäßig konvergiert, so ist die Grenzfunktion dort stetig.[181]
Im Kontinuitätsprogramm dagegen lautet die Antwort einfach: Dort, wo die Reihe konvergiert, dort ist die Grenzfunktion stetig. Da ist kein neuer Begriff erforderlich – nichts, und das zeigt: Die Bildung neuer Begriffe ist zur Beantwortung dieser Frage entbehrlich (wenn man nur geschickt genug argumentiert, im geeigneten Forschungsprogramm) – neue Begriffe sind da völlig überflüssig!

ALEXANDER Das siehst du aber viel zu eng, Peter! Ein solcher Begriff taucht doch in vielerlei verschiedenen Zusammenhängen auf – nicht nur in einem einzigen! Und erst diese Vielseitigkeit, dieses Immer-wieder-Vorkommen ist die eigentliche Rechtfertigung dieses Begriffs gleichmäßige Konvergenz. Was glaubst du wohl, warum man uns in der Vorlesung im Zusammenhang mit dieser Frage nach den Stetigkeitsbedingungen der Grenzfunktion einer Reihe stetiger Funktionen gerade *diesen* Begriff, die gleichmäßige Konvergenz, vorgestellt hat – anstatt des, wie wir ja herausgefunden haben, eigentlich angemessenen Begriffs quasi-gleichmäßige Konvergenz?

---

[180] siehe S. 3

[181] Selbstverständlich wurden geschichtlich auch weitere Teilantworten gegeben, die im Text keinen Niederschlag finden – etwa daß im Falle einer Reihe stetiger *und positiver* Funktionen die Bedingung der gleichmäßigen Konvergenz (im Intervall) äquivalent ist zur Stetigkeit der Summenfunktion (im abgeschlossenen Intervall); vgl. Dini [1878], S. 148f, sowie Fréchet-Rosenthal [1923], S. 1140.

PETER Ja, das frage ich mich allerdings auch!
KONRAD Oh, mir ist das klar! Man hat eben den logisch einfachsten, den elegantesten Begriff genommen - damit die Theorie schön wird.
ALEXANDER Nein, das ist nur ein - allerdings angenehmer - Nebeneffekt: daß der wichtigere Begriff der logisch einfachere ist!
KONRAD Keineswegs! Alles Wichtige ist einfach!
ALEXANDER Ich will dir deinen Kinderglauben nicht nehmen, Konrad - aber hier liegen die Dinge nun mal anders. Der Begriff gleichmäßige Konvergenz taucht auch noch in ganz anderen Zusammenhängen auf, etwa bei der Antwort auf die Frage, wann eine Funktionenreihe gliedweise integrierbar ist, d.h. wann gilt:
$$\int (\sum_n u_n(x))dx = \sum_n (\int u_n(x)dx)$$
usw. Und diese Vielseitigkeit, diese vielfache Anwendungsmöglichkeit, das ergibt die eigentliche Rechtfertigung für die Verwendung dieses Begriffs gleichmäßige Konvergenz!

PETER Eine wunderliche Argumentation ist mir das, Alexander! Einerseits gibst du zu, daß der Begriff gleichmäßige Konvergenz *nicht* geeignet ist, unser ursprüngliches Problem vollständig zu lösen; andrerseits leitest du gerade aus seiner *Anwendung* auf dieses Problem einen Teil seiner Berechtigung ab! Da kann ich nur hoffen, daß die anderen Probleme, die dir da so vorschweben, mehr Rechtfertigung für diesen Begriff abgeben - sonst ist es schlecht um ihn bestellt!

ALEXANDER Wieso? Gar nicht! Mit diesem Begriff der gleichmäßigen Konvergenz ist ein wunderbares theoretisches Hilfsmittel geschaffen: In zahlreichen verschiedenen Situationen ist die gleichmäßige Konvergenz ein *hinreichendes* Kriterium zur Bejahung der Frage. Ob die Grenzfunktion einer Reihe stetiger Funktionen selbst wieder stetig ist; ob bei einer Reihe integrierbarer Funktionen gliedweise integriert werden darf:
$$\int (\sum_n u_n(x))dx \stackrel{?}{=} \sum_n (\int u_n(x)dx) \ ;$$
ob man bei einer Reihe differenzierbarer Funktionen gliedweise differenzieren darf:
$$\frac{d}{dx} \sum_n u_n(x) \stackrel{?}{=} \sum_n \frac{d}{dx} u_n(x) \ ;$$
ob man bei einer Funktionenfolge gliedweise den Grenzwert bilden darf:
$$\lim_{x \to x_0} (\sum_n u_n(x)) \stackrel{?}{=} \sum_n (\lim_{x \to x_0} u_n(x))$$

– stets erlaubt die Feststellung, daß gleichmäßige Konvergenz vorliegt, eine Bejahung der Frage!

ANDREAS Ist diese Bedingung der gleichmäßigen Konvergenz auch stets eine *notwendige* Bedingung? D.h. verschafft die Antwort auf die Frage nach der gleichmäßigen Konvergenz auch jeweils *Gewißheit* über die Lösung des Problems?

ALEXANDER Im allgemeinen nicht, nein.

ANDREAS Aha. Und du bist das zufrieden?

ALEXANDER Warum nicht? Ein erster Überblick ist doch ganz schön! Vielleicht genügt der schon, vielleicht liegt tatsächlich gleichmäßige Konvergenz vor – dann ist die Frage ja schon geklärt.

ANDREAS Und wenn keine gleichmäßige Konvergenz vorliegt?

ALEXANDER Dann muß man eben weitersehen.

ANDREAS Aha. Und nützt einem dabei der zuallererst gemachte Ansatz etwas? Kann man die schon ausgeführten Rechnungen weiter verwenden – oder muß man wieder vollkommen neu anfangen?

ALEXANDER Ich ..., ich weiß es nicht genau[182] – aber ich fürchte, man muß dann nochmals neu anfangen.

ANDREAS Mit anderen Worten: Deine Begeisterung für die und deine Rechtfertigung der Begriffsbildung *gleichmäßige Konvergenz* rührt einzig und allein von deinem *Interesse am Gesamtsystem* der Analysis! Die eingehende, erschöpfende Beantwortung auftretender Fragen ist dir unwichtig. Du interessierst dich nicht für erschöpfende, für vollständige Antworten, sondern für ins System passende Antworten – daß sie nicht ausreichend sind, stört dich dann gar nicht! Das Gesamtsystem ist dir wichtiger als die Einzelfragen.

ALEXANDER Aber das ist doch eine völlig schiefe Sicht, Andreas! Natürlich soll die Mathematik Einzelfragen beantworten – selbstverständlich. Aber ebenso selbstverständlich ist doch, daß sie ein großes Gedankensystem ist und daß man sich in einem solchen verwickelten System nur dann zurechtfinden kann, wenn man den Überblick behält.

PETER Was nützt aber der Überblick, wenn die auftretenden Fragen nicht zufriedenstellend beantwortet werden?

---

[182] Die gängigen Lehrbücher beschränken sich bei diesen Fragen gewöhnlich auf die Formulierung der hinreichenden Bedingung 'gleichmäßige Konvergenz'.

ANDREAS Noch schlimmer, Peter, noch schlimmer! Bei der Beantwortung der Fragen wird ja *verschwiegen*, daß es eigentlich gar nicht um *Antworten* geht, sondern nur um *Überblicke*! Ständig werden in der Vorlesung und in den Lehrbüchern derartige Fragen beantwortet, ohne daß verraten wird, daß gar keine vollständigen Antworten gesucht werden, sondern nur solche Antworten, die möglichst gut ins Gesamtsystem passen.

ALEXANDER Dramatisiere die Sache doch nicht unnötig, Andreas! Das versteht sich ja doch von selbst, daß in Vorlesungen und Lehrbüchern nur grobe Überblicke vermittelt werden können. Selbstverständlich müssen vollständige Antworten auf Einzelfragen je vom einzelnen ausgebildeten Berufsmathematiker selbst erarbeitet werden - das ist ja klar!

ANDREAS So klar und selbstverständlich, wie du das hier hinstellst, ist das keineswegs, Alex!

PETER Laßt uns diesen allgemeinen Streit hier lieber beenden. Kehren wir besser zu spezielleren Fragen zurück. Da scheint auch eher Einmütigkeit erreichbar zu sein. Denn es stimmt doch, Alexander: Auch du gibst zu, daß zur vollständigen Beantwortung unserer ursprünglichen Frage der Begriff der gleichmäßigen Konvergenz nicht das Geringste beiträgt - außer vielleicht, daß er dem logisch schwierigeren und in dieser Frage allein interessanten Begriff der quasi-gleichmäßigen Konvergenz den Boden bereitet? Darin sind wir uns ja wohl alle einig?

2.9 GLEICHMÄSSIGE KONVERGENZ UND MATHEMATISCHER FORTSCHRITT – EIN WINDEI

Durch den neuen Begriff der gleichmäßigen Konvergenz ergeben sich (für das Finitärprogramm) zahlreiche neue Forschungsmöglichkeiten. Der jahrelangen vereinten Anstrengung hervorragender Mathematiker (Borel, Lebesgue usw.) gelingt schließlich die Formulierung eines Summensatzes im Finitärprogramm, der Cauchys Summensatz aus dem Kontinuitätsprogramm an Eleganz gleichkommt und einen Deut allgemeiner ist. Während also das Finitärprogramm mit Hilfe des Begriffs der gleichmäßigen Konvergenz vielen Berufsmathematikern Brot gab, war sein Beitrag zum gesamtwissenschaftlichen Fortschritt unscheinbar: der gesamtwissenschaftliche Fortschritt geht in diesem Falle eindeutig auf das Konto des Kontinuitätsprogramms.

ALEXANDER Überhaupt nicht einig sind wir uns da! Selbstverständlich ist der Begriff der gleichmäßigen Konvergenz auch und gerade in dieser Frage wichtig!

PETER In anderer Weise denn als logischer Wegbereiter für die quasi-gleichmäßige Konvergenz?

ALEXANDER Selbstverständlich! Der Begriff der gleichmäßigen Konvergenz stößt das Tor auf zu völlig neuen, unermeßlichen Gefilden mathematischer Forschung – er ist geradezu ein Schlüsselbegriff für mathematischen Fortschritt!

PETER Internen Fortschritt oder gesamtwissenschaftlichen?

KONRAD Laß uns doch endlich mal mit deinen spitzfindigen Nörgeleien in Ruhe, Peter! Lassen wir uns lieber von Andreas einen Einblick geben in diese neuartigen Gefilde.

ANDREAS ... einen *Überblick*!

ALEXANDER Nun, gerade das, was Peter am Finitärprogramm bemängelt – gerade das ist eine fruchtbare Herausforderung für die Mathematik. Anders als im Kontinuitätsprogramm überträgt sich ja im Finitärprogramm die Eigenschaft der *Stetigkeit* nicht von den einzelnen Reihengliedern auf die Summenfunktion – und daraus ergibt sich unmittelbar ein neues, hochinteressantes Problem:

Welches sind die Funktionen, die sich als *konvergente* Reihe stetiger Funktionen darstellen lassen?

KONRAD Statt nur gleichmäßig konvergenter Reihen sollen jetzt also *beliebige konvergente Reihen* zugelassen werden?
ALEXANDER Ja.
KONRAD Nun, dann wissen wir auf jeden Fall schon eines: Zu den Funktionen, die sich als konvergente Reihe stetiger Funktionen darstellen lassen, gehören nicht nur stetige, sondern auch unstetige Funktionen - wie die Beispiele einiger Fourierreihen zeigen. Aber das sind ja nur Einzelfälle - gibt es auch noch andere Arten unstetiger Funktionen, die sich so darstellen lassen?
ALEXANDER Vollständig gelöst hat dieses Problem der berühmte Mathematiker Baire. Er bewies im Jahre 1898 nämlich den folgenden Lehrsatz[183]:

> Eine notwendige und zugleich hinreichende Bedingung dafür, daß eine unstetige Funktion durch eine konvergente Reihe stetiger Funktionen dargestellt werden kann, ist: diese Funktion ist auf jeder perfekten Menge nur höchstens punktweise unstetig.

Dabei heißt eine Funktion *nur punktweise unstetig*, wenn es in jeder (beliebig kleinen) Umgebung eines Punktes ihres Definitionsbereiches stets Punkte gibt, in denen sie stetig[184] ist.
KONRAD Und was ist eine *perfekte Menge*?
ALEXANDER Eine *perfekte* Menge ist eine Menge, die identisch ist mit der Menge ihrer Häufungspunkte[185] - aber ich denke, wir sollten hier nicht allzu tief in die technischen Einzelheiten einsteigen ...
ANDREAS ... in die Allgemeinheiten ...
ALEXANDER ... sondern wir stellen uns unter einer perfekten Menge am besten ein abgeschlossenes (reelles) *Intervall* vor.
KONRAD Gut. Unter dieser Voraussetzung gilt also: Die durch eine konvergente Reihe stetiger Funktionen darstellbaren Funktionen sind die höchstens punktweise unstetigen?! Ja - aber gibt es denn noch andere Funktionen als höchstens punktweise unstetige? Sind das denn nicht schon alle Funktionen?

---

[183] Hier und bei den weiteren Ausführungen zu diesem Themenkreis stütze ich mich auf Fréchet-Rosenthal [1923], zunächst S. 1167.
[184] vgl. dazu die Bairesche Stetigkeitsdefinition in Fußnote 102!
[185] Zoretti-Rosenthal [1923], S. 863

ALEXANDER Keineswegs! Denke nur an die berühmte *Dirichlet-Funktion* χ, also jene Funktion, die im ganzen Intervall [0,1] durch folgende Vorschrift erklärt ist: Für rationale Argumente ist ihr Funktionswert *1*, für irrationale dagegen *0*. Diese Funktion hat keinen einzigen Stetigkeitspunkt!
ANDREAS Aber das ist doch keine *Funktion* - das ist ein *Ungeheuer*, dieses Dirichlet-Dingsbums. Eine Ausgeburt eines krankhaften Geistes! Und mit sowas willst du deine Theorie entfalten, Alex?[186]
ALEXANDER Spar' dir ruhig deine Polemik, Andreas. Selbstverständlich ist χ eine vollkommen zulässige Funktion. Zugegeben: man kann sie nicht gut zeichnen - aber das ist doch kein Einwand![187] Auch die 1 000. Teilsumme einer Fourierreihe kann man nicht mehr gut und deutlich zeichnen. - Damit ist jedenfalls klar, daß es durchaus Funktionen gibt, die sich *nicht* als konvergente Reihe stetiger Funktionen darstellen lassen ...

[186] '[Dirichlet] erfand diese "Funktion" ausdrücklich als ein Monster. Dirichlet zufolge ist seine "Funktion" kein Beispiel für eine "gewöhnliche" reelle Funktion, sondern für eine Funktion, die diesen Namen eigentlich gar nicht verdient', behauptet Lakatos [1961], S. 143, und angesichts der Originalstelle (Dirichlet [1829], S. 169) scheint mir dies Urteil nicht unbegründet.

[187] Wer einen Mathematiker wie Alexander in Verlegenheit bringen will, der stelle ihm jene bissige Frage, die ich erstmals von Bernd Rodewald hörte: Wieviele Sprungstellen hat χ - abzählbar unendlich viele oder überabzählbar viele? Der so Befragte wird dies vermutlich zu einem 'Sprachproblem' erklären und zunächst eine 'exakte Definition' des Begriffs *Sprungstelle* verlangen; läßt man sich solcherart nicht ins Bockshorn jagen, dann wird er diese Frage vermutlich für 'sinnlos' erklären - und damit das Problem als gelöst betrachten: *eine* heute *typische* Art des Problemlöseverhaltens bestimmter Mathematiker. Jedenfalls wird heute kaum noch ein Mathematiker auf jene Lösung verfallen, die du Bois-Reymonds Idealist vorschlägt: '[Diese Function] ist in meinen Augen *nicht völlig bestimmt*, oder sie ist es vielmehr nur durch das Vorhandensein eines Menschen. Es ist keine Vorschrift, welche die Function dem Inbegriff *aller* Argumente zuordnet. Man könnte sie nicht durch eine ideale Zeichnung dargestellt sich denken, wie eine durch ein *vollständiges* Gesetz gegebene...' (du Bois-Reymond [1882], S. 146) Die Behauptung, die moderne Mengensprache habe den traditionellen Funktionsbegriff der Analysis pervertiert, ist unter der Herrschaft der Einen Vernunft (die auf der Einheit des Gesamtsystems Mathematik und somit auf der Einheit und Allgemeingültigkeit ihrer Begriffsbildungen beharrt) ein Sakrileg. Die moderne Antwort *meidet* das Problem - sie lautet: *Jeder* Punkt des Intervalls ist eine 'Unstetigkeitsstelle 2. Art'; vgl. Endl/Luh [1972], S. 114. Sie ist ebenso unbefriedigend wie die Bilder, die heutzutage von χ angefertigt werden (etwa Endl/Luh [1972], S. 97) - aber wer wird da heute schon eine 'ideale Zeichnung' fordern?

ANDREAS Aber was für welche![188]

ALEXANDER ... und deswegen hat Baire die durch stetige Funktionen darstellbaren Funktionen die *Funktionen der Klasse 1* genannt, die stetigen Funktionen entsprechend *Funktionen der Klasse 0*.[189]

KONRAD Aha, und die Dirichlet-Funktion χ ist weder eine Funktion der Klasse 0 noch eine Funktion der Klasse 1. Sie gehört dann wohl zur Klasse 2?

ALEXANDER Immer langsam, Konrad - laß mich nur die Zusammenhänge erklären. Wir wissen schon, daß eine gleichmäßig konvergente Reihe stetiger Funktionen eine stetige Summe hat. Ebenso gilt (wie Baire gezeigt hat), daß eine gleichmäßig konvergente Reihe von Funktionen der Klasse 1 eine Funktion der Klasse 1 (oder 0) zur Summe hat![189] Und, noch besser: eine nur gewöhnlich konvergente Reihe von Funktionen der Klasse 1 kann als Summe eine Funktion haben, die weder von der Klasse 1 noch von der Klasse 0 ist![190] Und zwar kann man dies wieder an der Dirichlet-Funktion sehen ...

ANDREAS Wie wunderbar! Wer hätte das gedacht?

ALEXANDER ..., denn es gilt ja

$$\chi(x) = \lim_{m \to \infty} \lim_{n \to \infty} (\cos m!\pi x)^{2n}$$

und die $\lim_{n \to \infty} (\cos m!\pi x)^{2n}$ sind Funktionen der Klasse 1.

KONRAD Aha - die gleichmäßige Konvergenz ist also eine Beschränkungsbedingung, eine Bedingung, welche die Erzeugung neuer Funktionen (typen) aus alten einschränkt.

---

[188] 'Es ist übrigens leicht zu sehen, daß die in der Praxis [*sic!*] gewöhnlich vorkommenden unstetigen Funktionen in der Regel [als konvergente Reihen stetiger Funktionen darstellbar] sind. Die meisten unter ihnen besitzen in der Tat nur eine endliche Zahl von Unstetigkeitsstellen. H. Lebesgue hat sogar direkt bewiesen, daß eine Funktion $f(x)$, die in einem Intervalle I definiert ist, in dem die Menge ihrer Unstetigkeitspunkte abzählbar ist, durch eine in I konvergente Reihe von stetigen Funktionen (nämlich Polynomen) dargestellt werden kann, die sogar in jedem Intervalle, das innerhalb des Stetigkeitsintervalles liegt, gleichmäßig konvergiert.' (Fréchet-Rosenthal [1923], S. 1168)

[189] Fréchet-Rosenthal [1923], S. 1168

[190] Selbstverständlich hat sich jemand überlegt, welche Bedingung hinreichend und notwendig dafür ist, daß die Grenzfunktion von Funktionen höchstens der Klasse 1 selbst von höchstens der Klasse 1 ist, und den Leser wird es kaum überraschen, daß diese Bedingung den begeisternden Namen *quasi-uniforme Konvergenz* erhalten hat - vgl. Fréchet-Rosenthal [1923], S. 1168 Fußnote 1014.

ALEXANDER Ganz genau, Konrad! Und aus diesem Grund lassen sich jetzt auch Funktionen beliebiger Klassen definieren: Eine Funktion gehört zur *Klasse* α, wenn sie nicht von niederer Klasse ist und wenn sie als *konvergente* Reihe aus Funktionen niedrigerer Klassen darstellbar ist.

KONRAD Aber bricht dieser Erzeugungsprozeß nicht irgendwann ab?

ALEXANDER Nein! In Anlehnung an Vorarbeiten Borels gelang es Lebesgue zu zeigen, daß keine dieser Klassen leer ist, ja daß man sogar wirklich Funktionen von jeder gewünschten Klasse angeben kann - sei es eine endliche oder eine transfinite Klasse.[191] Ist das nicht großartig?

KONRAD Doch. Und auf diese Weise werden also sämtliche Funktionen in derartige Klassen eingeteilt!?

ALEXANDER Nein - das nun wiederum nicht. Es gibt sogar Funktionen, die in keiner dieser Klassen liegen![191]

ANDREAS Das wird ja immer besser! Erst so eine verrückte Klassifizierung der Funktionen einführen - und dann kommt am Schluß heraus, daß sie *völlig unangemessen* ist: daß sie gar nicht alle Funktionen erfaßt! Ja was soll denn dann das Ganze? Und ein Fortschritt soll das sein? Eine Degeneration[192] ist das, ein großer Schmarrn[193]!

ALEXANDER Nicht so vorschnell und polemisch, Andreas! Man kann immerhin genau angeben, *welche* Funktionen durch die Baire-Klassifikation erfaßt werden: die *Borel-meßbaren Funktionen*[194], oder anders gesagt: die *analytisch darstellbaren Funktionen*[195].

KONRAD Und was bedeutet das nun wieder: *Borel-meßbare Funktion, analytisch darstellbare Funktion*?

ALEXANDER *Analytisch darstellbar* heißt nach Lebesgue, grob gesprochen, 'jede Funktion, die man konstruieren kann, indem man nach einem bestimmten Gesetz endlich oder abzählbar unendlich viele Additionen, Multiplikationen, Grenzübergänge an Konstanten und Veränderlichen vornimmt'[195] - also jedenfalls die praktisch wichtigsten Funktionen.

---

[191] vgl. Fréchet-Rosenthal [1923], S. 1170

[192] vgl. Lakatos [1961], S. 146

[193] ein von Feyerabend öfter verhängter Ehrentitel - z.B. in seinem [1979b] in der Fußnote auf S. 115

[194] Fréchet-Rosenthal [1923], S. 1170f

[195] Fréchet-Rosenthal [1923], S. 1178

ANDREAS Von welcher *Praxis* redest du?

KONRAD Was meinst du hier mit 'Gesetz'?

ALEXANDER Aber die technischen Einzelheiten sind hier gar nicht so wichtig –

ANDREAS Und von welcher *Technik*?

ALEXANDER ... interessant ist vielmehr die Tatsache, daß sich dieser Begriff der *Borel-meßbaren Funktion* verallgemeinern läßt[196] zum Begriff der *Lebesgue-meßbaren Funktion*, wegen seiner großen Bedeutung auch kurz *meßbare Funktion* genannt. Und jetzt kommt der Clou:

Der Grenzwert einer konvergenten Folge meßbarer Funktionen ist eine meßbare Funktion![197]

PETER Das Pendant des Finitärprogramms zum Cauchyschen Summensatz des Kontinuitätsprogramms!

ALEXANDER Nur eben: viel allgemeiner! Und auch der alte Seidel-Stokes-Satz taucht auf dieser höheren Ebene wieder auf – nämlich in der Form des berühmten Satzes von Egoroff, der wieder den Begriff der gleichmäßigen Konvergenz verwendet:

Wenn eine Reihe meßbarer Funktionen auf einer meßbaren Menge (also z.B. einem Intervall) fast überall konvergiert, so konvergiert sie auf dem Komplement einer Menge von beliebig kleinem Maß gleichmäßig.[198]

Dabei bedeutet *Konvergenz fast überall* einfach Konvergenz außer in einer solchen Menge von Punkten, deren Maß Null ist, d.h. also außer in solchen Punkten, die sehr vereinzelt liegen.

ANDREAS Solche Punktmengen vom Maß Null können aber doch sehr groß sein: auch die rationalen Zahlen liegen bezüglich der reellen Zahlen 'sehr vereinzelt' – in diesem Sinne! Die suggestiven Namen deiner Begriffe haben hier wohl reine Propagandafunktion, Alex?

KONRAD Kein Streit um Worte!

ANDREAS Es geht da nicht um *Worte*, sondern um die *Rechtfertigung von Worten*. Und im wissenschaftlichen Kampf sind Worte ...

PETER Bleiben wir doch bei unserer Frage nach der *Rechtfertigung für mathematische Begriffe*! Alexander hat soeben eine systematische

---

[196] Zoretti-Rosenthal [1923], S. 974
[197] Montel-Rosenthal [1923], S. 1043
[198] Frêchet-Rosenthal [1923], S. 1180f

Geschichte, eine rationale Rekonstruktion jener Forschungsentwicklung gezeichnet, die im Finitärprogramm durch das Begriffsinstrument der gleichmäßigen Konvergenz ermöglicht wurde. Diese Entwicklung gipfelt in dem Satz, daß der Grenzwert einer konvergenten Folge meßbarer Funktionen eine meßbare Funktion ist. Dieser Lehrsatz sieht nun nach einem Pendant zum Cauchyschen Summensatz des Kontinuitätsprogramms aus, der ja - für Folgen statt für Reihen formuliert - lautet: Der Grenzwert einer konvergenten Folge stetiger Funktionen ist eine stetige Funktion. Nun ist uns bei Alexanders Ausführungen jedoch klar geworden, wie lange und wie begrifflich beschwerlich der Weg zu diesem Gipfel war.

ALEXANDER Dafür ist dieses Ergebnis ja auch viel allgemeiner als das Cauchysche - wie bereits gesagt!

PETER Darauf genau will ich hinaus. Kannst du das noch ein wenig näher ausführen, Alexander: Um wieviel ist dieses Ergebnis allgemeiner als das Cauchysche? Wie ist der Zusammenhang zwischen stetigen und meßbaren Funktionen?

ALEXANDER Selbstverständlich ist jede stetige Funktion meßbar, und da es meßbare Funktionen gibt, die unstetig sind, darum ist der Summensatz über meßbare Funktionen allgemeiner als der Cauchysche Satz, der ja nur von stetigen Funktionen handelt.

PETER Vorsicht! Vermenge nicht die Begriffe in unzulässiger Weise! *Stetigkeit im Finitärprogramm und Stetigkeit im Kontinuitätsprogramm sind keineswegs das gleiche!* Und wenn du sagst, stetige Funktionen seien meßbar usw., dann sprichst du von Finitär-Stetigkeit, die eben nicht zu verwechseln ist mit der Kontinuitäts-Stetigkeit. So einfach kannst du dir also ein Urteil über das Verhältnis der beiden Lehrsätze nicht machen!
Trotzdem aber scheint mir der Zusammenhang zwischen (finitärer) Stetigkeit und Meßbarkeit wichtig - kannst du noch etwas dazu sagen?

ALEXANDER Ja. Die stetigen Funktionen sind - wie gesagt - meßbar. Und umgekehrt lassen sich auch die meßbaren Funktionen mit Hilfe der stetigen beschreiben - mit diesem Satz von Egoroff nämlich läßt sich folgendes beweisen:[199]

> Jede auf einer meßbaren Menge M definierte meßbare, fast überall endliche Funktion ist auf einer perfekten Menge stetig, deren Maß sich beliebig wenig von dem Maß von M unterscheidet.

[199] Frêchet-Rosenthal [1923], S. 1184

Diese Aussage ist für meßbare Funktionen so kennzeichnend, daß man dies sogar zu einer *Definition* des Begriffs meßbare Funktion verwenden kann![200]

PETER Damit ist der Begriff der meßbaren Funktion ja doch gar nicht so viel allgemeiner als der der stetigen Funktion - wenn sie sich doch nur auf Punktmengen von *beliebig kleinem Maß* unterscheiden!

ANDREAS Vorsicht: Punktmengen von beliebig kleinem Maß sind keineswegs beliebig kleine Punktmengen - denk' nur an das Beispiel der rationalen Zahlen in den reellen!

KONRAD Bei praktischen Anforderungen zieht man sich ja gewöhnlich auf *Polynome* zurück ...

ANDREAS Oder auf trigonometrische Reihen!

KONRAD Ja, das kommt auch vor, doch das ist ein anderes Kapitel. Aber die Polynome ... Gibt es da einen Zusammenhang zwischen Polynomen und meßbaren Funktionen? Lassen sich etwa gar die meßbaren Funktionen durch Polynome beschreiben?

ALEXANDER Ja, das geht. Um das zu sehen, gehen wir nochmals auf die Baireschen Funktionenklassen zurück[201]. Jede meßbare Funktion ist einer Funktion der Klassen 0, 1 oder 2 äquivalent[202], d.h. sie unterscheidet sich von einer solchen Funktion nur in einer Punktmenge vom (Lebesgue-)Maß Null. Nun ist aber jede Baire-Funktion durch eine Reihe aus Polynomen darstellbar, die fast überall gegen sie konvergiert[203]. Somit ist klar:

Jede meßbare Funktion ist darstellbar als eine Reihe von Polynomen, die fast überall gegen diese meßbare Funktion konvergiert.

PETER Na, das ist aber gar nicht weit entfernt vom Weierstraßschen Approximationssatz! Der sagt doch, daß jede stetige Funktion (in einem abgeschlossenen Intervall) in eine - nebenbei: gleichmäßig und absolut - konvergente Reihe von Polynomen entwickelt werden kann. Wie immer man es auch betrachtet - stets scheint das Ergebnis heraus, daß für praktische Zwecke der Begriff der Stetigkeit im Finitärpro-

---

[200] Diesen Vorschlag machen etwa Riesz/Szökefalvi-Nagy [1952], S.99f.

[201] siehe S. 105f

[202] ein Satz von Vitali, 1905 - siehe Fréchet-Rosenthal [1923], S. 1182

[203] Fréchet 1906 - siehe Fréchet-Rosenthal [1923], S. 1183

gramm ausreicht und der logisch anspruchsvollere Begriff der meßbaren Funktion eine theoretische Arabeske, eine überflüssige Spielerei ist, die unnötige theoretische Verwirrung stiftet.

ALEXANDER Theoretische Verwirrung nennst du dieses wundervolle funktionentheoretische Gebäude? Das zeigt doch nichts anderes als deine mangelnde Einsicht in die Schönheit dieser Theorie!

PETER Jetzt bist du es, der polemisch wird, Alexander! Du kannst doch nicht die objektive Belanglosigkeit deiner halsbrecherischen finitären Gratwanderungen ummünzen in intellektuelle Unzulänglichkeiten des Zuschauers, der diese waghalsigen Aktionen aus angemessener Entfernung verfolgt!

ALEXANDER Objektive Belanglosigkeit? Was soll das heißen?

PETER Das heißt ganz einfach, daß der von dir so gepriesene Fortschritt, der durch das Begriffsinstrument gleichmäßige Konvergenz ermöglicht wurde, nur ein *interner Fortschritt des Finitärprogramms* ist - *ohne jede gesamtwissenschaftliche Relevanz.*

ALEXANDER Wieso? Warum soll der Fortschritt eines Forschungsprogramms - und daß ein solcher vorliegt, wird hier ja wohl niemand bestreiten wollen! -, warum soll das kein gesamtwissenschaftlicher Fortschritt sein, einer, der die Gesamtwissenschaft Mathematik voranbringt?

ANDREAS Das haben wir doch schon einmal erklärt![204] Ein Forschungsprogramm ist nicht die Gesamtwissenschaft, und so muß ein interner Fortschritt noch lange kein gesamtwissenschaftlicher Fortschritt sein: solange er sich nur mit den inneren Schwierigkeiten des Forschungsprogramms herumschlägt und keinerlei Ergebnisse hervorbringt, die von diesem Programm ablösbar, in anderen Programmen darstellbar sind, - solange leistet er keinerlei Beitrag für den gesamtwissenschaftlichen Fortschritt. Und wir haben es ja von dir selbst gehört, Alexander, wieviel hervorragende Mathematiker ihre Energien, ihre Zeit, ihr begriffliches Denkvermögen in eine Arbeit steckten, deren Ergebnis - unter vielen anderen Schrott - ein Lehrsatz ist, der im wesentlichen den schon im Cauchyschen Summensatz ausgesprochenen Sachverhalt wiedergibt.

ALEXANDER Aber das ist doch nicht alles! Das ist doch nicht der einzige Lehrsatz, der da entwickelt wurde! Und dazu noch die ganzen neuen Begriffe, die da geschaffen wurden!

---

[204] siehe S. 77f

PETER Ja - *intern*, d.h. *für das Finitärprogramm* mag das alles wichtig, tiefliegend und was-weiß-ich-nicht-alles sein. Aber gesamtwissenschaftlich war das Ergebnis äußerst mager - vielleicht gab es sogar überhaupt kein solches Ergebnis! Cauchys Summensatz war längst bekannt; welches neue (*nicht interne*) Problem wurde gelöst? Welcher neue (*nicht interne*) Sachverhalt wurde beschrieben? Welches neue Beispiel wurde erzeugt? Nichts, nichts - kein einziges![205]
  KONRAD Und was ist mit Stokes' neuen Beispielen, die wir vorhin[206] besprochen haben? Da waren wir uns doch drüber einig, daß diese einen gesamtwissenschaftlichen Fortschritt bedeuten!
  PETER Schon richtig - aber *was für ein* Fortschritt? Das waren doch *theorieerzeugte Beispiele* ...
  ANDREAS Natürlich - was denn sonst?
  PETER ..., reines Anschauungsmaterial für seinen Lehrsatz, ohne jede weitergehende Bedeutung. Und erinnert euch nur, welch *greuliche* Beispiele das waren![207]
  ANDREAS Ja, häßlich waren die - keine Spur *anschaulich*. Und jedenfalls in keiner Weise geeignet, unser Urteil zu beeinflussen: Die einzige Leistung des Finitärprogramms damals scheint es gewesen zu sein, viel Arbeit für Berufsmathematiker bereitzustellen, ihnen Existenz, Einkommen und Ansehen zu verschaffen - ohne daß sie dafür irgendwelche objektiv bedeutsamen (also nicht interne) Ergebnisse hervorbrachten. Wie gut, daß die Nichtmathematiker, die ihnen dies alles ermöglicht und finanziert haben, davon nichts wußten!
  ALEXANDER Wenn diese unsinnigen Behauptungen richtig wären: *Woher kam denn dann der* - wie ihr immer sagt: - *gesamtwissenschaftliche Fortschritt der Mathematik?* Oder hat es in euren Augen etwa keinen gegeben - seit Cauchy?
  PETER Oh doch, selbstverständlich!
  ALEXANDER Und woher kam der dann?
  PETER Nun, z.B. vom Kontinuitätsprogramm.

---

[205] Das Buch 'Theorie der reellen Funktionen' von Hahn, 1921, enthält auf 600 Seiten zwar jede Menge Funktionentheorie, aber kein einziges Beispiel einer Funktion! (Oder zumindest hat die Menge der - kleingedruckten oder in einer Fußnote auftauchenden - Beispiele das Maß Null.)

[206] siehe S. 81-3

[207] 60 Jahre nach Stokes freilich änderte sich diese Szene - vgl. die in Fußnote 638 zitierten Texte!

2.10 GESAMTWISSENSCHAFTLICHER FORTSCHRITT DURCHS KONTINUITÄTS-PROGRAMM: RIEMANN

Riemanns Beispiel der Funktionen, die zwischen je zwei noch so engen Grenzen unendlich oft unstetig sind, ist im Kontinuitätsprogramm sofort, im Finitärprogramm erst nach langwieriger Rechnung zu verstehen. - Wie Cauchy, so hat auch Riemann seinen Integralbegriff in der Sprache des Kontinuitätsprogramms eingeführt; die uns heute geläufige Definition des Riemann-Integrals ist eine Übertragung in die Sprache des Finitärprogramms und wesentlich schwerfälliger als die Riemannsche.

2.10.1 Die Riemannschen Funktionen

ALEXANDER Da bin ich aber neugierig! Das hätte ich gerne belegt!

ANNA Hier - ich glaube, ich habe einen solchen Beleg gefunden!

KONRAD Wo?

ANNA Bei Riemann. Die entscheidenden wissenschaftlichen Erkenntnisse verdanken wir Genies, und 'einer der genialsten Mathematiker des 19. Jahrhunderts'[208] war gewiß Georg Friedrich Bernhard Riemann. Also habe ich einmal bei ihm nachgelesen - und wurde selbstverständlich nicht enttäuscht.

ALEXANDER Fakten bitte, kein ideologisches Geschwafel!

ANNA Sofort. Ihr habt soeben diese langweiligen Funktionen von Stokes wegen ihrer Neuheit als wissenschaftlichen Fortschritt gefeiert. Dann will ich euch jetzt einmal eine von Riemann erfundene Funktion vorstellen, die bei diesen Maßstäben nicht nur ein Fortschritt, sondern geradezu eine gewaltige revolutionäre Neuerung war.

ALEXANDER Ein geschickter Rhetoriker versteht es, die Spannung der Zuhörer zu erhöhen!

ANNA Das ist hier vollkommen berechtigt, Alexander. Denn Riemann gibt nichts weniger als ein Beispiel 'für die Functionen, welche zwischen je zwei noch so engen Grenzen unendlich oft unstetig sind.'[209]

ALEXANDER Das klingt in der Tat interessant!

PETER Und man sieht schon, daß dies nur zum Kontinuitätsprogramm gehören kann!

---

[208] Duschek [1949], S. 104 Fußnote
[209] Riemann [1854], S. 105

INGE So laßt Anna doch erstmal ausreden!
ANNA Ich will gar nicht viel selbst reden, sondern euch einfach einen kleinen Abschnitt aus Riemanns Arbeit vorlesen. Also, es geht wie gesagt um 'die Functionen, welche zwischen je zwei noch so engen Grenzen unendlich oft unstetig sind. Da diese Functionen noch nirgends betrachtet sind, wird es gut sein, von einem bestimmten Beispiele auszugehen.[210] Man bezeichne der Kürze wegen durch (x) den Ueberschuss von x über die nächste ganze Zahl, oder, wenn x zwischen zweien in der Mitte liegt und diese Bestimmung zweideutig wird, den Mittelwerth aus beiden Werthen $\frac{1}{2}$ und $-\frac{1}{2}$, also die Null ...'
EVA D.h. (x) ist die folgende Funktion:

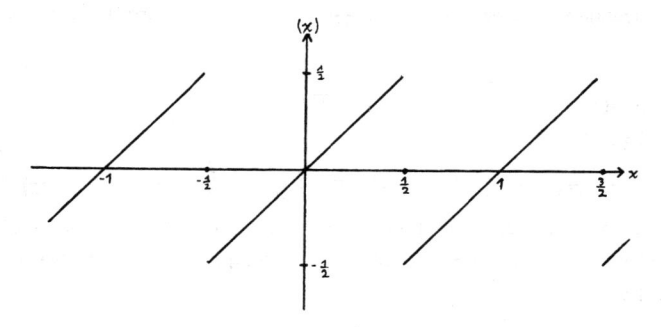

ALEXANDER ... im Prinzip also unsere altbekannte[211] Reihe

$$\sin x - \frac{\sin 2x}{2} + \frac{\sin 3x}{3} - + ...,$$

nur ein wenig gestaucht.

ANNA Ganz recht. Riemann bezeichnet 'ferner durch n eine ganze, durch p eine ungerade Zahl und [man] bilde alsdann die Reihe

$$f(x) = \frac{(x)}{1} + \frac{(2x)}{4} + \frac{(3x)}{9} + ... = \sum_{1,\infty} \frac{(nx)}{nn} \; ;$$

so convergirt, wie leicht zu sehen, diese Reihe für jeden Werth von x ...'[209]

ALEXANDER Natürlich, denn

$$\frac{1}{1} + \frac{1}{2^2} + \frac{1}{3^2} + ... = \sum_{n=1}^{\infty} \frac{1}{n^2}$$

[210] ein Grundsatz, der in späteren Jahren leider immer seltener wird - vgl. z.B. Fußnote 205
[211] siehe S. 53

ist eine konvergente Majorante, da ja stets gilt
$(x) < 1$.

PETER Weißt du übrigens, wie man im Kontinuitätsprogramm die Konvergenz dieser Reihe $\Sigma \frac{1}{n^2}$ zeigen kann? Das ist ganz einfach. Es liegt daran, daß die Reihe

$$\frac{1}{1 \cdot 2} + \frac{1}{2 \cdot 3} + \frac{1}{3 \cdot 4} + \ldots = \sum_{n=1}^{\infty} \frac{1}{n(n+1)}$$

konvergiert, denn die Glieder dieser Reihe sind - bis auf das fehlende Anfangsglied - sämtlich größer als die Glieder der Reihe $\Sigma \frac{1}{n^2}$:

$$\frac{1}{1 \cdot 2} > \frac{1}{2^2}, \quad \frac{1}{2 \cdot 3} > \frac{1}{3^2}, \quad \frac{1}{3 \cdot 4} > \frac{1}{4^2}, \quad \ldots$$

Die Konvergenz dieser Reihe $\Sigma \frac{1}{n(n+1)}$ aber ist unmittelbar zu sehen. Es gilt ja

$$\frac{1}{n(n+1)} = \frac{(n+1)-n}{n(n+1)} = \frac{1}{n} - \frac{1}{n+1}$$

und folglich[212]

$$\sum_{1}^{\infty} \frac{1}{n(n+1)} = \sum_{1}^{\infty} \left(\frac{1}{n} - \frac{1}{n+1}\right) = \sum_{1}^{\infty} \frac{1}{n} - \sum_{1}^{\infty} \frac{1}{n+1} = 1 - \frac{1}{\infty+1},$$

und das ist bis auf unendlichkleinen Fehler die Eins, also endlich.[213]

ALEXANDER Au weia - rechnen mit divergenten Reihen! Sowas geht nur selten gut!

---

[212] Diese Rechnung geht auf Bernoulli zurück - vgl. Laugwitz [1978a], S. 30f; auch schon Laugwitz [1973], S. 80, Laugwitz [1976], S. 103, Schmieden/Laugwitz [1958], S. 15.

[213] Natürlich läßt sich die Konvergenz der Reihe $\Sigma \frac{1}{n^2}$ im Kontinuitätsprogramm auch direkt beweisen. Der Einfachheit halber zitiere ich wieder Laugwitz [1978a] (statt 'unendlichklein' steht hier 'infinitesimal'): 'Euler hat sein Kriterium [der Reihenkonvergenz; es lautet: "Eine unendliche Reihe (mit reellen Gliedern) hat genau dann eine endliche (reelle) Summe, wenn die Summenwerte zwischen infiniten Summationsgrenzen stets infinitesimal sind." - Laugwitz [1978a], S. 31] 1734 in einer Arbeit über die harmonischen Reihen formuliert und sofort auf diese Reihen $\sum_n 1/k^\alpha$, α reell, angewendet [worunter also auch $\sum_n 1/n^2$ fällt]. Bezeichnet i irgendeine infinite Zahl, so schätzt Euler ab, indem er alle Glieder durch das kleinste bzw. das größte ersetzt:

$$\frac{N-1}{N^\alpha} \cdot \frac{1}{i^{\alpha-1}} = \frac{(N-1)i}{(Ni)^\alpha} < \sum_{k=i+1}^{Ni} \frac{1}{k^\alpha} < \frac{(N-1)i}{(i+1)^\alpha} < \frac{N-1}{i^{\alpha-1}}$$

Für $\alpha > 1$ und endliches N ist der Reihenabschnitt also infinitesimal [denn α ist reell, also $\alpha-1$ nicht infinitesimal], und Euler schließt auf Konvergenz. Für $\alpha \leq 1$ ergibt die Abschätzung nach unten etwas Endliches oder unendlich Großes, so daß die Reihe keinen endlichen Wert haben kann.' (S. 32)

INGE Ihr mit eurem Streit um diese 'Forschungsprogramme'! So hört doch Anna erst einmal zu, bevor ihr euren Senf dazugebt.

ANNA Ja, das würde auch mir gefallen. Riemann schreibt also weiter zu dieser Reihe

$$f(x) = \frac{(x)}{1} + \frac{(2x)}{4} + \frac{(3x)}{9} + \ldots = \sum_{1,\infty} \frac{(nx)}{nn},$$

die für jeden Wert von x konvergiert: 'ihr Werth nähert sich, sowohl, wenn der Argumentwerth stetig abnehmend, als wenn er stetig zunehmend gleich x wird, stets einem festen Grenzwerth, und zwar ist, wenn $x = \frac{p}{2n}$ (wo p, n relative Primzahlen)

$$f(x+0) = f(x) - \frac{1}{2nn}(1 + \frac{1}{9} + \frac{1}{25} + \ldots) = f(x) - \frac{\pi\pi}{16nn}$$

$$f(x-0) = f(x) + \frac{1}{2nn}(1 + \frac{1}{9} + \frac{1}{25} + \ldots) = f(x) + \frac{\pi\pi}{16nn}$$

sonst aber überall $f(x+0) = f(x)$, $f(x-0) = f(x)$.

Diese Funktion ist also für jeden rationalen Werth von x, der in den kleinsten Zahlen ausgedrückt ein Bruch mit geradem Nenner ist, unstetig, also zwischen je zwei noch so engen Grenzen unendlich oft, so jedoch, dass die Zahl der Sprünge, welche grösser als eine gegebene Grösse sind, immer endlich ist.'[209]

KONRAD Donnerwetter - eine sehr interessante Funktion! Ich hätte nie geglaubt, daß es so etwas gibt. Aber hinzeichnen kann man die wohl nicht.

EVA Die Rechnung - die verstehe ich noch nicht! Kann mir die jemand erklären?

ALEXANDER Ich denke schon. Riemann war eben ein großer Mathematiker, und so verbergen sich halt hinter den jeweiligen Zeilen seines Textes viele Gedankengänge; aber wir werden die bestimmt aufdecken können, wenn wir uns nur genügend anstrengen.

ANDREAS Was hast du nur für abwegige Vorstellungen von 'großen Mathematikern', Alex? Gerade ein 'großer Mathematiker' sollte seine Ideen *leicht verstehbar* aufschreiben - das gehört zu seiner Größe doch mit hinzu!

ALEXANDER *Leicht verstehbar* muß ja keineswegs heißen, daß der Leser alles sofort beim ersten Überfliegen versteht! *Leicht verstehbar* heißt nur, daß jeder Leser den Text *allein aus sich heraus verstehen* kann![214]

---

[214] Um beim Leser falsche Vorstellungen diesmal gar nicht erst aufkommen zu lassen: Riemanns Text ist durchaus *leicht verstehbar im ersten Sinn*-siehe S. 118f und 299-301.

PETER *Jeder* Leser?

ANDREAS Wenn du nur *einmal* einen Begriff ohne Sinnverdrehung verwenden würdest, Alex!

ALEXANDER Nun, Andreas, ich werde versuchen zu zeigen, daß Riemanns Zeilen leicht verstehbar sind in dem Sinn, daß sie sich *aus sich selbst heraus* verstehen lassen. Nehmen wir uns etwa den rechtsseitigen Grenzwert vor:

$$f(x+0) = f(x) - \frac{1}{2nn}(1 + \frac{1}{9} + \frac{1}{25} + \ldots) = f(x) - \frac{\pi\pi}{16nn}$$

Wie sehen wir, daß diese Gleichung für $x = \frac{p}{2n}$ richtig ist (n eine ganze, p eine ungerade Zahl und n und p ohne gemeinsamen Teiler)? Nun, was ist

$$f(\frac{p}{2n}) - f(\frac{p}{2n} + h)$$

für ein positives, kleines h?

$$f(\frac{p}{2n}) - f(\frac{p}{2n} + h) = \frac{(\frac{p}{2n}) - (\frac{p}{2n} + h)}{1} + \frac{(2\frac{p}{2n}) - (2\frac{p}{2n} + 2h)}{2^2} + \ldots + \frac{(i\frac{p}{2n}) - (i\frac{p}{2n} + ih)}{i^2} + \ldots$$

Und jetzt?

Was läßt sich hier aussagen?

Was läßt sich über die Differenzen in den Zählern aussagen? Kann man die alle zugleich durch geeignetes h beliebig klein machen?

EVA Wohl kaum. Es kann ja $i\frac{p}{2n}$ knapp unter einer Zahl $z + \frac{1}{2}$ (z eine ganze Zahl) liegen, $i\frac{p}{2n} + ih$ jedoch knapp darüber, und dann ist $(i\frac{p}{2n})$ fast $\frac{1}{2}$, $(i\frac{p}{2n} + ih)$ dagegen fast $-\frac{1}{2}$, haben also eine sehr große Differenz!

ALEXANDER Hm. Ich kann mir $(i\frac{p}{2n})$ für verschiedene Werte von i einfach nicht vorstellen!

EVA Dann machen wir doch einfach ein Beispiel dazu! Der einfachste Fall ist ja wohl $p = 1$, $n = 2$, also $\frac{p}{2n} = \frac{1}{4}$. Hier gilt

$(\frac{1}{4}) = \frac{1}{4}$, $(2 \cdot \frac{1}{4}) = 0$, $(3 \cdot \frac{1}{4}) = -\frac{1}{4}$, $(4 \cdot \frac{1}{4}) = 0$, $(5 \cdot \frac{1}{4}) = \frac{1}{4}$, ...

das ist ja periodisch! Gilt das vielleicht immer? Probieren wir's gleich nochmal! $p = 1$, $n = 3$, also $\frac{p}{2n} = \frac{1}{6}$.

$(\frac{1}{6}) = \frac{1}{6}$, $(2 \cdot \frac{1}{6}) = \frac{1}{3}$, $(3 \cdot \frac{1}{6}) = 0$, $(4 \cdot \frac{1}{6}) = -\frac{1}{3}$, ... $(7 \cdot \frac{1}{6}) = \frac{1}{6}$,

..., $(13 \cdot \frac{1}{6}) = \frac{1}{6}$ ... Aha!

ALEXANDER Sehr schön, Eva! Es gilt also offenbar allgemein:
$$(i\frac{p}{2n}) = (\overline{2nk+i \cdot \frac{p}{2n}})$$
für alle natürlichen Zahlen k. Aha! Das hilft uns weiter! Denn das bedeutet, es gibt höchstens $2n$ *verschiedene* Werte von $(i\frac{p}{2n}+ih)$, nämlich höchstens für jedes $i = 1, 2, \ldots 2n$ einen anderen. Das ist sehr gut! Dann läßt sich nämlich h so klein wählen (aber nicht negativ), daß $i\frac{p}{2n}$ und $i\frac{p}{2n}+ih$ stets im *gleichen* Intervall $[z, z+\frac{1}{2}[$ oder $]z-\frac{1}{2}, z]$ (für eine ganze Zahl z) liegen. Außer natürlich, wenn $i = n$, $i = 3n$, $i = 5n$ usw., denn dann gilt $i\frac{p}{2n}+ih = \frac{p}{2} + nh$ usw.
Damit haben wir's auch schon. Denn es folgt jetzt, daß für $h \to 0$ stets
$$(i\frac{p}{2n}) - (i\frac{p}{2n}+nh) \to 0$$
außer wenn $i = n$ - dann gilt
$$(\frac{p}{2}) - (\frac{p}{2}+nh) \to \frac{1}{2}. \quad \text{Analog für } i = 3n, 5n, \ldots$$
Jetzt können wir den Grenzübergang durchführen:
$$\lim_{h\to 0}(\,\mathit{6}(\tfrac{p}{2n}) - \mathit{6}(\tfrac{p}{2n}+h)\,) = \lim_{h\to 0}\sum_{i=1}^{\infty}\frac{(i\frac{p}{2n}) - (i\frac{p}{2n}+ih)}{i^2} =$$
$$= \sum_{i=1}^{\infty}\lim_{h\to 0}\frac{(i\frac{p}{2n}) - (i\frac{p}{2n}+ih)}{i^2} =$$
$$= \frac{1}{2}\cdot\frac{1}{n^2} + \frac{1}{2}\cdot\frac{1}{(n+2n)^2} + \frac{1}{2}\cdot\frac{1}{(n+4n)^2} + \ldots =$$
$$= \frac{1}{2n^2}(\,1 + \frac{1}{(1+2)^2} + \frac{1}{(1+4)^2} + \ldots\,) =$$
$$= \frac{1}{2n^2}\sum_{j=0}^{\infty}\frac{1}{(1+2j)^2}$$
und damit ist Riemanns Gleichung schon bewiesen! Falls $x = \frac{p}{q}$, q ungerade, dann fällt keiner der q verschiedenen Werte $i\frac{p}{q}$ ($i = 1,2,\ldots \ldots, q$) auf eine Zahl $z+\frac{1}{2}$, so daß dann nichts passiert. Und wenn x irrational ist, so wird ebenfalls ix niemals auf einen Wert $z+\frac{1}{2}$ fallen. Damit sind Riemanns Behauptungen völlig klar! Für alle rationalen Werte von x mit geradem Nenner $2n$ (die Brüche seien so weit wie möglich gekürzt) ist die Funktion $\mathit{6}(x)$ unstetig, weil dann gilt
$$\lim_{h\to 0} |\,\mathit{6}(x+h) - \mathit{6}(x)\,| = \frac{\pi^2}{16n^2}$$

– und für keine sonstigen Werte von x. Also ist diese Funktion zwischen je zwei noch so dicht beieinanderliegenden Punkten unendlich oft unstetig, und nur endlich viele Sprünge sind größer als eine endliche Toleranz ε, da stets nur für endlich viele ganze Zahlen gilt
$$\frac{\pi^2}{16n^2} > \varepsilon .$$

ANDREAS Und du glaubst wirklich, daß Riemann so gerechnet hat?

ALEXANDER Bin ich Hellseher? Aber wie soll er denn sonst gerechnet haben?

ANDREAS Sag mal, Anna, wie ist es denn auf den früheren Seiten dieser Riemann-Arbeit? Gibt es da noch mehr solche Stellen, bei denen man zum Verständnis weniger Zeilen große Nebenrechnungen benötigt?

ANNA Nein, ganz und gar nicht! Die 19 vorangegangenen Seiten lassen sich allesamt unmittelbar, ohne eigene Nebenrechnung des Lesers verstehen! Zwar handelt es sich dabei unter anderem auch um längere geschichtliche Ausführungen, aber auch da habe ich keinerlei Gedankensprünge bemerkt.

ANDREAS Na also, dann wäre es doch äußerst merkwürdig, wenn Riemann hier einen solchen Stilbruch vollzogen hätte![215]

ALEXANDER Einmal muß er doch anfangen, die Ebene des Elementaren zu verlassen! Jedenfalls dann, wenn er nichtelementare Mathematik treiben will – und da Riemann diese Arbeit zum Zwecke seiner Habilitation eingereicht hat, wird sie wohl mehr als Elementares enthalten.

PETER Spar dir deine Geistesakrobatik, Alexander – sowohl die mathematische als auch die rhetorisch-ideologische. Es ist nämlich alles viel, viel einfacher!

EVA Tatsächlich? Wieso?

PETER Na, wie ich gleich vermutet habe[216], hat Riemann natürlich im Kontinuitätsprogramm gerechnet. Und da ist alles sofort klar – ohne jegliche Nebenrechnung. Denn es gilt ja bekanntlich der Cauchysche Summensatz!! D.h. die Reihe ist genau dort unstetig, wo eines ihrer Glieder unstetig ist.[217] Diese Unstetigkeitsstellen aber sind die Un-

---

[215] Das waren meine eigenen Gedanken beim ersten Lesen des Riemannschen Textes, denn auch ich hatte mir zunächst – gemeinsam mit dem um Unterstützung gefragten Bernd Rodewald – die Sache so überlegt, wie es Alexander oben vorführt. Die zweite Sicht kam mir erst des abends beim Einschlafen – siehe weiter im Text.

[216] siehe S. 112

[217] Natürlich ist es nicht *genau* so – aber die möglichen Einwände bzw. Sonderfälle sind *offenkundig uninteressant* und spielen hier sowieso keine Rolle.

stetigkeitsstellen der Funktionen (nx), und die werden ja durch folgende Beziehung beschrieben:

$$nx = z + \frac{1}{2} = \frac{2z+1}{2},$$

und das heißt nichts anderes als

$x = \frac{p}{2n}$, p ungerade und p, n relativ prim.

Und das ist auch schon alles!

ANDREAS Herrlich! Na, wenn das kein Beweis dafür ist, daß Riemann so rechnete wie Cauchy: im Kontinuitätsprogramm!

ALEXANDER Ihr wollt Riemann wohl seine Genialität absprechen? Seine Leistung trivialisieren?

ANDREAS Ganz im Gegenteil! Zeigt das nicht gerade seine Genialität, daß er ein Beispiel für eine Funktion mit solch verqueren Eigenschaften so elegant vorführt?! Jedenfalls ist dieses Beispiel ganz klar ein *gesamtwissenschaftlicher Fortschritt* - denn wie du, Alexander, ja gerade vorgerechnet hast, ist es keineswegs an das Kontinuitätsprogramm gebunden.

ALEXANDER Streiten wir uns nicht länger! Es ging doch um die Frage, wie mathematischer Fortschritt in der Analysis nach Cauchy zustande kam - ob das im Finitärprogramm geschah oder im Kontinuitätsprogramm. Du, Peter, hast dich für die Behauptung 'im Kontinuitätsprogramm' stark gemacht. Ich hoffe aber doch, du hast noch weitere Belege zu bieten als nur dieses eine Beispiel?

PETER Also - was heißt hier *nur*? Ich glaube, auch du mußt rückhaltlos anerkennen, daß dieses Riemannsche Beispiel einer neuartigen Funktion etwas qualitativ Besseres ist als diese seltsamen Stokesschen Beispiele zu seinem Satz!

ALEXANDER Überschlage dich doch nicht, Peter! Soviel ich weiß, hat auch Weierstraß zahlreiche solche Funktionen mit schwer vorstellbaren Eigenschaften angegeben - und dieser ε-δ-Weierstraß gehört doch sicherlich eher zum Finitär- als zum Kontinuitätsprogramm! Oder ist das etwa falsch?

2.10.2 Das Riemann-Integral

PETER Ich denke, wir sollten solche Fragen nicht nach dem Hörensagen entscheiden, sondern anhand sorgfältiger Quellenstudien. Aber selbstverständlich hast du recht, Alexander: Ich muß noch viel mehr Belege für meine Behauptung beibringen, das Kontinuitätsprogramm sei in weitaus höherem Maß für mathematischen Fortschritt verantwortlich als das Finitärprogramm. Aber da ist Riemann doch gewiß ein dankbarer Autor! Mit seinem Namen assoziiere ich immer das für die Analysis so grundlegende *Riemann-Integral*. Wie steht es damit? Das hat Riemann doch sicherlich auch im Rahmen des Kontinuitätsprogramms eingeführt... Was sagst du, Anna?

ANNA Ja, ja, selbstverständlich: Wie Cauchy[218], so hat auch Riemann seinen Integralbegriff in der Kontinuitätssprache eingeführt! Und zwar tut Riemann das gerade in dieser Abhandlung, aus der ich soeben das Beispiel vorgeführt habe.

PETER Wunderbar; zeig uns diesen Abschnitt einmal.

ANNA Hier - hier erklärt Riemann zuerst nochmals den Cauchyschen Integralbegriff; dies scheint mir auch wichtig zu sein, und so will ich damit beginnen:

'Was hat man unter $\int_a^b f(x)\, dx$ zu verstehen?

Um dies festzusetzen, nehmen wir zwischen a und b der Grösse nach auf einander folgend, eine Reihe von Werthen x_1, x_2, ..., x_{n-1} an und bezeichnen der Kürze wegen x_1-a durch δ_1, x_2-x_1 durch δ_2, ..., $b-x_{n-1}$ durch δ_n und durch ε einen positiven ächten Bruch. Es wird alsdann der Werth der Summe

$$S = \delta_1 f(a+\varepsilon_1\delta_1) + \delta_2 f(x_1+\varepsilon_2\delta_2) + \delta_3 f(x_2+\varepsilon_3\delta_3) + \ldots + \delta_n f(x_{n-1}+\varepsilon_n\delta_n)$$

von der Wahl der Intervalle δ und der Grössen ε abhängen. Hat sie nun die Eigenschaft, wie auch δ und ε gewählt werden mögen, sich einer festen Grenze A unendlich zu nähern, sobald sämtliche δ unendlich klein werden, so heisst dieser Werth $\int_a^b f(x)\, dx$.

Hat sie diese Eigenschaft nicht, so hat $\int_a^b f(x)\, dx$ keine Bedeutung.'[219]

---

[218] siehe Fußnote 99!
[219] Riemann [1854], S. 102

Soweit also Riemanns Wiederholung des Cauchyschen Integralbegriffs. Es folgt noch der ergänzende Hinweis, daß diese Definition unmöglich wird, wenn 'die Function $f(x)$ bei Annäherung des Arguments am einen einzelnen Werth c in dem Intervalle (a, b) unendlich gross wird'[219] und daß dann (in manchen Fällen) 'andere Festsetzungen'[220] getroffen werden können. Im darauffolgenden Abschnitt seiner Abhandlung gibt Riemann dann seine erweiterte Fassung des Integralbegriffs - zugleich mit der Untersuchung, welche Funktionen in diesem Sinne integrierbar sind. Ich will dies einmal vorlesen:
'Untersuchen wir jetzt zweitens den Umfang der Gültigkeit dieses Begriffs [d.i. der "Begriff des bestimmten Integrals" - S. 102, und zwar offenbar nicht der des Cauchy-Integrals, sondern eher der Begriff eines bestimmten Integrals "an sich": nämlich so, wie er Riemann vorschwebt] oder die Frage: in welchen Fällen läßt eine Function eine Integration zu und in welchen Fällen nicht?[221]]
[...] Wir setzen [zunächst] voraus, dass die Summe S, wenn sämmtliche δ unendlich klein werden, convergirt. Bezeichnen wir also die grösste Schwankung der Function zwischen a und x_1, d.h. den Unterschied ihres grössten und kleinsten Werthes in diesem Intervalle, durch D_1, zwischen x_1 und x_2 durch D_2 ...., zwischen x_{n-1} und b durch D_n, so muss

$$\delta_1 D_1 + \delta_2 D_2 + \ldots + \delta_n D_n$$

mit den Grössen δ unendlich klein werden.[222] Wir nehmen ferner an,

[220] Riemann [1854], S. 103

[221] Riemann stellt hier also *den Sinnzusammenhang als Ganzes, als Einheit* dar, Begriff und Bedeutung in einem. Diese Art unterscheidet sich gründlich (und wohltuend) von dem heute üblichen Hack-Stil, bei dem das Ganze in sinnleere Einzelteile zergliedert und häppchenweise serviert wird: *Definition* des (Riemann-)Integrals / *Folgerungen* daraus / Formulierung des *Hauptsatzes*: Eine Funktion ist integrierbar genau dann, wenn ... / *Beweis* des Hauptsatzes / *Folgerungen* usw. Die auf diese Weise künstlich erzeugten Verdauungsbeschwerden vergällen vielen Lernenden das Leben - und bewirken so schließlich oftmals eine große Ehrfurcht vor der 'Genialität' der Mathematiker, die solche großartigen *Lehrsätze* zu finden in der Lage sind. Daß und wie all diese Übel vermeidbar sind, zeigt die nun im Text folgende Passage von Riemann in meisterhafter Weise.

[222] Im heute üblichen Hack-Stil (vgl. vorige Fußnote) gerät diese schlichte Formulierung zu dem bombastischen 'Satz von Riemann: Die Funktion $f(x)$ ist in $[a, b]$ dann und nur dann integrierbar, wenn durch geeignete Wahl der Zerlegung [des Intervalls] die kritische Summe

$$\sum_{i=1}^{n} \delta_i D_i$$

beliebig klein gemacht werden kann.' (Duschek [1949], S. 107; Bezeichnungen angepaßt)

dass, so lange sämmtliche δ kleiner als d bleiben, der grösste Werth, den diese Summe erhalten kann, Δ sei; Δ wird alsdann eine Function von d sein, welche mit d immer mehr abnimmt und mit dieser Grösse unendlich klein wird.[²²³] Ist nun die Gesammtgrösse der Intervalle, in welchen die Schwankungen grösser als σ sind, $= s$, so wird der Beitrag dieser Intervalle zur Summe $\delta_1 \mathcal{D}_1 + \delta_2 \mathcal{D}_2 + \ldots + \delta_n \mathcal{D}_n$ offenbar $\geq \sigma s$. Man hat daher

$$\sigma s \leqq \delta_1 \mathcal{D}_1 + \delta_2 \mathcal{D}_2 + \ldots + \delta_n \mathcal{D}_n \leqq \Delta \, , \text{ folglich } s \leqq \frac{\Delta}{\sigma}.$$

$\frac{\Delta}{\sigma}$ kann nun, wenn σ gegeben ist, immer durch geeignete Wahl von d beliebig klein gemacht werden; dasselbe gilt daher von s, und es ergibt sich also: Damit die Summe S, wenn sämmtliche δ unendlich klein werden, convergirt, ist ausser der Endlichkeit der Function $f(x)$ noch erforderlich, dass die Gesammtgrösse der Intervalle, in welchen die Schwankungen $> \sigma$ sind, was auch σ sei, durch geeignete Wahl von d beliebig klein gemacht werden kann. Dieser Satz lässt sich auch umkehren:

Wenn die Funktion $f(x)$ immer endlich ist, und bei unendlichem Abnehmen sämmtlicher Grössen δ die Gesammtgrösse s der Intervalle, in welchen die Schwankungen der Function $f(x)$ grösser, als eine gegebene Grösse σ, sind, stets zuletzt unendlich klein wird, so convergirt die Summe S, wenn sämmtliche δ unendlich klein werden.

Denn diejenigen Intervalle, in welchen die Schwankungen $> \sigma$ sind, liefern zur Summe $\delta_1 \mathcal{D}_1 + \delta_2 \mathcal{D}_2 + \ldots + \delta_n \mathcal{D}_n$ einen Beitrag, kleiner, als s, multipliziert in die grösste Schwankung der Function zwischen a und b, welche (n[ach] V[oraussetzung]) endlich ist; die übrigen Intervalle einen Beitrag $< \sigma(b-a)$. Offenbar kann man nun erst σ beliebig klein annehmen und dann immer noch die Grösse der Intervalle (n. V.) so bestimmen, dass auch s beliebig klein wird, wodurch der Summe $\delta_1 \mathcal{D}_1 + \delta_2 \mathcal{D}_2 + \ldots + \delta_n \mathcal{D}_n$ jede beliebige Kleinheit gegeben, und folglich der Werth der Summe S in beliebig enge Grenzen eingeschlossen werden kann.

---

[223] Der zweite Satzteil ist selbstverständlich eine Forderung an $\Delta(d)$, die unmittelbar aus der vorausgesetzten Konvergenz der Summe S folgt, - und keineswegs eine Folgerung aus dem ersten Satzteil, da ja für unendlichkleines d die Zahl der Summanden unendlichgroß wird, und eine unendliche Summe unendlichkleiner Werte kann sehr wohl einen endlichen Wert ergeben. Denn $f(x)$ ist ja keineswegs als *stetig* vorausgesetzt, d.h. die $\mathcal{D}_i$ müssen nicht notwendig allesamt unendlichklein werden.

Wir haben also Bedingungen gefunden, welche nothwendig und hinreichend sind, damit die Summe S bei unendlichem Abnehmen der Grössen δ convergire und also in engerem Sinne von einem Integrale der Function $f(x)$ zwischen a und b die Rede sein könne. Wird nun der Integralbegriff wie oben erweitert, so ist offenbar, damit die Integration durchgehends möglich sei, die letzte der beiden gefundenen Bedingungen auch dann noch nothwendig; an die Stelle der Bedingung, dass die Function immer endlich sei, aber tritt die Bedingung, dass die Function *nur* bei Annäherung des Arguments an *einzelne* Werthe unendlich werde, und dass sich ein bestimmter Grenzwerth ergebe, wenn die Grenzen der Integration diesen Werthen unendlich genähert werden.'[224]

Soweit Riemann. Ist das nicht ein herrlicher Abschnitt? Ein neuer mathematischer Sinnzusammenhang wird dem Leser vorgestellt - als einheitliches Ganzes aus neuer Begrifflichkeit und ihrer Tragweite mitsamt den die Einsicht bewirkenden Überlegungen.

EVA   Ich erkenne das Riemann-Integral ja kaum wieder! Üblicherweise wird es doch mit Hilfe der Begriffe Untersumme, Obersumme, Zerlegung, Zerlegungsfolge eingeführt. Das alles kommt bei Riemann ja gar nicht vor! Ihm genügt der Begriff der Schwankung, damit kommt er vollständig aus. Warum nur kriegt man das heutzutage so kompliziert beigebracht?[225]

ALEXANDER   Damit alles unzweifelhaft klar und eindeutig ist und sich nicht solche Beweislücken einschleichen können, wie sie hier Riemann an einer Stelle unterlaufen sind!

EVA   Eine Beweislücke hier? Wo??

ALEXANDER   Ja - das habt ihr nicht bemerkt, was? Hier, bei dem letzten Beweis, bei dem Beweis, 'dass das Verschwinden von Δ mit d auch die für die Convergenz von S ausreichende Bedingung ist. Es könnte scheinen als ob, wenn auch bei verschiedenen Eintheilungen, in denen die Intervalle δ', δ'' kleiner als d und folglich der Unterschied zwischen dem grössten und kleinsten Werthe (oberer und unterer Grenze) der Summe S, die für die beiden Eintheilungen mit S', S'' bezeichnet sei, kleiner als eine gegebene Grösse ε ist, doch die Summen S', S'' selbst um ein endliches Stück auseinander liegen könnten.'[226]

---

[224] Riemann [1854], S. 103f

[225] Was heute unter dem Namen 'Riemann-Integral' verkauft wird, hieße besser 'Darboux-Integral' - vgl. Fußnote 227!

[226] Heinrich Weber, der Herausgeber Riemanns gesammelter mathematischer Werke, in einer Anmerkung, deren Anfang folgenden Wortlaut hat:

Oder in anderen Worten: Es ist gar nicht gesagt, daß $\Sigma \delta_i D_i$ einen *eindeutigen* Grenzwert hat - das muß erst noch *bewiesen* werden! Gewöhnlich beweist man, daß im Grenzfall die *Untersumme* gleich der *Obersumme* ist[227], und das beruht im wesentlichen auf einer geeigneten Verfeinerung der vorliegenden Zerlegungen.[228] Warum also können die Summen S', S'' nicht um ein endliches Stück auseinanderliegen? 'Um die Unmöglichkeit hiervon einzusehen, bilde man die dritte Eintheilung δ, der die Summe S entspreche, indem man δ' und δ'' gleichzeitig ausführt. Da nun jedes Element δ' aus einer ganzen Anzahl von Elementen δ besteht, so wird, wenn ein beliebiger Werth von S betrachtet wird, die Summe der diesen Elementen δ entsprechenden Glieder von S zwischen dem grössten und dem kleinsten Werth des dem Element δ' entsprechenden Gliedes von S' liegen, und folglich auch die ganze Summe S zwischen dem grössten und kleinsten Werth von S' und ebenso auch zwischen dem grössten und kleinsten Werth von S''; folglich können S, S', S'' nicht um mehr als ε von einander verschieden sein.'[226]

'Es findet sich hierzu eine fragmentarische handschriftliche Bemerkung von Riemann, die wir folgendermassen herzustellen versuchen, *da sie zur Vervollständigung des Beweises nothwendig ist*, dass das Verschwinden von Δ mit d auch die für die Convergenz ...' (Weber [1876], S. 266; meine Hervorhebung. Wie die im Text folgende Entwicklung zeigt, wäre es wichtiger gewesen, Riemanns 'fragmentarische Bemerkung' *original* wiederzugeben als sie - in wahrscheinlich *ent*stellter Form - '*her*zustellen'!)

[227] Diese *Begriffe* (Untersumme, Obersumme) finden sich bei Riemanns Integraleinführung nicht (wenngleich er an passender Stelle mit Ähnlichem rechnet - siehe sein [1854], S. 120f), sondern Riemann begnügt sich - wie wir gesehen haben - mit dem Begriff der größten Schwankung. Die Begriffe Unter- und Obersumme scheinen von Darboux eingeführt worden zu sein: 'Diese Grenzwerte [...] das *obere Integral* [...] und das *untere Integral* [...] sind in strenger Weise von G. Darboux definiert worden (1875); ungefähr gleichzeitig auch von J. Thomae (1875), G. Ascoli (1875), P. du Bois-Reymond (1875), H. J. Smith (1874/5)' (Montel-Rosenthal [1923], S. 1037), und insofern ist die Namensgebung 'Darbouxsche Summen' (Fichtenholz [1959b], S. 101) angemessener als der Titel 'Riemannsche Summen' (Duschek [1949], S. 102; Erwe [1962] Bd. 2, S. 13 - dort müßte es allerdings jeweils korrekter 'Cauchysche Summen' heißen, da von $\Sigma f(\xi_\nu)(x_\nu - x_{\nu-1})$ mit $x_{\nu-1} \leq \xi_\nu \leq x_\nu$ die Rede ist).

[228] Diese Beweise werden in den neueren Lehrbüchern stets und ausführlich dargeboten: z.B. Duschek [1949], S. 105-7; Fichtenholz [1959b], S. 103-5; Smirnow [1953], Teil 1, S. 300f, der dabei so ansprechende Rechnungen vorführt wie

$$M_k^{(1)} \delta_k^{(1)} + M_k^{(2)} \delta_k^{(2)} + M_k^{(3)} \delta_k^{(3)} \leq M_k(\delta_k^{(1)} + \delta_k^{(2)} + \delta_k^{(3)}) = M_k \delta_k$$

Erwe [1962], Bd. 2, S. 8-11. Weber erledigt es noch etwas kürzer - aber das ist ja auch achtzig Jahre früher ...

PETER Was stellst du denn da für komplizierte Rechnungen an, Alexander, und welch krauses Zeug redest du? Untersummen, Obersummen, Zerlegung (bzw. Einteilung) - das kommt doch alles bei Riemann gar nicht vor!

ALEXANDER Eben - und deswegen ist sein Beweis auch nicht lückenlos. Wenn man aber vollständig korrekt sein will, dann kommt man um diese Begriffe und Überlegungen nicht herum!

PETER Aber wieso denn? Ich sehe diese Schwierigkeiten gar nicht! *Du vergißt, daß Riemann im Kontinuitätsprogramm rechnet* und nicht im Finitärprogramm - und da geht alles viel einfacher!

EVA Wie denn?

PETER Nun, Riemann zeigt

$$\Sigma \; \delta_i D_i < \delta D + \sigma \cdot (b - a)$$

wobei δ von der beliebig vorgegebenen Toleranz σ und der oberen Grenze d der Intervalle δ anhängt *und mit σ unendlichklein wird*. Da aber D, die Schwankung der - endlichen! - Funktion im Intervall [a, b], sowie $b - a$ endliche Werte sind, deswegen ist $\delta D + \sigma (b - a)$ mit σ unendlichklein. Also keinesfalls größer als irgendein endliches ϵ! Dein Einwand, Alexander[229], ist nur im Rahmen der Finitärsprache möglich - die aber hier gar nicht angemessen ist! Denn im Finitärprogramm stehen unendlichkleine Größen gar nicht zur Verfügung, sondern nur

---

[229] und das heißt also: der Webersche. Beachte die Webersche Wortwahl: 'Eintheilung' (= Zerlegung), die bei Riemann nicht vorkommt; diese Begriffsbildung ist bei Riemann überflüssig, weil sie nur zur Formulierung eines *Grenzwertes* erforderlich ist. - Es ist übrigens eine bemerkenswerte Tatsache, daß Riemann vollkommen klar sieht, wie sehr seine eigene mathematische Vorgehensweise einer rivalisierenden entgegengesetzt ist: Während ich hier von Finitär- und Kontinuitätsprogramm spreche, setzt Riemann die Begriffssysteme der 'Thesis' (finitär) antinomisch zu denen der 'Antithesis' (kontinuierlich), und letztere 'sind zwar durch negative Prädicate fest bestimmte Begriffe, aber nicht positiv vorstellbar. [...] Sie können [...] als an der Grenze des Vorstellbaren liegend betrachtet werden, d.h. man kann ein innerhalb des Vorstellbaren liegendes Begriffssystem bilden, welches durch blosse Aenderung der Grössenverhältnisse in das gegebene Begriffssystem übergeht. Von den Grössenverhältnissen abgesehen, bleibt das Begriffssystem bei dem Uebergang zur Grenze ungeändert. In dem Grenzfall selbst aber verlieren einige von den Correlativbegriffen des Systems ihre Vorstellbarkeit, und zwar solche, welche die Beziehung zwischen anderen Begriffen vermitteln.' (Riemann [1876], S. 519f) Die Weiterentwicklung des Kontinuitätsprogramms war in dem Maße möglich, als es seiner positiven Heuristik gelang, diese 'negativen Prädicate' in möglichst bestimmte positive umzumünzen: vgl. Abschnitt 2.14.2.5

Grenzwertbetrachtungen - und nur dabei wird die Frage nach der *Eindeutigkeit der Grenzwerte* wichtig. Im Kontinuitätsprogramm tauchen solche Probleme gar nicht auf: das sind rein interne Probleme des Finitärprogramms ...

ANDREAS *Scheinprobleme!*

PETER ... und keine objektiven, in der Sache liegenden Probleme. Kurz und gut: Ebenso wie das Cauchy-Integral, so verdanken wir auch das Riemann-Integral dem Kontinuitätsprogramm, das damit erneut seine Fruchtbarkeit für den mathematischen Fortschritt unter Beweis gestellt hat. Darüberhinaus haben wir direkt gesehen, um wievieles diese Begriffe im Kontinuitätsprogramm einfacher sind als im Finitärprogramm, wo eine Vielzahl zusätzlicher technischer Überlegungen erforderlich werden und den Kern der Sache verdunkeln; diese etwas länglichen ...

ANDREAS und langweiligen!

PETER ... technischen Feinheiten bringen jedoch letzten Endes nichts: es sind rein interne Notwendigkeiten des Finitärprogramms, die - gesamtwissenschaftlich gesehen - eigentlich überflüssiger Ballast sind. Das Kontinuitätsprogramm dagegen ist von übermäßigen Beschränkungen solches internen Ballastes frei und kann somit die *tatsächlichen* Probleme viel unbeschwerter erkennen und bearbeiten.

EVA Ist das nur so eine allgemeine Vermutung von dir, Peter, oder hast du etwas Bestimmtes vor Augen?

2.11 GESAMTWISSENSCHAFTLICHER FORTSCHRITT DURCHS KONTINUITÄTS- PROGRAMM: FOURIER

Fouriers Durchbruch auf dem Gebiet der Darstellbarkeit willkürlicher Funktionen durch trigonometrische Reihen erfolgte wesentlich mit Hilfe der vom Kontinuitätsprogramm bereitgestellten Mittel.

2.11.1 Die Vorgeschichte

PETER Oh, diese allgemeinen Überlegungen lassen sich an zahlreichen Einzelfällen konkretisieren. Denken wir nur an einen Namen, der schon früher in unserem Gespräch anklang - an Fourier!

EVA Du spielst darauf an, daß wir schon des öfteren über die eine
oder andere Fourier-Reihe gesprochen haben, wie etwa

$$\sin x + \frac{1}{3}\sin 3x + \frac{1}{5}\sin 5x + \ldots$$

- jene Reihen, mit deren Hilfe versucht wurde, Cauchys Summensatz zu
widerlegen?

PETER Genau das spreche ich an, ja. Fouriers entscheidende Leistung war es, die 'in den Arbeiten aller Mathematiker [vor ihm] [zu findenden] ähnliche[n] Rechnungen und Methoden [...] als nur specielle Fälle eines ganz allgemeinen Calculs'[230] nachzuweisen, den er dann ausdrücklich formulierte. Denn nicht nur die von Fourier ausgiebig behandelte Wärmetheorie, sondern auch die mathematische Behandlung vieler anderer physikalischer Problemstellungen 'bedurfte eben einer Rechnungsweise, die es gestattet, eine selbst aus fremdartigen Functionen beliebig zusammengesetzte Function ganz oder auf beliebigen Strecken durch bestimmte analytische Ausdrücke darzustellen.'[231] Denn beispielsweise war seit der Mitte des 18. Jahrhunderts das *Problem der schwingenden Saite* Gegenstand heftiger mathematischer Kontroversen.[232] Es ging darum, die allgemeine Bewegungsgleichung einer gespannten, in einer Ebene schwingenden Saite anzugeben, wobei als Anfangsbedingung eine ganz willkürliche Gestalt der Saite vorgegeben war. Die 'damals [...] berühmtesten Mathematiker beschäftigten'[233] sich mit diesem Problem: Brook Taylor, Daniel Bernoulli, Euler, d'Alembert, Lagrange - und dennoch lag nach fünfzigjähriger wissen-

---

[230] Fourier [1822], Abschnitt 428, 13°; zitiert nach Weinstein [1884], S. 450

[231] Weinstein [1884], S. 450, der Fourier [1822], Abschnitt 428, 13° hier sehr frei übersetzt.

[232] Nach Burkhardt [1908], S. III ist das Problem der schwingenden Saite nur *eine* geschichtliche Wurzel für die Lehre von den trigonometrischen Reihen: 'Neben diesem historischen Prozess läuft ein anderer her, bei dem es sich um Entwicklungen *analytischer* Functionen in trigonometrische Reihen handelt. Er entspringt seinerseits wieder aus zwei Quellen: ...' Meinen Zwecken genügt hier jedoch eine kürzestmögliche Geschichte der Entstehung der Lehre von den trigonometrischen Reihen, so daß ich mich auf die bekannte Darstellung Riemanns beschränke, die 'wie man aus einer Andeutung in einem Briefe Riemann's schliessen muss, auf mündliche Mitteilungen Dirichlet's [zurückgeht und] also die Auffassungen wieder[giebt], die letzterer aus seinem Pariser Aufenthalt mitgebracht hatte.' (Burkhardt [1908], S. III Fußnote 1) Burkhardt selbst behandelt diese Geschichte wesentlich ausführlicher.

[233] Riemann [1854], S. 88

schaftlicher Arbeit noch immer keine allseits anerkannte Lösung vor:
'Die Ansichten der damaligen berühmten Mathematiker waren und blieben
[...] in dieser Sache geteilt: denn auch in späteren Arbeiten behielt
jeder im Wesentlichen seinen Standpunkt bei.'[234]

ALEXANDER Aber das ist doch nicht möglich! Ein Mathematiker kann
doch nicht einfach 'seinen Standpunkt beibehalten', wenn er angegriffen wird, sondern er muß sich mit den vorgetragenen Gegenargumenten
auseinandersetzen - und dann entscheidet die Logik für das richtige
Argument.

ANDREAS Wann wirst du denn endlich begreifen, Alex, daß Mathematiker sich verhalten wie alle anderen Menschen auch: sie haben ihre
Vorlieben und ihre Abneigungen, und danach handeln sie - selbstverständlich auch als Mathematiker. Die Geschichte des Problems der
schwingenden Saite und die in diesem Zusammenhang entwickelten Ansichten über die *Darstellbarkeit willkürlicher Funktionen durch trigonometrische Reihen* ist ein ausgezeichneter Beleg für diese *tatsächliche Irrationalität* der Mathematiker, für das 'Chaos'[235], in dem sie arbeiten.

---

[234] Riemann [1854], S. 92

[235] Diesen Begriff verwendet Burkhardt [1908], S. IV bei der Beschreibung der 'ungemein ausgebreitete[n] und zerstreute[n] Litteratur, nicht nur von astronomischer, physikalischer und geophysikalischer, sondern auch von physiologischer Seite' zur Verwendung trigonometrischer Entwicklungen. Riemanns knappe Zusammenfassung der Geschichte (vgl. Fußnote 232!) gibt also auch in dieser Achse keine Verzerrung, wenngleich Burkhardts längere Ausführungen natürlich deutlicher sind: Dort finden sich unter der Kapitelüberschrift 'Der Streit über das Problem der Saitenschwingungen' Untertitel wie 'Polemik zwischen d'Alembert und Euler', 'Debatte über D. Bernoulli's Auffassung', 'Nachklänge des Streites über die Saitenschwingungen'. Interessant in diesem Zusammenhang auch Burkhardts Selbsteinschätzung: 'Überhaupt werden viele Benutzer finden, dass ich den Leuten dritten und vierten Ranges, wohl auch der absoluten Torheit, zuviel nachgegangen bin; ich möchte dem gegenüber dreierlei zu bedenken geben. Einmal würde man ein ganz falsches Bild von dem Zustand der Mathematik und Physik in früheren Zeiten erhalten, wenn man nur die Auffassungen der ersten Meister darstellen wollte; viele Erscheinungen sind nur zu verstehen, wenn man sich klar macht, wie lange es dauert, bis solche Auffassungen in weiteren Kreisen nicht nur äusserlich acceptiert, sondern auch innerlich aufgenommen werden. Zweitens ist gerade auf unserem Gebiete wohl zu beachten, dass manche mathematische Untersuchung eines physikalischen Problems, die auf physikalisch oder mathematisch unzutreffenden Voraussetzungen beruht und also zunächst zu verwerfen sein würde, doch die Veranlassung zur Entwicklung von Methoden gewesen ist, die dann für andere Probleme sich nützlich erwiesen haben. So sind z.B. die Untersuchungen von Legendre und Laplace über

ALEXANDER Irrational handelnde Mathematiker produzieren keine Mathematik. Mathematik, also Vernunft, Rationalität an sich kann nicht irrational entstehen!

ANDREAS Die Geschichte widerlegt dich, Alex! Betrachte nur die Geschichte dieser Frage der Darstellbarkeit willkürlicher Funktionen. Euler führte als erster[236] trigonometrische Reihen in diesem Zusammenhang ein[237]. 'Lagrange hielt Euler's Resultate (seine geometrische Construction des Schwingungsverlaufs) für richtig; aber ihm genügte die Euler'sche geometrische Behandlung dieser Functionen nicht. D'Alembert dagegen ging auf die Euler'sche Auffassungsweise derDifferentialrechnung ein und beschränkte sich, die Richtigkeit seiner Resultate anzufechten, weil man bei ganz willkührlichen Functionen nicht wissen könne, ob ihre Differentialquotienten stetig seien. Was die Bernoulli'-sche Lösung betraf, so kamen alle drei darin überein, sie nicht für allgemein zu halten; ...'

KONRAD Mathematik durch Beschlußfassung der Kompetenten!

ANDREAS '... aber während d'Alembert, um Bernoulli's Lösung für minder allgemein, als die seinige, erklären zu können, behaupten musste, dass auch eine analytisch gegebene periodische Function sich nicht immer durch eine trigonometrische Reihe darstellen lasse, glaubte Lagrange diese Möglichkeit beweisen zu können.'[238] Du siehst also, Alex: Willkür, Geschmacks- und Machtfragen zuhauf - und von Rationalität weit und breit keine Spur. Logisch Wahres und Falsches findet sich unmittelbar beieinander, auch bei den hervorragendsten Mathematikern. So wies z.B. Euler[239] 1753 darauf hin, daß Bernoullis Ergebnisse nur dann allgemein seien, wenn die Reihe

$$a_1 \sin\frac{\pi x}{\ell} + a_2 \sin\frac{2\pi x}{\ell} + \ldots + \frac{1}{2}b_0 + b_1 \cos\frac{\pi x}{\ell} + b_2 \cos\frac{2\pi x}{\ell} + \ldots$$

eine ganz willkürliche Kurve[240] darstellen könne, aber er hielt dies

die Anziehung der Ellipsoide voll von Fehlschlüssen; aber an ihnen hat sich die Lehre von den Kugelfunctionen entwickelt! Und endlich mag doch vielleicht hie und da jemand vor einer Thorheit bewahrt werden, wenn er sieht, dass sie schon vor ihm begangen worden ist.' (Burkhardt [1908], S. V)

[236] Riemann [1854], S. 93; Kline [1972], S. 507
[237] Euler [1749], S. 62   [238] Riemann [1854], S. 93
[239] Euler [1753]
[240] Selbstverständlich mußte im Verlauf dieser Entwicklung auch der Begriff der 'willkürlich gegebenen Funktion' geklärt werden. Für einen

für nicht möglich und entschied sich gegen Bernoulli.²⁴¹ Fünfzig Jahre später wurde Euler durch Fourier widerlegt.

PETER So geht's nicht, Andreas! In solch irrationaler Weise läßt sich die Mathematikgeschichte nicht schreiben. Denn dann wäre das Zustandekommen der rationalen Mathematik unverständlich. Die Rationalität der Mathematik ist eine objektive Tatsache, und diese objektive Tatsache läßt sich auch objektiv erklären. Kontroversen, Irrationalitäten, Widersprüche - das alles ist rational erklärbar mittels der Erforschung der einzelnen wissenschaftlichen Forschungsprogramme, denen die verschiedenen Argumentationen jeweils angehören. Nur diese Mißachtung der tatsächlich vorliegenden *Vernunft im Kleinen*²⁴² erweckt den Eindruck von Irrationalität und Chaos.

ANDREAS Wollen sehen!

2.11.2 Fouriers Methode

PETER Und hier können wir auch den Gesprächsfaden wieder aufnehmen. Denn es ging ja darum, Belege anzuführen für die Behauptung, daß von den beiden Forschungsprogrammen der Analysis, dem Finitärprogramm und dem Kontinuitätsprogramm, das letztere das gesamtwissenschaftlich fruchtbarere war. Und als neuen Beleg hatte ich Fouriers Werk genannt, das erste umfassende Einsichten in die Eigenschaften der trigonometrischen Reihen

$$a_1 \sin x + a_2 \sin 2x + \ldots + \frac{1}{2}b_0 + b_1 \cos x + b_2 \cos 2x + \ldots$$

gab. Zwar 'hat man es doch früher', vor Fourier, wie wir gehört haben, 'für ganz unmöglich gehalten, Functionen durch Sinusse und überhaupt durch trigonometrische Reihen darzustellen, bei denen die Variabeln nicht aus einem gewissen Intervall heraustreten durften, ohne dass dieselben sich sofort auf Null reducirten. Aber jetzt kann', durch Fouriers Werk, 'wohl kein Zweifel mehr herrschen, dass jene Unmöglichkeit tatsächlich nicht vorhanden ist'²⁴³. Und dieses Ergebnis ist des-

---

ersten Überblick über diese Geschichte siehe etwa Burkhardt [1914], Abschnitt 28 ('Exkurs betr. die Entwicklung des Begriffs einer willkürlichen Function'), S. 958-71.
²⁴¹ Riemann [1854], S. 91f   ²⁴² siehe S. 72
²⁴³ Fourier [1822], Abschnitt 428, 13°; zitiert nach Weinstein [1884], S. 450f

wegen so bedeutsam, weil 'sich mit Grund behaupten [lässt], dass die
wesentlichsten Fortschritte in diesem für die Physik so wichtigen
Theile der Mathematik von der klaren Einsicht in die Natur dieser
Reihen abhängig gewesen sind.'[244]
INGE Und dieser für die Physik so wichtige Fortschritt der Mathematik wurde durch das Kontinuitätsprogramm bewirkt?
PETER Ja - ganz eindeutig! Sehen wir uns nur Fouriers Rechnungen an. Für das Problem der Wärmeverbreitung in einer unendlich ausgedehnten planparallelen Halbplatte hat Fourier als allgemeine Lösung für die Temperatur v die Reihe

$$v = a_1 e^{-y} \cos x + a_3 e^{-3y} \cos 3x + a_5 e^{-5y} \cos 5x + \ldots$$

gefunden, wobei x und y die ebenen Ortskoordinaten eines Punktes der Halbplatte sind.[245] Damit dieser Ausdruck auch die letzte noch ausstehende Rand-'Bedingung, der zufolge $v = 1$ werden muss, wenn $y = 0$ wird und x irgend einen zwischen $-\frac{\pi}{2}$ und $+\frac{\pi}{2}$ gelegenen Wert annimmt, befriedigt, haben wir die Constanten a_1, a_3, a_5, ... so zu bestimmen, dass für alle zwischen $-\frac{\pi}{2}$ und $+\frac{\pi}{2}$ gelegenen Werte des x die Gleichung

$$1 = a_1 \cos x + a_3 \cos 3x + a_5 \cos 5x + \ldots$$

identisch erfüllt wird. Die Anzahl der Constanten a ist unendlich gross <, aber die Anzahl der so gebildeten Gleichungen ist ebenfalls unendlich gross>. Das rechter Hand stehende Glied $a_1 \cos x + a_3 \cos 3x +$ $+ a_5 \cos 5x + \ldots$ soll hiernach eine Function darstellen, die für jeden zwischen $-\frac{\pi}{2}$ und $+\frac{\pi}{2}$ gelegenen Wert des x immer einen und denselben Wert, 1, aufweist. Man könnte an der Existenz einer solchen Function zweifeln, ich werde aber im Folgenden darüber volle Aufklärung geben.'[246]

Wie nun erzielt Fourier seine bahnbrechenden Ergebnisse? Mit Hilfe einer bahnbrechenden Methode!

[244] Riemann [1854], S. 88

[245] Fourier [1822], Abschnitt 169 = Weinstein [1884], S. 102

[246] Fourier [1822], Abschnitt 169, zit. nach Weinstein [1884], S. 102f. Ich zitiere Fouriers Buch in der Regel nach der (sechzig Jahre später erfolgten) Übersetzung Weinsteins, die jedoch oftmals sehr frei ist und manche Zusätze enthält, die erst Ergebnisse mathematischer Forschung nach Fourier sind; Passagen aus Weinstein, für die ich keinerlei Grundlage in Fouriers Text finde, schließe ich in <...> ein; Weinsteins Vorliebe für den Gebrauch des Summenzeichens Σ mißachte ich und gebe lieber die Summen in der offenen Form wieder, wie sie sich auch bei Fourier finden; das gleiche gilt für das Produktzeichen Π.

KONRAD Aber wieso waren denn Fouriers Ergebnisse 'bahnbrechend'?

PETER Nun, wie bereits gesagt[247]: Die Frage, ob eine willkürlich gegebene Funktion durch eine trigonometrische Reihe dargestellt werden kann, war lange Jahrzehnte in der Fachwelt heftig umstritten und von allergrößten Mathematikern, z.B. Euler, verneint worden. Deswegen schlugen Fouriers Rechnungen wie eine Bombe ein: 'Als Fourier in einer seiner ersten Arbeiten über die Wärme, welche er der französischen Akademie vorlegte (21. Dec. 1807) zuerst den Satz aussprach, dass eine ganz willkührlich (graphisch) gegebene Function sich durch eine trigonometrische Reihe ausdrücken lasse, war diese Behauptung dem greisen Lagrange so unerwartet, dass er ihr aufs Entschiedenste entgegentrat. Es soll (nach einer mündlichen Mittheilung des Herrn Professor Dirichlet) sich hierüber noch ein Schriftstück im Archiv der Pariser Akademie befinden.'[248] Wie schwierig diese neuartige Fouriersche Erkenntnis zu erreichen war, zeigt auch die Tatsache, daß dieser hervorragende Mathematiker Lagrange, der Fouriers Ergebnisse nicht anzuerkennen bereit war, selbst ganz dicht vor Fouriers *mathematischen* Ergebnissen stand: In Lagranges Arbeiten über die schwingenden Saiten findet sich eine Formel, die 'nun allerdings ganz so aus[sieht] wie die Fouriersche Reihe; so dass bei flüchtiger Ansicht eine Verwechslung leicht möglich ist; aber dieser Schein rührt bloss daher, weil Lagrange das Zeichen $\int dx$ anwandte, wo er heute das Zeichen $\Sigma \Delta X$ angewandt haben würde. [...] Hätte Lagrange in dieser Formel n unendlich gross werden lassen, so wäre er allerdings zu dem Fourier'schen Resultat gelangt. Wenn man aber seine Abhandlung durchliest, so sieht man, dass er weit davon entfernt ist zu glauben, eine ganz willkührliche Function lasse sich wirklich durch eine unendliche Sinusreihe darstellen. Er hatte vielmehr die ganze Arbeit gerade unternommen, weil er glaubte, diese willkührlichen Functionen liessen sich nicht durch eine Formel ausdrücken, und von der trigonometrischen Reihe glaubte er, dass sie jede analytisch gegebene periodische Function darstellen

---

[247] siehe S. 129f

[248] Riemann [1854], S. 94. Burkhardt [1914] kommentiert: 'Was Lagranges ablehnende Haltung betrifft, so braucht man sich nicht mit Riemann auf mündliche Tradition zu berufen, sondern findet sie deutlich ausgesprochen an der [Stelle Mécanique analytique, 2e éd., Paris 1811 II VI, Nr. 59; Œuvres 11, p. 436]'. (S. 957 Fußnote 659) - Die im Zitat erwähnte Arbeit Fouriers ist die Grundlage für den Bericht Fourier [1807].

könne. Freilich erscheint es uns jetzt kaum denkbar, dass Lagrange von seiner Summenformel nicht zur Fourier'schen Reihe gelangt sein sollte; aber dies erklärt sich daraus, dass durch den Streit zwischen Euler und d'Alembert sich bei ihm im Voraus eine bestimmte Ansicht über den einzuschlagenden Weg gebildet hatte. Er glaubte das Schwingungsproblem für eine unbestimmte endliche Anzahl von Massen erst vollständig absolviren zu müssen, bevor er seine Grenzbetrachtungen anwandte. Diese erfordern eine ziemlich ausgedehnte Untersuchung, welche unnöthig war, wenn er die Fourier'sche Reihe kannte.'[249]

ANDREAS Da sieht man es wieder einmal: Vorurteile, Geschmacksfragen und Autoritätsgläubigkeit bestimmen den mathematischen Fortschritt - von der Vernunft weit und breit keine Spur!

ALEXANDER Ganz im Gegenteil: die Vernunft des Fortschritts merzt all diese Beliebigkeiten aus!

KONRAD Mir ist etwas anderes aufgefallen. Peter, du nennst Fouriers Ergebnisse 'bahnbrechend' und willst uns - so jedenfalls habe ich dich verstanden - als Beleg dafür vorzeigen, wie er die Koeffizienten a_i der Reihe

$$a_1 \cos x + a_3 \cos 3x + a_5 \cos 5x + \ldots$$

so bestimmt, daß diese Reihe den Wert 1 ergibt.

PETER Das ist richtig, ja. Was stört dich an dieser Absicht?

KONRAD Nun, die Konstante 1 ist doch gewiß keine 'ganz willkürliche Funktion', sondern eine ganz gewöhnliche algebraische Funktion, noch dazu von einfachster Art. Und daß *algebraische* Funktionen durch trigonometrische Reihen dargestellt werden können, das war vor Fourier doch gar nicht so umstritten - denken wir nur an das, was wir gerade über Lagrange gehört haben!

[249] Riemann [1854], S. 95 mit den Quellenangaben 'Misc. Taur. Tom III. Pars math. pag. 261 und pag. 251' aus Lagranges Abhandlungen; auch Burkhardt [1914], S. 956 Fußnote 650 urteilt: '[Lagrange] kam dazu [= "die Erkenntnis des wahren Sachverhalts"] nicht, weil er eben nicht zu der Gleichung (485), sondern zu (484) gelangen *wollte*.' (Hervorhebung von Burkhardt) Deutlicher noch an anderer Stelle: '... ist ein sehr lehrreiches Beispiel dafür, wie leicht es ein Autor unterlässt, einen anscheinend naheliegenden Schluss zu ziehen, wenn er ein in ganz anderer Richtung liegendes Ziel vor Augen hat. Das aber war bei Lagrange der Fall ... ' (Burkhardt [1908], S. 32f). Die Erkenntnis übrigens, die Burkhardt hier so nebenbei in dürren Worten für die Mathematik ausspricht, hat in der neueren wissenschaftstheoretischen Diskussion seit 1934 eine Menge bedrucktes Papier hervorgebracht und zahlreiche wissenschaftliche Karrieren (mit)begründet: so stolz schreitet die Wissenschaft(swissenschaft) voran!

PETER Na ja, schön. Ich gebe zu, daß das Ergebnis jener Rechnung, die ich vorstellen möchte, vielleicht nicht so ungeheuer revolutionär war, wie es zunächst den Eindruck erwecken konnte. Aber der Witz ist die Methode, mit der Fourier dieses Ergebnis erzielt - und diese Methode ist ganz genau dieselbe wie im allgemeinen Fall einer willkürlichen Funktion.[250] Nur sieht in diesem allgemeinen Fall alles etwas verwickelter aus, und nur wegen der besseren Übersichtlichkeit - und also auch um der größeren Verständlichkeit willen - möchte ich den einfachen Fall vorstellen.

KONRAD Aha. Na schön, aber das mußte doch gesagt werden!

PETER Hiermit ist es geschehen: Es kommt also bei der folgenden Rechnung mehr auf die Methode als auf das Ergebnis an - und deswegen werde ich auch nicht alle Einzelheiten der Rechnung vorführen, sondern nur einen Überblick vermitteln.

Worum geht es also? Aus der Gleichung
$$1 = a_1 \cos x + a_3 \cos 3x + a_5 \cos 5x + \ldots$$
sollen die Koeffizienten a_i berechnet werden. Dazu nun Fourier: 'Ist eine solche Gleichung überhaupt möglich, so müssen auch die aus ihr durch Differentiation nach x gebildeten Gleichungen erfüllt werden, daher haben wir

$$1 = a_1 \cos x + 3^0 a_3 \cos 3x + 5^0 a_5 \cos 5x + 7^0 a_7 \cos 7x + \ldots,$$
$$0 = a_1 \sin x + 3^1 a_3 \sin 3x + 5^1 a_5 \sin 5x + 7^1 a_7 \sin 7x + \ldots,$$
$$0 = a_1 \cos x + 3^2 a_3 \cos 3x + 5^2 a_5 \cos 5x + 7^2 a_7 \cos 7x + \ldots,$$
$$0 = a_1 \sin x + 3^3 a_3 \sin 3x + 5^3 a_5 \sin 5x + 7^3 a_7 \sin 7x + \ldots,$$

u. s. f.

---

[250] siehe Fourier [1822], Abschnitte 207-35. Insbesondere heißt es in Abschnitt 207: 'Ich habe zwar schon gezeigt, wie man diese Coefficienten [von $1 = a_1 \cos x + a_3 \cos 3x + a_5 \cos 5x + \ldots$] zu berechnen hat, und welche Werte sie besitzen, aber damit ist nur ein specieller Fall eines sehr viel allgemeinern Problems erledigt, nämlich das der Entwicklung einer belibig gegebenen Function nach Sinussen und Cosinussen der Vielfachen eines Bogens. [...] so will ich erst das beregte Problem vollständig auflösen. Ich werde zuerst den Fall untersuchen, wo eine Function in eine allein nach Sinussen der Vielfachen eines Bogens fortschreitende Reihe zu entwickeln ist. [...] Das sind unendlich viele Gleichungen zur Bestimmung der unendlich vielen Coefficienten a. <Bei der Berechnung dieser Coefficienten verfährt man genau so, wie in Art. 172 schon angegeben ist> ...' (Weinstein[1884] S. 133f) Wie der (von mir hervorgehobene) letzte Satz des Zitats zustande kommt, ist mir unklar: in dem in Fourier [1822] abgedruckten Text etwa findet sich lediglich eine Fußnote mit diesem Verweis auf den Abschnitt 172 - und diese Fußnote stammt vom französischen Herausgeber Gaston Darboux, veröffentlicht erst 1888.

Da nun diese Gleichungen auch für den speciellen Wert $x = 0$ gelten müssen, so haben wir zunächst

$$1 = a_1 + 3^0 a_3 + 5^0 a_5 + 7^0 a_7 \ldots,$$
$$0 = a_1 + 3^2 a_3 + 5^2 a_5 + 7^2 a_7 \ldots,$$
$$0 = a_1 + 3^4 a_3 + 5^4 a_5 + 7^4 a_7 \ldots,$$
$$0 = a_1 + 3^6 a_3 + 5^6 a_5 + 7^6 a_7 \ldots,$$

u. s. f.

Solche Gleichungen existieren in unendlich grosser Anzahl, sie enthalten aber auch unendlich viele zu bestimmende Coefficienten, und wir haben diese einzeln zu berechnen. Wir wollen zunächst annehmen, dass wir nur eine endliche Anzahl, m, solcher Coefficienten a_1, a_3, ... a_{2m-1} zu berechnen haben, man wird dann nur die m ersten Gleichungen verwenden müssen, und in diesen m Gleichungen wird man nur die Glieder behalten, die einen der m Coefficienten zum Faktor besitzen. Indem man dann $m = 1, 2, 3\ldots$ macht und immer die Coefficienten ausrechnet, wird man die in jedem Fall zusammengehörigen Werte derselben eruiren. So wird beispielsweise der Wert von a_1 ein anderer sein, wenn man zwei, als wenn man drei oder vier oder noch mehr Coefficienten ausrechnet. Aehnliches gilt für a_3, a_5 ..., jeder dieser Coefficienten wird also, je nach der Anzahl der Coefficienten, die man berechnet, immer verschiedene Werte erlangen. Nun kommt es darauf an zu erfahren, ob diese Werte, die ein Coefficient der Reihe nach annimmt, wenn man die Anzahl der auszurechnenden Coefficienten immer mehr vergrössert, gegen eine bestimmte Grenze convergiren.'[251]

ALEXANDER Das ist aber eine verrückte Idee![252] Unendlich viele

---

[251] Fourier [1822], Abschnitte 171f, zit. nach Weinstein [1884], S. 105f

[252] Auch der späte französische Herausgeber Fouriers, Gaston Darboux, sah sich an dieser Stelle zu einer Fußnote genötigt: 'Dieser Gesichtspunkt ist keineswegs augenscheinlich und bedarf des Beweises. Wie dem auch sei, die Methode [sic!], der Fourier hier in so natürlicher Weise folgt und die er auch weiterhin beim Studium der ganz allgemeinen trigonometrischen Reihen [d.h. auch beim Studium des Falles einer ganz willkürlichen Funktion] anwendet, scheint mir trotz ihrer Unzulänglichkeiten die Aufmerksamkeit der Mathematiker zu verdienen; denn es gibt ja in den verschiedenen Bereichen der Wissenschaft oftmals Fragen, deren Lösung sich an die Untersuchung unendlich vieler linearer Gleichungen mit unendlich vielen Unbekannten anschließen kann.' (Darboux in Fourier [1822], S. 150) Dies schrieb Darboux im Jahre 1887! Und weitere fünfundzwanzig Jahre später kommentiert Burkhardt Fouriers Methode so: 'Geringe Modifikationen des Ausdrucks würden hinreichen, um die Schlußweise den gegenwärtigen Anforderungen an Strenge genügend er-

Unbekannte aus unendlich vielen Gleichungen dadurch zu bestimmen, daß man aus den ersten beiden Gleichungen die ersten beiden in erster Näherung, dann aus den ersten drei Gleichungen die ersten drei Unbekannten in zweiter Näherung bestimmt usw. Wo bleibt denn der Beweis dafür, daß man aus diesen (*endlich* vielen) Lösungen *endlicher* Gleichungssysteme *irgendetwas* für eine Lösung des *unendlichen* Gleichungssystems durch *unendlichviele* Unbekannte gewinnt?

PETER Dein Mißtrauen, Alexander, ist nichts anderes als deine Verachtung des Kontinuitätsprogramms! Denn was ist Fouriers Methode anderes als eine Befolgung der *positiven Heuristik* dieses Forschungsprogramms[253]: Ein Gesetz, das für alle endlichen natürlichen Zahlen gilt, gilt auch für die unendlichgroßen natürlichen Zahlen!? *Fourier folgt hier genau dieser positiven Heuristik* - und schafft so einen ungeheuren mathematischen Fortschritt. Sehen wir ihm nur einmal zu:
'Wir nehmen zum Beispiel an, dass wir sieben Coefficienten zu berechnen haben, die Gleichungen sind dann

$$1 = a_1 + 3^0 a_3 + 5^0 a_5 + 7^0 a_7 + 9^0 a_9 + 11^0 a_{11} + 13^0 a_{13}$$
$$0 = a_1 + 3^2 a_3 + 5^2 a_5 + 7^2 a_7 + 9^2 a_9 + 11^2 a_{11} + 13^2 a_{13}$$
$$\vdots$$
$$0 = a_1 + 3^{12} a_3 + 5^{12} a_5 + 7^{12} a_7 + 9^{12} a_9 + 11^{12} a_{11} + 13^{12} a_{13} \ .$$

[...] [Eliminiert man nacheinander a_{13}, dann] a_{11}, dann a_9 u.s.f., so bekommt man schliesslich

$$a_1 (13^2-1^2)(11^2-1^2)(9^2-1^2)(7^2-1^2)(5^2-1^2)(3^2-1^2) = 13^2 \cdot 11^2 \cdot 9^2 \cdot 7^2 \cdot 5^2 \cdot 3^2$$

als Gleichung für a_1.

scheinen zu lassen bis auf den letzten Punkt: daß die durch den Grenzübergang zu $N = \infty$ erhaltenen Formeln wirklich dem vorgelegten Gleichungssystem genügen. In der Tat würde man durch ihr Einsetzen divergente Reihen erhalten.' (Burkhardt [1914], S. 920 Fußnote 477) Abgesehen davon, daß Fourier keinen *Grenzübergang im Sinne des Finitärprogramms* macht - und genau den hat Burkhardt hier im Auge -, abgesehen davon verstehe ich den letzten Punkt von Burkhardts Argument nicht: Wo kommen *an dieser Stelle* bei Fourier (siehe den folgenden Text oben) *divergente Reihen* vor? - Zu der Kritik an Fouriers Methode, die Dirichlet [1837], S. 160f vorbringt (Dirichlet weist darauf hin, daß diese Methode für den Fall der Potenzreihen anstelle trigonometrischer Reihen zu einem falschen Ergebnis führt - als ob dies ein Einwand wäre! auch, wenn Jourdain [1913], S. 673f diesen Einwand kommentarlos wiederholt und auf S. 681 Fouriers Methode immerhin 'nicht streng aber interessant und anregend' nennt) vgl. unten Fußnote 262.

[253] siehe S. 72f

Man sieht aber unmittelbar, dass die Gleichung für a_1, die man erhielte, wenn man statt 7 Coefficienten deren 8 genommen hätte, von der so eruirten sich dadurch unterscheiden würde, dass links der Factor (11^2-1^2), rechts der 15^2 hinzutreten würde u.s.f.'[254] 'Das Gesetz, dem die verschiedenen Werte des [Koeffizienten] a_1 unterworfen sind, ist offenkundig, und es folgt, daß der Wert des [Koeffizienten] a_1, der einer unendlichen Anzahl von Gleichungen entspricht, ausgedrückt ist durch

$$a_1 = \frac{3^2}{3^2-1^2} \frac{5^2}{5^2-1^2} \frac{7^2}{7^2-1^2} \frac{9^2}{9^2-1^2} \frac{11^2}{11^2-1^2} \frac{13^2}{13^2-1^2} \cdots$$

oder

$$a_1 = \frac{3 \cdot 3}{2 \cdot 4} \frac{5 \cdot 5}{4 \cdot 6} \frac{7 \cdot 7}{6 \cdot 8} \frac{9 \cdot 9}{8 \cdot 10} \frac{11 \cdot 11}{10 \cdot 12} \frac{13 \cdot 13}{12 \cdot 14} \cdots$$

Folglich ist dieser letzte Ausdruck erkannt, und nach dem Lehrsatz von Wallis folgt

$$a_1 = \frac{4}{\pi} \ .\text{'}[255]$$

In derselben Weise errechnet Fourier sodann die Werte der Koeffizienten a_3, a_5, a_7, ... und erhält das Ergebnis[256]:

$$a_1 = 2 \cdot \frac{2}{\pi}, \quad a_3 = -2 \cdot \frac{2}{3\pi}, \quad a_5 = 2 \cdot \frac{2}{5\pi}, \quad a_7 = -2 \cdot \frac{2}{7\pi}, \quad a_9 = 2 \cdot \frac{2}{9\pi},$$

$$a_{11} = -2 \cdot \frac{2}{11\pi}$$

Damit ist Fouriers Rechnung zu Ende: 'Es sind jetzt alle Coefficienten a bestimmt; setzen wir ihre Werte in die [...] Gleichung

$$1 = a_1 \cos x + a_3 \cos 3x + a_5 \cos 5x + \ldots$$

ein, so ergiebt sich

$$\frac{\pi}{4} = \cos x - \frac{1}{3}\cos 3x + \frac{1}{5}\cos 5x - \frac{1}{7}\cos 7x + \ldots \quad \text{'}[257]$$

KONRAD Aber damit hat Fourier doch noch keineswegs die vollständige Lösung seines Problems: schließlich gilt diese Gleichung doch nur

---

[254] Fourier [1822], Abschnitte 172f; zit. nach Weinstein [1884], S106
[255] Fourier [1822], Abschnitt 173; meine eigene Übersetzung; Weinstein verkürzt den ersten Satz zu dem mageren : 'Schliesslich, wenn man unendlich viele Coefficienten ausrechnet, wird $a_1 = \ldots$' (S. 106)
[256] vgl. Fourier [1822], Abschnitt 176; bei Weinstein [1884], S. 109 finden sich nur die Werte für a_1, a_3 und a_5 sowie dann die allgemeine Formel für a_{2i+1}, die Fourier nicht aufschreibt. Übrigens verwendet Fourier die Buchstaben a, b, c, d, e, f, ... statt Weinsteins a_1, a_3, a_5, a_7, a_9, a_{11}, ...
[257] Fourier [1822], Abschnitt 177; zit. nach Weinstein [1884], S. 109

für den Wert $x = 0$!²⁵⁸ Und das heißt aber nichts anderes als: Fourier hat hier ein damals längst bekanntes Ergebnis erneut berechnet, nämlich die nach Leibniz benannte Formel

$$\frac{\pi}{4} = 1 - \frac{1}{3} + \frac{1}{5} - \frac{1}{7} + - \ldots$$

PETER Ganz recht, Konrad - aber immerhin ist dieses Ergebnis ein Hinweis auf die Tragfähigkeit der von Fourier angewandten Methode, an der Alexander vorhin so lautstarke Zweifel geäußert hat!

ALEXANDER Diese Zweifel an der allgemeinen Berechtigung dieser Methode lassen sich nicht durch den Hinweis zerstreuen, daß sie *ein korrektes Ergebnis hervorgebracht* hat: Jedes blinde Huhn findet einmal ein Korn!

PETER Auch Lagrange blieb in sein unangemessenes Vorurteil verbohrt - selbst angesichts der überzeugenden neuen Ergebnisse Fouriers: Du befindest dich also gar nicht in schlechter Gesellschaft, Alexander! Aber zurück zur Sache. Du hast natürlich ganz recht, Konrad, Fourier muß die Gleichung

$$\frac{\pi}{4} = \cos x - \frac{1}{3}\cos 3x + \frac{1}{5}\cos 5x - + \ldots$$

auch noch für von Null verschiedene Werte von x beweisen. Er tut das selbstverständlich auch, und zwar wiederum getreu der positiven Heuristik des Kontinuitätsprogramms: 'Um [diese Gleichung] auch für den allgemeinen Fall zu verifiziren, nimmt man zunächst von der Cosinusreihe nur eine endliche Anzahl von Gliedern, setzt also

$$C_m = \cos x - \frac{1}{3}\cos 3x + \frac{1}{5}\cos 5x - \ldots \frac{(-1)^{m-1}}{2m-1}\cos(2m-1)x$$

und betrachtet C_m als Function von x und m, deren Wert für $m = \infty$ zu bestimmen ist.[²⁵⁹] Die erste Differentiation nach x ergibt

$$-\frac{dC_m}{dx} = \sin x - \sin 3x + \sin 5x - \sin 7x + \ldots + \\ + (-1)^{m-1}\sin(2m-1)x.$$

---

[258] siehe S. 135!

[259] Auch hier übersetzt Weinstein Fourier wieder sehr frei, indem er einiges schlicht übergeht. Zu diesem Übergangenen fügt der französische Herausgeber Fouriers, Darboux, (im Jahre 1887) eine Fußnote hinzu, in der er gewaltsam versucht, Fouriers Ausführungen in die 'vollständig strenge' Theorie der trigonometrischen Reihen, wie sie (nach Fourier) insbesondere von Dirichlet entwickelt wurde, einzupassen - in die Sprache des Finitärprogramms. Es ist nachgerade langweilig (oder: eine schlechte Übungsaufgabe für Studenten der Methodologie), die ewigen Mißverständnisse der Herausgeber aufzuklären, und so lasse ich diese ganze Passage übergangen bleiben.

Die Glieder der Reihe rechter Hand lassen sich leicht summiren. Multiplicirt man nämlich beiderseits mit $2 \sin 2x$, so resultirt

$$-2 \sin 2x \frac{dC_m}{dx} = 2 \sin x \sin 2x - 2 \sin 3x \sin 2x + 2 \sin 5x \sin 2x - \ldots + (-1)^{m-1} 2 \sin (2m-1) x \sin 2x \,.$$

Nun ist aber

$$2 \sin (2\kappa-1) x \sin 2x = \cos (2\kappa-3) x - \cos (2\kappa+1) x,$$

also bekommen wir

$$\begin{aligned}-2 \sin 2x \frac{dC_m}{dx} = &+ \cos (-x) - \cos 3x \\ &- \cos x + \cos 5x \\ &+ \cos 3x - \cos 7x \\ &\ldots \\ &\ldots \\ &+ (-1)^{m-2} \cos (2m-5) x - (-1)^{m-2} \cos (2m-1) x \\ &+ (-1)^{m-1} \cos (2m-3) x - (-1)^{m-1} \cos (2m+1) x\end{aligned}$$

und da hier die einzelnen Glieder bis auf die beiden $-(-1)^{m-2} \cos (2m-1) x - (-1)^{m-1} \cos (2m+1) x$ sich gegenseitig aufheben, diese aber in ihrer Summe $-(-1)^m 2 \sin 2mx \sin x$ ergeben, so folgt

$$(-1)^m \frac{dC_m}{dx} = \frac{1}{2} \frac{\sin 2mx}{\cos x} \quad [\ldots] \,.$$

Daraus ergiebt sich zunächst

$$\sin x - \sin 3x + \sin 5x - \sin 7x + \ldots + (-1)^{m-1} \sin (2m-1) x =$$
$$= (-1)^{m-1} \frac{1}{2} \frac{\sin 2mx}{\cos x}$$

und dann

$$(-1)^m C_m = \frac{1}{2} \int \frac{\sin 2mx}{\cos x} \, dx \,.$$

Integrirt man jetzt den rechts vom Gleichheitszeichen stehenden Ausdruck partiell, indem man die Integrationen nach $\sin 2mx$ und den daraus folgenden Ausdrücken ausführt, so resultirt

$$[2](-1)^m C_m = \text{Const.} - \frac{1}{2m} \cos 2mx \sec x + \frac{1}{2^2 m^2} \sin 2mx \sec' x \, [+]$$
$$[+] \frac{1}{2^3 m^3} \cos 2mx \sec'' x \, [-] \ldots$$

wo

$$\sec' = \frac{d \sec}{dx}, \quad \sec'' = \frac{d^2 \sec}{d^2 x}, \quad \text{u.s.f.}$$

gesetzt ist. [Bekanntlich ist $\sec x = 1/\cos x$.] Dadurch ist die Berechnung der Summe der endlichen Reihe

$$\cos x - \frac{1}{3}\cos 3x + \frac{1}{5}\cos 5x - \ldots + (-1)^{m-1}\frac{1}{2m-1}\cos(2m-1)x$$

auf die einer unendlichen Reihe reducirt.'[260]

ANDREAS Das ist eine herrliche Formulierung: Die Berechnung einer *endlichen Summe* ist auf die Berechnung einer *unendlichen Reihe* 'reduziert'! Damit verdeckt er geschickt, daß er diese unendliche Reihe nur deswegen so sorglos aufschreiben kann, weil er um ihre *Entstehungsweise* aus partiellen Integrationen weiß: Ein Abbrechen nach nur endlich vielen Integrationsschritten zeigt die *Endlichkeit* des zu berechnenden Wertes C_m!

PETER Oh, das hat alles seinen guten Grund: Oftmals ist das Unendliche leichter zu handhaben als das Endliche. So auch hier, denn: 'Es ist aber für unsern Fall gar nicht nötig, diese unendliche Reihe zu summiren, denn was wir suchen, ist nicht C_m sondern C_∞, und da jedes Glied der Reihe

$$\frac{1}{2m}\cos 2mx \; \sec x - \frac{1}{2^2 m^2}\sin 2mx \; \sec' x - \ldots$$

für sich verschwindet, welchen Wert auch x haben mag, wenn es nur nicht gleich $\pm\frac{\pi}{2}$ ist, so folgt

$C_\infty = Const.$

d.h. die Summe der Glieder

$$C_\infty = \cos x - \frac{1}{3}\cos 3x + \frac{1}{5}\cos 5x - \frac{1}{7}\cos 7x + \ldots \textit{in inf.}$$

hängt garnicht davon ab, welchen <zwischen $-\pi/2$ und $+\pi/2$ gelegenen> Wert man dem x giebt. Nun war aber für $x = 0$

$$1 - \frac{1}{3} + \frac{1}{5} - \frac{1}{7} + \ldots \textit{in inf.} = \frac{\pi}{4},$$

daher ist die Summe unserer Reihe immer gleich $\pi/4$, <wenigstens wenn x grösser als $-\pi/2$ und kleiner als $+\pi/2$ gewählt wird,> also

$$\frac{\pi}{4} = \cos x - \frac{1}{3}\cos 3x + \frac{1}{5}\cos 5x - \frac{1}{7}\cos 7x + \ldots \textit{in inf.}$$

$$<-\frac{\pi}{2} < x < \frac{\pi}{2}>\text{'}[261]$$

Damit hat Fourier diese Gleichung vollständig hergeleitet, und zwar unter zweimaliger Befolgung der positiven Heuristik des Kontinuitätsprogramms. Und es ist vollkommen deutlich geworden, daß dieser große mathematische Fortschritt von Fourier gar nicht anders möglich war als mit Hilfe des Kontinuitätsprogramms. Denn Lagrange, der dieses Programm ablehnte ...

ANDREAS Aus persönlichen Gründen des Geschmacks!

[260] Weinstein [1884], S. 111f, die Formeln berichtigt
[261] Weinstein [1884], S. 113; ich erinnere hier an Fußnote 246!

PETER ... gelang aus diesem Grunde der große Durchbruch nicht
- obwohl er rechentechnisch-formal sämtliche notwendigen Voraussetzungen erfüllt hatte.
INGE   Ein klares Beispiel dafür, wie ein *falsches Bewußtsein* fruchtbare Arbeit nicht zuläßt!
KONRAD   Ach, jetzt übertreibt doch nicht! Selbst wenn es so wäre, wie ihr behauptet - daß nämlich der Fortschritt, den Fourier der Mathematik gebracht hat, nur möglich war, weil er im Kontinuitätsprogramm arbeitete, durch ein Arbeiten im Finitärprogramm jedoch unmöglich gewesen wäre -
PETER   Das ist keine bloße *Behauptung* mehr, sondern das habe ich gründlich *nachgewiesen*!
KONRAD   ... selbst wenn es so wäre - dann war das eben reiner Zufall: Mal hat der eine die Nase vorn, mal der andere - so ist das halt im Leben! Warum gleich eine Philosophie daraus machen?
PETER   Du verkennst ein bißchen den Ernst der Lage, Konrad! Natürlich geht es nicht darum, aus Nichtigkeiten eine Philosophie zu machen. Aber immerhin haben wir uns ein ernstes Thema gestellt. Es geht um eine nüchterne Bestandsaufnahme davon, wie und wodurch der mathematische Fortschritt in der Analysis zustande gekommen ist. Nicht mehr, aber auch nicht weniger. Und unser bisheriges Ergebnis ist, daß aller entscheidende Fortschritt durch das Kontinuitätsprogramm erbracht wurde, während das Finitärprogramm - bestenfalls - einige Jahrzehnte später nachzog oder - was noch trauriger ist - keinerlei Fortschritt hervorbrachte, Fortschritt natürlich im Sinne der Gesamtwissenschaft Mathematik, nicht interner Fortschritt des Programms: den gab es fürs Finitärprogramm wohl, aber der ist ja gesamtwissenschaftlich uninteressant.
KONRAD   Aber machst du denn nicht aus einer Mücke einen Elefanten, Peter? Die Initialzündung zur Fourier-Theorie gab eben das Kontinuitätsprogramm - einen anderen Fortschritt dieser Theorie gab dann eben das Finitärprogramm!
PETER   Welchen denn? Sag' es uns!
KONRAD   Das kann ich so aus der hohlen Hand nicht - ich bin doch kein Fachmann auf diesem Gebiet!
PETER   Na also - dann stell' auch keine unbelegten Behauptungen auf![262] Ich habe dir *belegt*, daß die Fourier-Theorie nur mit Hilfe

---

[262] Es kann hier nicht darum gehen, die Geschichte der Fourier-Theorie

des Kontinuitätsprogramms zum Leben erweckt wurde - sicherlich ein gesamtwissenschaftlicher Fortschritt! - und ich kann dir auch belegen,

nachzuzeichnen, ihre einzelnen Etappen zu analysieren und zu bewerten - auch nur in groben Umrissen. Das ist Stoff genug für andere Abhandlungen. (So gibt Burkhardt [1908] und Burkhardt [1914] einen enzyklopädischen Überblick über 'Die Ausbildung der Methode der Reihenentwicklungen an physikalischen Problemen' und über 'Trigonometrische Reihen und Integrale (bis etwa 1850)' - auf 1800 bzw. 535 Seiten, gespickt mit reichlichen Quellenangaben in den 9146 bzw. 2178 Fußnoten. Wesentlich summarischer ist der Artikel Jourdain [1913].)
Ich kann hier nur ein erstes Schlaglicht setzen und einige vorsichtige Provokationen formulieren. Jedenfalls werden derartige Forschungen nicht an Dirichlet vorbeigehen können, der - zumindest in seinen frühen Arbeiten - eine sehr zwiespältige Haltung einzunehmen scheint. So referiert er z.b. in seinem [1837] ein Verfahren aus dem Kontinuitätsprogramm (§3, besonders S. 156f), verfällt dabei jedoch stellenweise schon in die Sprache des Finitärprogramms (z.B. S. 158, wo er eine Grenzwertbetrachtung fordert) und denunziert sodann diese ganzen Überlegungen als reine Plausibilitätsbetrachtungen (§4: 'Wie natürlich und wie befriedigend auch auf den ersten Blick der Gang erscheinen mag, welcher uns zu den Reihen der vorigen § geführt hat, so findet man doch bald bei genauerer Erwägung, dass derselbe als strenger Beweis für die Gültigkeit dieser Reihen etwas zu wünschen übrig lässt.' S.160). Das Hauptargument, mit dem Dirichlet sich rechtfertigt, ist nicht in den Einzelheiten aufgeführt, scheint mir aber korrekt zu sein (zu dieser Einschätzung Dirichlets gelangt auch du Bois-Reymond [1876], S.7 Fußnote †.) Allerdings trifft diese Argumentation zwar jenes (Kontinuitäts-)Verfahren, welches Dirichlet im vorangehenden Paragraphen vorstellt - *aber dies ist keineswegs das von Fourier verwendete Verfahren!* Der Unterschied beider besteht in folgendem: Bei dem von *Dirichlet* vorgestellten Verfahren werden aus einer Gleichung mit n unbekannten Koeffizienten - z.B. $A = a_1 \cos y + a_2 \cos 2y + a_3 \cos 3y + \ldots + a_n \cos ny$ - die n verschiedenen Gleichungen zur Berechnung der Koeffizienten a_i dadurch erhalten, daß man für y n *verschiedene Werte einsetzt; Fourier dagegen leitet* diese eine Gleichung $n-1$ mal ab und *betrachtet die Werte* dieser so erhaltenen n Gleichungen *an derselben Stelle* (siehe den Text oben auf S. 134f!). Ein, wie mir scheint, doch erheblicher Unterschied! (Bei Fouriers Verfahren *können* - anders als bei dem von Dirichlet vorgestellten - 'divergente Reihen' ins Spiel kommen: vgl. Burkhardts Bedenken, die ich in Fußnote 252 aufgeführt habe - ich weiß, ich weiß; aber was macht das schon? Bei der Rechnung selbst treten sie niemals auf, denn solange n endlich bleibt, handelt es sich um ganz gewöhnliche *Summen* - und aufs Unendliche wird ja nur *geschlossen*, mit 'divergenten Reihen' wird somit gar nicht explizit *gerechnet*. Und wenn auch?!) Jedenfalls folgt Dirichlet hier in Politik bewährter Strategie: Um den Gegner argumentativ zu erledigen, zeichne man nach eigenem Gusto ein Zerrbild von ihm und zerpflücke dies sodann genüßlich. Im übrigen ist sich Dirichlet seiner Sache gar nicht so sicher, was seinen vernichtenden Schlag gegen das Kontinuitätsprogramm betrifft - oder ist es nur rhetorischer Balsam, wenn er im Anschluß an seine Kritik notiert: 'Die Betrachtungen, die dem Verfahren, welches [in §3 vorgestellt wurde], die gehörige Strenge geben würden, sind so zusammengesetzter Art, dass wir lieber einen andern Weg der Beweisführung einschlagen.' (S.161) Lieber? Wird hier also doch *persönliche Vorliebe* mit dem Deckmantel logischer Strenge verhangen?

daß das Kontinuitätsprogramm für eine - gesamtwissenschaftlich bedeutsame! - Weiterentwicklung dieser Theorie verantwortlich ist, eine Entwicklung, die das Finitärprogramm erst fünfzig Jahre später einzuholen vermochte -- und sich dafür sogar noch großartig feiern ließ!

2.12 GESAMTWISSENSCHAFTLICHER FORTSCHRITT DURCHS KONTINUITÄTS-PROGRAMM: WILBRAHAM ODER DAS GIBBSSCHE PHÄNOMEN

Das nach Gibbs benannte besondere Verhalten trigonometrischer Reihen an ihren Sprungstellen wurde fünfzig Jahre vor Gibbs bereits von Wilbraham beschrieben. Während Wilbraham sich des Kontinuitätsprogramms bediente, arbeitete Gibbs im Finitärprogramm und übersah dieses Phänomen im ersten Anlauf sogar: Erneut ist die im Finitärprogramm erforderliche Rechnung verwickelter als die durchs Kontinuitätsprogramm ermöglichte.

2.12.1 Fouriers Standpunkt zum Sprungverhalten

KONRAD Worauf spielst du an, Peter?
PETER Auf die Aufklärung des Verhaltens der Fourier-Reihen an ihren Sprungstellen.
KONRAD Erkläre dich näher.
PETER Nun, wir haben gerade gesehen, wie Fourier die Summe der Reihe

$$\cos x - \frac{1}{3}\cos 3x + \frac{1}{5}\cos 5x - \frac{1}{7}\cos 7x + - \ldots$$

bestimmt hat: Wenn x zwischen $-\pi/2$ und $+\pi/2$ liegt, ist diese Summe stets $\pi/4$. Wegen der Periodizität und der Symmetrie des Kosinus ist damit der Wert dieser Summe auch in den anderen Bereichen bekannt: zwischen $\pi/2$ und $3\pi/2$ ist er $-\pi/4$, zwischen $3\pi/2$ und $5\pi/2$ wieder $\pi/4$ usw. *Wie groß aber ist dieser Wert an den Sprungstellen*, also etwa bei $\pi/2$ oder bei $-\pi/2$?
KONRAD Sagt denn Fourier selbst nichts dazu?
PETER Oh doch, Fourier gibt eine sehr anschauliche Beschreibung der Situation: 'Die Gleichung

$$y = \cos x - \frac{1}{3}\cos 3x + \frac{1}{5}\cos 5x - \frac{1}{7}\cos 7x + \ldots$$

stellt eine ebene Curve mit Abscissen x und Ordinaten y dar, die aus einzelnen geraden Linien zusammengesetzt ist, die alle zur xAxe parallel verlaufen und in ihrer Länge alle einem halben Kreisumfange gleichkommen. Die geraden Linien liegen alternirend oberhalb und unterhalb der xAxe in den Abständen $\pi/4$ von derselben. Verbindet man ihre übereinanderstehenden Enden durch gerade Linien, so schneiden diese die xAxe senkrecht und gehören ebenfalls zu der ebenen Curve.'[263]

KONRAD Das klingt etwas verwirrend - ein Bild wäre anschaulicher.

PETER Nun, das Bild sieht natürlich so aus:

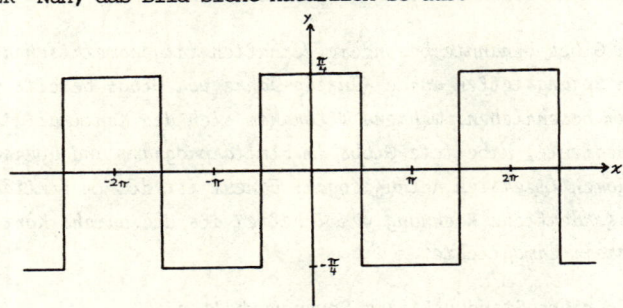

Fourier beschreibt die Gegebenheiten auch noch einmal: 'Eine klare Idee von der Natur dieser Linie bekommt man, wenn man in der Reihe für y zunächst nur eine endliche Anzahl von Gliedern nimmt. Man findet dann dass die Gleichung

$$y = \cos x - \frac{1}{3}\cos 3x + \frac{1}{5}\cos 5x - \ldots$$

eine krumme Linie, die alternirend von der einen Seite der xAxe (Abscissenaxe) nach der andern übergeht, indem sie diese in den Punkten

$$0, \pm\frac{\pi}{2}, \pm\frac{3\pi}{2}, \pm\frac{5\pi}{2}, \ldots$$

schneidet. Je mehr Glieder man in der Gleichung für y benutzt, desto eckiger wird die Linie an den Umbiegungspunkten, und desto gerader an den Scheiteln; wenn die Anzahl der Glieder unendlich geworden ist, sind die Ecken ganz scharf, die Scheitel ganz gerade geworden, die Curve verläuft parallel zur xAxe, biegt unter einem rechten Winkel nach ihr um, schneidet sie senkrecht, geht noch weiter in gerader Richtung, bis $y = -\pi/4$ geworden ist, biegt dann unter einem rechten Winkel um, verläuft wieder durch die Strecke $\pi/2$ parallel zur xAxe,

---

[263] Fourier [1822] Abschnitt 178; zit. nach Weinstein [1884], S. 110

biegt rechtwinklig um, steigt senkrecht zur xAxe auf, überschreitet sie, setzt sich fort bis sie die Höhe $+\pi/4$ erreicht u.s.f. Sie ist die Grenzcurve für die Curven, die man der Reihe nach erhält, wenn man in der Gleichung

$$y = \cos x - \frac{1}{3}\cos 3x + \frac{1}{5}\cos 5x - \frac{1}{7}\cos 7x + \ldots$$

immer mehr Glieder annimmt.'[264] Soweit also Fouriers Vorstellung von dem Verhalten dieser Funktion an ihren Sprungstellen.

2.12.2 Wilbrahams Standpunkt und eine Rechnung im Kontinuitätsprogramm

PETER 'Verschiedene Autoren, die später diese Gleichung untersucht haben, haben behauptet, daß derjenige Teil der ebenen Kurve, der senkrecht zur x-Achse steht und die Gleichung erfüllt, zwischen den Grenzen $\pm\pi/4$ eingeschlossen ist.'[265]
KONRAD Ja, das sieht man ja sehr gut an dem Bild.
PETER Aber der Schein trügt! 'Die folgende Rechnung wird zeigen, daß diese Grenzen falsch sind'[265]!
KONRAD Tatsächlich?
PETER Ja! Dieses Ergebnis veröffentlichte erstmals Henry Wilbraham im Jahre 1848, und zwar in der Zeitschrift 'The Cambridge and Dublin Mathematical Journal'. Das ist um so bemerkenswerter, als noch im unmittelbar vorausgegangenen Heft dieser Zeitschrift Professor Francis W. Newman vorgerechnet hatte, 'daß der Ort der Kurve

$$y = \cos x - \frac{1}{3}\cos 3x + \frac{1}{5}\cos 5x - \&c\ldots \text{ ad infin.}$$

eine verbundene Folge gerader Linien ist, die alternierend parallel und senkrecht zu den Achsen sind.'[266] Und Newman gab dazu noch die folgende Illustration, zusammen mit einer Beschreibung, die ich hier lieber nicht wiedergeben will:

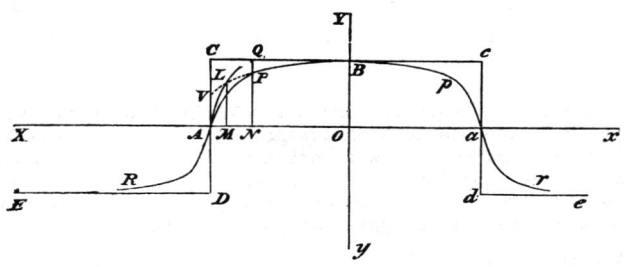

[264] Weinstein [1884], S. 110, nach Fourier [1822], Abschnitt 178
[265] Wilbraham [1848], S. 198   [266] Newman [1848], S. 110

ALEXANDER Warum denn nicht?

PETER Ich finde, wir sollten uns nicht mit Rechnungen abgeben, die unmittelbar als falsch erwiesen wurden.[267] Nehmen wir uns stattdessen lieber Wilbrahams Rechnung vor - das ist wirklich eine Perle, und sie markiert erneut einen wissenschaftlichen Fortschritt, und zwar einen, der sich wiederum dem Kontinuitätsprogramm verdankt.

ALEXANDER Ohweh, schon wieder solche waghalsigen Rechnungen!

PETER Ohne Fleiß kein Preis! Und Wilbrahams Rechnungen sind wirklich sehr elegant - paß auf! 'Da die Reihe konvergiert, wird eine gerade oder ungerade Anzahl von Gliedern im Grenzfall zum selben Ergebnis führen. Sei also

$$y = \cos x - \frac{1}{3}\cos 3x + \frac{1}{5}\cos 5x - \ldots - \frac{1}{4n-1}\cos(4n-1)x,$$

wobei n eine unendlichgroße natürliche Zahl ist.'[268]

ALEXANDER Es geht ja schon los!

PETER Selbstverständlich, und es geht auch gleich weiter: Gemäß der positiven Heuristik des Kontinuitätsprogramms - daß nämlich für eine unendlichgroße natürliche Zahl das gilt, was für alle endlichen natürlichen Zahlen gilt -, gemäß diesem Grundsatz wird nun gliedweise differenziert:

$$'\frac{dy}{dx} = -\sin x + \sin 3x - \sin 5x + \ldots + \sin(4n-1)x'^{[268]}$$

ALEXANDER Oh Gott - schon wieder diese divergente Reihe!

PETER Laß doch diese Polemik, Alexander! Erinnere dich lieber daran, wie wir diese Reihe vorhin summiert haben[269], dann kannst du dem weiteren Rechengang besser folgen:

$$'\frac{dy}{dx} = -\sin x + \sin 3x - \sin 5x + \ldots + \sin(4n-1)x = \frac{\sin 4nx}{2\cos x};$$

$$\therefore y = c + \frac{1}{2}\int^x \frac{\sin 4nx}{\cos x}\,dx;$$

falls $x = 0$, gilt $y = 1 - \frac{1}{3} + \frac{1}{5} - \ldots = \frac{1}{4}\pi,$

---

[267] Damit beim Leser kein unbegründeter Verdacht aufkommt: Newman ist ein *erklärter Gegner des Kontinuitätsprogramms*, geht es ihm doch *ausdrücklich* darum, 'zu zeigen, wie unrichtig die Annahme ist, daß in der Algebra gilt "Was wahr ist *bis hin* zur Grenze, das ist auch wahr *an* der Grenze"'(S. 108). Es ist jedoch unnötig, die Güte des Kontinuitätsprogramms an der mangelnden Qualität seiner Gegner zu messen.

[268] Wilbraham [1848], S. 198

[269] siehe S. 139

$$\therefore \frac{1}{4}\pi = c + \frac{1}{2} \int_0^0 \frac{\sin 4nx}{\cos x} dx$$

$$y - \frac{1}{4}\pi = \frac{1}{2} \int_0^x \frac{\sin 4nx}{\cos x} dx \ ;$$

für x schreiben wir $\frac{1}{2}\pi - \frac{u}{4n}$,

$$y - \frac{1}{4}\pi = -\frac{1}{2} \int_{2n\pi}^{4n(\frac{1}{2}\pi - x)} \frac{\sin(2n\pi - u)}{\cos(\frac{\pi}{2} - \frac{u}{4n})} \frac{du}{4n}$$

$$= -\frac{1}{2} \int_{4n(\frac{1}{2}\pi - x)}^{2n\pi} \frac{\sin u}{\sin \frac{u}{4n}} \frac{du}{4n} \ .^{270}$$

EVA   Langsam, langsam – zum Mitdenken. Also nochmals von vorne: Die Sinusreihe wird nach der uns schon von Fourier bekannten Formel summiert, sodann die entstandene Differenzialgleichung integriert, der Wert der Integrationskonstanten bestimmt – und dann?

ALEXANDER   Dann wird in der so erhaltenen Gleichung

$$y - \frac{1}{4}\pi = -\frac{1}{2} \int_{t=0}^{t=x} \frac{\sin 4nt}{\cos t} dt$$

die Integrationsvariable t ersetzt durch $\frac{\pi}{2} - \frac{u}{4n}$:

$$t := \frac{\pi}{2} - \frac{u}{4n} \ .$$

Daraus ergeben sich die entsprechenden Umformungen
* für die Integrationsgrenzen: $\quad t = 0 \ \Rightarrow \ u = 2n\pi$
$$t = x \ \Rightarrow \ u = 4n(\tfrac{\pi}{2} - x)$$
* für den Integranden: $\quad \sin 4nt = \sin(2n\pi - u) = \sin(-u) = -\sin u$
$$\cos t = \cos(\tfrac{\pi}{2} - \tfrac{u}{4n}) = -\sin(-\tfrac{u}{4n}) = \sin \tfrac{u}{4n}$$
$$dt = -\tfrac{du}{4n} \ .$$

Insgesamt ergibt sich also tatsächlich

---

[270] Wilbraham [1848], S. 198f

$$\frac{1}{2}\int_{t=0}^{t=x}\frac{\sin 4nt}{\cos t}dt = \frac{1}{2}\int_{u=2n\pi}^{u=4n(\frac{\pi}{2}-x)}\frac{-\sin u}{\sin\frac{u}{4n}}\frac{-du}{4n} =$$

$$= -\frac{1}{2}\int_{u=4n(\frac{\pi}{2}-x)}^{u=2n\pi}\frac{\sin u}{\sin\frac{u}{4n}}\frac{du}{4n}$$

wie Wilbraham es behauptet.

PETER Sehr schön - und vielen Dank für deine Hilfe, Alexander. Jetzt geht's weiter: 'Es ist leicht zu sehen, daß die einzigen Werte von u, die den Wert des Integrals beeinflussen, jene sind, die $\frac{u}{4n}$ unendlichklein machen; in diesem Fall wird $\frac{1}{4n\sin\frac{u}{4n}}$ zu $\frac{1}{u}$. Folglich gilt

$$y = \frac{1}{4}\pi - \frac{1}{2}\int_{4n(\frac{1}{2}\pi-x)}^{\infty}\frac{\sin u}{u}du.\ \text{'}^{271}$$

EVA Das ist überhaupt nicht leicht zu sehen - ich sehe gar nichts!

PETER Das liegt nur daran, daß dir die Denkweise des Kontinuitätsprogramms nicht gewohnt ist, Eva! Tatsächlich ist alles ganz einfach. Betrachte dir den Integranden von

$$\int_{u_1}^{u_2}\frac{\sin u}{4n\sin\frac{u}{4n}}du$$

und bedenke, daß n unendlichgroß ist. Wenn $\sin\frac{u}{4n}$ ein endlicher Wert ist, dann ist dieser Integrand - wegen des Faktors $4n$ im Nenner - unendlichklein, und also wird wegen der Stetigkeit des Integranden der Wert des Integrals (die orientierte Fläche) dann unendlichklein sein...

KONRAD Aber doch nur, wenn das Integrationsintervall $u_2 - u_1$ *endlich* ist - hier aber ist es gleich $4nx$, also *unendlich*!

PETER ... Da wir uns nur für endliche Werte des Integrals interessieren[272], sind also auch nur die Bereiche interessant, in denen $\sin\frac{u}{4n}$ unendlichklein ist, also die Bereiche, in denen sich $\frac{u}{4n}$ nur unendlichwenig von $k\pi$ unterscheidet (k eine ganze Zahl). Da die Inte-

---

[271] Wilbraham [1848], S. 199; ich habe hier 'very small' mit 'unendlichklein' übersetzt - die Rechtfertigung dafür liefert der weitere Textverlauf.

[272] Mir ist es nicht offensichtlich, wie sich Konrads Argument schnell erledigen läßt; eine längere Rechnung macht's natürlich möglich.

grationsgrenzen jedoch $\frac{u}{4n} = \frac{\pi}{2} - x$ und $\frac{u}{4n} = \frac{\pi}{2}$ sind ($x \geq 0$), ist also in der Tat nur der Bereich von Interesse, in dem $\frac{u}{4n}$ unendlichklein ist. Dort aber kann man $sin\frac{u}{4n}$ ersetzen durch $\frac{u}{4n}$ und erhält so tatsächlich aus dem Integral

$$\int_{u_1}^{u_2} \frac{sin\, u}{4n\, sin\frac{u}{4n}}\, du$$

das übersichtlichere

$$\int_{u_1}^{u_2} \frac{sin\, u}{u}\, du\, ,$$

insgesamt also

$$y = \frac{1}{4}\pi - \frac{1}{2} \int_{4n(\frac{\pi}{2} - x)}^{\infty} \frac{sin\, u}{u}\, du\, .$$

Zufrieden, Eva?

EVA In etwa, ja.

PETER Also weiter bei Wilbraham: 'Wenn x sich um eine endliche Größe von $\frac{1}{2}\pi$ unterscheidet, dann ist die untere wie die obere Integrationsgrenze unendlich, und das Integral verschwindet.'[273]

EVA Wie das? Die beiden Integrationsgrenzen sind doch keineswegs *gleich* - trotzdem soll das Integral verschwinden?

PETER Na ja, es wird jedenfalls unendlichklein. Erinnere dich doch nur an unsere frühere Rechnung bei der Cauchy-Lektüre[274] - die brauchen wir jetzt nur in der umgekehrten Richtung:

$$\int_{u=u_1}^{u=u_2} \frac{sin\, u}{u}\, du = \sum_{k=k_1}^{k=k_2} \frac{sin\frac{m+k}{m}}{\frac{m+k}{m}} \cdot \frac{1}{m}$$

wenn man $u := \frac{m+k}{m}$ setzt, also $du = \frac{1}{m}$ (m eine unendlichgroße natürliche Zahl). Rechnen wir noch die Grenzen um:
Aus $u_1 = 2n\pi - 4nx$ folgt durch die Setzung $\frac{m+k}{m}1 := u_1$

$$\frac{m+k}{m}1 = 2n\pi - 4nx\, ,$$

$$k_1 = m(2n\pi - 4nx - 1)\, ,$$

---

[273] Wilbraham [1848], S. 199
[274] siehe S. 58

und aus $u_2 = 2n\pi$ folgt durch die Setzung $\frac{m+k_2}{m} := u_2$

$$\frac{m+k_2}{m} = 2n\pi ,$$

$$k_2 = m(2n\pi - 1) .$$

Insgesamt ist also

$$\int_{2n\pi-4nx}^{2n\pi} \frac{\sin u}{u}\, du = \sum_{k=m(2n\pi-4nx-1)}^{k=m(2n\pi-1)} \frac{\sin(m+k)}{m+k} \cdot \frac{1}{m}$$

Da aber $\sum_k \frac{\sin k}{k}$ eine *konvergente* Reihe ist und davon nur ein unendlich entfernter Abschnitt betrachtet wird (k_1 und k_2 sind ja mit m unendlichgroße Zahlen), hat dieser Abschnitt nur eine unendlichkleine Summe. Also hat auch das fragliche Integral nur einen unendlichkleinen Wert - und den können wir vergessen.

EVA Mir scheint, Peter, du beherrschst die Tricks des Kontinuitätsprogramms schon ganz gut!

PETER Tricks? Ich werde doch meine alte Rechnung nicht vergessen! Jedenfalls sind wir jetzt so weit, daß wir wissen:

$$\cos x - \frac{1}{3}\cos 3x + \frac{1}{5}\cos 5x - \ldots = y = \frac{1}{4}\pi ,$$

solange x ($0 < x < \frac{\pi}{2}$) sich um einen *endlichen* Wert von $\frac{\pi}{2}$ unterscheidet. Für $x = 0$ gilt

$$y = \frac{1}{4}\pi - \frac{1}{2}\int_{2n\pi}^{2n\pi} \frac{\sin u}{u}\, du = \frac{1}{4}\pi ,$$

da dann das Integral offensichtlich Null ist.

EVA Das hatten wir auch schon direkt an der Reihe gesehen.

PETER Um so besser. Für $x = \pi/2$ gilt

$$y = \frac{1}{4}\pi - \frac{1}{2}\int_0^{2n\pi} \frac{\sin u}{u}\, du ,$$

und da bekanntlich $\int_0^\infty \frac{\sin u}{u}\, du = \frac{\pi}{2}$ ist, ergibt sich hier

$$y = 0$$

EVA Wie es auch sein muß - sieh' dir doch nur die Reihe an!

PETER Gut. Ungeklärt ist einzig noch der Fall, daß x sich nur *unendlichwenig* von $\frac{\pi}{2}$ unterscheidet - und jetzt wird's interessant. Sehen wir, wie geschickt Wilbraham nun argumentiert. Er denkt sich nämlich die Differenz $\frac{\pi}{2} - x$ von der Größenordnung $\frac{1}{n}$; damit wird die untere Integrationsgrenze $u_1 = 4n(\frac{\pi}{2} - x)$ *endlich*, und dann 'entspricht jedem Wert von x ein bestimmter [je anderer] Wert von y. Um die Veränderung dieser Werte zu untersuchen, betrachten wir die Kurve $v = \frac{\sin u}{u}$, wobei u und v Abszisse und Ordinate sind. Ihre Form wird die in

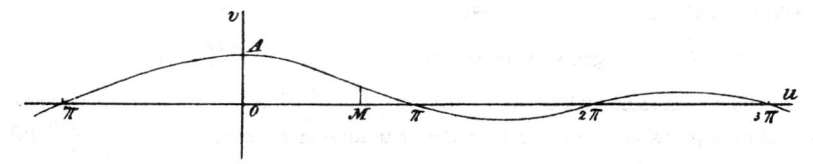

[Figur: Kurve $v = \sin u / u$ mit Achsen, Punkten A, O, M, π, 2π, 3π]

sein, wobei die maximalen positiven und negativen Werte von v beständig abnehmen. Das Integral $\int_{u_1}^{\infty} \frac{\sin u}{u} du$ wird die Summe der Flächen darstellen, die zwischen der u-Achse und den aufeinanderfolgenden Schwingungen dieser Kurve von $u = u_1$ bis $u = \infty$ liegen, wobei die Flächen unterhalb der Achse negativ gerechnet werden. Wenn die Fläche am Ursprung beginnt, dann wissen wir, daß sie gleich $\frac{1}{2}\pi$ ist. Wenn der Punkt, ab dem sie berechnet wird, von 0 gegen π wandert, dann wird die Fläche beständig kleiner, verschwindet an irgendeinem Punkt M, wird dann negativ, hat ihren maximalen negativen Wert bei π, wächst dann zu einem kleineren positiven Maximum bei 2π an, nähert sich dann einem noch kleineren negativen Maximum bei 3π, und so weiter, wobei sie abwechselnd positiv und negativ wird und die aufeinanderfolgenden Maxima rasch gegen den Wert Null konvergieren. Daraus schließen wir, daß die Punkte der Gleichung

$$y = \cos x - \frac{1}{3}\cos 3x + \frac{1}{5}\cos 5x - \ldots$$

die sind, wie sie in

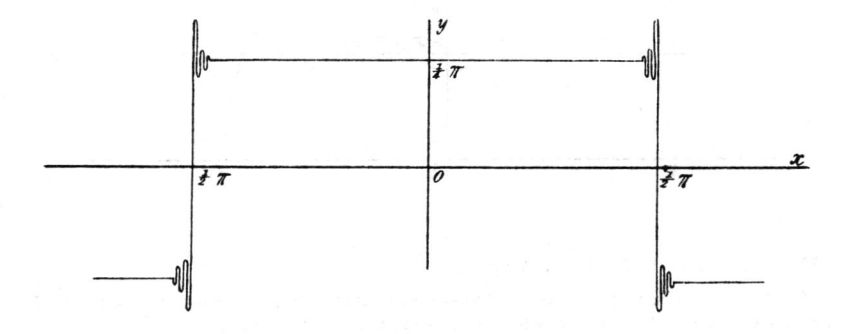

[Figur: Koordinatensystem mit y-Achse, x-Achse, Marken bei $\frac{1}{4}\pi$ und $-\frac{1}{4}\pi$]

dargestellt sind, wobei jedoch die Schwankungen bei $\frac{1}{2}\pi$ in unendlichkleinen Schwankungsgrenzen von x enthalten sind.
Dies zeigt, daß die Behauptung, bei $x = \frac{1}{2}\pi$ habe y jeden Wert zwischen $\pm\frac{1}{4}\pi$ falsch ist; die Wahrheit ist, daß die Werte von y nicht zwischen $\pm\frac{1}{4}\pi$ variieren, sondern zwischen Grenzen, die zahlenmäßig größer sind als diese, nämlich

$$\pm \{\frac{1}{4}\pi - \frac{1}{2} \text{ (größter negativer Wert von } \int_u^\infty \frac{\sin u}{u}\, du)\},$$

oder [denn dieser größte Wert ist ja $\int_\pi^\infty \frac{\sin u}{u}\, du$, wie wir uns gerade überlegt haben], was aufs selbe hinauskommt [denn $\frac{\pi}{4} = \frac{1}{2}\int_0^\infty \frac{\sin u}{u}\, du$],

$$\pm \frac{1}{2}\int_0^\pi \frac{\sin u}{u}\, du \quad {}^{275}$$

denn es ist ja $\frac{1}{2}\int_0^\infty - \frac{1}{2}\int_\pi^\infty = \frac{1}{2}\int_0^\pi$. Und wie wir wissen, gilt näherungsweise

$$\frac{1}{2}\int_0^\pi \frac{\sin u}{u}\, du = 0,926,$$

während näherungsweise

$$\frac{\pi}{4} = 0,785$$

ist!

EVA Mit anderen Worten: In der unendlichkleinen Umgebung von π/2 finden sich noch Schwingungen der Funktion, und zwar Überschwingungen, die noch um einen deutlichen Wert über die Mittellage (also π/4)hinausreichen.

Ja, hier finde ich bei Wilbraham auch noch zwei Figuren, die zeigen, wie die Kurve aussieht, wenn man sie nach endlich vielen Gliedern abbricht - je nachdem, ob man eine gerade oder eine ungerade Anzahl von Gliedern hat[276]:

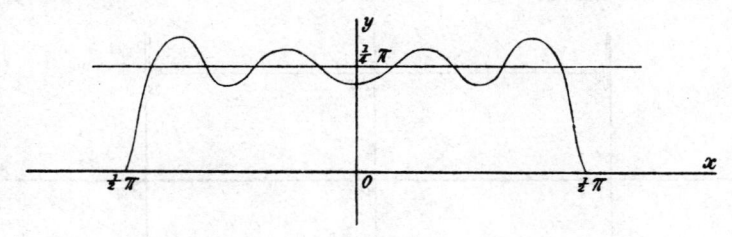

[275] Wilbraham [1848], S. 199f

[276] Die zugehörigen - sehr einfachen - Rechnungen (ableiten und Null setzen), die Wilbraham auch gibt, spare ich mir hier.

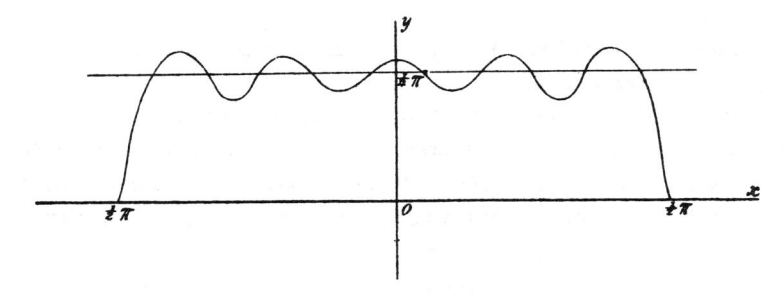

ANDREAS Das sieht ja wirklich schön aus, und man kann sich so richtig den Übergang zur unendlichen Gliederzahl, zur Figur (151.2) vorstellen! Das Bild bei Newman sah aber ganz anders aus!
PETER Ja, Newman hat eben nicht nur falsch gerechnet, sondern auch falsch gezeichnet.
ANDREAS Aber Wilbrahams Bilder sind wirklich sehr schön - besonders seine Figur (151.2)!
ALEXANDER Das finde ich allerdings auch - denn dieses Bild offenbart endlich einmal die Widersprüchlichkeit dieses sogenannten Kontinuitätsprogramms!
EVA Widersprüchlichkeit? Wo?
ALEXANDER Ja, siehst du es denn nicht? Erst haben wir uns des langen und breiten beschwatzen lassen, daß Cauchys Summensatz richtig sein soll - im Kontinuitätsprogramm gelte der Lehrsatz: Die Summe einer konvergenten Reihe stetiger Funktionen ist stetig. - und dann ist doch alles falsch!
EVA Wieso?
ALEXANDER Nun, nach Cauchys Summensatz muß

$$\cos x - \frac{1}{3} \cos 3x + \frac{1}{5} \cos 5x - \ldots$$

eine *stetige* Summe haben. Jetzt *zeigt* aber Wilbrahams Figur, daß diese Summe keineswegs stetig sondern ganz eindeutig unstetig ist: Man sieht es ja direkt, wie *eine unendlichkleine Veränderung von x* (in der Nähe von $\pi/2$) *eine endliche Veränderung des Summenwertes* zur Folge hat - und Peter hat es soeben ja auch ausführlich vorgerechnet. Also ist diese Summenfunktion doch *unstetig*! Wenn das kein Widerspruch ist!
PETER Freu' dich nicht zu früh, Alexander! Wilbrahams Bilder sind zwar sehr schön - aber vollkommen sind sie auch nicht!

ANDREAS Wieso denn das?

ALEXANDER Mit welchem Hokuspokus willst du denn das Kontinuitätsprogramm hier retten, Peter?

PETER Ohne Hokuspokus. Durch Cauchys Summensatz wissen wir doch, daß bei den Sprungstellen der Grenzfunktion die Reihe *nicht überall* in der unendlichkleinen Umgebung dieser Stellen konvergiert. Die Tatsache, daß sie *an manchen* Punkten dieser Umgebung *doch* konvergiert – und die dort zustandekommenden Werte endliche Differenzen haben – widerlegt die Aussage des Summensatzes in keiner Weise: Die Grenzkurve ist in der unendlichkleinen Umgebung der Sprungstelle gar nicht überall definiert – sie hat dort *Lücken*!

ANDREAS Wie sprichst du denn, Peter?

ALEXANDER Ja, das nenne ich eine halsbrecherische Konstruktion!

ANDREAS Nein, Alex – so meine ich's nicht. Halsbrecherisch? Dumm ist die, völlig dumm!

ALEXANDER Dumm ist keine mathematische Kategorie, Andreas – das weißt du. Du meinst wohl, diese Konstruktion sei *falsch*?!

PETER Aber sie ist doch zweifellos richtig – wie wir schon seit Cauchys Rechnung wissen[274]: soll ich das wirklich vorrechnen?

EVA Aber sicher – ich sehe noch nicht, wie das gehen soll!

PETER Also schön – es ist ja auch nicht schwierig. Es geht um die Reihe

$$y = \cos x - \frac{1}{3}\cos 3x + \frac{1}{5}\cos 5x - + \ldots$$

Verschieben wir die Koordinaten ein bißchen, so lautet die Formel

$$y = \sin\overline{\frac{\pi}{2} - x} + \frac{1}{3}\sin 3\,\overline{\frac{\pi}{2} - x} + \frac{1}{5}\sin 5\,\overline{\frac{\pi}{2} - x} + \ldots,$$

und jetzt können wir in der gewohnten Weise leicht den Reihenrest r_n an einer Stelle α berechnen, die unendlichnahe bei π/2 liegt ($x := \pi/2 - \alpha$, α unendlichklein):

$$r_n(\frac{\pi}{2} - \alpha) = {}^{(2)}\!\!\sum_{p \geq 2n+1} \frac{\sin p\alpha}{p},$$

wobei $^{(2)}\sum$ bedeutet, daß in Zweierschritten summiert wird. Schreiben wir wieder

$$\frac{\sin p\alpha}{p} = \frac{\sin p\alpha}{p\alpha}\cdot\alpha = \frac{\sin v}{v}\cdot\frac{1}{2}dv$$

(dabei haben wir $v := p\alpha$ gesetzt und beachtet, daß p stets um 2 wächst, also $dv = 2\alpha$ gilt), so erhalten wir für $\alpha := 1/n$

$$r_n(\tfrac{\pi}{2} - \alpha) = {}^{(2)}\sum_{p \geq 2n+1} \frac{\sin p\alpha}{p} = \frac{1}{2} \int_{2+\alpha}^{\infty} \frac{\sin v}{v} dv = -0{,}0346..$$

ähnlich wie bei Cauchy: also ein endlicher Reihenrest r_n für ein unendlichgroßes n. Also konvergiert die Reihe nicht an den Stellen $\tfrac{\pi}{2} - \tfrac{1}{n}$ für unendlichgroße n. Bist du nun überzeugt, Alexander?

ALEXANDER Halsbrecherisch - wahrlich! Aber die Rechnung stimmt, da gibt's nichts dran zu deuteln.

ANDREAS Dumm, ausgesprochen dumm und verquer! So kann man das doch nicht betrachten!

PETER Wieso nicht?

ANDREAS Das ist doch eine völlig falsche Sichtweise! Gewiß hat diese Reihe an dem Punkt $\tfrac{\pi}{2} - \tfrac{1}{n}$ noch einen endlichen Reihenrest r_n - aber das heißt doch keineswegs, daß sich die Reihe an diesem Punkt nicht schließlich doch noch auf einen bestimmten (endlichen) Wert stabilisiert! Nur dauert das eben ein bißchen länger als gewöhnlich, vielleicht $2n$ oder n^2 Glieder lang.

ALEXANDER Das verstehe ich nicht, Andreas - wie meinst du das?

ANDREAS Na, ganz einfach: Gewöhnlich bedeutet *Konvergenz* einer Reihe, daß sich *der Summenwert schon im Endlichen schließlich stabilisiert*: für jedes unendliche n ist r_n unendlichklein. Das ist natürlich eine recht starke Forderung! Der Summenwert kann sich unter Umständen ja auch erst ein bißchen später stabilisieren - etwa erst ab einer unendlichgroßen Gliederzahl.

ALEXANDER Ich verstehe das alles nicht. Was heißt 'der Summenwert stabilisiert sich im Endlichen schließlich bzw. ab einer gewissen unendlichen Gliederzahl'?

ANDREAS Ei natürlich nichts anderes als: 'der Reihenrest r_n wird unendlichklein für jedes unendlichgroße n bzw. für jedes n, das größer ist als ein gewisses (unendlichgroßes) k.'

PETER Konkret - ich will eine Rechnung sehen!

ANDREAS Bitte schön - nichts leichter als das. Wie du eben selbst vorgerechnet hast, Peter, gilt

$$r_m(\tfrac{\pi}{2} - \tfrac{1}{n}) = {}^{(2)}\sum_{p \geq 2m+1} \frac{\sin p\tfrac{1}{n}}{p} = \frac{1}{2} \int_{2\tfrac{m}{n}+\tfrac{1}{n}}^{\infty} \frac{\sin v}{v} dv \;,$$

und dies ist doch gerade

$$\frac{1}{2} (Si(\infty) - Si(2\frac{m}{n} + \frac{1}{n})),$$

wenn wir $Si(x) := \int_0^x \frac{\sin v}{v} dv$ den *Integralsinus* nennen - jene Funktion, die ja auch Wilbraham eingehend studiert. Nun ist (bis auf unendlichkleinen Fehler) $Si(\infty) = \frac{\pi}{2}$, wie (unendlich)groß auch immer ∞ ge-

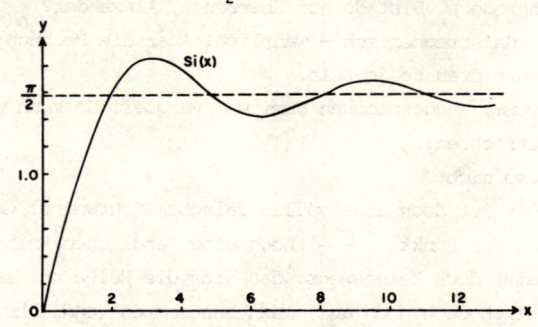

Si(x) graph showing oscillation approaching $\frac{\pi}{2}$

wählt wird. Und für $m = 2n$ ist also $Si(\infty) - Si(2\frac{m}{n} + \frac{1}{n}) = \frac{\pi}{2} - Si(4 + \frac{1}{n})$, also sicher *endlich*, mithin r_m endlich; aber zum Beispiel für $m = n^2$ ist $r_m = \frac{1}{2}(Si(\infty) - Si(2n + \frac{1}{n}))$, also gewiß unendlichklein! Ergebnis: Auch am Punkt $\frac{\pi}{2} - \frac{1}{n}$ hat die Reihe *schließlich* einen (bis auf unendlichkleine Unsicherheit) wohlbestimmten endlichen Wert:

$$s(\frac{\pi}{2} - \frac{1}{n}) \approx s_{n^2}(\frac{\pi}{2} - \frac{1}{n}) = {}^{(2)}\sum_{p=1}^{2m+1} \frac{\sin p \cdot \frac{1}{n}}{p} = \frac{1}{2} \int_0^{2n+1} \frac{\sin v}{v} dv$$

$$= \frac{1}{2} Si(2n+1) = \frac{\pi}{4},$$

da ja n unendlichgroß war.

PETER Aha - jetzt verstehe ich! Der Wert der ersten m Glieder der Reihe am Punkt $\frac{\pi}{2} - \alpha$ ist nichts anderes als

$$s_m(\frac{\pi}{2} - \alpha) = {}^{(2)}\sum_{p=1}^{2m+1} \frac{\sin p\alpha}{p} = \frac{1}{2} \int_\alpha^{(2m+1)} \frac{\sin v}{v} dv,$$

für unendlichkleine α also im wesentlichen

$$s_m(\frac{\pi}{2} - \alpha) = \frac{1}{2} Si(2m\alpha).$$

Für ein festes unendlichkleines α stabilisiert sich die Reihensumme in der Weise, wie es der Integralsinus zeigt, *schließlich* auf den Wert $\frac{\pi}{4}$: Die Reihe ist zwar nicht (im gewöhnlichen Sinne) *konvergent*, aber doch *schließlich konvergent* - sie hat sehr wohl einen bestimmten, angebbaren Wert.

ALEXANDER Ha - also vermag das Kontinuitätsprogramm doch nicht sämtliche Lücken zu schließen! Denn wenn sich der Reihenwert bei $jedem$ α schließlich auf $\frac{\pi}{4}$ stabilisiert, dann ist die Grenzfunktion zweifellos eine Sprungfunktion:

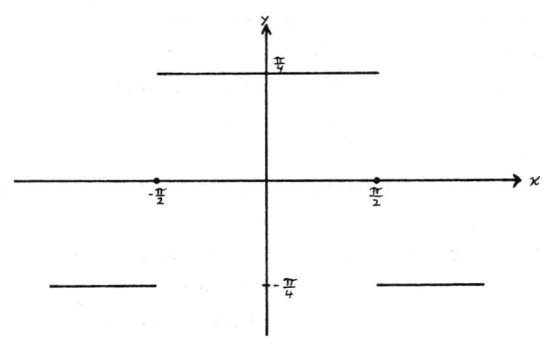

ANDREAS Aber nicht doch! Diese seltsame 'Grenzfunktion' gibt es im Kontinuitätsprogramm natürlich nicht! Man kann ihr zwar in $jeder$ $gewünschten$ $Schärfe$ nahekommen - aber anstatt einer solchen (offenbar unsinnigen) Grenzfunktion wird man natürlich stets eine $Näherungs$-$funktion$ δ_m setzen (das m nach Bedarf beliebig unendlichgroß gewählt!), so daß sich stets die im Bild (151.2) gezeichnete Funktion ergibt, wobei in dem (unendlichkleinen) Einschwingbereich jeweils der Verlauf des Integralsinus vorliegt:

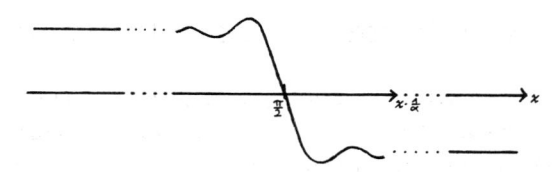

Wir sehen: Wenngleich diese Funktion δ_m (m unendlichgroß) nicht mehr stetig im strengen Sinne sind, so sind es doch keineswegs Sprungfunktionen - man könnte sie $grobstetig$ nennen. Und - von Lücken überhaupt keine Spur, lieber Peter!

PETER Ja, ich sehe es jetzt, Andreas: Hier gibt es keine Lücken und keine Sprünge! Jetzt sehe ich den $wirklichen$ Fehler, den Cauchy begangen hat: Er hatte einen zu engen Konvergenzbegriff - die Lücken entstehen nur in seiner zu engen Sicht der Konvergenz.

ANDREAS Und die Sprünge entstehen aus einer gewaltsamen Zusammenfassung von etwas, das man so gar nicht zusammenfassen darf: Man darf sich das Kontinuum nicht ein für allemal fest vorgegeben denken - es ist ein 'Medium freien Werdens'[277]: zu jedem (unendlichgroßen) m findet sich dort natürlich ein solch (unendlichkleines) α, daß der Reihenwert $s_m(\frac{\pi}{2} - \alpha)$ sich an dieser Stelle deutlich von $\frac{\pi}{4}$ unterscheidet: $s_m(\frac{\pi}{2} - \alpha) = \frac{1}{2} Si(2m\alpha)$.

ALEXANDER Du wirst doch nicht ernsthaft behaupten wollen, deine waghalsigen Rechnungen, die in diesem unendlichkleinen Bereich so unterschiedliche Ergebnisse liefern - diese waghalsigen Rechnungen seien nicht verwickelt? Im Dunkeln ist gut munkeln - das ist offenbar dein Motto! Aus dem Nebel des Unendlichkleinen zauberst du dir die gewünschten Erscheinungen - oder besser: Gespenster - nach Wunsch hervor.

PETER Ich bin froh, daß meine Theorie genügend Raum läßt, um die vorhandenen Erscheinungen aufnehmen zu können. Und das sind durchaus *reale Erscheinungen* und keine 'Gespenster': Der von Wilbraham beschriebene Sachverhalt ist kein Scheinproblem des Kontinuitätsprogramms, sondern ein reales Problem der Analysis - das sich im Kontinuitätsprogramm sehr schön beschreiben läßt. Nur eben: die Beschreibung im Finitärprogramm ist entscheidend schwieriger - weil dort die zur Verfügung stehenden sprachlichen Mittel so ärmlich sind.

2.13.3 Die konkurrierende Rechnung im Finitärprogramm

EVA Wie willst du das begründen, Peter: daß die Beschreibung des Wilbrahamschen Phänomens im Finitärprogramm *entscheidend schwieriger* ist als im Kontinuitätsprogramm?

PETER Auf zweierlei Weise. *Erstens* gebe ich *eine geschichtliche Begründung*: Es dauerte fünfzig Jahre länger, bis dieses Wilbrahamsche Phänomen auch vom Finitärprogramm erfaßt wurde: Erst im Jahre 1899 verbesserte Josiah Willard Gibbs in einem 30-Zeilen-Artikel in der Zeitschrift 'Nature' 'einen Flüchtigkeitsfehler'[278], einen 'unglück-

---

[277] Hermann Weyl [1921], zit. nach Becker [1954], S. 346
[278] Gibbs [1899], S. 606

lichen Schnitzer'[278], der ihm in einer kurz zuvor veröffentlichten Arbeit unterlaufen war, und der darin besteht, daß der Grenzwert der Kurven

$$\sin x - \frac{1}{2}\sin 2x + \frac{1}{3}\sin 3x - + \ldots \pm \frac{1}{n}\sin nx$$

nicht diese Gestalt hat:

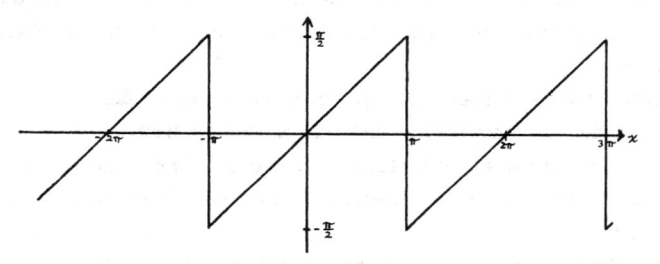

sondern diese:

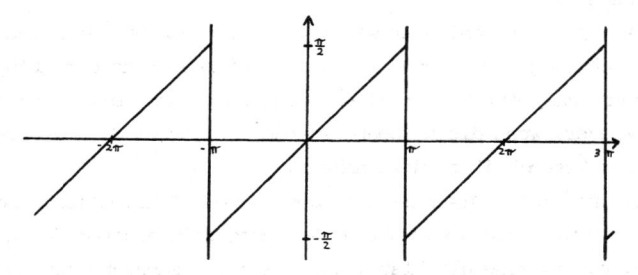

wobei die Überhöhungen jeweils $\frac{1}{2}\int_0^\pi \frac{\sin u}{u}\, du$ betragen[279]. Diese 'wichtige Unterscheidung' zwischen 'dem *Grenzwert der Kurven*'[279] und 'der *Kurve des Grenzwertes* der Summe'[279] war dem fähigen Wissenschaftler[280] zunächst entgangen und erst im Nachhinein aufgefallen – ein Zeichen dafür, wie schwierig dieser Sachverhalt im Finitärprogramm zu fassen ist. Daß es Gibbs dennoch gelang, rechtfertigt beinahe die Namensgebung 'Gibbssches Phänomen' für diesen Sachverhalt, die sich überall in der Literatur durchgesetzt hat – obwohl doch Wilbraham die Ehre der Erstbeschreibung unbestreitbar gebührt.

EVA Und welches ist deine zweite Begründung für deine Behauptung, Peter, dieses Phänomen sei im Finitärprogramm entscheidend schwieriger zu beschreiben als im Kontinuitätsprogramm?

[279] Gibbs [1899], S. 606; ich habe Gibbs' bildhafte Worte hier in Bilder übertragen: '[Gibbs] war am erfolgreichsten, wenn er seine Beweisführungen in graphische Form goß.' (*Josiah Willard Gibbs* [1904], S. xix)
[280] siehe den Nachruf *Josiah Willard Gibbs* [1904], S. xxi

PETER Neben dieser geschichtlichen Begründung gebe ich als *zweites* noch eine *methodisch-technische Begründung*: die deutlich langwierigere und kompliziertere Rechnung, welche die Beschreibung im Finitärprogramm erfordert!

ALEXANDER Na, so einfach war Wilbrahams Rechnung doch gar nicht - außerdem ist sie keineswegs lückenlos[281]! Da ist mir eine lückenlose, eine vollständige Rechnung schon lieber, selbst wenn sie etwas länger ausfallen sollte.

PETER 'Etwas länger' ist ein sehr verharmlosender Ausdruck für diese ungeheuer langwierige und schwer durchschaubare Rechnung, die im Finitärprogramm erforderlich ist, und die übrigens - trotz ihres erheblichen Umfangs! - ihrerseits so lückenlos und vollständig gar nicht ist.

EVA Wenn du so schwerwiegende Vorwürfe erhebst, Peter, dann mußt du sie auch beweisen!

PETER Das kann ich! Aber wer langweilige und umständliche Rechnungen nicht mag - die noch dazu keinerlei neue Einsicht bringen -, der unternehme jetzt besser einen Spaziergang und komme erst in einer Stunde wieder, wenn die Rechnung zuende ist: Er wird nichts versäumt und seiner Gesundheit genützt haben.

ALEXANDER Keine Diskriminierungen, Peter! Schließlich haben wir uns ja auch Wilbrahams verworrene Rechnung geduldig vorführen lassen, und da wird uns eine glasklare, durchsichtige Rechnung zur Abwechslung einmal gut tun. Hier, bei Fichtenholz ist sie doch ausführlich vorgeführt.

PETER Ja, genau die hatte ich auch im Auge. Aber wenn du sie uns lieber vorführen willst - bitte schön.

ALEXANDER Sehr gern. Das ist doch alles ganz einfach: Wie wir ja schon wissen[282], 'strebt die Reihe[283]

$$\sum_{k=1}^{\infty} \frac{\sin \overline{2k-1}\,x}{2k-1} = \sin x + \frac{\sin 3x}{3} + \frac{\sin 5x}{5} + \ldots \qquad (1)$$

---

[281] siehe S. 148

[282] siehe S. 154, 144

[283] Um nicht auch noch in den Ordinaten zusätzliche Verwirrung zu stiften, passe ich Fichtenholz' Behandlung der Reihe

$$2(\sin x + \frac{1}{3}\sin 3x + \ldots)$$

der hier häufiger aufgetauchten Reihe ohne den Vorfaktor 2 an.

gegen die Summe

$$\sigma(x) = \begin{cases} \pi/4 & \text{für } 0 < x < \pi \\ 0 & \text{für } x = 0, \pm\pi \\ -\pi/4 & \text{für } -\pi < x < 0 \end{cases}$$

im Punkt $x = 0$ hat die Funktion einen Sprung, und zwar von links und von rechts, und es ist

$$\sigma(+0) - \sigma(0) = \frac{\pi}{4}, \quad \sigma(0) - \sigma(-0) = \frac{\pi}{4}.$$

Wir wollen das Verhalten der Partialsumme

$$\sigma_{2n-1}(x) = \sum_{k=1}^{n} \frac{\sin\overline{2k-1}x}{\overline{2k-1}}$$

untersuchen (offenbar ist $\sigma_{2n}(x) = \sigma_{2n-1}(x))\dots$ '[284]

EVA Wieso ist $\sigma_{2n}(x) = \sigma_{2n-1}(x)$?

ALEXANDER Na, das ist doch klar: Weil beim Bildungsgesetz der Reihenglieder nur die *ungeraden* natürlichen Zahlen vorkommen, also nur *jede zweite* natürliche Zahl. 'Da die Funktion ungerade ist, genügt es, sie in $[0, \pi]$ zu betrachten. Überdies zeigt die triviale Identität

$$\sin\overline{2k-1}\frac{\pi}{2}+x' = \sin\overline{2k-1}\frac{\pi}{2}-x',$$

daß $\sigma_{2n-1}(x)$ in bezug auf den Punkt $x = \frac{\pi}{2}$ symmetrisch ist:

$$\sigma_{2n-1}(\frac{\pi}{2}+x') = \sigma_{2n-1}(\frac{\pi}{2}-x');$$

daher kann man sich auf $[0, \frac{\pi}{2}]$ beschränken.'[285]

EVA Ja, das ist klar: Man kann sich auf die Untersuchung einer Viertelperiode der längsten Sinusschwingung - also von $\sin x$ - beschränken.

ALEXANDER 'Für $\sigma_{2n-1}(x)$ erhält man leicht

$$\sigma_{2n-1}(x) = \int_0^x [\cos t + \cos 3t + \dots + \cos\overline{2n-1}t] \, dt =$$

$$= \int_0^x \frac{\sin 2nt}{2\sin t} \, dt \quad [286] \qquad (2)$$

---

[284] Fichtenholz [1960], S. 482f
[285] Fichtenholz [1960], S. 483. Es ist übrigens keineswegs meine Bösartigkeit, daß hier und im folgenden stets σ_{2n-1} statt des als gleichwertig erkannten σ_{2n} steht: Fichtenholz legt wohl größeren Wert auf Pedanterie als auf Übersichtlichkeit.
[286] Auf die Herleitung dieser neuerlichen Summenformel, diesmal für $\cos x + \cos 3x + \dots + \cos\overline{2n-1}x$ sei hier verzichtet; Fichtenholz

oder, wenn man $2nt = u$ setzt,

$$\sigma_{2n-1}(x) = \frac{1}{4n} \int_0^{2nx} \frac{\sin u}{\sin \frac{u}{2n}} \, du \, . \qquad (3) \text{ '285}$$

PETER Dieses Integral hatten wir auch schon bei Wilbraham![287]
ALEXANDER Ja, und dort wurde es nur sehr lückenhaft behandelt - jetzt dagegen geht es völlig exakt zu: aufgepaßt!
'Diesen Ausdruck kann man in der Form

$$\sigma_{2n-1}(x) = \frac{1}{4n} \{ \int_0^\pi + \int_\pi^{2\pi} + \ldots + \int_{(k-1)\pi}^{k\pi} + \int_{k\pi}^{2nx} \} \frac{\sin u}{\sin \frac{u}{2n}} \, du \qquad (4)$$

schreiben; dabei ist $k = \left[\frac{2nx}{\pi} \right]$ [288]. Setzt man allgemein für $i = 0, 1, \ldots, n-1$

$$\frac{1}{4n} \int_i^{(i+1)} \frac{\sin u}{\sin \frac{u}{2n}} \, du = (-1)^i \frac{1}{4n} \int_0^\pi \frac{\sin z}{\sin \frac{z+i}{2n}} \, dz = (-1)^i v_i \, ,$$

so folgt offenbar

$$v_i > 0 \quad \text{und} \quad v_{i+1} < v_i \qquad (5) \text{ '285}$$

PETER 'Offenbar' ist gut, sehr gut sogar! Ich denke, es sollte alles *exakt* und *lückenlos* sein!?
ALEXANDER Belästige uns doch nicht mit solch elementaren Einwänden, Peter! Das läßt sich doch alles ganz leicht einsehen.[289] Ich mache also weiter:
'Daher ergibt sich schließlich

$$\sigma_{2n-1}(x) = v_0 - v_1 + \ldots + (-1)^{k-1} v_{k-1} + (-1)^k \tilde{v}_k , \qquad (4^*)$$

wobei mit $(-1)^k \tilde{v}_k$ der letzte ("unregelmäßige") Summand in (4) bezeichnet ist; er hat das Vorzeichen $(-1)^k$ und ist dem absoluten Betrag nach kleiner als v_k. Hieraus lassen sich leicht einige Schluß-

---

gibt sie sicherlich in irgendeinem seiner vorausgehenden 699 Abschnitte. Grundsätzlich ist es dieselbe Rechnung, wie ich sie von Fourier zitiert habe - vgl. S. 139.

[287] Das stimmt nur qualitativ - siehe S. 147!

[288] Hier haben die eckigen Klammern *ausnahmsweise* eine *mathematische Bedeutung*: [y] ist die größte ganze Zahl, die nicht über y liegt.

[289] Der Leser versuche einmal, sich die beiden Bedingungen (5) *formal vollkommen klar* zu machen (*inhaltlich* sind sie natürlich klar!) - wenn es ihm dabei ebenso ergeht wie mir, dann bereitet ihm das gewisse - elementare - Mühe! (Vielleicht das Pendant zu der in Fußnote 272 angesprochenen Schwierigkeit?!)

folgerungen über das Verhalten von $\sigma_{2n-1}(x)$ ziehen, wenn n fest ist und x von 0 bis $\pi/2$ variiert:

1. *Die Summe* $\sigma_{2n-1}(x)$ *ist positiv und verschwindet nur für* $x = 0$.
2. *Sie hat die Extrema in den Punkten*

$$x_m = \frac{m\pi}{2n} \quad (m = 1, 2, \ldots, n),$$

und zwar Maxima für ungerade m, Minima für gerade m. Im Intervall $[m\frac{\pi}{2n}, (m+1)\frac{\pi}{2n}]$ [290] wächst nämlich $\sigma_{2n-1}(x)$ für gerades m und fällt $\sigma_{2n-1}(x)$ für ungerades m, wie aus (4*) folgt. (Die Behauptung 2 über die Extrema von $\sigma_{2n-1}(x)$ ergibt sich auch leicht, wenn man die Ableitung

$$\frac{d}{dx} \sigma_{2n-1}(x) = \frac{\sin 2nx}{2 \sin x}$$

(vgl. (2)) untersucht.)

Schließlich erhält man aus der Darstellung

$$\sigma_{2n-1}(x_m) = v_0 - v_1 + \ldots + (-1)^m v_m$$

des Extremalwertes mit Rücksicht auf Ungleichung (5):

3. *Variiert x innerhalb des Intervalls $[0, \frac{\pi}{2}]$, so nehmen die Maximalwerte von* $\sigma_{2n-1}(x)$ *von links nach rechts ab, die Minima zu.* Die Abbildung

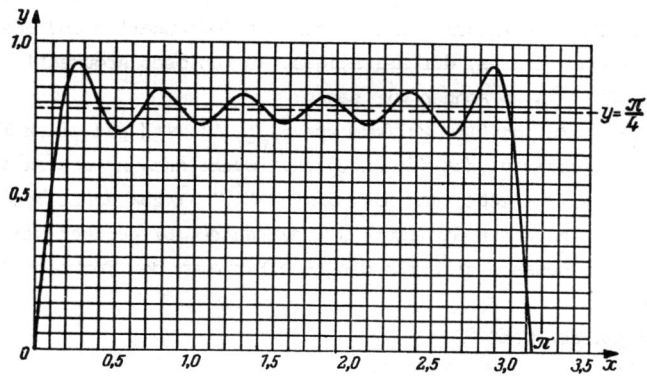

illustriert am Beispiel $\sigma_{11}(x)$ diese Aussagen. Wir untersuchen nun das größte Maximum von $\sigma_{2n-1}(x)$, d.h. das auf $x = 0$ folgende erste Maximum. Es wird für

$$x_1^{(n)} = \frac{\pi}{2n}$$

angenommen und hat den Wert (vgl. (3))

---

[290] Hier bezeichnen die eckigen Klammern [.., ..] natürlich wieder ein *Intervall*, haben also eine *andere mathematische* Bedeutung.

$$M_1^{(n)} = \sigma_{2n-1}(x_1^{(n)}) = \frac{1}{4n} \int_0^\pi \frac{\sin u}{\sin \frac{u}{2n}} du .$$

Hier haben wir den Index n eingeführt, weil wir diesmal auch die Absicht haben, das Verhalten der Funktion für variables n zu untersuchen. Offenbar nimmt $x_1^{(n)}$ mit wachsendem n monoton ab und strebt für $n \to \infty$ gegen Null ...'

PETER *Dieses* 'offenbar' erkenne ich an!

ALEXANDER '... Um die Untersuchung von $M_1^{(n)}$ zu erleichtern, formen wir den Ausdruck etwas um:

$$M_1^{(n)} = \frac{1}{2} \int_0^\pi \frac{\sin u}{u} \frac{\frac{u}{2n}}{\sin \frac{u}{2n}} du .$$

Da der zweite Faktor im Integranden mit wachsendem n gleichmäßig (in bezug auf u), und zwar abnehmend (dabei benötigen wir die Tatsache, daß $\frac{z}{\sin z}$ wächst, wenn z von 0 bis $\pi/2$ wächst), gegen 1 strebt, strebt offenbar auch $M_1^{(n)}$ abnehmend gegen einen Grenzwert:

$$\lim_{n \to \infty} M_1^{(n)} = \frac{1}{2} \int_0^\pi \frac{\sin u}{u} du = \mu_1 . \qquad (6) \quad \text{[291]}$$

PETER Das war wieder ein sehr schönes 'offenbar' - und überhaupt ein vollkommen klares, durchsichtiges, lückenloses Argument!

ALEXANDER 'Also können wir sagen:

4. *Das erste (größte) Maximum von $\sigma_{2n-1}(x)$ wird für einen Wert $x = x_1^{(n)}$ angenommen, der für unbegrenzt wachsendes n monoton abnehmend gegen Null strebt; der Maximalwert $M_1^{(n)}$ strebt dabei monoton abnehmend gegen einen Grenzwert μ_1, der durch (6) gegeben wird.*
Eine analoge Aussage gilt für das k-te Extremum der Funktion (bei festem k):
Es wird für den Wert

$$x_k^{(n)} = k \frac{\pi}{2n} \quad (n \geq k)$$

angenommen, der für $n \to \infty$ gegen Null strebt, und der Wert $M_k^{(n)}$ des k-ten Extremums strebt dabei monoton gegen den Grenzwert

$$\mu_k = \frac{1}{2} \int_0^{k\pi} \frac{\sin u}{u} du ,$$

---

[291] Fichtenholz [1960], S. 483-5

und zwar abnehmend, wenn es sich (für ungerades k) um ein Maximum, wachsend, wenn es sich (für gerades k) um ein Minimum handelt. Zur Illustration dieses Sachverhaltes vergleiche die [folgende Abbildung], wo die Kurven der ersten sechs Summen $\sigma_{2n-1}(x)$ für $n = 1, 2, \ldots, 6$ gezeichnet sind.

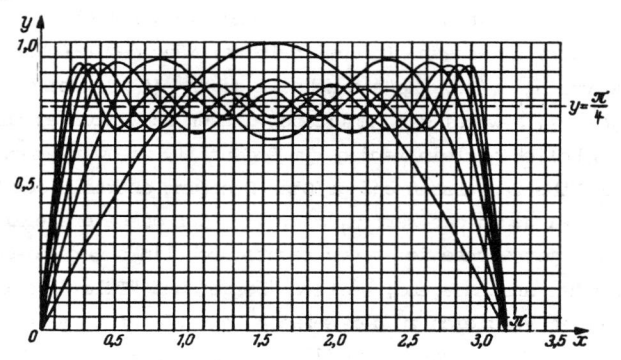

Die Zahlen μ_k sind, wie aus Überlegungen von Nr. 502,2° hervorgeht [292], abwechselnd größer bzw. kleiner als

$$\frac{1}{2} \int_0^\infty \frac{\sin u}{u}\, du = \frac{\pi}{4}.$$

Für die Differenzen $\rho_k = \mu_k - \frac{\pi}{2}$ ergeben sich die Werte (vgl. Nr.502,2°)

$$\rho_1 \approx 0{,}141, \quad \rho_2 \approx -0{,}077, \quad \rho_3 \approx 0{,}052, \quad \rho_4 \approx -0{,}039,$$

$$\rho_5 \approx 0{,}032, \quad \ldots . \tag{7}$$

Jetzt sind wir schon imstande, die Konvergenz der Partialsumme $\sigma_{2n-1}(x)$ der Reihe (1) gegen die Summe $\sigma(x)$ hinreichend vollständig zu charakterisieren; wir wollen uns der Einfachheit halber auf das Intervall $[0, \pi]$ beschränken. Trennt man die Unstetigkeitspunkte $x = 0$ und $x = \pi$ durch beliebig kleine Umgebungen $[0, \delta)$ und $(\pi-\delta, \pi]$ ab, so konvergiert die Reihe nach dem in Nr. 699 Bewiesenen im übrigbleibenden Intervall $[\delta, \pi-\delta]$ gleichmäßig. Mit anderen Worten, die Kurven der Parialsummen $\sigma_{2n-1}(x)$ schmiegen sich bei hinreichend großem n in diesem Intervall der Geraden $y = \pi/4$ beliebig dicht an. In der Nähe der Punkte $x = 0$ und $x = \pi$ aber, wo die

---

[292] Ich erinnere daran, daß dieses Zitat aus dem 700. Abschnitt des Fichtenholzschen Werkes stammt.

Funktion $\sigma(x)$ von $\pi/4$ nach 0 springt, ist die gleichmäßige Approximation natürlich gestört, denn $\sigma_{2n-1}(x)$ geht von nahe bei $\pi/4$ liegenden Werten für $x = \delta$ (bzw. $x = \pi-\delta$) stetig in den Wert 0 für $x = 0$ (bzw. $x = \pi$) über.

Es ist jedoch sehr bemerkenswert, daß sich die Störung der gleichmäßigen Konvergenz hierin nicht erschöpft, und hierauf möchten wir den Leser besonders hinweisen. In unmittelbarer Nähe der y-Achse schwankt die Kurve von $\sigma_{2n-1}(x)$, ehe sie schnell gegen $(0,0)$ strebt, um die Gerade $y = \pi/4$, wobei die Amplituden dieser Schwankungen für $n \to \infty$ keineswegs beliebig klein werden. Im Gegenteil, wie wir gesehen haben, strebt die Höhe der ersten und größten Erhebung oberhalb der Geraden $y = \pi/4$ dabei gegen den Wert $\rho_1 \approx 0{,}141$; auf diese erste Erhebung folgen, sich mit wachsendem n von rechts nach links verschiebend und an die y-Achse anschmiegend, weitere "Berge" und "Täler", deren Höhen bzw. Tiefen im Vergleich zu der Geraden $y = \pi/4$ für $n \to \infty$ gegen die Werte ρ_2, ρ_3, ... der Folge (7) streben. Ein analoges Bild zeigt sich links in der Nähe der Geraden $x = \pi$; genau wie bei der Annäherung an die y-Achse von links wiederholt sich das Bild, allerdings haben alle betrachteten Abweichungen jetzt entgegengesetztes Vorzeichen.

Man kann sagen, daß für $n \to \infty$ die Grenzkurve der Funktion $y = \sigma_{2n-1}(x)$ nicht der in der Abbildung

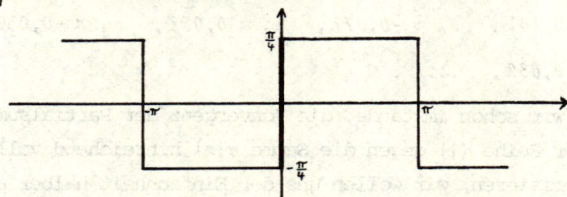

abgebildete Streckenzug (wie man erwarten sollte) ist, sondern der vertikal "verlängerte" Streckenzug der Abbildung

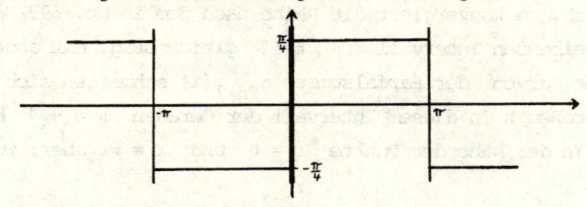

Die Verlängerung beträgt übrigens $0,141 : \frac{\pi}{4} \approx 18\%$.'[293]

PETER Sehr, sehr viele Worte, die das sowieso Anschauliche vernebeln - und an einigen entscheidenden Stellen dennoch Unklarheiten. Ich fürchte, das war keineswegs so überzeugend, wie du gehofft hast, Alexander. Komm, laß uns auch nach draußen gehn - es ist muffig hier drin, und die andern sind auch längst gegangen.[294]
Sie treten beide vor die Tür.

2.13 ZWISCHENSPIEL: RECHTFERTIGUNG - EIN PROBLEM DER STRUKTUR-MATHEMATIK, NICHT DER INHALTLICHEN MATHEMATIK

Wer wie Bourbaki unter Mißachtung der tatsächlichen geschichtlichen Gegebenheiten an der Einen Allumfassenden (Mathematischen) Vernunft festhält, der muß notwendig die konkreten Bezüge der inhaltlichen Mathematik zerschlagen und aus den Trümmern ein blutleeres Kunstprodukt (wie die Strukturmathematik) kombinieren. Erst dieser künstliche Aufbau treibt das allgemeine Rechtfertigungsproblem auf die Spitze. Eine weitere Wirkung eines solchen dogmatischen Überbaus ist seine Denunziation des radikalen kritischen Denkens - nur noch systemimmanente Nörgelei ist gestattet.

EVA und INGE *kommen als erste von ihrem Spaziergang zurück, alleine. Sie sind schon wieder ins Fachgespräch vertieft.*

EVA Kein Zweifel: Mathematische Forschung besteht aus einer beständigen Anhäufung zeitloser, unveränderlicher Wahrheiten.

---

[293] Fichtenholz [1960], S. 485-7

[294] Die hier vorgestellte Rechnung von Fichtenholz erstreckt sich auch im Original über fünf Seiten; daran schließen sich zwei Seiten unter dem Titel 'Der Fall einer beliebigen Funktion' an. Möglicherweise wird der eine oder andere Leser die Auswahl gerade dieses (länglichen) Textes zum Repräsentaten des Finitärprogramms für tendenziös halten; meine Rechtfertigung besteht in dem Hinweis darauf, daß es gerade ein *typischer* Repräsentant des Finitärprogramms sein muß - so richtig mit Grenzwertbetrachtungen, dem Hinweis auf 'gleichmäßige Konvergenz' und allem Drum und Dran; ein solch randständiger Repräsentant, wie es etwa Duschek [1949] - in diesem Fall - ist (er kommt deswegen auch mit zwei Seiten zum 'Gibbsschen Phänomen' aus: siehe S. 395-7) wäre durchaus fehl am Platz: Duschek etwa 'übersetzt' einfach die Idee aus dem Kontinuitätsprogramm ins Finitärprogramm, so daß der einzig bei ihm erforderliche Grenzübergang von einer Summe zum (Cauchy-)Integral erfolgt und von gleichmäßiger Konvergenz und dergleichen keine Rede zu sein braucht.

INGE Ja, auftretende Irrtümer gründen in der Unzulänglichkeit des einzelnen Forschers. Unverstanden bleibende geniale Vorgriffe laufen leer, weil die Zeit noch nicht reif, die gesamtgesellschaftliche Entwicklung den entsprechenden Stand noch nicht erreicht hat. Demgegenüber zeigen zeitgleiche Mehrfachentdeckungen, daß die Zeit reif, ein bestimmter Stand der gesamtgesellschaftlichen Entwicklung erreicht ist.

EVA Genau! Der mathematische Fortschritt geht beharrlich seinen Weg - manchmal stockend, dann wieder hastiger ...

INGE ... aber stets im Gleichschritt mit der gesamtgesellschaftlichen Entwicklung!

EVA ... und auf diesem Weg erschließt uns der mathematische Fortschritt immer neue Wahrheiten, während Irrtümer als eroberte und zerstörte Festungen zurückbleiben.

Inzwischen sind auch ALEXANDER *und* ANDREAS *eingetroffen, und sie haben die letzten Sätze mitangehört.*

ALEXANDER Dieser gradlinige Fortgang der mathematischen Wissenschaft spiegelt sich wider in der Methode, nach der sie gelehrt wird: Ausgehend von einer Liste sorgfältig zusammengestellter Axiome leitet der Lehrer mittels logisch zwingender Schlüsse die kleinen und die großen Lehrsätze ab, die der Schüler zu lernen hat.

ANDREAS Dabei hat sich der Schüler sehr respektvoll zu verhalten! Ehrerbietig soll er den Ausführungen des großen Meisters da vorne an der Tafel folgen - etwaige Fragen offenbaren nur die eigene mathematische Unreife: hat er doch noch immer nicht begriffen, daß die ihm vorgestellten mathematischen Tatsachen unbefragbar, die verwendete Logik unbezweifelbar - in einem Wort: das gesamte Gebäude unerschütterlich ist. Für Fragen ist kein Platz in diesem 'Euklidischen Ritual'[295], Kritik ist hier nicht erwünscht. (Und auch der schüchterne Hinweis, daß es da-und-da $\varepsilon/3$ heißen müsse anstatt $\varepsilon/2$, ist nicht Kritik, sondern Bestärkung des Gelehrten.)

KONRAD *ist mittlerweile auch wieder da, und auch* PETER *und* ANNA *sind nicht mehr weit.*

KONRAD Selbstverständlich ist kritisches Denken nicht überall erwünscht, und am falschen Ort, zur falschen Zeit geäußert kann es zum

---

[295] Lakatos [1961], S. 134

Verlust des Kopfes, der persönlichen Freiheit, des Arbeits- oder Ausbildungsplatzes[296] oder zur Ausbürgerung führen - je nach dem augenblicklichen Zivilisationsgrad der Gesellschaft und der Gunst oder Mißgunst der Herrschenden.

PETER (*noch etwas außer Atem*) Aber im Feld der Wissenschaft und ganz besonders im Bereich der Mathematik ist kritisches Denken doch Grundbedingung[297]! Ohne kritisches Denken wäre keinerlei Begründung vonnöten, aber Begründung ist doch - in Gestalt des Beweises - das Lebenselixier der Mathematik! Wenn dieses kritische Denken nicht gelehrt wird, dann kann man nur mit Schaudern feststellen, 'daß die gegenwärtige mathematische [...] Ausbildung eine Brutstätte des Autoritätsdenkens und der ärgste Feind des unabhängigen und kritischen Denkens ist.'[298]

INGE Wieso? Das verstehe ich nicht! Was soll denn dieses Gefasel vom 'kritischen Denken'? Wir brauchen doch kein *kritisches Denken*, sondern schlicht und einfach *richtiges Denken* - das ist alles. Ein Mathematiker muß *richtig* argumentieren können, *Kritik* kann er sich sparen!

PETER Und wie wird dann festgestellt, welches die *richtige* Argumentation ist - wenn nicht mittels *Kritik*? Wodurch werden die Fehler aufgedeckt? Denn es passieren doch Fehler!?

ALEXANDER Die Fehler werden durch sorgfältige Analyse des Beweises entdeckt und ausgemerzt.

PETER Aber wir haben doch schon gesehen, daß der Begriff der Strenge ein *relativer* Begriff ist: was in dem einen Zusammenhang streng ist, kann in einem anderen Zusammenhang durchaus unstreng sein! Der Maßstab verändert sich!

INGE Die richtige gesellschaftliche Praxis und der Fortschritt der gesamtgesellschaftlichen Entwicklung sind alleiniger Maßstab für das richtige Denken - und die wirken unerbittlich und unbestechlich: ohne das Nachhelfen irgendwelcher Kritik. Das Untaugliche wird automatisch eliminiert.

---

[296] Selbstverständlich gilt dies auch für Mathematiker - für ein Beispiel siehe unten, S.248.
[297] Ein humanistisch gebildeter Peter spräche hier gewiß von einer *conditio sine qua non*.
[298] Lakatos [1961], S. 135 Fußnote 256

ANNA Womit die Frage schon beantwortet ist, die ich gerade stellen wollte. Denn nach dem, was Peter da gesagt hat - kritisches Denken in der Gestalt von Begründungszusammenhängen sei das Lebenselixier der Mathematik - , nach dem drängt sich doch angesichts der erdrückenden Gegenwart der heutigen Strukturmathematik sofort die Frage auf: Wenn der Zweifel tatsächlich so fest in der Mathematik institutionalisiert ist, *wie kann dann die Mathematik dennoch zu diesem dogmatischen Lehrgebäude gerinnen,* das wir heute vor uns sehen?

PETER Eine gute Frage, eine wichtige Frage!

ANNA Ja, und Inge hat auch schon eine Antwort vorweg gegeben. Sie hat nämlich die in der Frage enthaltene Voraussetzung bestritten und behauptet, Kritik spiele in der Mathematik gar keine entscheidende Rolle. Aus diesem Blickwinkel wird dann natürlich die Geschlossenheit des Lehrgebäudes nicht zum Problem.

EVA Aber auch sonst nicht! Auch wenn man die entscheidende Rolle des Zweifels beim Errichten des mathematischen Lehrgebäudes zugibt - und darauf bestehe ich! - , auch dann gibt es da kein Problem. Denn im Laufe der Entwicklung werden doch sämtliche möglichen Zweifel (zu einer Frage) schließlich erschöpfend behandelt und beantwortet, der Sachverhalt grundsätzlich und endgültig geklärt - mit einem Wort: die Wahrheit gefunden. Und an der Wahrheit freilich muß jeder Zweifel zuschanden werden!

PETER Außer diesen beiden *dogmatischen* Antworten von Inge und Eva ...

ANNA Wieso 'dogmatisch'?

PETER Ein *Dogmatiker* ist, wer behauptet, 'daß wir - durch die Fähigkeit unseres menschlichen Geistes und / oder unserer Sinne - zur Wahrheit gelangen können und wissen können, daß wir sie erreicht haben'[299]. Und da sowohl Inge als auch Eva sagen, daß die (überkommene) Mathematik *Wahrheit* ist, deswegen habe ich ihre Position *dogmatisch* genannt.

ANNA Und du vertrittst eine andere Position, Peter?

PETER Ja, die Gegenposition: die *skeptische*. 'Die Skeptiker [...] behaupten entweder, daß wir niemals zur Wahrheit gelangen können (es sei denn mit Hilfe mystischer Erfahrung), oder daß wir nicht wissen können, ob wir sie erreichen können oder daß wir sie erreicht haben.'[299]

---

[299] Lakatos [1961], S. XI

ANNA   Die Skeptiker wissen also gar nichts mit Gewißheit?
PETER Außer dem, daß sie nichts mit Gewißheit wissen - nein.
ANNA   Das ist aber wenig! Und widersprüchlich klingt das auch. Und aus einer solch schwachen Position heraus soll Wissenschaft noch möglich sein?
PETER Sehr gut sogar! Z.B. lautet die *skeptische* Antwort auf deine Frage nach dem Verbleib des institutionalisierten Zweifels im festgefügten mathematischen Lehrgebäude: Die Wahrheit ist keineswegs erreicht, sondern die Unerschütterlichkeit des vorgestellten Wissenschaftsgebäudes beruht einfach auf einer *systematischen Ausblendung aller Zweifel und Kritik*. Die heute vorgestellte Mathematik ist ein blutleeres, saft- und kraftloses *Kunstprodukt* des modernen Mathematiker(kreise)s *Bourbaki* und der von ihm propagierten und verwendeten *axiomatischen Methode*; mit der früher gewachsenen und auch noch heute ständig wachsenden wirklichen Mathematik hat dieses Gespenst nichts gemein.

KONRAD Das sind sehr schwerwiegende Vorwürfe, Peter, die du da erhebst!

PETER Ja - und das Schlimmste ist: sie sind alle belegt! Daß die modernen Lehrbücher der Strukturmathematik nur 'aus einer Folge von Theoremen, Sätzen, Lemmata usw.'[300] bestehen und Zweifeln und Kritik keinerlei Raum geben, lehrt jeder Blick in ein beliebiges Exemplar dieser Machwerke. Daß Bourbaki sich die Mathematik nach seinem eigenen Gusto und ohne Rücksicht auf ihre gewachsene Form zurechtbiegt, gibt er selbst in aller Offenheit unverfroren zu; so sagt z.B. Cartan als eine Stimme von Bourbaki[301]: 'Die konsequente Benutzung der axiomatischen Methode mußte Bourbaki notwendig dazu führen, eine völlig neue Anordnung in den verschiedenen Gebieten der Mathematik zu schaffen. Es war unmöglich, die herkömmliche klassische Unterteilung zu wahren ...'[302] Und daß Bourbaki dabei sehr systematisch vorgeht und zur Absicherung des Ganzen sogar in seinen geschichtlichen Anmerkungen auch vor handfesten Fälschungen nicht zurückschreckt, das haben wir selbst schon zur Genüge entdeckt.[303]

---

[300] Cartan [1958], S. 13
[301] vgl. Cartan [1958], S. 7
[302] Cartan [1958], S. 10
[303] siehe S. 23f und Fußnote 85

EVA Diese Bourbakistische Strukturmathematik scheint dir ja ein Greuel zu sein, Peter! Was schlägst du denn an ihrer Statt vor?

PETER Mein Gegenvorschlag? Nun, der ist nicht schwer zu erraten. Wir sollten uns aus dem Hexenbann dieses Zerrbildes *Strukturmathematik* lösen und zur *inhaltlichen* Mathematik zurückkehren.

ALEXANDER 'Inhaltliche Mathematik'? Was soll denn das sein?[304]

PETER Oh, das ist ganz einfach zu erklären! Im Gegensatz zur Erklärung dessen, was *Strukturmathematik* ist. Denn *Struktur* ist ein so unklarer, allgemeiner Begriff, daß jeder eine Erklärung dafür fordert. Und dennoch gesteht eine Stimme Bourbakis ein: 'Es ist sehr mühselig, den Begriff der Struktur allgemein zu erklären'[305], und folgerichtig verzichtet diese Stimme dann auch lieber auf eine solche *allgemeine*, auf eine *umfassende und gemeinverständliche* Erklärung. Was nun demgegenüber jedoch *Inhalt* heißt, das braucht - und *darf*! - ein Mathematiker nicht nach seinem eigenen Gutdünken festlegen.[306]

ALEXANDER Du willst dich also um eine Erklärung herumdrücken?

PETER Keineswegs. Ich wollte nur betonen, daß es sich hier nicht um ein Privatvergnügen der Mathematiker handelt, eine solche Erklärung zu formulieren. Das ist vielmehr die Aufgabe der Wissenschaftstheoretiker insgesamt - oder wenigstens die der Theoretiker der Natur- und Geisteswissenschaften[307], von den Sozialwissenschaften reden wir hier besser nicht[308]. Und so, wie es in den Naturwissenschaften darum geht, Theorien zu entwickeln, die neue, bislang unbekannte oder

---

[304] Der Begriff 'inhaltliche Mathematik' ist Lakatos' eigene deutsche Fassung (vgl. S. 1 der englischen Buchausgabe seines [1961]) des englischen Begriffs 'informal mathematics', der ein Kampfbegriff gegen den mathematischen Formalismus ist. - Lakatos''inhaltliche Mathematik' ist nicht zu verwechseln mit Freudenthals'beziehungsvoller Mathematik' (vgl. Freudenthal [1973], S. 75ff): die eine beschränkt sich auf die Mathematik, die andere thematisiert die 'externen Beziehungen' der Mathematik.

[305] Cartan [1958], S. 10; die Betonung liegt hier auf *allgemein* im Sinne von *umfassend und allgemeinverständlich*.

[306] Da Laktos selbst keine Begriffserklärung gibt, bin ich im folgenden auf meine eigene Interpretation angewiesen; im Zweifelsfalle handelt es sich hier also nicht um Lakatos' Begriff, sondern um meine eigenmächtige Entstellung desselben.

[307] vgl. Lakatos [1962], S. 157

[308] Lakatos' Abneigung gegen die Sozialwissenschaften ist chronisch - siehe etwa sein [1970a], S. 91, 169; sein [1970b], Fußnoten 124 und 132 sowie zahlreiche andere Passagen in seinen Abhandlungen.

widerlegte Tatsachen voraussagen[309], so geht es in der Mathematik um
die Entwicklung von Regelsystemen, die es erlauben, neuartige oder
bislang anders dargestellte Sachverhalte symbolisch zu erfassen.[310]

ALEXANDER Und was sollen das für 'Sachverhalte' sein?

PETER Was ein *Sachverhalt* ist, das ist ebenso klar wie die Frage,
was denn eine *Tatsache* ist. Natürlich werde ich hier keine allgemeine
Definition geben. Aber ich kann vielleicht darauf hinweisen, daß man
ganz grob zwei Gruppen von Sachverhalten unterscheiden kann: *materielle* oder *erfahrbare* einerseits – deren symbolische Erfassung durch
Regelsysteme ist Gegenstand der *anwendbaren* (*oder angewandten*) *Mathematik* – sowie *ideelle* Sachverhalte andrerseits – deren Erfassung ist
Gegenstand der *reinen* (*oder abgewandten*) *Mathematik*.

ANDREAS Hmm. Und damit glaubst du, die Bourbakische Strukturmathematik ernsthaft unter Beschuß nehmen zu können? Indem du ihrem
abstrakten Begriff der *Struktur* einen anderen abstrakten Begriff, den
des *Inhaltes*, entgegensetzt?

PETER Ja, gewiß! Und der Vorteil dieser neuen Systematik liegt
klar auf der Hand: Sie ermöglicht Würdigung, Einordnung und insbesondere eine Rechtfertigung der jeweils betriebenen Mathematik – denn
diese Rechtfertigung muß stets automatisch mitgebracht werden: als
Inhalt des Textes. In Bourbakis Strukturmathematik erhält jeder Lehrsatz, jede Definition ihre Rechtfertigung einzig und allein aus der
Tatsache, daß sie Moment des Ganzen sind, logische Rädchen in der Ge-
samtmaschinerie Mathematik. Und dabei ist dieses Ganze, diese Gesamt-
maschinerie selbstverständlich purer Schein, ein propagandistisches
Trugbild, das Bourbaki uns vorzuhalten sich bemüht: mit allen er-
denklichen Mitteln.

ALEXANDER Wieso Trugbild?

PETER Bourbaki anerkennt nicht die Mathematik, die er als geschichtlich Gewachsenes vorfindet. Unter den üblichen üblen demagogi-
schen Schlagworten 'Modernisierung – Fortschritt – Sicherheit' und

---

[309] ein mittlerweile zum Selbstverständnis der Naturwissenschaftler
gewordenes Credo des modernen Rationalismus, beschworen auch von seinen sämtlichen Chefideologen bis hin zu Lakatos [1978a], S. 5

[310] Die Verantwortung für diese Formulierung muß ich ganz auf mich
nehmen; in Lakatos' veröffentlichten Schriften sucht man vergeblich
eine solche Kennzeichnung in ausdrücklicher Formulierung; *implizit*
sehe man etwa die Abschnitte zum Thema 'Gehalt' in seinem [1961] ein.

'Gemeinwohl aller Mathematiker' zerschlägt Bourbaki[311] das Vorgefundene, um aus den Trümmern 'eine völlig neue Anordnung' zu schaffen (ich habe das bereits vorgelesen).

ALEXANDER Aber das ist doch ein interessantes Projekt, 'eine Gesamtdarstellung aller wesentlichen Gebiete der Mathematik zu geben, die nichts [voraussetzt] und die die gemeinsamen Grundlagen dieser Gebiete verständlich [macht]'[312]!

PETER Es ist ein alter Wunschtraum der Mathematiker, ihre Wissenschaft 'voraussetzungslos' aufzubauen, sozusagen aus dem Nichts. Und obwohl spätere Generationen immer wieder Lücken, unausgesprochene Annahmen usw. in diesen Bauwerken ihrer Vorgänger nachwiesen, fanden sich immer neue Verfechter dieses Anliegens und nahmen diese Sisyphusarbeit von neuem auf.

ALEXANDER Und was stört dich daran, Peter? Die Wissenschaft braucht Utopien, braucht Leitideen, denen sie zu folgen, Ziele, die sie zu erreichen sucht.

PETER Ich habe auch gar nichts gegen Utopien. (Auch nicht als Skeptiker.) Aber ich habe etwas gegen die Machtergreifung *einer* Utopie! Und insbesondere dann, wenn es das (erklärte) Ziel der neuen Machthaber ist, alles Alte zu zerschlagen, um etwas völlig Neues - natürlich: Besseres - an dessen Stelle zu setzen. Gegen solche Tyrannei rufe ich zum Widerstand auf!

EVA Und deine Kampfparole lautet: *Inhaltliche Mathematik statt Strukturmathematik!*

PETER Du sagst es, Eva! Ich plädiere für eine Mathematik, wie sie vor Bourbaki die Regel und auch heute noch (in den produktiven und den anwendungsorientierten Bereichen der modernen Mathematik) neben[313] Bourbaki üblich war und ist: für eine inhaltliche Mathematik.

---

[311] Die Originalformulierungen Cartans lauten 'den Forderungen der Mathematik des 20. Jahrhunderts gerecht' und 'für den Durchschnittsmathematiker war es zu schwierig geworden, seine Wissenschaft zu übersehen und alle inneren Beziehungen zwischen den verschiedenen Bereichen der Mathematik zu erfassen' (Cartan [1958], S. 7f).

[312] Cartan [1958], S. 8

[313] Als typisches Beispiel für die Konflikte, die sich im Zusammenprall zwischen einer anwendungsorientierten Mathematik und einer Strukturmathematik ergeben, sei die *Wahrscheinlichkeitslehre* genannt: So unbestritten wichtig die Kolmogorov-Axiome für die 'strenge Begründung' der Wahrscheinlichkeitslehre waren (d.h. für ihren Einbau

KONRAD Und die Konsequenzen deines Vorschlags, Peter?
PETER Die sind ebenso klar wie wichtig. Zum ersten gibt es für die inhaltliche Mathematik nicht dieses abstrakte *Rechtfertigungsproblem*, das in der Strukturmathematik entsteht und das in einem speziellen Fall ja auch der Ausgangspunkt unseres Gespräches war: Nur *in der Strukturmathematik*, die von den Inhalten erklärtermaßen absieht, entsteht das Problem des Sinnes, der Rechtfertigung, und diese ergibt sich nur aus der Stellung der Einzelheit im Gesamtzusammenhang: Der Begriff der gleichmäßigen Konvergenz ist allein dadurch gerechtfertigt, daß er in ganz verschiedenen Zusammenhängen auftaucht.[314]

KONRAD Und wegen seiner logischen Einfachheit!

PETER Lassen wir doch einmal die allerplumpste Propaganda beiseite, Konrad! - *In der inhaltlichen Mathematik* gibt es kein solches abstraktes Rechtfertigungsproblem: Die Lehrsätze und Definitionen der inhaltlichen Mathematik rechtfertigen sich eben mit ihrem Inhalt - mit der Angemessenheit oder Unangemessenheit, mit der sie die aufgeworfene Frage, das bearbeitete Problem in den Griff bekommen - *und mit der Bedeutung dieser aufgeworfenen Fragen und Probleme!*
Es gibt aber noch eine zweite wichtige Konsequenz aus meinem Vorschlag, inhaltliche Mathematik zu betreiben anstatt Strukturmathematik.

KONRAD Und der wäre?

PETER Die inhaltliche Mathematik hält uns dazu an, stets auch die Feinheiten und jeweiligen Besonderheiten der einzelnen Gedankengänge zu achten und zu berücksichtigen, anstatt sie rigoros allesamt über einen Leisten zu schlagen und alles, was sich nicht darüber beugen läßt, als überflüssigen oder unverständlichen Unsinn zu erklären.

KONRAD Du wirst doch nicht etwa behaupten wollen, Peter, daß die so unmißverständlich unter dem Anspruch der strengen Begründung angetretene Strukturmathematik irgendwelche 'mathematischen Feinheiten' übersieht?

---

ins Gebäude der Strukturmathematik unseres Mengenlehre-Zeitalters), so unbestreitbar hinderlich (und nicht nur überflüssig!) sind sie beim Lösen konkreter Wahrscheinlichkeitsprobleme. Und umgekehrt ernten Verfechter eines aufgabenorientierten Aufbaues der Wahrscheinlichkeitstheorie (z.B. Engel [1973]) bestenfalls ein mitleidiges Lächeln, in der Regel jedoch verständnisloses Kopfschütteln oder offene Ablehnung der Strukturfanatiker, die den 'systematischen Hintergrund des Ganzen' zu schwach finden oder ihn, oh Graus!, gar nicht zu entdecken vermögen.

[314] siehe S. 99f

PETER Doch, genau das will ich behaupten, Konrad! Kein denkender Mensch wird ernsthaft verteidigen, daß Bourbaki - auch wenn sein 'Unternehmen außerhalb der Kräfte eines einzelnen Menschen' steht und deswegen 'notwendig eine gemeinsame Arbeit' von 'jungen Mathematikern'[315] ist -, daß Bourbaki in der Lage ist, alles vor ihm Gedachte (und möglicherweise auch noch alles nach ihm Denkbare?) zu erfassen, zu systematisieren und niederzulegen. Insbesondere dann, wenn das Ganze gar nicht konsistent ist, wenn es gar nicht von einer *Allumfassenden Vernunft*[316] regiert wird, sondern wenn es - und dafür spricht nach unseren bisherigen Untersuchungen ein überwältigender Augenschein! - nur eine *Vernunft im Kleinen*[316] gibt. Wir haben es doch gesehen: Cauchys Summensatz ist unter dem einen Blickwinkel (dem des Finitärprogramms) falsch bewiesen, durch Gegenbeispiele widerlegt und also verbesserungsbedürftig, unter einem anderen Blickwinkel (dem des Kontinuitätsprogramms) richtig bewiesen, durch kein einziges bekanntes Beispiel widerlegt und also völlig befriedigend formuliert. *Es kommt eben auf den jeweiligen Theoriezusammenhang an*, in dem das Einzelne steht - und eine einheitliche Theorie (etwa die von Bourbaki) kann eben nicht alle diese Gesichtspunkte gleichzeitig berücksichtigen. Deswegen denunziert sie die ihr unpassenden schlichtweg als falsch, überflüssig oder sinnlos - anstatt ihnen gerecht zu werden.

ALEXANDER Aber wie kann man denn falschen oder sinnlosen Überlegungen gerecht werden?

PETER Was aus der Sicht der einen Theorie falsch ist, kann aus der Sicht einer anderen durchaus richtig sein - wir haben es gesehen. Es gilt also, die jeweils passende Sicht zu finden, sich jeweils auf die zugrundeliegende inhaltliche Problematik einzulassen, um von dort aus den verwendeten Formalismus richtig, d.h. in einer der Problematik angemessenen Weise zu verstehen.

ALEXANDER Und was nützt das alles? Was interessieren uns die verqueren Gedankengänge unserer Vorfahren? Es ist doch selbstverständlich, daß die Alten noch nicht so einwandfrei zu denken in der Lage waren, wie wir es heute sind: schließlich waren die Voraussetzungen, der Gesamtstand der Wissenschaft damals noch weit weniger entwickelt als heute.

---

[315] alle Zitate aus Cartan [1958], S. 7f; beachte die Betonung: *junge* Mathematiker!

[316] siehe S. 72

PETER Was das Aufsuchen der jeweils verwendeten Logik im Kleinen nützt? Sehr viel! Es klärt die ganzen Probleme auf, die aus dieser Hypothese der Vernunft im Großen sich ergeben. Z.B. eben deine anmaßenden Überheblichkeiten über das Denkvermögen der Alten, Alexander!
ANDREAS Was ist denn in euch gefahren, Alexander und Peter? Habt ihr eure Rollen getauscht?

2.14 DIE KONKURRENZ ZWISCHEN KONTINUITÄTS- UND FINITÄRPROGRAMM - AKTUELL ZUR ENTSTEHUNGSZEIT DER HÖHEREN ANALYSIS WIE AUCH HEUTE

2.14.1 DER BEGINN: DIFFERENZIALRECHNUNG GEGEN FLUXIONSRECHNUNG

Ein erster geschlossener Kalkül des Kontinuitätsprogramms ist die Leibnizsche Differenzialrechnung. Die konkurrierende Methode des Finitärprogramms, Newtons Fluxionsrechnung, war logisch weniger abgesichert und benötigte nach Berkeleys vernichtender Kritik eine gründliche Weiterentwicklung durch so hervorragende Mathematiker wie Robins, MacLaurin und d'Alembert; letzterer vollzog den entscheidenden Schritt von der Fluxions- zur Grenzwertrechnung. D'Alemberts Leistung besteht - vollkommen seinem Beruf als Aufklärer angemessen - in einem metaphysischen Kahlschlag, der nicht nur das Finitärprogramm ein beachtliches Stück voranbrachte, sondern auch das Kontinuitätsprogramm weiter stärkte, indem er darauf verwies, daß das sinnvolle Rechnen mit unendlichkleinen Größen keineswegs deren reale Existenz voraussetzt.

2.14.1.1 Der Differenzialkalkül bei Leibniz

ALEXANDER Wieso soll das anmaßend sein, wenn ich meinen Finger auf gewisse objektive Schwächen in der Mathematik der Alten lege?
PETER Welche *Objektivität* meinst du denn, Alexander?
ANNA Und welche *Schwächen*?
ALEXANDER Na, Schwächen gibt's doch genug! Denkt doch nur an die Schwierigkeiten einer logisch sauberen Begründung der Analysis! 'Es ist [doch] leider so, daß noch zu Beginn des 19. Jahrhunderts die ganze Differential- und Integralrechnung völlig in der Luft hing'[317]

---

[317] Duschek [1949], S. 2 Fußnote 1

– und das ist doch ohne jeden Zweifel eine objektive Schwäche!

PETER   Wieso? Das sehe ich nicht: Warum soll die Differential- und Integralrechnung 'völlig in der Luft' gehangen haben? In welcher Luft?

ALEXANDER   In der Luft der Logik. Einfach deswegen, 'weil alles auf dem logisch völlig unhaltbaren Begriff der "unendlich kleinen Größen" aufgebaut war'[317]!

PETER   Ach – das ist ja interessant! Kannst du das noch ein wenig genauer ausführen, Alexander?

ALEXANDER   Aber das ist doch heutzutage alles wohlbekannt![318] 'Über den *Grundlagen der Infinitesimalrechnung* lag [...] während langer Zeit ein *geheimnisvolles Dunkel*, das um so merkwürdiger war, als der ungeheure Aufschwung des neuen Kalküls und die staunenswerten Erfolge seiner Anwendungen auf Geometrie, Mechanik und Physik ihre allgemeine Brauchbarkeit und grundsätzliche Richtigkeit immer wieder zu bestätigen schienen. Dieses Dunkel um die Grundlagen der Infinitesimalrechnung gab den zeitgenössischen Philosophen und Mathematikern immer wieder *Anlaß zu Kritik und Klage über den Zustand der Mathematik und die Unsicherheit der Mathematik*. [...] Berühmt sind die sehr kritischen Erörterungen und Einwürfe, die der irische Bischof und Philosoph George Berkeley [...] gegen die Newtonsche Begründung der Infinitesimalrechnung (*Fluxionsrechnung*) vorgebracht hat. [...] *Auch gegen die unzulängliche Grundlegung der Infinitesimalrechnung durch Leibniz wurden viele Einwände* erhoben, zuerst von dem holländischen Arzt Bernhardt Nieuwentijt (1695), denen Leibniz selbst entgegentrat.'[319] Die Wurzel des Übels war die Ansicht, das Differenzial dy sei ein letzter unteilbarer Bestandteil der Größe y, und zwar eine aktual unendlichkleine Größe, kleiner als jede Größe, aber doch nicht Null: 'Trotz dieser begrifflich völlig unhaltbaren Auffassung des *Differentials* (Momentes) einer Funktion als *unendlich kleine* oder *infinitesimale Größe* bei den Begründern der "*Infinitesimalrechnung*"

---

[318] Die im Text folgenden Zitate stehen dort, nicht weil es mir darum geht, ihrem Verfasser seinen Irrtum nachzuweisen, sondern weil sie eine keineswegs selten vertretene, keineswegs unmaßgebliche Ansicht darlegen und in erfreulich offener und ungenierter Weise den heute herrschenden Zeitgeist dokumentieren; außerdem möchte ich mir nicht den Vorwurf böswilliger Überzeichnung durch eigene Formulierungen einhandeln.

[319] Strubecker [1967], S. 73

Leibniz (1646-1716) und Newton (1643-1727) waren [jedoch] die Erfolge des neuen, besonders von Leibniz ausgestalteten "*Differentialkalküls*" (englisch: "*calculus*") unvergleichlich.'³²⁰

PETER Soso - das ist ja wirklich aufschlußreich: Obwohl die Rechnungen der damaligen Zeit 'völlig in der Luft' hingen, hatten sie 'unvergleichlichen Erfolg', kamen also offenbar zu richtigen Ergebnissen. Das deutet mir sehr darauf hin, daß diese von dir so arg vermißte logische Grundlage nur Ergebnis deiner subjektiven Gewissensbisse ist, keineswegs jedoch *objektiv notwendig*: wenn es doch auch ohne sie geht! Daß die Ergebnisse korrekt sind, zeigt doch, daß die Rechnungen keineswegs unsinnig waren.

ALEXANDER Purer Zufall! Auch ein Schluß von 'unhaltbaren', also falschen Voraussetzungen kann zum richtigen Ergebnis führen - darin nichts Unbegreifliches zu sehen, lehrt uns die (moderne) Logik.

PETER Das ist aber doch kein *logisches* Problem, Alexander ...

INGE Sondern ein *geschichtliches* Problem. Nicht logische Schlußregeln liefern hier eine Erklärung, sondern *die List der Vernunft* war da am Werk! 'Die Infinitesimalrechnung [...] ist wesentlich nichts andres als die Anwendung der Dialektik auf mathematische Verhältnisse. Das bloße Beweisen tritt hier entschieden in den Hintergrund gegenüber der mannigfachen Anwendung der Methode auf neue Untersuchungsgebiete. Aber fast alle Beweise der höhern Mathematik, von den ersten der Differentialrechnung an, sind vom Standpunkt der Elementarmathematik aus, streng genommen, falsch. Dies kann nicht anders sein, wenn man, wie hier geschieht, die auf dialektischem Gebiet gewonnenen Resultate vermittelst der formellen Logik beweisen will.'³²¹

PETER Nicht jedes Versagen der formalen Logik läßt sich durch Hegelsche Dialektik auffangen, Inge! Selbstverständlich ist dies hier auch *kein geschichtliches* Problem ...

INGE Sondern?

PETER ... sondern ein *methodologisches*.

EVA Ein was?

PETER Ein methodologisches Problem, ein Problem der Methodenlehre: Es gilt doch herauszufinden, welche methodischen Zusammenhänge damals zwischen Rechnung und Ergebnis herrschten - eben *wie damals gerechnet*

---

³²⁰ Strubecker [1967], S. 71f
³²¹ Engels [1878], S. 125f

wurde. Ob dabei dann formallogisch korrekte Zusammenhänge (in heutiger Sicht) gestiftet wurden oder ob die Rechenstifte klammheimlich von der List der Vernunft geführt wurden - das ist unter methodologischem Gesichtspunkt gleichgültig. Methodologisch interessant ist die tatsächliche Vorgehensweise der damaligen Mathematiker.

ANDREAS Was heißt hier *tatsächlich*? Das persönliche, subjektive Bewußtsein der Leute von ihrem Handeln?

PETER Nein, natürlich nicht! Tatsächliche Vorgehensweise meint ihre Rolle in dem jeweiligen Stadium des Forschungsprogramms, dem sie anhängen.

ANDREAS *beiseite* Dacht' ich mir's doch: Die eine List der Großen Vernunft wird ersetzt durch die vielen Listen der Kleinen Vernünfte!

EVA Welches Forschungsprogramm denn?

PETER Das eben gilt es herauszufinden! In diesem Fall hier, bei der Entstehung der Infinitesimalrechnung, dürfte das für uns nach unseren bisherigen Erkenntnissen keine unüberwindbaren Probleme aufwerfen: Wir werden einfach nach dem Kontinuitätsprogramm und nach dem Finitärprogramm Ausschau halten.

EVA Und wo?

ANNA Das ist mit unseren bisherigen Erfahrung mit Sekundärliteratur auch klar: in den Originalquellen. Ich werde mich mal um Newton kümmern.

PETER Und ich übernehme Leibniz.

KONRAD Ich helfe dir dabei, Peter.

Sie trennen sich und treffen sich nach dem Abendessen wieder.

PETER Das ist großartig! Bei meiner Literatursuche bin ich auf eine Schrift gestoßen, die eine wunderschöne Darstellung der Leibnizschen Infinitesimalrechnung enthält - direkt angelehnt an seine Abhandlungen; es handelt sich um einen Text von Henk J. M. Bos: 'Differentials, Higher-Order Differentials and the Derivative in the Leibnizian Calculus', also: 'Differenziale, Differenziale höherer Ordnung und die Ableitung in der Leibnizschen Infinitesimalrechnung'. Damit ist es sehr leicht, den Leibnizschen Zugang zu verstehen und sein Forschungsprogramm zu identifizieren. In der Tat ist Leibniz ein Vertreter des Kontinuitätsprogramms.

EVA Das war ja auch wohl nicht schwer zu vermuten - nachdem wir schon des öfteren vom 'Leibnizschen Kontinuitätsprinzip' gesprochen und dessen Rolle im Kontinuitätsprogramm wiederholt herausgestrichen haben!

ANDREAS Oh, du hast wohl noch nichts vom Hauptsatz der Mathematikgeschichte gehört?

EVA Nein - wie lautet der?

ANDREAS Der Hauptsatz der Mathematikgeschichte besagt ganz einfach, daß keine mathematische Entdeckung nach ihrem Entdecker benannt ist.[322]

PETER Oh ja, sehr schön: Für diesen Satz haben wir in der Tat schon viele Bestätigungen gefunden. Diesmal aber ist es anders: Leibniz' Zugehörigkeit zum Kontinuitätsprogramm ist unzweifelhaft. Das wird ganz eindeutig dadurch bewiesen, daß er ausdrücklich mit unendlichen Größen rechnet: Wenn x eine endliche Größe ist, dann ist nach Leibniz ihr Differenzial dx eine unendlichkleine Größe, ihr Integral $\int x$ eine unendlich große Größe.[323]

ALEXANDER Ja, was soll das denn eigentlich heißen: dx ist eine unendlichkleine Größe? Was ist eine unendlichkleine Größe? Gibt es so etwas überhaupt?

PETER Ob 'es in der Natur Linien gibt, die, relativ zu unseren gewöhnlichen, in aller Strenge unendlich klein sind, noch auch solche, die unendlichmal größer als die gewöhnlichen, dennoch aber begrenzt sind'[324], das wollte Leibniz mit seinem Kalkül nicht entscheiden. Vielmehr war es seine Absicht, 'zu zeigen, daß man die mathematische Analysis von metaphysischen Streitigkeiten nicht abhängig zu machen braucht'[325], und deswegen bediente er sich des Kunstgriffs, 'das Unendliche durch das Unvergleichbare zu erklären, d.h. Größen anzunehmen, die unvergleichlich größer oder unvergleichlich kleiner als die unsrigen sind. Auf diese Weise nämlich erhält man beliebig viele Grade

---

[322] Die Kenntnis dieses Lehrsatzes verdanke ich Herrn Artmanns freundlicher Einführung zu meinem Kolloquiumsvortrag am 29.11.1978.

[323] siehe Bos [1973], Abschnitte 2.5, 2.8, 2.10, 2.11

[324] Leibniz [1702], zit. nach Becker [1954], S. 165

[325] Leibniz [1702], zit. nach Becker [1954], S. 165. Dies jedoch gelang Leibniz nicht zufriedenstellend: Leibniz konnte nicht den zweiten Schritt tun, ehe die Allgemeinheit den ersten Schritt (die Anerkennung der Regeln des Differenzialkalküls) nachvollzogen hatte. Der Aufklärer d'Alembert war mit dem Verfolg dieser Absicht später (nachdem der Boden bereitet war) erfolgreicher - siehe unten S. 208-13.

unvergleichbarer Größen. [...] So ist etwa ein Teilchen der magnetischen Materie, die das Glas durchdringt, einem Sandkorn, dieses wiederum der Erdkugel, die Erdkugel schließlich dem Firmament nicht vergleichbar.'[324]

KONRAD Wenn ich das recht verstanden habe, dann ging es Leibniz um die *Verhältnisse*, die Beziehungen *zwischen* Größen, um Größenordnungen: dx ist unendlichklein *in bezug auf* x, $\int x$ ist unendlichgroß *in bezug auf* x. Ja, x ist wohl auch unendlichgroß *in bezug auf* dx und - zugleich! - unendlichklein *in bezug auf* $\int x$!? Ist das so richtig, Peter?

PETER Ja, ganz genau, Konrad! Leibniz ging es darum, einen Kalkül aufzustellen, ein Rechenschema, und dazu mußte er eben angeben, in welchen Beziehungen die vorkommenden Größen zueinander stehen und wie mit ihnen umzugehen ist. Das letztere beschrieb er dann durch Regeln 'für die Rechnung mit dem Unvergleichbaren'[324], die er in seiner Erstveröffentlichung zu diesem Thema im Jahre 1684 wie folgt formuliert[326]:

---

[326] vgl. Leibniz [1684] in Leibniz [1908], S. 3, 4, 6. In dieser ersten Schrift zum Infinitesimalkalkül ist zwar das dx eine Strecke 'nach Belieben' (S. 3) und nach der beigefügten Figur von endlicher Größe; indessen muß man bei dem 'Beweis alles dessen [...] den bisher nicht genug erwogenen Umstand [beachten], daß man dx, dy, dv, dw, dz als proportional zu den augenblicklichen Differenzen, d.h. Inkrementen oder Dekrementen, der x, y, v, w, z (eines jeden in seiner Reihe) betrachten kann' (S. 6f). Diese erste Definition des Differenzials dy als 'vierte Proportionale' zu Subtangente, Ordinate und der (beliebig gewählten) Strecke dx (vgl. Leibniz [1908], S. 3, 7) beurteilt Bos [1973] nach sorgfältigem Quellenstudium als 'abweichend und ziemlich unglücklich (tatsächlich ist der Ausdruck *differentia* in Beziehung zu dieser Definition eine Fehleinschätzung)' (S. 64); Bos weist darauf hin, daß 'Leibniz tatsächlich in späteren Artikeln (mit einer einzigen Ausnahme [...]) diese Definition nicht verwendet, sondern die Differenziale unmittelbar als Infinitesimalien [= unendlichkleine Größen] behandelt' (S. 64); insbesondere weist Bos darauf hin, daß es zu dieser Erstveröffentlichung einen alternativen Entwurf gab, 'in dem die Differenziale als Infinitesimalien eingeführt werden' (S. 63). In diesem Zusammenhang müssen nach meiner Ansicht auch noch folgende Sätze aus Leibniz' Erstveröffentlichung zu diesem Thema erwähnt werden: 'Man muß nur ein für allemal festhalten, daß eine *Tangente* zu finden so viel ist wie eine Gerade zeichnen, die zwei Kurvenpunkte mit unendlich kleiner Entfernung verbindet, oder eine verlängerte Seite des unendlicheckigen Polygons, welches für uns mit der *Kurve* gleichbedeutend ist [*sic!*]. Jene unendlich kleine Entfernung läßt sich aber immer durch irgend ein bekanntes Differential, wie dv, oder durch eine Beziehung zu demselben ausdrücken, d.h. durch eine gewisse bekannte Tangente.' (Leibniz [1908], S. 7) Hier jedenfalls stellt Leibniz durch den vermittelnden Begriff der *Tangente* einen Zusammenhang zwischen einem *Differenzial* und *unendlichkleinen Entfernungen* her.

$$da = 0 \text{ und}$$
$$d(ax) = adx, \text{ wenn } a \text{ eine konstante Größe ist;}$$
$$d(z - y + w + x) = dz - dy + dw + dx,$$
$$d(xv) = xdv + vdx,$$
$$d\frac{v}{y} = \frac{vdy - ydv}{yy},$$
$$dx^a = ax^{a-1}dx \text{ auch für negative und gebrochene } a,$$

speziell also auch

$$d\sqrt[b]{x^a} = \frac{a}{b}dx \sqrt[b]{x^{a-b}}.$$

Den 'Algorithmus dieses Kalküls'[327] nennt Leibniz die Differenzialrechnung[327], und wenn man's möglichst übersichtlich aufschreiben will, kann man es mit Bos folgendermaßen tun[328] (die x, y sind Variablen, a eine Konstante):

$$da = 0$$
$$d(x+y) = dx + dy$$
$$d(xy) = xdy + ydx$$
$$d(\frac{x}{y}) = \frac{ydx - xdy}{y^2}$$
$$dx^a = ax^{a-1}dx \text{ (auch für gebrochenes } a\text{)}$$

ALEXANDER Und wie begründet Leibniz diese Regeln?

PETER In seiner Erstveröffentlichung finden sich keine systematischen Begründungen für diese Regeln. Während sich die beiden ersten Regeln der obigen Liste noch unmittelbar aus Leibniz' Erklärung des Differenzials ergeben, scheinen die drei letzten doch einer Begründung zu bedürfen.

ALEXANDER Wieso *scheinen*? Natürlich tun sie das!

KONRAD So *natürlich* ist das keineswegs, Alexander! Der von Leibniz vorgestellte Kalkül war so funktionstüchtig, so erfolgreich, so überzeugend, daß die Frage nach einer Begründung zweitrangig war. Bereits in seiner Erstveröffentlichung pries Leibniz den großen Fortschritt, den sein Kalkül darstellte, indem er im Anschluß an eine Rechnung feststellte: 'Wollte man so etwas nach den bekannten gemachten Tangentenmethoden unter Beseitigung der Irrationalitäten herausbringen, so

---

[327] Leibniz [1684], zit. nach Leibniz 1908 , S. 6
[328] vgl. Bos [1973], Abschnitt 2.19; ich beschränke mich auf diejenigen Regeln, die sich aus Leibniz' Erstveröffentlichung direkt herauslesen lassen - die erste hier aufgeführte Regel findet sich nicht in Bos' Liste.

wäre das eine abscheuliche und manchmal unüberwindliche Mühe [...]
In allen diesen Fällen und in viel verwickelteren ist unsere Methode
von derselben überraschenden und geradezu beispiellosen Leichtigkeit.'[329] Und sowohl seine *Rückschau* war berechtigt: 'Andere gelehrte
Männer haben mit viel Umschweifen das zu erjagen gesucht, was einer,
der in diesem Kalkül erfahren ist, auf drei Zeilen ohne weiteres herausbringen kann.'[330] wie auch seine *Vorausschau*: 'Dies sind nur die
Anfänge einer viel höheren Geometrie, die sich auch zu den schwierigsten und schönsten Problemen der angewandten Mathematik hinerstreckt,
und nicht leicht wird jemand diese Dinge ohne unsere Differentialrechnung oder eine ähnliche mit gleicher Leichtigkeit behandeln.'[331]
Diese Voraussage bewahrheitete sich, und da Erfolg die Mittel heiligt,
war die Frage nach einer Begründung des Kalküls nebensächlich.

PETER Und es ist ja auch wirklich ein Kinderspiel, diesen Kalkül
zu handhaben: Ausgehend von der *Kurvengleichung* erhält man durch Anwendung der Regeln auf die beiden Seiten der Gleichung die *Differenzialgleichung* der Kurve. Etwa in folgender Weise:

Kurvengleichung: $ay = x^2$

Differenzial der linken Seite: $day = ady$

Differenzial der rechten Seite: $dx^2 = 2xdx$

Differenzialgleichung also: $ady = 2xdx$

Und ebenso erhält man die *Differenzialgleichungen höherer Ordnungen*,
indem man die erhaltene Gleichung jeweils weiter differenziert:

Differenzialgleichung 2. Ordnung: $addy = 2dxdx + 2xddx$

oder kürzer: $ad^2y = 2(dx)^2 + 2xd^2x$

Differenzialgleichung 3. Ordnung: $ad^3y = 4dxd^2x + 2dxd^2x + 2xd^3x$
$= 6dxd^2x + 2xd^3x$

usw.

---

[329] Leibniz [1684], zit. nach Leibniz [1908], S. 11. Bos [1973] erläutert, 'daß die Anwendbarkeit des Leibnizschen Kalküls auf Wurzeln
und verwickelte Irrationalitäten einen Teil der großen Überlegenheit
über die bereits bekannten Tangenten- und Extremwertregeln (Fermat,
Sluse) ausmachte, die nur auf Polynomgleichungen algebraischer Kurven anwendbar waren. Die Berechnung solcher Gleichungen für gegebene
Kurven [...] erforderte oft langwierige und ermüdende Rechnungen zur
Beseitigung der Wurzeln. Daher auch der Titel dieser 1684er Arbeit:
*Neue Methode der Maxima, Minima sowie der Tangenten, die sich weder
an gebrochenen, noch an irrationalen Größen stößt, und eine eigentümliche darauf bezogene Rechnungsart.*' (S. 28f)

[330] Leibniz [1684], zit. nach Leibniz [1908], S. 10. Dies war und
blieb der unbestreitbare Vorteil des Differenzialkalküls vor allen
Konkurrenzmethoden - vgl. etwa bei Fußnote 420.

[331] Leibniz [1684], zit. nach Leibniz [1908], S. 11

ALEXANDER Ja, das funktioniert ganz leicht - aber hat Leibniz sich denn gar keine Gedanken über eine Begründung seiner Regeln gemacht?

PETER Doch, selbstverständlich ...

KONRAD Nur müssen wir bedenken, daß diese Gedanken 'keinerlei Einfluß auf die wirkliche Entwicklung der Infinitesimalrechnung im achtzehnten Jahrhundert'[332] hatten!

PETER Dennoch sind diese Überlegungen von Leibniz wichtig ...

ANDREAS Ja, das leuchtet mir vollkommen ein, Peter: Diese Gedanken hatten *keinerlei Einfluß*, sind aber *dennoch wichtig*... Auch wenn die Vernunft *in Wirklichkeit* nichts zu bestellen hat, *behauptet* sie frechweg ihre Bedeutung!

PETER Selbstverständlich - denn 'die wirkliche Geschichte ist eine Karikatur ihrer rationalen Rekonstruktion'[333]. *'Aber die rationale Rekonstruktion oder die interne Geschichte ist primär, und die externe Geschichte nur sekundär, denn die wichtigsten Probleme der externen Geschichte werden durch die interne Geschichte definiert.* [... Und] der *rationale* Aspekt des Wachstums der Wissenschaften wird [...] von der gewählten Forschungslogik voll und ganz erklärt.'[334]

ALEXANDER Na, denn mal endlich heraus mit der Sprache: Wie hat Leibniz nun seine Regeln begründet?

PETER Interessanterweise hat er sich zwei grundverschiedene Zugänge überlegt[335]: einen *innertheoretischen* und einen *grundlegenden*. Der innertheoretische Zugang gründet sich auf die - da nicht problematisierte - Auffassung der Differenziale als unendlichkleine Differenzen; er ist kurz und übersichtlich, und ich will ihn am Beispiel der Regel

$$d(xy) = xdy + ydx$$

vorstellen:

Das Differenzial dv einer endlichen Variablen v ist die Differenz zwischen zwei unendlichdicht benachbarten Ordinaten v^I und v aus dem Kontinuum der Ordinaten[336]:

---

[332] Bos [1973], S. 54   [333] Lakatos [1962], S. 157

[334] Lakatos [1970b], S. 288; Hervorhebung im Original

[335] vgl. Bos [1973], Abschnitte 4.2 bis 4.4

[336] vgl. Bos [1973], Abschnitt 2.6. Bos spricht hier von 'der nächsten Ordinate in der unendlichen Folge der Ordinaten', eine (vermutlich gewollt?) paradoxe Formulierung, die meines Erachtens ohne künstliche Schwierigkeiten in der im Text vorgeschlagenen Weise vermieden werden kann.

$$dv = v^I - v$$

Im Falle $v = xy$ ist dann $v^I = (x+dx)(y+dy)$, und somit können wir Leibniz' eigene Begründung sofort verstehen:
'$d(xy)$ ist dasselbe wie die Differenz zwischen zwei benachbarten xy, von denen das eine xy ist und das andere $(x+dx)(y+dy)$. Dann

$$d(xy) = (x+dx)(y+dy) - xy$$

oder $\quad xdy + ydx + dxdy$

und dies wird gleich $xdy+ydx$ sein, wenn die Größe $dxdy$ fortgelassen wird, die ja in bezug auf die übrig bleibenden Größen unendlichklein ist, weil dx und dy als unendlichklein angenommen wurden'[337], d.h. hier beruft sich Leibniz wieder auf die *Unvergleichbarkeit* zweier Größen, von denen die eine $(dxdy)$ unendlichviel kleiner ist als die andere $(xdy+ydx)$.
Methodologisch betrachtet bezieht sich Leibniz hier auf ein *Homogenitätsgesetz*.

INGE Aber so geht das doch nicht! 'Auch über noch so kleine Irrtümer darf man in mathematischen Dingen nicht hinweggehen!'[338]

EVA Wie kommt Leibniz denn auf *diese* Idee mit dem Homogenitätsgesetz?

PETER Nun, das war naheliegend. Auch noch lange nach Descartes war es üblich, beim algebraischen Studium der Kurven auf die *Dimensionshomogenität der Gleichungen* zu achten[339], also darauf, daß sämtliche Glieder einer Gleichung dieselbe Dimension aufweisen. Diesem *algebraischen Homogenitätsgesetz* stellte Leibniz nun sein *transzendentales Homogenitätsgesetz* zur Seite; es besagt, daß alle Glieder einer Gleichung dieselbe (Un-)Endlichkeitsordnung haben müssen, d.h. daß die Glieder der kleineren (Un-)Endlichkeitsordnungen unberücksichtigt bleiben[340]. Also

aus $a+dx$ wird a ,

---

[337] Leibniz, veröffentlicht 1885, zit. nach Bos [1973], S. 16. Diese Begründung findet sich auch in Leibniz [1710] (vgl. Leibniz [1908], S. 65-71), wo die entscheidende Formulierung lautet: 'Weil aber dx oder dy unvergleichlich kleiner als x oder y ist, so wird auch $dxdy$ unvergleichlich kleiner als xdy oder ydx sein und daher fortgelassen.' (S. 67)

[338] Newton [1704], S. 5

[339] siehe Bos [1973], Abschnitt 1.6, der dort noch weitere Begründungen gibt

[340] siehe Bos [1973], Abschnitt 2.22 (von dort stammen auch die ersten beiden der im Text folgenden Beispiele) sowie Leibniz [1710] in Leibniz [1908], S. 71

aus $dx + ddy$ wird dx,

aus $a + dx + \int y$ wird $\int y$ usw.

Und eben: aus $xdy + ydx + dxdy$ wird $xdy + ydx$. In Leibniz' eigenen Worten: In einer Gleichung müssen 'beidemal die Differentialexponenten dieselbe Summe bilden'[341], wie etwa bei $addx = dxdx$, wo 'man jenes $d^0 ad^2 x$, dieses $d^1 xd^1 x$ schreiben kann und [...] $0 + 2 = = 1 + 1$. '[341]

Zu diesem *transzendentalen Homogenitätsgesetz* tritt nun methodologisch noch eine *Konsistenzbedingung* hinzu: Differenziale und Integrale verschiedener Größen sind miteinander vergleichbar, wenn sie von gleicher Ordnung sind.[342] So sind dx und dy miteinander vergleichbar, ebenso ddx und $\int dddy$, nicht jedoch dy und ddx, da ddx mit ddy vergleichbar ist, dieses jedoch nicht mit dy. Aber diese Konsistenzbedingung versteht sich ja von selbst; ich wollte sie nur der Vollständigkeit halber erwähnen.

ALEXANDER Auch selbstverständliche Dinge müssen erwähnt werden, damit die Argumentation vollständig ist!

ANDREAS Daß ich nicht lache! Vollständigkeit der Argumentation ist eine Fata Morgana der Strengefanatiker, und wer ihr nachläuft, verliert rasch die Orientierung.

ALEXANDER Du hast aber noch einen zweiten Beweis angekündigt, den Leibniz für seine Regeln gegeben hat, Peter!

PETER Ja. Neben diesem internen, *innertheoretischen Beweis*, der sich auf die Eigenschaften der Differenziale gründet, hat Leibniz auch noch einen *grundlegenden Beweis* gegeben, der sich unmittelbar auf die positive Heuristik des Forschungsprogramms stützt, in dem er arbeitet.

EVA Also das Kontinuitätsprogramm?

PETER Jawohl. Und dessen positive Heuristik war zu dieser Zeit das (später eben nach seinem Propagandisten Leibniz) genannte *Kontinuitätsgesetz*. In Leibniz' eigenen Worten lautet es:

'Wenn irgendein kontinuierlicher Übergang an einer bestimmten Grenze aufhört, dann ist es erlaubt, eine allgemeine Vernunft-

---

[341] Leibniz [1710], zit. nach Leibniz [1908], S. 71

[342] vgl. Bos [1973], Abschnitt 2.13, der von 'Klassen verschiedener Unendlichkeitsordnung' spricht.

überlegung einzurichten, die auch diese letzte Grenze einschließt.'[343]

ALEXANDER Das klingt sehr mystisch und unbestimmt! Und wenn ich mich recht erinnere, dann hast du diese sogenannte 'positive Heuristik des Kontinuitätsprogramms' früher auch anders formuliert - anders und bestimmter.

PETER Das ist vollkommen richtig, Alexander. Aber damals haben wir diese *positive Heuristik* aus der Analyse der Cauchyschen Mathematik heraus erarbeitet[344] - und das war 150 Jahre *nach* Leibniz, 150 Jahre, in denen dieses Forschungsprogramm erheblich vorangetrieben und sorgfältiger, wohlbestimmter ausgearbeitet worden ist. Selbstverständlich kann man nach so langer Zeit einer stürmischen Entwicklung eines Forschungsprogramms mit der Möglichkeit einer bestimmteren Fassung seiner methodologischen Regeln rechnen - und genau dies ist von Leibniz auf Cauchy geschehen. Die Formulierung, die wir eben bei Leibniz gelesen haben, ist die erste und *allgemeinste Fassung des Leibnizschen Kontinuitätsgesetzes*. Aber damit läßt sich durchaus schon mathematisch arbeiten, wie ich gleich zeigen will.

ALEXANDER Da bin ich aber neugierig.

PETER Allerdings hat auch Leibniz selbst schon *bestimmtere Fassungen dieses Kontinuitätsgesetzes* angegeben, z.B. die folgende: 'Die Regeln des Endlichen behalten im Unendlichen Geltung.'[345] Und diese bestimmtere Fassung ist es, die Cauchy 150 Jahre später *zwischen den Zeilen* (d.h. in seinen Rechnungen) weiter präzisierte - so, wie wir damals das 'Kontinuitätsgesetz für die natürlichen Zahlen' formuliert haben: Für die unendlichgroßen natürlichen Zahlen gilt all das, was für sämtliche endlichen natürlichen Zahlen gilt.[346]

KONRAD Diese *Cauchy-Fassung des Kontinuitätsgesetzes* sieht im Nachhinein wie eine sehr selbstverständliche und naheliegende Weiterentwicklung der *(bestimmteren) Leibniz-Fassung* aus - es ist doch wirklich seltsam, daß sie 150 Jahre auf sich warten ließ!

---

[343] 'Proposito quocunque transitu continuo in aliquem terminum desinente, liceat ratiocinationem communem instituere, qua ultimus comprehendatur.' (Leibniz, zit. nach Bos [1973], Abschnitt 4.3)

[344] siehe S. 45

[345] Leibniz [1702], zit. nach Becker [1954], S. 167

[346] siehe S. 45, 47, 73

PETER Ich denke nicht, daß die Cauchysche Abänderung so naheliegend und selbstverständlich war; in der Tat ist sie wirklich genial!³⁴⁷

ALEXANDER Ich verstehe nicht, wieso eine Umformulierung von Mystik in Mystik genial sein kann!

INGE Was mich hier bei Leibniz noch interessiert: Hat er sein Kontinuitätsgesetz selbst irgendwie begründet?

PETER Ja, ich glaube, dieser Abschnitt hier, aus dem ich soeben Leibniz' bestimmtere Fassung seines Kontinuitätsgesetzes zitiert habe, den kann man als eine solche Begründung ansehen: 'Ganz allgemein kann man sagen, daß die Kontinuität überhaupt etwas *Ideales* ist, und es in der Natur nichts gibt, das vollkommen gleichförmige Teile hat; dafür aber wird auch das *Reelle* vollkommen von dem *Ideellen* und *Abstrakten* beherrscht: die Regeln des Endlichen behalten im Unendlichen Geltung, wie wenn es Atome – d.h. Elemente der Natur von angebbarer fester Größe – gäbe, obgleich dies wegen der unbeschränkten, wirklichen Teilung der Materie nicht der Fall ist, und umgekehrt gelten die Regeln des Unendlichen für das Endliche, wie wenn es metaphysische Unendlichkleine gäbe, obwohl man ihrer in Wahrheit nicht bedarf, und die Teilung der Materie niemals zu solchen unenlichkleinen Stückchen gelangt.' Und jetzt der letzte, der entscheidende Satz: 'Denn alles untersteht der Herrschaft der Vernunft, und es gäbe sonst weder Wissenschaft noch Gesetz, was der Natur des obersten Prinzips widerstreiten würde.'³⁴⁵

INGE Dacht' ich mir's doch: plattester Idealismus in Reinkultur!

ANDREAS Was erwartest du denn von einem genialen Mathematiker anders?

ALEXANDER Genug der Mystik um der Mystik willen! Peter hat uns versprochen zu zeigen, wie Leibniz aus Mystik Mathematik entstehen ließ, und es ist Zeit, daß er dieses Versprechen einlöst.

PETER Aber gern. Es geht um den zweiten, den grundlegenden Zugang zum Leibnizschen Kalkül, und ich will zeigen, wie Leibniz die Regel $d(xy) = xdy + ydx$ mit Hilfe seines Kontinuitätsgesetzes begründet. Hier, hier ist die Stelle, an der Leibniz diese Regel beweist, und zwar in der Form

---

[347] abgewandelt nach Lakatos [1961], S. 6 Fußnote 18 und Text – dort wird eine (mit Abstrichen) vergleichbare Situation geschildert.

wenn $ay = xv$, dann $ady = xdv + vdx$.

Leibniz schreibt: 'Beweis:

$$ay + ady = (x + dx)(v + dv)$$
$$= xv + xdv + vdx + dxdv$$

und durch Ausscheiden von ay und xv auf beiden Seiten, die ja gleich sind, bleibt

$$ady = xdv + vdx + dxdv,$$

oder

$$\frac{ady}{dx} = \frac{xdv}{dx} + v + dv$$

und durch unmittelbaren Übergang zu niemals verschwindenden Größen, wie es erlaubt ist, ergibt sich

$$\frac{a(d)y}{(d)x} = \frac{x(d)v}{(d)x} + v + dv.\text{'}^{348}$$

An dieser Stelle muß ich Leibniz unterbrechen und erläutern: Mit $(d)x$ usw. bezeichnet Leibniz hier eine *endliche* Strecke[349], und wenn dx, dy und $(d)x$ gegeben sind, so ist $(d)y$ [350] die vierte Proportionale in

$$(d)y : (d)x = dy : dx.$$

Mit anderen Worten also: An dieser Stelle beginnt Leibniz mit der Anwendung seines Kontinuitätsgesetzes[351], indem er die *allgemeine Ver-*

---

[348] Leibniz, zit. nach Bos [1973], Abschnitt 4.4 Fußnote 97; ob diese 'niemals verschwindenden Größen' eine Spitze gegen Newton sind, dazu schweigt Bos.

[349] vgl. Bos [1973], Abschnitt 4.4, besonders Fußnote 96; ich erinnere hier auch an Leibniz' erste Einführung des Differenzials als 'vierte Proportionale' zu Subtangente, Ordinate und (beliebig gewählter *endlicher*) Strecke dx (in der jetzigen Schreibweise: $(d)x$): siehe Fußnote 326.

[350] Ich hoffe, Bos [1973], Abschnitt 4.4 hier richtig zu verstehen.

[351] vgl. oben, S. 187f. - Bos [1973], Abschnitt 4.4 behauptet, Leibniz wende an dieser Stelle *nicht* das Kontinuitätsgesetz an, sondern Leibniz *setze voraus*, daß die Tangente die Grenzlage der Sekante ist. Diese Behauptung ist in meinen Augen unvereinbar mit der folgenden Leibnizschen Aussage: '[...] mein *Gesetz der Kontinuität*, kraft dessen man die Ruhe als eine unendlichkleine Bewegung - d.h. als äquivalent einer Unterart ihres Gegenteils - ansehen kann, das Zusammenfallen zweier Punkte als eine unendlichkleine Entfernung zwischen ihnen, die Gleichheit als Grenzfall der Ungleichheit usw.' (Leibniz [1702], zit. nach Becker [1954], S. 167), insbesondere unter Berücksichtigung der Aussage: 'Man muß nur ein für allemal festhalten, daß eine *Tangente* zu finden so viel ist wie eine Gerade zeichnen, die zwei Kurvenpunkte mit unendlich kleiner Entfernung verbindet [...]' (Leibniz [1684], zit. nach Leibniz [1908], S. 7). Aber auch ein sorgfältiges Bedenken der in Frage stehenden Textstelle scheint mir Bos' Behauptung zu widerlegen.

nunftüberlegung einführt – hier ist es der Übergang von einer unendlichkleinen Strecke zu einer endlichen –, die nachher auch die letzte Grenze einschließen wird – nämlich den Fall $dx = 0$, was ja die Grenze des *unendlichkleinen dx* ist. Nun fährt Leibniz in seiner *allgemeinen Vernunftüberlegung* fort, indem er sich auf die zuletzt erhaltene Gleichung stützt:

$$\frac{'a(d)y}{(d)x} = \frac{x(d)v}{(d)x} + v + dv$$

wo noch dv als einziges Glied übrig ist, das verschwinden kann, und im Fall verschwindender Differenzen, ergibt sich dann wegen $dv = 0$

$$a(d)y = x(d)v + v(d)x \quad '348$$

d.h. jetzt ist der *kontinuierliche Übergang zur Grenze* – hier: $dx = = 0$ – vollzogen. Nunmehr kann man sich also wieder an den Ausgangspunkt erinnern: 'Weshalb man dies sogar – da ja $(d)y : (d)x$ immer $= dy : dx$ – im Fall verschwindender [also: unendlichkleiner] dy, dx annehmen darf und also setzen kann

$$ady = xdv + vdx . \quad '348$$

ALEXANDER Also weißt du ...: Ganz offenkundig bleibt Mystik hier Mystik[352]; ich sehe nicht, wo sie an dieser Stelle den Sprung zur Mathematik schafft!

[352] Auch Marx [1968] resümiert in diesem Sinne die frühe Entwicklung: 'Also: man glaubte selbst an den mysteriösen Charakter der neu entdeckten Rechnungsart, die wahre (und dabei namentlich auch in der geometrischen Anwendung überraschende) Resultate lieferte bei positiv falschen mathematischen Verfahren. Man war so selbst mystifiziert, schätzte den neuen Fund um so höher, machte die Schar der alten orthodoxen Mathematiker um so hirntoller und rief so das gegnerische Geschrei hervor, das selbst in der Laienwelt widerhallt und nötig ist, um den Neuen den Weg zu bahnen.' (S. 119)
Nun hat Marx natürlich ein klares ideologisches Interesse bei seiner Erörterung des geschichtlichen Entwicklungsganges, in der er d'Alembert als Überwinder der mystischen Periode des Differenzialkalküls darstellt (siehe a.a.O., etwa S. 122) – eine Strategie, die Marxens Epigone Richter in neuerer Zeit zum Exzeß getrieben hat (vgl. unten, Fußnote 423). Aber bleiben wir hier bei Marx und fragen ihn: Wie kann ein positiv falsches Verfahren wahre Resultate liefern?
Dieses Problem sieht der sich redlich mühende Marx auch: 'Die einzige Frage, die noch aufgeworfen werden könnte: warum die gewaltsame Unterdrückung der im Weg stehenden Glieder? Das setzt nämlich voraus, dass man weiss, dass sie im Weg stehn und nicht wirklich zur Abgeleiteten gehören.' (S. 118)
Wie nun wird ein standhafter Materialist diese Frage beantworten? Richtig, das ist nicht schwer zu vermuten; und genau in diesem Sinne findet auch Marx die *'Antwort* sehr einfach: dies fand man rein experimentell.' (a.a.O.) Na bitte. Nur – einen Beleg für diese Behauptung

ANDREAS Du mit deinem borniertem Verständnis von Mathematik! Wenn Erläuterungen nicht aus Formeln bestehen, erkennst du sie nicht an - was erwartest du eigentlich?

ALEXANDER Klare, einwandfreie, wohlbestimmte Beweisführungen, sonst nichts - und das ist ja wohl die Mindestforderung, die man an die Mathematik stellen muß. Aber ich kann mir sehr gut vorstellen, wie diese unklaren Leibnizschen Begründungen einen Sturm des Widerspruchs hervorriefen.

KONRAD Da irrst du dich aber gewaltig, Alexander! Die *Begründungen* für seine Regeln waren Leibniz' Zeitgenossen völlig unwichtig. Das kann man schon daran erkennen, daß Leibniz gar keine Veranlassung beizubringen, ist eine haarige Angelegenheit, die Marx jedoch ebenso mutig wie erfolglos anpackt: 'Man entdeckte das gleich beim allererst möglichen entscheidenden Experiment, nämlich bei der Behandlung der einfachsten algebraischen Funktionen zweiten Grades, z.B.:

$$y = x^2$$
$$y + dy = (x + dx)^2 = x^2 + 2xdx + dx^2,$$
$$y + \dot{y} = (x + \dot{x})^2 = x^2 + 2x\dot{x} + \dot{x}^2.$$

Zieht man auf beiden Seiten die ursprüngliche Funktion x^2 ($y = x^2$) ab, so:

$$dy = 2xdx + dx^2,$$
$$\dot{y} = 2x\dot{x} + \dot{x}\dot{x};$$

unterdrücke ich die letzten Glieder auf beiden [rechten] Seiten, so:

$$dy = 2xdx, \quad \dot{y} = 2x\dot{x},$$

und weiter

$$\frac{dy}{dx} = 2x \text{ oder } \frac{\dot{y}}{\dot{x}} = 2x.$$

Aber aus $(x + a)^2$ weiss man, dass x^2 das erste Glied; das zweite $2xa$; dividiere ich diesen Ausdruck durch a, wie oben $2xdx$ durch dx, oder $2x\dot{x}$ durch $\dot{x}$, so erhalten $2x$ als erste Abgeleitete von x^2, als Zuwachs in x, den das Binom zu x^2 zugefügt hat; also [?!?] mussten die dx^2 oder $\dot{x}\dot{x}$ unterdrückt werden, um die Abgeleitete zu finden; ganz abgesehen davon, dass mit dx^2 oder $\dot{x}\dot{x}$ an sich nichts anzufangen war.

Man kam also [?!?] auf experimentellem Weg - gleich beim zweiten Schritt - notwendig [?!?] zur Einsicht, dass dx^2 oder $\dot{x}\dot{x}$ wegzueskamotieren, um nicht nur das wahre, sondern irgendein Resultat zu erhalten.' (S. 118f)

Unübersehbarerweise werden die von mir hier markierten Worte, die in mathematischen Texten gewöhnlich *logischen* Charakter haben, hier in *nichtlogischem* Sinne verwendet. In mißgünstiger Absicht ließe sich *also* sagen, hier werde Logik durch Rhetorik ersetzt. Leider bleiben auch die ansonsten mit Erläuterungen keineswegs geizenden modernen Herausgeber dieses alten Marx-Textes an dieser Stelle stumm und vergeben so die große Chance, einem verblendeten Mathematikerhirn wie etwa dem meinen zur richtigen Einsicht zu verhelfen.

sah, seine Begründungen der Regeln vollständig zu veröffentlichen:
Es genügte die Veröffentlichung seines knappen *innertheoretischen
Beweises*[353], während sein *grundlegender Beweis* erst 130 Jahre nach
seinem Tod veröffentlicht wurde, im Jahre 1846. [354]

ALEXANDER Aber es gab doch Einwände gegen den Leibnizschen Kalkül. Jedes Kind weiß doch[355] von dem holländischen Arzt Bernhardt
Nieuwentijt, der Leibniz öffentlich in einer Zeitschrift kritisierte,
und daß Leibniz höchstpersönlich ihm antwortete!

PETER Ja, eben: Nieuwentijts Kritik war so kraftlos, daß Leibniz
sie sofort parieren konnte. Was auch konnte Nieuwentijt kritisieren?
Den Leibnizschen Kalkül gewiß nicht - diese Regeln waren klar und
deutlich und damit hieb- und stichfest. Wo also blieb noch Raum für
Kritik? Allenfalls bei dem Begriff der Differenziale - und auch da
nicht bei ihrer Rolle in den Rechnungen, sondern allenfalls im ontologischen Bereich, also beim Problem ihrer Existenz.

KONRAD Genau! Nieuwentijt behauptete, daß es keine Differenziale
zweiter Ordnung gäbe.[356]

PETER Na bitte, Alexander! Und solche Kritik ist in deinen Augen
gewiß keine mathematische.

ALEXANDER Das stimmt: Ontologische Probleme sind keine logischen.

KONRAD Um so mehr wird es dich interessieren und beunruhigen,
Alexander, daß Leibniz auf diese *ontologischen Einwände* keine ontologische, sondern eine *mathematisch-konstruktive Antwort* gab![357] Und
in einem späteren Artikel bewies Leibniz sogar die (mathematische)
Existenz von Differenzialen zweiter und beliebig höherer Ordnung,
indem er 'bewies, daß es möglich ist, [Verhältnisse aus] endlichen
Streckenvariablen anzugeben, die proportional sind zu [Verhältnissen
aus] Differenzialen beliebiger Ordnung'[358].

[353] siehe Fußnote 337!
[354] siehe Bos [1973], Abschnitte 4.0, 4.1 (besonders Fußnote 87), 4.3
[355] siehe S. 178
[356] Bos [1973], Abschnitt 4.10. Bos zufolge anerkannte Nieuwentijt
Differenziale erster Ordnung als Konsequenz der unendlichen Teilbarkeit der Größen ('quantity')! Vgl. auch d'Alembert [1754], S. 985!
[357] nach Bos [1973], Abschnitt 4.10
[358] Bos [1973], S. 65. Bos rekonstruiert dort auch diesen Leibnizschen Beweis.

PETER Na also - wie ich gesagt habe: Der geniale Leibnizsche Kalkül war so dicht, daß er inhaltlicher Kritik gar nicht zugänglich war[359] - er war eine reibungslos funktionierende Maschinerie.[360] Kann man das auch von Newtons Fluxionsrechnung sagen, Anna?

2.14.1.2 Die Fluxionsrechnung von Newton bis d'Alembert

ANNA Nein, ganz und gar nicht! Newtons Fluxionsrechnung war sehr heftiger Kritik ausgesetzt, sehr - wie mir scheint - berechtigter Kritik. Ich werde das sogleich vorführen, und zwar indem ich zunächst Newton das Wort erteile und dann sogleich seinem berühmtesten Kritiker, George Berkeley.

Newton wendet sich mit dem ersten Satz seiner Abhandlung ganz ausdrücklich gegen Leibniz[361], denn er schreibt: 'Ich betrachte hier die mathematischen Größen nicht als aus äußerst kleinen Teilen bestehend, sondern als durch stetige Bewegung beschrieben.'[362] D.h. also, Newton wird *nicht mit Infinitesimalien rechnen*, nicht mit unendlichkleinen Größen, sondern *nur mit endlichen Größen*.[363] Mit anderen Worten: New-

---

[359] sehr zum Ärger der (Möchte-gern-)Kritiker, welche die Funktionstüchtigkeit des Leibnizschen Kalküls immer wieder mit der Behauptung zu erklären suchten, die Fehler in diesem Kalkül würden 'sich gegenseitig aufheben': Berkeley, MacLaurin, Lagrange, Carnot, ... (vgl. z.B. Newman [1956], S. 292 Fußnote 5).

[360] Hier ist nicht der Ort, noch ausführlicher auf den Leibnizschen Kalkül einzugehen. Dem interessierten Leser sei die ausgezeichnete Arbeit von Bos ans Herz gelegt, wo sich auch eingehende Auseinandersetzungen mit der Problematik der Differenziale höherer Ordnung finden. Bos' geschichtliche und methodische Einschätzungen freilich scheinen mir bisweilen bezweifelbar zu sein - insbesondere je weiter sie sich von Leibniz entfernen; so etwa die zu Euler oder gar die zur modernen Nichtstandard-Analysis.
Überraschenderweise (?) auch gelingt es Bos trotz seiner tiefgründigen Leibniz-Studien nicht, den heute gängigen Propagandavorwurf der 'unsicheren Grundlagen der Infinitesimalrechnung' (Bos [1973], S. 12f) als das zu entlarven, was er ist - als *Propaganda* eben, Propaganda nämlich des konkurrierenden Forschungsprogramms der Finitäranalysis. Andrerseits kann man in diesem Versäumnis eine Bestätigung der Behauptung sehen, *daß Tatsachen nur Tatsachen im Lichte einer 'interpretativen Theorie'* sind (vgl. Lakatos [1970a], S. 126; siehe auch Popper [1934], S. 378): erst die interpretative Theorie der beiden konkurrierenden Forschungsprogramme verwandelt eine *logische Aussage* in platte *propagandistische Rhetorik*. (Wenn das keine verheißungsvolle Perspektive ist ...)

[361] Das meint auch der Herausgeber Kowalewski in seiner ersten Anmerkung in Newton [1704], S. 57.

[362] Newton [1704], S. 3   [363] 'Aber nun - um alles, was wir

ton verficht eindeutig und bewußt das Finitärprogramm – im Gegensatz zu Leibniz.[364] Und das zeigt sich auch deutlich in seiner Rechenmethode, die ich euch nun vorstellen will – an einem Beispiel (vom Ballast der Allgemeinheit befreit[365]): 'Die Größe x möge gleichförmig fließen, und es sei die Fluxion der Größe x^2 zu finden. In der Zeit, in der x beim Fließen zu $x + o$ wird, wird x^2 zu $(x+o)^2$, d.h. [...] zu
$$x^2 + 2ox + o^2.$$
Die Zunahmen
$$o \text{ und } 2ox + o^2$$
verhalten sich zueinander wie
$$1 \text{ zu } 2x + o.$$
Nun mögen jene Zunahmen verschwinden. Dann wird ihr letztes Verhältnis 1 zu $2x$ sein. Es verhält sich daher die Fluxion der Größe x zu der Fluxion der Größe x^2 wie 1 zu $2x$.'[366]

bisher zu diesem Thema gesagt haben, zusammenzufassen – , Newton hat uns ausdrücklich gesagt, daß jene Größen, die er nascentes und evanescentes nennt, von ihm stets als endliche Größen betrachtet werden', schreibt auch Newtons Zeitgenosse und heftiger Verteidiger (siehe unten S. 197) Robins [1736], S. 321 als Ergebnis seiner Untersuchungen, wie weit Newton sich auf unendliche Größen stützt.

[364] Diese Erkenntnis, die im folgenden noch ausführlicher belegt werden wird, ist heutzutage völlig in Vergessenheit geraten. (Das war vor hundert Jahren noch ganz anders – vgl. die klare Einschätzung Newtons durch Riemann [1876], S. 519 sowie auch den Text unten bei Fußnote 623). Dies bestätigen nicht nur die Strubecker-Worte (vgl. oben bei den Fußnoten 319, 320; beachte dazu auch das in Fußnote 318 Gesagte!), die ja mehr *am Rande* ein wenig geschichtliche Untermauerung des modernen Standard-Lehrstoffs geben wollen, sondern leider auch neuere Forschungsarbeiten, die sich *ausdrücklich*, gegebenenfalls sogar in 'Fallstudien', mit der Geschichte der Infinitesimalrechnung befassen. Leuchtendes Negativ-Vorbild ist da Jaroschka [1976], dem es *erklärtermaßen* um eine *methodologische* Studie geht, und der diese mathematischen und methodischen Unterschiede bei Leibniz und Newton auch nicht andeutungsweise in den Griff bekommt (siehe z.B. auf S. 221). Aber in der Mount-Everest-Perspektive der Tertiärliteratur (Jaroschka bezieht seine mathematikgeschichtlichen facts zum großen Teil ausgerechnet von Bourbaki ...) verschwimmen die Konturen weit drunten an der Basis; sie gewinnen ihre Schärfe erst für den, der sich in diese Niederungen herabläßt.

[365] Newton berechnet an der im folgenden zitierten Stelle den allgemeinen Fall x^n, den ich jedoch der Einfachheit halber auf den Fall $n = 2$ spezialisiere.

[366] Newton [1704], S. 6f; vgl. Fußnote 365.

Soweit also Newton. Unmittelbar an dieser Argumentation hakt nun Newtons Kritiker Berkeley ein, indem er den Schritt nach der Berechnung des Verhältnisses der Zunahmen als

$$1 \text{ zu } 2x + o$$

wie folgt anklagt: 'Bisher habe ich vorausgesetzt, daß x fließt, daß x einen wirklichen Zuwachs hat, daß o etwas ist. Und ich bin durchweg von dieser Voraussetzung ausgegangen, ohne die ich nicht imstande gewesen wäre, einen einzigen Schritt zu tun. Von dieser Voraussetzung aus komme ich zu dem Zuwachs von x^2, so daß ich ihn mit dem Zuwachs von x vergleichen und so das Verhältnis der beiden Zuwüchse finden kann. Ich bitte dann um die Erlaubnis, eine neue Voraussetzung machen zu dürfen, die der ersten entgegengesetzt ist; d.h. ich will jetzt voraussetzen, daß es *keinen* Zuwachs von x gibt oder das o nichts ist, welche zweite Voraussetzung meine erste zerstört und mit ihr unverträglich ist und deshalb mit allem, was sie voraussetzt. Ich bitte nichtsdestoweniger um die Erlaubnis $2x$ zurückzubehalten, welches ein Ausdruck ist, der vermöge meiner ersten Voraussetzung erhalten wurde, ja welcher notwendig eine solche Voraussetzung voraussetzt und nicht ohne sie erhalten werden könnte.'[367]

Und da es dem Bischof Berkeley in seiner Schrift um eine Verteidigung der 'Theologie [geht], die nicht alle Geheimnisse des Glaubens rational begreiflich machen kann, [und er das durch den Beleg] nachzuweisen versucht, daß selbst die Mathematik nicht ohne Unbegreiflichkeiten ist'[368], deswegen urteilt er schließlich: 'All das scheint eine sehr widerspruchsvolle Art von Argumentation zu sein, so wie sie der Theologie nicht erlaubt wäre.'[367]

ALEXANDER Ja, diese Kritik[369] von Berkeley ist allerdings sehr treffend - das muß ich zugeben! Ohne ein sorgfältiges Herausarbeiten des *Grenzwertbegriffs* ist Newtons Beweisführung tatsächlich Hokuspokus.

---

[367] Berkeley [1734], zit. nach Becker [1954], S. 157f. Sollte etwa dies der Ansatz für Engels' Einschätzung der 'Infinitesimalrechnung' sein (siehe oben bei Fußnote 321)? Dann hätte er die Weiterentwicklung der Theorie bis zum Jahre 1878 einfach mißachtet!?

[368] Becker [1954], S. 156

[369] Da es hier um eine rationale Rekonstruktion des Finitärprogramms geht, gehe ich auf andere kritische Einwände Berkeleys nicht ein. Aber die gab es natürlich auch, z.B. eine ontologische Kritik: 'Mit Sicherheit erscheint eine zweite oder dritte Fluxion als dunkles Mysterium'

ANNA Dieser schwere Schlag von Berkeley gegen Newton wurde in der Fachwelt auch so empfunden, und es erhoben sich gewichtige Leute zu Newtons Verteidigung.[370] Die bedeutendsten[371] sind Benjamin Robins[372] und dann vor allem Colin MacLaurin, dessen zweibändiges Lehrbuch ausdrücklich als Antwort auf Berkeley[373] und zur Verteidigung Newtons[374] verfaßt wurde und 1742 in den Handel kam. In Abschnitt 504 seines Buches greift MacLaurin dann die Berkeleysche Kritik an Newtons Verfahren direkt[375] an: 'Wenn [Newton] im Nachhinein angenommen hätte, daß keinerlei Zuwächse erzeugt worden wären, dann widerspräche diese Annahme in der Tat seiner früheren unmittelbar. Aber wenn er annimmt,

(zit. nach Newman [1956], S. 289), aber solange derartige Einwände nicht mathematisch fruchtbar gemacht werden, tragen sie auch nichts zum mathematischen Fortschritt bei. Übrigens sind Berkeleys Einwände natürlich auch in seinem philosophischen Standpunkt begründet, und die Tatsache, daß diese 'idealistische Philosophie' (Struik [1948], S. 133; vgl. auch das *Philosophische Wörterbuch* zum Stichwort 'Idealismus' auf S. 497-9) eine für die Weiterentwicklung des Finitärprogramms so fruchtbare Kritik gebar, wäre für Inges Weltbild sicherlich ein schwerer Schlag, vor dem sie sich wohl nur noch mit solchen dialektischen Tricks retten könnte, wie sie Struik gebraucht: 'Die Kritik von Berkeley [...] hatte ihre Berechtigung, aber sie [war] *völlig* negativ. [...] jedoch [gab] sie die Anregung zu weiterer schöpferischer Arbeit.' (Struik [1948], S. 122, meine Hervorhebung) Ja was denn nun?

[370] Denen ging es zum Teil aber weniger um die mathematische Seite der Argumentation als vielmehr darum, 'den Vorwurf des Unglaubens von den Mathematikern abzuwenden, [obwohl] der ihnen gar nicht im Allgemeinen gemacht war' (Cantor [1898], S. 742). In einer rationalen Rekonstruktion des Finitärprogramms ist für diesen bemerkenswerten Umstand, daß die ideologische Komponente viel schneller und heftigere Reaktionen (und Gegenreaktionen Berkeleys - siehe Cantor [1898], S. 742-5) hervorrief als mathematische, leider kein Raum!

[371] für eine rationale Rekonstruktion des Finitärprogramms

[372] Robins [1735] und Robins [1736]

[373] vgl. MacLaurin [1742], Bd. 1, S. vii

[374] MacLaurin [1742], Bd. 1, S. 3

[375] Auch Robins [1736] wendet sich schon ausdrücklich zu Newtons Verteidigung gegen Berkeley (siehe S. 294f, 317, 319f), und er wirft Berkeley einen 'zweifachen Irrtum' (S. 294, 319) vor: 'erstens die Vorstellung, daß der Prozeß, den die Zunahmen Newton zufolge durchmachen, damit ihr letztes Verhältnis bestimmt werden kann, und den er durch das Tätigkeitswort *evanescant* beschreibt, allein auf den Zeitpunkt beschränkt sei, zu dem die Zunahmen tatsächlich verschwunden und vernichtet sind; und zweitens die Vorstellung, daß mit dem letzten Verhältnis veränderlicher Größen ein Verhältnis gemeint sei, mit dem diese Größen zu irgendeiner Zeit existieren.' (S. 319)

daß diese Zuwächse verkleinert werden, bis sie verschwinden, dann kann diese Annahme gewiß nicht als der früheren Annahme so widersprechend angesehen werden, daß sie uns davon abhält, das Verhältnis dieser Zuwächse zu jedem Zeitpunkt kennenzulernen, an dem sie wirkliche Existenz hatten, wie dieses Verhältnis sich veränderte und welcher Grenze es sich näherte, während die Zuwächse beständig verringert wurden. Ganz im Gegenteil ist dies eine sehr bündige und angemessene Methode zur *Entdeckung* der gesuchten Grenze.'[376] Und während Newton noch etwas unbestimmt formuliert hatte, 'unter dem *letzten Verhältnis* verschwindender Größen [ist] das Verhältnis dieser Größen zu verstehen nicht bevor sie verschwinden oder nachdem sie verschwunden sind, sondern *mit dem* sie verschwinden'[377] - so gab MacLaurin schon eine bestimmtere Beschreibung des Sachverhaltes: 'Dieses Verhältnis [der verschwindenden Größen] ist streng genommen nicht das Verhältnis welcher wirklichen [*real*] Zuwächse auch immer [...] Aber wie die Tangente eines Bogens jene Gerade ist, welche die Lage sämtlicher Sekanten *begrenzt*, die durch den Berührpunkt gehen, obwohl sie streng genommen keine Sekante ist - ebenso kann ein Verhältnis die veränderlichen Verhältnisse der Zuwächse *begrenzen*, obwohl es nicht als das Verhältnis irgendwelcher wirklicher [*real*] Zuwächse angesprochen werden kann.'[378]

ALEXANDER Klingt ja alles schön und gut, aber wie wurden denn - nach Berkeley - die Fluxionen berechnet?

ANNA Ja, das ist sehr interessant! Nach Berkeleys scharfer Kritik traut sich MacLaurin nicht mehr, Newtons Rechnungen zu folgen - jedenfalls nicht mehr öffentlich. Er verwendet sie offenbar[379] nur noch zur

---

[376] MacLaurin [1742], Bd. 2, S. 10; meine Hervorhebung

[377] Newton [1686], zit. nach Becker [1954], S. 151; erste Hervorhebung von mir

[378] MacLaurin [1742], Bd. 2, S. 11; meine Hervorhebungen. Diese Sicht findet sich auch bei Robins, der in seinem [1735] schon ausdrücklich von der 'Grenze dieser Verhältnisse' (*the limit of these proportions*; S. 258) spricht und der in seinem [1736] sogar Newton selbst in diesem Sinne zitiert (S. 315): 'Jene letzten Verhältnisse, deren Größen verschwinden, sind in Wirklichkeit nicht Verhältnisse letzter Größen, sondern Grenzen, denen sich die Verhältnisse der abnehmenden Größen beständig ohne Grenze nähern.' (= Ultimae rationes illae, quibuscum quantitates evanescunt, revera non sunt rationes quantitatum ultimarum, sed limites, ad quos quantitatum sine limite decrescentium rationes semper appropinquant.)

[379] vgl. den letzten Satz des Zitates bei Fußnote 376!

Entdeckung der Ergebnisse, aber im (heutzutage typisch gewordenen) Lehrbuchstil *verheimlicht* er dem Leser diesen seinen Entdeckungsvorgang. Stattdessen formuliert er seine Entdeckungen aus heiterem Himmel und beweist sie anschließend mit großer Strenge. So findet sich plötzlich in seinem Abschnitt 707 der

'Satz 1: Wenn die Fluxion der Wurzel A als gleich zu a angenommen wird, dann wird die Fluxion des Quadrats AA gleich 2A×a sein.'[380]

Und der Beweis dieses Satzes erstreckt sich dann über die ganze folgende Seite; er wird nach der Exhaustionsmethode geführt, also nach der ehrwürdigen Methode 'der Alten [*the antients*]'[381], d.h. des Euklid (bzw. Eudoxos), und auch auf Archimedes beruft sich MacLaurin wiederholt[382]. In dieser umständlichen[383] und indirekten Weise beweist MacLaurin dann weiter

'Satz 2: Wenn die Fluxion der Wurzel A als gleich zu a angenommen wird, dann wird die Fluxion der Potenz A^n gleich naA^{n-1} sein'[384]

sowie darauf aufbauend

'Satz$_m$3: Wenn die Fluxion von A gleich a ist, dann wird die Fluxion von $A^{\frac{m}{n}}$ gleich $\frac{ma}{n} \times A^{\frac{m}{n}-1}$ sein.'[385]

Usw. Aus diesen Sätzen leitet er dann nach langem Weg in den Abschnit-

[380] MacLaurin [1742], Bd. 2, S. 169

[381] MacLaurin [1742] *passim*, insbesondere in der Einleitung

[382] z.B. in Bd. 1, wo er ihn sogar zitiert. MacLaurin rechtfertigt sein Vorgehen so: 'Die Beweismethode, die vom Urheber der Fluxionen [also Newton] erfunden wurde, ist genau [*accurate*] und elegant; dennoch schlage ich vor, mit einer etwas anders gearteten Methode zu beginnen, die - da sie weniger weit von der der Alten entfernt ist - den Anfängern (an die sich dieser Versuch hier in erster Linie wendet) den Übergang zu seiner Methode erleichtern kann und einigen Einwänden begegnen kann, die dagegen erhoben worden sind.' (MacLaurin [1742], Bd. 1, S. 3) Übrigens hat bereits Robins [1736] die Losung zu diesem - einstweiligen! - Rückzug ausgegeben, indem er Newtons Lehre von den ersten und letzten Verhältnissen bezeichnet als 'nichts anderes denn eine Abkürzung und Verbesserung der Beweisform, welcher sich die Alten bei diesen Gelegenheiten bedienten' (S. 295), 'eine Beweisform, die heute Exhaustionsmethode heißt' (S. 299).

[383] '... verfaßte MacLaurin ein ausführliches, sehr tiefsinniges Werk, [...] worin er die Vorstellung von unendlich kleinen Größen ganz vermied, und nach der Methode der alten Geometer alle Sätze aus unbezweifelbaren Axiomen herleitete. Dieses Verfahren wird aber durch Weitschweifigkeit beschwerlich ...' urteilte schon Klügel [1803], S. 816.

[384] MacLaurin [1742], Bd. 2, S. 172

[385] MacLaurin [1742], Bd. 2, S. 173

ten ab Nr. 724 die Regeln der Fluxionsrechnung her, wie:
- die Fluxion von $x + y - z$ ist $\dot{x} + \dot{y} - \dot{z}$ [386]
- die Fluxion von xy ist $\dot{x}y + \dot{y}x$ [387] ...

ALEXANDER Ja - was ist das nun eigentlich: eine *Fluxion*?

ANNA Unter *Fluxionen* von Größen versteht MacLaurin 'jedes Maß ihrer jeweiligen Änderungsraten, solange sie gemeinsam fließen'[388], und er schreibt sogar ausdrücklich: 'Das Symbol $\dot{x}$ oder dx steht allgemein für die Fluxion von x'[389].

PETER MacLaurin sucht also unverblümt eine Anlehnung an den Leibnizschen Differenzialkalkül?

ANNA Ja, wiederholt! Er bemüht sich darum, 'die Harmonie zwischen der Methode der Fluxionen und der der Infinitesimalien vollkommener erscheinen zu lassen'[390], d.h. sein Versuch einer Rechtfertigung der Fluxionsrechnung treibt ihn bedeutend näher an die Infinitesimalrechnung heran. Dennoch bleibt die grundlegende Abgrenzung zum Kontinuitätsprogramm natürlich erhalten[391]: 'Wir werden keinen Teil des Raumes oder der Zeit als unteilbar [*indivisible*] betrachten, oder als unendlichklein; sondern wir werden einen Punkt als Glied [*term*] oder Grenze einer Linie und einen Moment als Glied oder Grenze der Zeit betrachten; ebensowenig werden wir gekrümmte Linien oder gekrümmte Flächen [*curvilineal spaces*] in geradlinige Teilstücke irgendeiner Art auflösen.'[392] Bei dieser Annäherung der Fluxionsrechnung an die Infinitesimalrechnung geht es MacLaurin also keineswegs um eine Angleichung der Grundideen, sondern sein Bestreben dabei liegt offenkundig in der Absicht eines Vertrauensgewinns für die so arg gefledderte Fluxionsrechnung: Wenn ihr Unterschied zur Infinitesimalrechnung

---

[386] MacLaurin [1742], Bd. 2, Abschnitt 724
[387] MacLaurin [1742], Bd. 2, Abschnitt 725
[388] '*any measures of their respective rates of increase or decrease, while they vary (or flow) together*': MacLaurin [1742], Bd. 2, S. 167
[389] MacLaurin [1742], Bd. 2, S. 180. Robins [1735] unterscheidet dagegen noch sorgfältig: 'Die Symbole o und $\dot{x}$ werden für Dinge verschiedener Art gesetzt: das eine ist ein Moment, das andere eine Fluxion oder Geschwindigkeit. Leibniz hat keine Symbole für Fluxionen in seiner Methode. Er verwendet die Symbole der Momente oder Differenzen dx, dy, dz.' (S. 263, Fußnote)
[390] MacLaurin [1742], Bd. 2, S. 8
[391] was von seinen Lesern auch verstanden wurde - vgl. Fußnote 383.
[392] MacLaurin [1742], Bd. 1, S. 3

nicht sehr groß ist, (wenn 'vollkommene Harmonie' zwischen beiden
herrscht), dann muß sich zumindest ein Teil des guten Rufs, den die
Infinitesimalrechnung genießt, auch auf die Fluxionsrechnung übertragen.

PETER Ja, ein durchsichtiges, rein taktisches Manöver - aber keineswegs ungeschickt![393]

ALEXANDER Schön und gut - Taktik hin oder her: es geht uns aber
doch um Mathematik! Und da frage ich mich: Wo bleibt denn der Begriff
des Grenzwertes? Das *letzte Verhältnis verschwindender Größen* (Newton) und die *Grenze der veränderlichen Verhältnisse der Zuwächse*
(MacLaurin) - das sind ja durchaus *Vorstufen* des Grenzwertbegriffs[394];
aber wo und wann kommt denn dieser Begriff selbst ins Spiel?

ANNA Als entscheidender Urheber des Grenzwertbegriffs[395] wird gewöhnlich d'Alembert angesehen, und wenn man seine Artikel in der *Encyclopédie* nachliest, dann kann man dieses Urteil verstehen.[396] So
formuliert er beispielsweise unter dem Stichwort *Grenze* [*limite*] ganz
klar: 'Die Theorie der *Grenzen* ist die Grundlage der wahren Metaphysik des Differenzialkalküls'[397] - wobei das letzte Wort eindeutig ein
Fehlgriff ist und dafür eigentlich 'Fluxionenkalkül'[398] stehen müßte.
Denn wiewohl d'Alembert den Leibnizschen Differenzialkalkül gemeinsam mit dem Newtonschen Fluxionenkalkül unter der Gesamtüberschrift
'Differenzialkalkül' [*Calcul différentiel*][399] abhandelt, so ist er
sich doch über die Unterschiede zwischen beiden eindeutig im klaren.
Während Leibniz nämlich 'unendlichkleine Größen betrachtet'[400], so

---

[393] Auch d'Alembert setzt ein solches Manöver in Gang - allerdings
unter genau entgegengesetzten Vorzeichen: vgl. unten S. 209f

[394] vgl. auch das Zitat in Fußnote 378!

[395] Im englischen wie auch im französischen Text (s.u.!) gibt es die
deutliche Unterscheidung zwischen *Grenze* und *Grenzwert* nicht - dort
heißt es stets *limit* bzw. *limite*! Aber die Frage nach der Entstehung
des Grenzwertbegriffs ist ja auch nicht die Frage danach, wann und wo
das Wort erstmals auftaucht ...

[396] 'Durch d'Alembert ward es gewöhnlich, die Differential- und Integralrechnung auf den Begriff von Gränzverhältnissen zu gründen. Er
drang darauf in der ältern Encyclopädie ...' (Klügel [1803], S. 820)

[397] d'Alembert [1765a], S. 542

[398] d'Alembert [1756], S. 923; ebenso d'Alembert [1754], S. 985

[399] d'Alembert [1754], S. 985-8

[400] d'Alembert [1754], S. 985, Spalte 1, Absatz 2 unter der Überschrift: 'Calcul différentiel'

geht demgegenüber 'Newton von einem anderen Grundsatz aus. [...] Er hat niemals den *Differenzialkalkül* [wieder dieses irreführende Wort hier!] als den Kalkül unendlichkleiner Größen betrachtet, sondern als die Methode der ersten und letzten Verhältnisse, das heißt als die Methode, die Grenzen der Verhältnisse aufzufinden.'[401]

PETER Aha. D'Alembert unterschied also sehr wohl zwischen der Leibnizschen und der Newtonschen Methode, wenngleich er manchmal für beide Methoden denselben Namen gebrauchte: Differenzialkalkül.

ANNA Genau so ist es.[402]

PETER Und weiterhin erkannte d'Alembert dann die entscheidende Bedeutung, die der Begriff der *Grenze* für Newtons Fluxionsrechnung hatte.

ANNA So ist es: 'Die Theorie der Grenzen ist die Grundlage der wahren Metaphysik des [Fluxionen]kalküls'[397]! Und andernorts begründet d'Alembert diese Behauptung auch, indem er Newtons ständige Bezugnahme auf die *Bewegung* als *nicht zur Sache gehörig*, als *fremde Vorstellung* verurteilt: 'In meinen Augen ist es einfacher und genauer, die Differenzen [gemeint sind hier wieder: Fluxionen!] oder vielmehr das Verhältnis der Differenzen [Fluxionen!] als die Grenze des Verhältnisses von endlichen Differenzen [Fluxionen!] zu betrachten [...] Hier die Bewegung einführen ist die Einführung einer fremden Vorstellung [*idée*], und die ist für den Beweis gar nicht notwendig; im übrigen hat man gar keine klare Vorstellung davon, was die Geschwindigkeit eines Körpers in jedem Moment ist, wenn sich diese Ge-

---

[401] d'Alembert [1754], S. 985, Spalte 2, die beiden letzten Absätze

[402] Ich halte diese Behauptung durch die angegebenen Zitate (es ließen sich noch weitere aufführen) für ausreichend belegt. Es geht hier um den *Sinnzusammenhang* - nicht um *Wortklauberei*. Denn wortklauberisch ließe sich aus d'Alemberts Texten auch (scheinbar!) das Gegenteil belegen, etwa durch: 'Newton nennt den Differenzialkalkül die Fluxionenmethode' (d'Alembert [1754], S. 985, Spalte 1, Ansatz 3 unter der Überschrift 'Calcul différentiel'), oder durch: 'Im übrigen ist der Fluxionenkalkül vollkommen dasselbe wie der Differenzialkalkül' (d'Alembert [1756], S. 923, Spalte 1, letzter Satz des Artikels) - aber eben nur *im übrigen*, d.h. *von gewissen Feinheiten abgesehen* (wie etwa der Rechentechnik oder der dahinterstehenden 'Metaphysik') oder auch: *im Hinblick auf die Rechenergebnisse*. Wer bei d'Alemberts Artikeln nicht auf den Sinnzusammenhang achtet (und also auch nicht auf den *gesamten* Artikel schaut, nicht auch einmal einen *anderen* Artikel zur Urteilsbildung heranzieht), der kann leicht zu einem Fehlverständnis d'Alemberts gelangen oder (wenn er's darauf anlegt) d'Alembert *systematisch fehlinterpretieren* - darauf wird der Text sogleich zurückkommen!

schwindigkeit verändert. Die Geschwindigkeit ist nichts Wirkliches [*la vitesse n'est rien de réel*] [...]; sie ist das Verhältnis aus Raum und Zeit, wenn die Geschwindigkeit gleichförmig ist [...]. Aber wenn die Bewegung veränderlich ist, ist sie nicht mehr das Verhältnis aus Raum und Zeit, dann ist sie das Verhältnis des Differenzials des Raumes zu dem der Zeit; ein Verhältnis, von dem man anders keine klare Vorstellung [*idée nette*] geben kann als mit der der *Grenzen*. Schließlich ist es notwendig, zu dieser letztgenannten Vorstellung zurückzukehren, um eine klare Vorstellung von den *Fluxionen* zu geben.'[403]

PETER Ja, damit hat es d'Alembert klar ausgesprochen: Newtons physikalischer Begriff *Bewegung* hat im Fluxionenkalkül gar nichts zu suchen, sondern ist durch den dort einzig angemessenen Begriff der *Grenze der Verhältnisse endlicher Fluxionen* zu ersetzen. Während also Newtons entscheidende Leistung gerade in seiner Einführung des Bewegungsbegriffs in die Mathematik besteht[404], so ist die entscheidende Leistung d'Alemberts die Weiterentwicklung des Bewegungsbegriffs zum Begriff der Grenze.[405]

ANNA Und dieser Begriff der *Grenze* ist - im Gegensatz zu dem der *Bewegung* - vollkommen klar und wohlbestimmt; ...

PETER Propaganda! Alles Propaganda!

ANNA ... die *Encyclopédie* gibt folgende Begriffserklärung: '*Grenze*. (mathem.) Man sagt, eine Größe $_g$ ist die *Grenze* einer anderen Grö-

---

[403] d'Alembert [1756], S. 923, Spalte 1 im 2. Absatz. Der Leser beachte, welch entscheidende (propagandistische!) Rolle der Begriff der *klaren Vorstellung* - dieser Kampfbegriff der Aufklärung gegen die Scholastik! - bei d'Alemberts Präzisierung der Newtonschen Methode spielt! (Die Auslassungen im Zitat sind lediglich Querverweise auf andere Stichworte der Encyclopédie.) An anderer Stelle wendet sich d'Alembert - wenngleich ohne Namensnennung - ausdrücklich gegen eine Newtonsche Formulierung (siehe oben bei Fußnote 377!): 'Wir werden uns folglich den guten Geometern nicht anschließen und nicht sagen, daß eine Größe unendlichklein ist, weder bevor sie verschwindet, noch nachdem sie verschwunden ist, sondern in genau dem Moment, in dem sie verschwindet; denn das zu sagen - wäre das nicht eine ekelhaft verdrehte Definition, hundertmal dunkler als das, was man definieren wollte?' (d'Alembert [1754], S. 987, Spalte 2, vorletzter Satz)

[404] 'Der Bewegungsbegriff hatte noch kein Bürgerrecht in der Mathematik. Diesen Bewegungsbegriff zu legitimieren war eines der Hauptziele der Fluxionentheorie Newtons.' meint auch Cassirer [1969], S. 152.

[405] Ein eingefleischter Dialektiker wird hier wohl eine 'Negation der Negation' sehen.

ße$_g$, wenn sich die zweite der ersten stärker annähern kann als eine [beliebig] gegebene Größe$_g$ - wie klein man die auch annehmen mag - , ohne daß jedoch die Größe$_g$, die sich nähert, jemals die gegebene Größe$_g$, der sie sich nähert, übertrifft; so daß schließlich die Differenz der nämlichen Größe$_q$ zu ihrer Grenze vollkommen unbestimmbar ist.'[406] Und es folgen sogar die beiden wichtigsten Lehrsätze über Grenzen, nämlich:

'1°. Wenn zwei Größen$_g$ die *Grenze* der gleichen Größe$_q$ sind, dann sind diese beiden Größen$_g$ untereinander gleich.

2°. Sei $A \cdot B$ das Produkt der zwei Größen$_g$ A, B. Sei C die *Grenze* der Größe$_g$ A und D die *Grenze* der Größe$_q$ B; ich sage, daß $C \cdot D$, das Produkt der Grenzen, notwendig die *Grenze* von $A \cdot B$, dem Produkt der beiden Größen$_g$ A, B, ist.'[407]

KONRAD Ja, das ist ja toll: Wenn über einen Begriff sogar *Lehrsätze* aufgestellt werden, dann ist er eindeutig als mathematischer Fachbegriff eingeordnet. Insofern unterliegt es also keinem Zweifel, daß d'Alembert die Bedeutung des Begriffs *Grenze* für die Fluxionsrechnung bewußt war: damit also hatte das Finitärprogramm tatsächlich einen erheblichen Fortschritt vollzogen.[408]

---

[406] d'Alembert [1756], S. 542. Mit 'Größe$_g$' habe ich *grandeur* übersetzt, mit 'Größe$_q$' *quantité*. Ich habe hier diesen Unterschied in der Übersetzung aus Pedanterie festgehalten, obwohl die *Encyclopédie* (d.h. hier: d'Alembert) selbst keinen Unterschied zwischen beidem sieht: 'Wie mir scheint, kann man die *Größe$_g$* gut genug als das definieren, was aus Teilen zusammengesetzt ist. Es gibt zwei Grade von *Größen$_g$*, die konkreten *Größen$_g$* und die abstrakten *Größen$_g$*. [...] Die abstrakte *Größe$_g$* ist eine, deren Begriff keinen bestimmten Gegenstand bezeichnet; sie ist nichts anderes als die Zahlen, die man auch *numerische Größen$_q$* nennt. [...] So ist die Zahl 3 eine abstrakte *Größe$_g$*, denn sie bezeichnet weder 3 Stücke noch 3 Stunden, usw. Die konkrete *Größe$_g$* ist eine, deren Begriff einen bestimmten Gegenstand einschließt. Sie kann aus koexistierenden Teilen zusammengesetzt sein oder aus aufeinanderfolgenden; und unter diese Vorstellung fallen die beiden Gattungen *Raum* und *Zeit*. [...] Die *Größe$_g$* heißt auch *Größe$_q$* [*sic!*] [...]; und so gesehen kann man sagen, daß die abstrakte *Größe$_g$* der *diskreten Größe$_q$* entspricht und die konkrete *Größe$_g$* der *kontinuierlichen Größe$_q$*.' (d'Alembert [1757], S. 855) Vgl. auch das im Text folgende Zitat von d'Alembert, in dem eine systematische Unterscheidung von Größe$_g$ und Größe$_q$ ebenfalls nicht durchgehalten scheint.

[407] d'Alembert [1765a]. Den Beweis des ersten Satzes liefert übrigens d'Alembert in seinem Artikel *Différentiel* - siehe d'Alembert [1754], S. 986, Spalte 1, Ende des vorletzten Absatzes.

[408] Damit beim Leser kein Mißverständnis entsteht: Auf dieser geschichtlichen Stufe (d'Alembert) hat der Begriff der *Grenze* noch kei-

INGE Und wo, sagst du, Anna, stehen diese Artikel von d'Alembert?
ANNA In der Encyclopédie, ou dicitionaire raisonne des sciences, des arts et des métiers.
INGE Ja - dannnn! Da habe ich ja richtig gehört, und dann ist ja alles klar.
PETER Was ist klar?
INGE Diese 'Enzyklopädie, deren erster Band 1751 erschien, war ein kämpferisches Organ zur philosophischen und wissenschaftlichen Propagierung der Ideen des philosophischen Materialismus und der Aufklärung, welches wesentlich zur ideologischen Vorbereitung der französischen Revolution beitrug. [...] Diese Sammlung der menschlichen Kenntnisse sollte der Verbreitung fortschrittlicher Gedanken dienen und damit eine Kritik und eine Widerlegung von überholten Ansichten, Vorurteilen, Aberglauben und Religion vorgenommen werden.'[409] Daß diese gesellschaftlich fortschrittlichen Kräfte auch den Fortschritt

neswegs jene *volle* Bedeutung im Finitärprogramm erlangt, die er später erhielt. Zwar erklärt d'Alembert in dem Artikel *Limite*, daß bei der abnehmenden geometrischen Reihe $a, b, \ldots$ der Wert $\frac{aa}{a-b}$ (im Artikel steht irrtümlich $\frac{a-b}{aa}$) 'keineswegs der genaue Wert der Reihe [ist], sondern die *Grenze* dieser Summe' (d'Alembert [1765a]), aber diese erste Erkenntnis geriet schnell in Vergessenheit. Und weder unter dem Stichwort *Progression* (dieser Artikel stammt allerdings nicht von d'Alembert, sondern von Rallier des Ourmes [1765]) noch unter dem Stichwort *Série* (d'Alembert [1765b]) vermag ich irgendwo den Begriff *limite* zu entdecken - auch nicht in den Ergänzungsbänden (d'Alembert [1777]; Condorcet [1777]; hier wird das Stichwort *Limite* auch nicht mehr neu aufgegriffen). Erst diese Begriffserweiterung jedoch verleiht dem neuen Begriff *Grenze* seine große Durchschlagskraft als Grundbegriff der (Finitär-)Analysis! Auch in dem späteren Klügelschen Wörterbuch findet sich zwar das Schlagwort *Gränze* (Klügel [1805], S. 646-9), und es wird dort auch erklärt: 'Die Gränze eines Verhältnisses zweyer veränderlichen Größen ist dasjenige, welchem sich ihr veränderliches Verhältniß immer mehr nähert, je größer sie genommen werden, oder in einem andern Falle, je kleiner sie sind' (S. 646), aber die entscheidende logische Verbesserung, die dieser Begriff dem Finitärprogramm (also der Fluxionsrechnung) bringt, ist hier noch keineswegs erkannt. Ganz im Gegenteil denkt Klügel wesentlich weniger scharf als vor ihm d'Alembert und vermengt die frühere und die verbesserte Fassung der Fluxionsrechnung sowie die Differenzialrechnung zu einem unverdaulichen Einheitsbrei: '... so ist Differential, als eine unendlich kleine Veränderung betrachtet, nur eine Abkürzung der Rede, und Fluxion ist ein bildlicher Ausdruck, um das Verhältniß der unendlich kleinen Veränderungen stetig veränderlicher Größen faßlich zu machen.' (Klügel [1805], S. 266)

[409] Richter [1969], S. 323

der Wissenschaft vorantreiben - hier eben den Fortschritt der Analysis -, das ist ja selbstverständlich!⁴¹⁰ Und da der weitere Fortschritt der Analysis jetzt von der Ausarbeitung und Verankerung des Begriffs der *Grenze* abhing, *mußte* d'Alembert also diesen Begriff als grundlegend für die Infinitesimalrechnung anerkennen.

ANDREAS *beiseite* D'Alembert als Werkzeug der Wahrheit! Mich würde interessieren, wo er seine Sinai-Erfahrung gemacht hat.

PETER Oh Inge, wirst du es denn nie lernen? Wir sind doch schon lange über diesen Kindertraum hinaus, daß *Fortschritt* etwas Absolutes ist. Wir haben uns doch längst klargemacht, daß Fortschritt *zunächst* stets der (*interne*) Fortschritt eines einzelnen, ganz bestimmten Forschungsprogramms ist, und daß es sorgfältiger Überlegungen bedarf, bis klar ist, ob ein solcher *interner* Fortschritt auch ein *gesamtwissenschaftlicher* Fortschritt ist. Und wenn es um den Begriff der *Grenze* geht, so ist klar, daß es sich um die Weiterentwicklung des Finitärprogramms handelt - und dieses Programm war (trotz MacLaurins energischen Bemühungen) zu diesem Zeitpunkt (Mitte des 18. Jahrhunderts) im Vergleich zum Kontinuitätsprogramm noch derart unterentwickelt und zurückgeblieben, daß es einen gesamtwissenschaftlichen Fortschritt noch lange nicht zu leisten vermochte - zunächst einmal mußte es seine *internen* Schwierigkeiten aufklären, bevor es nach Höherem streben konnte!

INGE Aber dieses sogenannte Finitärprogramm hat sich doch schließlich durchgesetzt! Und damit auch bewiesen, daß es die wahre, die einzig richtige Art der Infinitesimalrechnung ist! Und insofern ist doch wirklich jeder Fortschritt dieses Programms ein *echter* Fortschritt - eben als Fortschritt des richtigen Programms.

PETER Du übersiehst die jede Opposition unterdrückende Militanz des heute, hier und jetzt real existierenden Finitärprogramms, liebe Inge. Du identifizierst Herrschaft und Legitimität und opferst dabei gewissenlos das, worum es eigentlich geht: die Wissenschaft.

ANDREAS *beiseite* Als ob es nicht gleichgültig ist, *welchem* Gott man huldigt!

INGE Ja, willst du etwa bestreiten, Peter, daß sich das Finitärprogramm heutzutage längst endgültig durchgesetzt hat? Und daß ...

---

⁴¹⁰ Das ist die - unausgesprochene - Behauptung, die Richter [1969] in seinen Ausführungen über d'Alembert (S. 323-8) zu belegen versucht. Koste es, was es wolle: siehe unten, Fußnote 423!

PETER Daß es sich *endgültig* durchgesetzt hat, das will ich allerdings bestreiten!

INGE Und daß es sich als die richtige Art der Analysis durchgesetzt hat?

PETER Auch das will ich bestreiten - gewiß: weil es *die richtige* Art nicht gibt, so allgemein und losgelöst von jedem Problemhintergrund.

INGE Und wo ist es eigentlich heute abgeblieben, dein heißgeliebtes 'Kontinuitätsprogramm'?

PETER Es ist zeitweilig aus dem Rennen geworfen worden, das ist unbestreitbar. Woran das lag, das sollten wir uns überlegen: eine interessante Aufgabe![411] Aber eines ist klar: Die - zeitweilige - Ausschaltung des Kontinuitätsprogramms geriet der Gesamtwissenschaft Analysis unbestreitbar zum Nachteil, weil dadurch - zeitweise - ihr Fortschritt drastisch gehemmt wurde und sie den von anderen Wissenschaften an sie herangetragenen Problemen hilflos gegenüberstand.

INGE Das mußt du erst einmal beweisen, Peter!

ANNA Langsam, langsam, ihr Hitzköpfe - eines nach dem andern! Ehe wir uns der neueren Geschichte (oder Nicht-Geschichte) des Kontinuitätsprogramms zuwenden, laßt uns doch klären, welche Rolle d'Alemberts Einführung des Begriffs *Grenze* für das Finitärprogramm gespielt hat, welchen (*internen*) Fortschritt sie ihm gebracht hat, und ob das auch ein *gesamtwissenschaftlicher Fortschritt* war.

INGE Ihr mit eurem Begriffsfeuerwerk! Ihr habt es doch nur darauf angelegt, den *wahren* wissenschaftlichen Fortschritt zu mißachten und in den Dreck zu ziehen - und dazu bedient ihr euch eures begrifflichen Nebelwerfers. Alles Schwindel! Die Wahrheit ist einfach!

ANNA Hört, hört: D'Alembert spricht aus ihrem Mund! Gegen Ende seines Artikels *Différentiel* finden sich genau diese Worte: 'Alles Schwindelei! Die Wahrheit ist einfach ...'[412]

PETER Wie kommt d'Alemebert denn zu solch blumigen Worten bei einem so trockenen Thema wie 'Differenzial'?

ANNA D'Alembert geht es in seinem Artikel weniger um die Darlegung der *mathematischen* Feinheiten und Beweise des Differenzial- oder des Fluxionenkalküls. Vielmehr erläutert er nur kurz die Grund-

---

[411] siehe unten, Abschnitt 2.15
[412] d'Alembert [1754], S. 988, Spalte 1 am Ende des ersten Absatzes

gedanken dieser beiden Methoden, formuliert dann sehr knapp drei Regeln des (Leibnizschen) Differenzialkalküls, zeigt am Beispiel ihr Funktionieren und verweist für die Beweise und für weitere Ausführungen auf die bekannten Bücher von l'Hôpital, Bernoulli und Bougainville. Danach erläutert er, worum es ihm in den restlichen sechs Siebteln des Abschnittes *Calcul différentiel* noch geht: 'Was uns der Behandlung hier wichtiger ist [als z.B. die Beweise], das ist die *Metaphysik* des Differenzialkalküls.'[413]

PETER D'Alembert legt hier also größeren Wert auf die *Bedeutung*, auf die *inneren Zusammenhänge* des Differenzial- und des Fluxionenkalküls als auf ihre formale *Handhabung* und ihre formale *mathematische Begründung*?

INGE Selbstverständlich 'bemühte sich d'Alembert vor allem darum, *die metaphysische Spekulation aus Mathematik und Naturwissenschaften zu vertreiben* [...] und der Mathematik einen Platz in der Reihe der Wissenschaften zuzuweisen, die für die Entwicklung der Menschheit notwendig und wichtig sind.'[414]

ALEXANDER Aber was interessiert einen Mathematiker denn die Metaphysik?

ANNA Zur damaligen Zeit[415] sehr viel, wie d'Alembert selbst sagt: 'Diese Metaphysik, über die man viel geschrieben hat, ist noch immer von großer Wichtigkeit und viel schwieriger zu entwickeln als gar die

---

[413] d'Alembert [1754], S. 985, Spalte 2, Absatz 2, letzter Satz; meine Hervorhebung. Diesen Satz, diesen Sachverhalt hat Richter [1969] offenkundig nicht berücksichtigt, denn dieser Satz besagt sicher *nicht*, daß d'Alembert *jegliche* Metaphysik des Differenzialkalküls beseitigen will. Vielmehr geht es ihm darum, die *richtige* Metaphysik zu formulieren - wäre es anders, so würde d'Alembert kaum von *Behandlung*, sondern von *Abschaffung* der Metaphysik des Differenzialkalküls sprechen: vgl. oben das Zitat bei Fußnote 397 und auch unten das Zitat bei Fußnote 423!

[414] Richter [1969], S. 324. Obwohl Richter dies also *tendenziell* richtig erkennt ('vertreiben' ist natürlich zu stark!), zeigen die folgenden Seiten seines Artikels, daß er d'Alemberts (anti-)metaphysische Ausführungen von dessen (im engen Sinn) mathematisch-formalen Darlegungen nicht zu trennen vermag - vermutlich weil er das Zitat bei Fußnote 413 nicht berücksichtigt hat. Wer farbenblind ist, der sollte besser nicht für die Rote Sache ins Feld ziehen: er könnte seinen Freunden einen Bärendienst erweisen!

[415] und selbstverständlich auch später - ich erinnere nur an Georg Cantors berühmte Rechtfertigung seiner Mengenlehre, z.B. Cantor [1885]; allerdings gehört dies weniger zwingend in eine rationale Rekonstruktion der Analysis-Forschungsprogramme - oder?

Regeln dieses Kalküls'[416]. Und natürlich ist diese Trennung Formalismus - Metaphysik keineswegs scharf und kann so einfach auch nicht durchgehalten werden. D'Alembert sucht immer wieder, seine Ausführungen zur Metaphysik direkt am Formalismus anzubinden.[417] Was seinen Artikel etwas unübersichtlich gestaltet, das ist sein Verfahren, den Leibnizschen Differenzialkalkül und die Newtonsche Fluxionsrechnung (bzw. seine eigene verbesserte Fassung derselben) stets nebeneinander abzuhandeln, ohne sie auch nur durch klare Wortwahl zu unterscheiden. [418] So zeigt er etwa auf Seite 986 *in fast der gesamten ersten Spalte*, wie man mit Hilfe (seiner durch die Neueinführung des Begriffs Grenze verbesserten Fassung) der Fluxionsrechnung die Steigung der Tangente an eine Parabel bestimmt. Daran anschließend zeigt er *in zweieinhalb Zeilen*, wie sich diese Steigung nach dem Differenzialkalkül berechnet.

INGE Ja, und der nächste Satz lautet: 'Folglich ist $\frac{dy}{dx}$ die Grenze des Verhältnisses [aus Ordinate und Abszisse des jeweiligen Sekantendreiecks]'[419] - ein eindeutiger Beweis dafür, daß d'Alembert die Grenzenrechnung auch als die eigentliche Grundlage der *Differenzialrechnung* ansieht!

ANNA Das ist doch nicht dein Ernst, Inge?? Wenn d'Alembert zeigt, daß der Differenzialkalkül in zwei Zeilen das bewältigt, wozu der Fluxionenkalkül eine ganze lange Spalte benötigt[420], und wenn er des weiteren auf dem Standpunkt steht: Alles Wahre ist einfach![421], dann muß er diesen Satz in einem völlig anderen Sinn gebraucht haben.

INGE Und der wäre?

ANNA D'Alembert geht es hier einfach darum zu zeigen, daß der elegante Differenzialkalkül zu *genau denselben Ergebnissen* führt wie die - von ihm in neuer Strenge gefaßte - Fluxionsrechnung. Es ist also gerade anders herum, als du vermutet hast, Inge! *D'Alemberts Verbesserung der Fluxionsrechnung gibt ihm* nach der Erkenntnis, daß sie ge-

---

[416] d'Alembert [1754], S. 985, Spalte 2, Absatz 3, Satz 1

[417] Das macht mir d'Alembert sehr sympathisch! (Dies mußte einmal gesagt werden.)

[418] vgl. oben Fußnote 402

[419] d'Alembert [1754], S. 986, Spalte 1 unten

[420] Richter [1969] setzt diesen Sachverhalt ebenfalls auseinander (S. 326f), unterschlägt jedoch das im Text folgende Argument und zieht die hier im weiteren gezogenen Konsequenzen nicht - vgl. unten Fußnote 423.

[421] vgl. oben den Text bei Fußnote 412!

nau dieselben Ergebnisse liefert wie der wesentlich schnellere Differenzialkalkül *die Berechtigung dafür, auch den Differenzialkalkül als legitime mathematische Methode anzuerkennen.*

PETER Ja - stand denn diese Anerkennung überhaupt in Zweifel?

ANNA Selbstverständlich - und nicht zuletzt wegen seiner ontologischen Hypothek der unendlichkleinen Größen! Aber d'Alembert kommt zu dem Ergebnis, 'daß im Grunde der Differenzialkalkül *die Existenz dieser* [unendlichkleinen] *Größen$_q$ gar nicht voraussetzt*'⁴²². Damit hat er diese metaphysische Spekulation vertrieben, und der Differenzialkalkül steht - in seiner aufgeklärten Form - voll und ganz zur Verfügung. D'Alembert schreibt dies auch ganz unmißverständlich: 'Man erkennt durch alles, was wir bisher gesagt haben, daß die Methode des Differenzialkalküls uns genau dasselbe Verhältnis [Ordinate zu Abszisse des charakteristischen Dreiecks] liefert wie der vorausgegangene [verbesserte Fluxionen-]Kalkül. Mit anderen, komplizierteren Beispielen wird es dasselbe sein. Das genügt in unseren Augen, um den Anfängern die wahren Metaphysik des Differenzialkalküls verständlich zu machen. Wenn man sie erst gut verstanden hat, wird man wahrnehmen, daß die Annahme, die man dort über die Existenz [*sic!*] der unendlichkleinen Größen$_q$ macht, lediglich zur Verkürzung und Vereinfachung [*sic!* "Alles Wahre ist einfach!"] der Beweisführungen dient; aber daß im Grunde der Differenzialkalkül die Existenz dieser Größen$_q$ gar nicht notwendig voraussetzt; daß der [Differenzial-]Kalkül in nichts anderem besteht als *in der algebraischen Bestimmung der Grenze eines Verhältnisses, von dem man schon den Ausdruck in Linien* [d.i. die Kurvengleichung] *hat, und* [d.h.] *in dem Gleichsetzen der beiden Grenzen* [auf den beiden Seiten der Kurvengleichung], *woraus sich die* [Gleichung der] *eine*[n] *Kurve finden läßt, die man sucht* [d.i. die Gleichung der Tangente]. Diese Definition ist vielleicht die genaueste und die klarste, die man von dem Differenzialkalkül geben kann; aber sie kann vielleicht erst dann gut verstanden werden, wenn man sich mit diesem Kalkül vertraut gemacht hat; denn oftmals ist die wahre Definition in einer Wissenschaft vielleicht erst von denen gut zu erspüren, welche die[se] Wissenschaft studiert haben.'⁴²³

---

⁴²² d'Alembert [1754], S. 986, Spalte 2, vorletzter Absatz Mitte; meine Hervorhebung

⁴²³ 'On voit donc par tout ce que nous venons de dire que la méthode du calcul *différentiel* nous donne exactement le même rapport que vient

de nous donner le calcul précedent. Il en sera de même des autres
examples plus compliqués. Celui-ci nous paroit suffire pour faire en-
tendre aux commençans la vraie métaphysique du calcul *différentiel.*
Quand une fois on l'aura bien comprise, on sentira que la supposition
que l'on y fait de quantités infiniment petites, n'est que pour abré-
ger & simplifier les raisonnements; mais que dans le fond de calcul
différentiel nu suppose point nécessairement l'existence de ces quantités; que ce calcul ne consiste qu'à *déterminer algébriquement la
limite d'un rapport de laquelle on a déjà l'expression en lignes, & à
égaler ces deux limites, ce qui fait trouver une des lignes que l'on
cherche.* Cette défintion est peut-être la plus précise & la plus nette
qu'on puisse donner du calcul *différentiel;* mais elle ne peut être
bien entendue que quand on se sera rendu ce calcul familier; parce que
sonvent la vraie définition d'une science ne peut être bien sensible
qu'à ceux qui ont étudié la science.' (d'Alembert [1754], S. 986,Spal-
te 2, vorletzter Absatz)
Es ist zweifellos ein Meisterstück materialistisch-dialektischerInter-
pretationskunst, wenn Richter [1969] genau diesen Abschnitt - mit Ausnahme des letzten Satzes - zu dem Zweck anführt (S. 327), um seine Legende von der d'Alembertschen Begründung der Infinitesimalrechnung auf
den Begriff der Grenze zu belegen. ('D'Alembert versuchte auch in den
verschiedenen Artikeln der Enzyklopädie, die Grundlagen der Infinitesimalrechnung zu klären. Er wollte dies dadurch erreichen, daß er den
Begriff des Grenzwertes in den Mittelpunkt der Betrachtungen stellte.'
- S. 324) Wenngleich d'Alemberts *Encyclopédie*-Artikel zugegebenermaßen
nicht ganz so leicht zu lesen sind (ich habe schon in Fußnote 402 auf
diesen Umstand hingewiesen), so lassen sich nach sorgfältiger Lektüre
des Abschnittes *Calcul différentiel* unter dem Stichwort *Différentiel*
mit Sicherheit doch folgende Thesen einwandfrei belegen:
1. D'Alembert erkennt Differenzialkalkül und Fluxionsrechnung *in gleicher Weise* als mathematische Methoden an. Er gibt keinem von beiden
eindeutig den Vorzug, stellt aber die Kürze und Eleganz des Differenzialkalküls klar heraus. Außerdem behandelt er den Differenzialkalkül weit ausführlicher (etwa vier Spalten lang) als seine verbesserte Fassung der Fluxionsrechnung (etwa zwei Spalten lang).
2. D'Alembert wendet sich *in gleicher Weise* gegen den mit der jeweiligen Methode verbundenen metaphysischen Wildwuchs. Bei der Fluxionsrechnung schaltet er den (physikalischen) Begriff der *Bewegung* aus
und führt stattdessen den (mathematischen) Begriff der *Grenze* ein.
Beim Differenzialkalkül weist er darauf hin, daß der Kalkül selbst
keine ontologische Implikation hat: die *Rechnung mit* unendlichkleinen Größen sagt über deren *reale Existenz* nichts aus - eben weil
dieselben Ergebnisse auch auf ganz anderem Weg (und eben *ohne* Rechnung mit unendlichkleinen Größen) gewonnen werden können.
3. Eine Bevorzugung der einen oder der anderen Methode durch d'Alembert läßt sich aus diesem Text nicht direkt belegen; Indizienbe-
weise für seine Bevorzugung des Differenzialkalküls beim konkreten
Rechnen sind jedoch wohlfeil.
Wenn nun Richter [1969] aus ideologischen Gründen (vgl. oben bei Fußnote 410 sowie meine Vorwarnung in Fußnote 352!) und aus einem unzu-
reichenden Verständnis für mathematische Entwicklung eine andere Interpretation der d'Alembert-Texte gibt (der oben auf Fußnote 410 folgende
Satz darf getrost als Richters Meinung unterstellt werden; außerdem
ist das ja auch die eindeutige Mehrheitsmeinung der heutigen Mathematikgeschichtler), so tut er dies auf Biegen und Brechen. Die Palette

PETER Mit anderen Worten: d'Alemberts metaphysischer Kahlschlag im Gefilde der Fluxionsrechnung - eben die Einführung des Begriffs seines Handwerkszeugs reicht dabei
1. von falscher Textzuschreibung: was Richter auf S. 325 ganz unten als d'Alemberts Meinung ausgibt (d'Alembert habe behauptet, 'daß es nicht sinnvoll ist, einzelne Größen zu differenzieren, sondern nur Gleichungen'), das ist in Wahrheit nur d'Alemberts Wiedergabe von Newtons Vorgehensweise ('Außerdem hat dieser berühmte Autor niemals die Größen differenziert, sondern nur Gleichungen' - S. 986, Spalte 1, Satz 1): manchem Wissenschaftler scheint es schwerzufallen, bei einem Autor die Wiedergabe der Meinung eines Dritten zu finden, ohne daß sich dieser Autor mit ihr identifiziert oder sie in Frage stellt ...
2. über höchst eigenwillige Deutungen: 'Durch diese Erklärung ist für ihn [= d'Alembert] die Frage nach der Bedeutung und dem Sinn unendlich kleiner Größen völlig sinnlos. Als Ergebnis seiner Untersuchungen stellt er die These auf: "Man benutzt den Ausdruck *unendlich klein* nur, um die Ausdrucksweise zu verkürzen".' - S. 325. So jedoch läßt sich entgegen Richters Meinung keineswegs d'Alemberts Lossagung vom Differenzialkalkül und seine Hinwendung zur Grenzwertrechnung belegen; vielmehr kennzeichnet dies lediglich d'Alemberts Verständnis jenes Verhältnisses, in dem beide Methoden zueinander stehen. Daß d'Alembert es keinesfalls auf eine Verächtlichmachung des Differenzialkalküls abgesehen hat, beweist schon die Tatsache, daß er sich mit den damals bekannten Einwänden gegen diesen Kalkül *kritisch* auseinandersetzt: es handelt sich um die Einwände von Fontenelle und Nieuwentijt (siehe dazu d'Alembert [1754], S. 985, Spalte 2, Absatz 4; S. 987, Spalte 2, Absatz 2) sowie von Rolle (dazu S. 988, Spalte 1 oben, wo es heißt: 'Diejenigen, die aufmerksam das lesen, was wir hier gesagt haben, und die das dem Gebrauch des Kalküls und den Betrachtungen hinzufügen, haben in keinem Fall irgendeine Schwierigkeit und finden leicht die Antworten auf die Einwände von Rolle und den anderen Gegnern des Differenzialkalküls - vorausgesetzt, daß davon [nach d'Alemberts soeben geäußerter Kritik an jener Kritik] noch etwas übriggeblieben ist.'). Seit wann verteidigt einer das, was er selbst bekämpft, so engagiert?
3. bis hin zu dem eingangs dieser Fußnote zitierten Meisterstück.

Ohne sämtliche Verdrehungen Richters hier anführen zu wollen (auch diese Fußnote soll einmal ein Ende haben), sei noch seine Wiedergabe des - von ihm nicht wörtlich zitierten - letzten Satzes des oben im Text zuletzt angeführten Abschnittes vorgestellt. Originalton Richter: 'Damit glaubte d'Alembert eine eindeutige und klare Definition der Differentialrechnung gegeben zu haben, er setzte aber hinzu, daß sie nur dann gut verstanden werden kann, wenn man sich vorher mit dieser Rechnung vertraut gemacht hat; weil die genaue Definition einer Wissenschaft nur denen sinnlich wahrnehmbar ist, die diese Wissenschaft studiert haben.' (S. 327) Aus d'Alemberts vorsichtigen Formulierungen 'oftmals', 'vielleicht' hört Richter lediglich das kompromißlose 'nur' heraus: Der Dogmatismus einer Wiedergabe kann durchaus der Dogmatismus des Wiedergebenden sein, das muß der Liberalität des Wiedergegebenen keinen Abbruch tun.

der Grenze anstelle des Bewegungsbegriffs - befreite in einer Fernwirkung zugleich auch den Differenzialkalkül von entbehrlichem metaphysischem Ballast (nämlich der Behauptung der Realexistenz unendlicher Größen). Eine wirklich geniale Leistung dieses großen Aufklärers!

ANNA Ja - mit einem Schlag standen Fluxionsrechnung und Differenzialkalkül, genauer: Finitär- und Kontinuitätsprogramm in einem neuen, helleren Licht da.

INGE Na ja, ihr könnt ja sagen, was ihr wollt, interpretieren, soviel ihr wollt. Von mir aus. Meinetwegen war es halt doch nicht d'Alembert, der diesem Kontinuitätsprogramm den Garaus gemacht hat (obwohl mir das in der Seele doch weh tut!). Aber dann war es eben jemand anders. Denn daß dieses seltsame Forschungsprogramm einmal untergegangen ist, daran kann ja kein Zweifel bestehen: Schließlich rechnet heutzutage ja kein richtiger Mathematiker mehr mit diesen unendlichkleinen Größen! Das jedenfalls könnt ihr nicht bestreiten!

ANDREAS *beiseite* Er verrät es bloß nicht!

PETER Da wäre ich mir an deiner Stelle nicht so sicher, Inge! Gewiß ist es unbestreitbar, daß das Kontinuitätsprogramm zeitweilig ins Hintertreffen geriet - aber ob das noch immer so ist heutzutage - das ist doch sehr die Frage! Und bedenke: 'Die Wiederbelebung "alter" Theorien ist [...] immer vernünftig und hat auch immer Aussicht auf Erfolg. [...] Fortschritt wurde oft erzielt durch eine "Kritik aus der Vergangenheit".'[424]

INGE Wenn es heutzutage noch immer jemanden gibt, der mit unendlichkleinen Größen rechnet, so ist dies allenfalls ein starrsinniger Schwachkopf[425], der sich im Jahrhundert geirrt hat - aber kein Mathematiker, der modernen Anforderungen zu genügen vermag!

PETER Ich rede nicht von den Mathematikern, Inge, sondern von der Mathematik!

---

[424] Feyerabend [1972], S. 129f

[425] 'Ältere Ansichten und Mythen erscheinen nur darum so völlig verdienstlos, weil man sie entweder nicht versteht oder weil ihr Gehalt von Forschern untersucht wird, deren Kenntnis [...] weit unter der Kenntnis ihrer Urheber liegt', hält Feyerabend [1972], S. 130 zu Recht fest und merkt dazu u.a. an: 'Im Gegensatz zu ihren Vorläufern (Galilei, Kepler, Newton etc.) sind Wissenschaftler von heute mit der Geschichte ihrer Disziplin nur sehr wenig vertraut und kennen ältere Theorien nur in den gröbsten Umrissen, oft bis zur Unkenntlichkeit verzerrt.'

ANDREAS *beiseite* Das war schon immer deine Schwäche!

PETER Aber ehe wir uns über das Heute streiten, möchte ich doch noch darauf zurückkommen, daß die gestrige Alleinherrschaft des Finitärprogramms den mathematischen Fortschritt eindeutig gehemmt hat.

INGE Ja, das hast du schon einmal behauptet, Peter. Es wird Zeit, daß du deine Behauptung endlich belegst!

2.14.2 HEUTE: DISTRIBUTIONSRECHNUNG GEGEN Ω-KALKÜL

Knapp zwanzig Jahre, von 1926 bis 1945, dauerte es, bis es den modernen Vertretern des Finitärprogramms gelang, in Form der Distributionsrechnung das von dem theoretischen Physiker Dirac erstmals geforderte (und späterhin sehr hilfreiche) Handwerkszeug der δ-Funktion bereitzustellen. Trotz ihrer langjährigen Bemühungen und verschiedener Vorschläge brachte das Finitärprogramm nur ein sehr schwerfälliges Werkzeug zustande. Ganz anders dagegen das Kontinuitätsprogramm, das zwanglos und unmittelbar ein elegantes Hilfsmittel für die Physik bereitstellte, und zwar mit Hilfe des Ω-Kalküls.

2.14.2.1 Diracs Problem und die Distributionslösung durch Schwartz

PETER Da braucht es keine große Anstrengung - der Sachverhalt ist heute noch weitgehend allgemein bekannt. Ich meine die Sache mit den Diracschen Sprungfunktionen.

EVA Das mußt du schon ein wenig näher erläutern, Peter, worum es sich da dreht.

PETER Das ist schnell geschehen. Im Jahr 1926 benötigte der theoretische Physiker Dirac für die Zwecke seiner Forschung Funktionen mit ganz bestimmten Eigenschaften: 'Man kommt in der Entwicklung der Matrizentheorie mit stetigen Bereichen für Zeilen und Spalten nicht weit ohne die Verwendung einer Bezeichnung für jene Funktionen von einer reellen Zahl x, die gleich Null ist, außer wenn x sehr klein ist, und deren Integral über einen Bereich, der den Punkt $x = 0$ enthält, gleich Eins ist. Wir werden das Symbol $\delta(x)$ zur Bezeichnung dieser Funktion verwenden, d.h. $\delta(x)$ ist definiert durch

$$\delta(x) = 0 \text{ wenn } x \neq 0 \text{ und}$$

$\int_{-\infty}^{\infty} \delta(x)\, dx = 1$.[426]

ALEXANDER Das ist allerdings ein Unding! Eine solche Funktion ist unmöglich, selbst wenn man einen allgemeineren Integralbegriff nimmt als das Riemann-Integral, etwa das Lebesgue-Integral.

PETER Ja eben - genau! Nach den Maßstäben der damaligen Mathematik war eine solche Sprungfunktion wie dieses $\delta(x)$ völlig unmöglich. Die damalige Mathematik ließ die Physiker im Stich; sie war nicht fähig, ihnen die benötigten begrifflichen Hilfsmittel zur Verfügung zu stellen. Das hinderte zwar solch hervorragende Physiker wie Dirac und seine Nachfolger nicht daran, solche 'unmöglichen' Funktionen für den Auf- und Ausbau ihrer physikalischen Theorie zu verwenden - und diese Theorie war erfolgreich! Aber für die Mathematik war dieses Versagen eine große Blamage und ein Armutszeugnis ersten Ranges.

ALEXANDER Was? Das kann nicht sein! Eine Theorie kann doch nicht erfolgreich sein, wenn sie auf einer 'mathematisch widerspruchsvollen Definition'[427] gegründet ist! ... oder vielleicht doch?! Wie uns die formale Logik lehrt, kann ja aus etwas Falschem sehr wohl etwas Wahres abgeleitet werden!

PETER *entnervt* Mit dir geschichtlich argumentieren ist, wie wenn man einem Ochsen ins Horn petzt!

EVA Du kannst uns doch nicht für dumm verkaufen, Alexander! Erstens ist diese Schlußregel doch kein *Ergebnis* der formalen Logik, sondern eine ihr zugrundegelegte *Definition* - also von vornherein als richtig *gesetzt*. Und zweitens ist das kein Problem der formalen Logik ...

PETER *beiseite* Sondern ihr Waterloo!

EVA ... sondern ein Problem der Geschichts- und vielleicht der

---

[426] Dirac [1926], S. 625. Im Original ist der Integrand nicht wie hier durch $\delta(x)\,dx$ bezeichnet, sondern durch $x\,\delta(x)$. Dirac traut sich offensichtlich nicht, seine zuvor unmißverständlich formulierte Forderung in eine der geläufigen Integralrechnung direkt zuwider laufende Formel zu bringen. Auf der folgenden Seite erläutert Dirac dann: 'Die Bedingung $\delta(x) = 0$ außer wenn $x = 0$ kann durch die algebraische Gleichung $x\,\delta(x) = 0$ ausgedrückt werden.' (S. 626) Und erneut eine Seite weiter findet sich auch tatsächlich die Formel $\int_{-\infty}^{\infty} -x\delta'(x) = 1$ zusammen mit der Gleichung $-x\delta'(x) = \delta(x)$, wodurch meine hier gegebene Übersetzung wohl hinlänglich gerechtfertigt ist.

[427] Schwartz [1966], S. 3

Wissenschaftstheorie! Die zentrale Frage heißt doch: 'Wie ist der Erfolg dieser Methoden zu erklären?'[427]

INGE Oh, so schwer ist das gar nicht! 'Wenn eine solche widerspruchsvolle Situation vorliegt, dann ist es äußerst selten, daß daraus keine neue mathematische Theorie entsteht, die in einer abgewandelten Weise die Sprache der Physiker rechtfertigt; dies ist ja gerade eine wichtige Quelle für mathematischen und physikalischen Fortschritt.'[428]

PETER So also passen formalistische Mathematik und dialektische Philosophie zusammen! Die Sinnleere der einen wird mit der Wirrheit der andern versetzt und soll auf diese Weise ein wohlschmeckendes Gebräu ergeben? Selbst wenn es tatsächlich genießbar sein sollte - also einen Erklärungswert besäße - , dann ist es doch sicherlich gesundheitsschädlich!

KONRAD Was willst du damit sagen, Peter: gesundheitsschädlich?

PETER Ein gemeinsamer Nenner von formalistischer Mathematik und dialektischer Philosophie ist ihr umfassender Herrschaftsanspruch, der unangreifbar ist und keinerlei Opposition duldet. Für die mathematischen Formalisten gibt es außerhalb ihres Horizontes keine Mathematik: was nicht formalisiert oder widerspruchsfrei formalisierbar erscheint, das ist 'blanker Unsinn'[429]. Für Opposition, für Kritik ist hier kein Platz[430], weil Kritik niemals formalisiert und also von vornherein als sinnlos gebrandmarkt ist. Und keinen Platz für Kritik läßt auch die dialektische Philosophie, vermag sie doch jeglichen Wandel *ohne* deren Mithilfe zu erklären."[431] Da nun auch ein Vertreter der formalistischen Mathematik nur schwer die Augen davor verschließen kann, daß Mathematik - auch für ihn! also auch formalistische Mathematik! - sich wandelt, muß er notgedrungen nach einer hilfreichen Ideologie Ausschau halten, die ihm das Unmögliche erklärt. Verfällt er dabei auf die Dialektik - die sich ob ihrer umfassenden Erklärungskraft stets anbietet - , so ist das Unheil perfekt: zwei totalitäre Denksysteme, die einander zu einem praktisch allumfassenden Weltbild ergänzen! Totalitarismus aber ist stets ungesund - für die

---

[428] Schwartz [1966], S. 3f
[429] so formuliert Lakatos [1961], S. IX diese Position
[430] vgl. dazu auch Lakatos [1961], S. 131 sowie den Text oben auf S. 28
[431] Lakatos [1961], S. 48 Fußnote 95; s. auch oben bei Fußnote 46!

Opponenten, die mit der verordneten Ideologie nicht klar kommen: sie werden mundtot gemacht, in Lager gesteckt oder ausgemerzt.

INGE Ich verstehe nicht, was dieses ganze sinnlose Geschwätz soll!

PETER Ja eben!

EVA Ich verstehe das schon, Inge! Peter hat soeben genau die Hilfestellung kritisiert, die du Alexander geleistet hast: weil es gar keine wirkliche Hilfestellung ist!

INGE Wieso? Erkläre dich!

EVA Alexander stand vor dem Problem, daß eine mathematisch widerspruchsvolle, also für ihn unsinnige Theorie von gewissen Physikern als dennoch theoretisch fruchtbar erwiesen wurde. Da seine einzige Erklärungsmöglichkeit für diesen Umstand als eine *willkürliche Setzung* entlarvt wurde, stand er schutzlos im Regen. Er vermochte nicht zu erklären, wie aus diesem logischen Unsinn ein neuer (logischer) Sinn entstehen kann. Darauf bist du ihm zu Hilfe geeilt, Inge, und zwar nicht mit einem Schirm, um ihn vor dem alles aufweichenden Regen zu schützen, sondern mit der revolutionären Therapie, daß Regen gesund sei und das Wachstum fördere. Du hast nämlich behauptet, die vorliegenden Widersprüche *bedürften* keiner Aufklärung, sondern sie *seien* bereits die Aufklärung: Gerade aus diesen Widersprüchen erwachse der Fortschritt.[432]

INGE Ich habe eben aus der Not eine Tugend gemacht – nichts weiter!

EVA Du hast die Not als Tugend *definiert* – nichts weiter! Das aber ist keine *Erklärung*, sondern *Gehirnwäsche*! Ihr beide gebt mir ein schönes Gespann ab, Alexander und Inge! Solange es auf widerspruchsfreies Schlußfolgern ankommt, ist Alexander zuständig – sobald Widersprüche auftreten, ist Inge an der Reihe. Beide zusammen seid ihr so unfehlbar wie der Papst.[433]

---

[432] vgl. oben bei Fußnote 428!

[433] Dieses Dilemma, diese Komplementarität erklärt möglicherweise, warum einige der berühmtesten Köpfe der modernen Mathematik, insbesondere Propagandisten der modernen Algebra in ihren verschiedenen Varianten (Universelle Algebra, Kategorientheorie, Algebraische Topologie), Anhänger dialektischer Philosophie sind: ich denke über Laurent Schwartz hinaus etwa an Egbert Brieskorn (siehe etwa Brieskorn [1974]) oder an William Lawvere, dessen furioser Vortrag hier an der TH Darmstadt (es dürfte im Wintersemester 72/73 gewesen sein) über Mao, Marx, Revolution und Kategorien mich sehr begeistert hat und mir unvergeßlich bleiben wird, wenngleich ich kein einziges Wort verstanden habe.

ALEXANDER Ja, und was stört dich denn an einem Weltbild, das über so umfassende Erklärungskraft verfügt?

EVA Eben *daß* es über solch umfassende Erklärungskraft verfügt![434] Was alles erklärt, das erklärt nichts - weil ihm das einzelne gleichgültig ist: es ist ja von vornherein schon so gut wie erklärt, weil seine Erklärbarkeit außer Frage steht. Bitte, hier ist das Problem: Die Sprungfunktion $\delta(x)$, so wie sie Dirac gefordert, benötigt und mit ihr erfolgreich gerechnet hat, ist ein mathematisch widerspruchsvoller Begriff[435], ein 'Mißbrauch der Sprache'[436], der 'trotz allem [= trotz seines unbestreitbaren Erfolgs] unvereinbar ist mit dem gewöhnlichen Begriff der Funktion und der Ableitung'[436], ein Begriff, der 'mathematisch nicht gerechtfertigt ist'[436]. Wie wird dieser mathematische Widerspruch aufgelöst? Die Antwort, daß mathematischer Widerspruch ein Motor des Fortschritts sei - wie du sie gegeben hast, Inge - hilft konkret gar nichts, sondern kleidet denselben Sachverhalt nur in neue Worte.

INGE Aber welche Antwort würde dich denn zufriedenstellen, Eva?

EVA Eine, die den Verlauf dieses Fortschritts im einzelnen beschreibt. So, wie er sich tatsächlich vollzieht. Und ich bin sicher: 'Der tatsächliche Verlauf war es, daß zahlreiche Rechtfertigungen des [von Dirac verwendeten] symbolischen Kalküls vorgeschlagen wurden.'[437] Die ersten Vorschläge werden natürlich alle ihre Mängel und Schwächen gehabt haben ...

ALEXANDER Allerdings! 'Obwohl sie mathematisch vollkommen streng waren, stellten sie die Physiker nicht zufrieden, denn entweder zogen sie Laplace-Transformationen heran, welche die Frage vollständig veränderten, oder aber sie beseitigten die Funktion δ und ihre Ableitun-

---

[434] Diesen Gedankengang habe ich bestimmt irgendwo gelesen, und eigentlich müßte es bei Popper gewesen sein, aber leider vermag ich diese Stelle nicht wiederzufinden; die Passagen in Popper [1934], S. 216 Fußnote *3 und Text sowie S. 218 Fußnote *8 und Text aber treffen das Gesuchte in etwa.

[435] siehe S. 215

[436] Schwartz [1945], S. 57; vgl. auch unten bei Fußnote 643 und diese Fußnote selbst.

[437] Schwartz [1966], S. 4. Allerdings erheben die von Schwartz an dieser Stelle zitierten van der Pol / Niessen [1931], soweit ich sehe, an keiner Stelle *ausdrücklich* den Anspruch, Dirac unter die Arme greifen zu wollen; vielmehr geht es ihnen wohl um eine Weiterentwicklung des ursprünglich von Heaviside entwickelten Operatorenkalküls (S. 537) - vgl. etwa Heaviside [1892], [1893] (aber das liegt natürlich in der richtigen Richtung ...).

gen und verboten so gerade diejenigen Methoden, denen sich der schlagende Erfolg verdankt.'437

EVA Ja eben: Durch Verbesserungsvorschläge, Kritik an deren Schwächen und neue Vorschläge wird der Durchbruch vorbereitet, bis schließlich die zufriedenstellende Lösung auf dem Tisch liegt.

ALEXANDER In diesem Fall war die zufriedenstellende Lösung eine Verallgemeinerung des Funktionsbegriffs zu dem Begriff der *Distribution*, die Laurent Schwartz dann im Jahr 1945 vorschlug[438], und die einhellige Anerkennung und Zustimmung fand. Später vorgeschlagene Lösungen waren der Operatorenkalkül von Mikusiński aus dem Jahre 1948 und die Theorie der Pseudofunktionen von M. Riesz.

PETER Da haben wir es! Seit 1926 benutzten die theoretischen Physiker ein Handwerkszeug, das nach den Standards der damaligen Mathematik vollkommen unsinnig ist, und es dauert geschlagene zwanzig Jahre, bis die Formalisten 'in der Lage sind, für "ein Gemisch aus Mathematik und irgendetwas anderem" formale Systeme zu finden, "die es in einem gewissen Sinn enthalten"'[439] - eine beschämende Niederlage für die Mathematik!

ALEXANDER So dramatisch, wie du sie hier darstellst, ist die Lage nun auch wieder nicht, Peter! Die Reinigung eines solchen Gemisches 'von allen Unreinheiten irdischer Unzulänglichkeit'[439] ist ein sehr schwieriger Prozeß! Immerhin 'mußte Newton vier Jahrhunderte warten, bis ihm schließlich Peano, Russell und Quine in den Himmel [der reinen Mathematiker] halfen, indem sie die Analysis formalisierten. [Bei den Sprungfunktionen ging das alles doch bedeutend schneller,] Dirac hatte mehr Glück: Schwartz rettete seine Seele noch zu seinen Lebzeiten.'[440]

PETER Aber du vergleichst doch Unvergleichbares miteinander, Alexander! Wie wir bereits genau untersucht und ausführlich erörtert haben, war Newtons Fluxionsrechnung fraglos wunderbare Mathematik - auf ihrer Entwicklungsstufe. Sie war zwar nicht vollständig formalisiert und *deswegen* keineswegs einwand-frei (wie etwa Berkeleys Kritik zeigte). Aber trotz ihrer Schwächen war sie seinerzeit in den Mathe-

---

[438] Schwartz [1945]
[439] Lakatos [1961]. S. IX
[440] Mit diesen Worten kennzeichnet Lakatos [1961] die Geschichtsphilosophie des mathematischen Formalismus; bezüglich Newton hätte er besser 'zwei Jahrhunderte' geschrieben.

matikerkreisen selbstverständlich *grundsätzlich anerkannt* - einige
Ausnahmen gibt es immer. Mit Diracs symbolischem Kalkül war das völlig anders! Diese Rechenmethode war seinerzeit alles andere als in
den Mathematikerkreisen grundsätzlich anerkannt - eben weil sie mit
logischem Unsinn operierte.[441] Diese beiden Sachverhalte mußt du
schon klar auseinanderhalten, Alexander!

Aber noch ein zweites ist wichtig, und das hatte ich von Anfang an im
Auge: Die Mathematik von 1926 war nicht in der Lage, die aus der Physik an sie herangetragenen Probleme zu lösen - und selbst nach zwanzigjähriger Anstrengung der Fachwelt gelangen ihr nur sehr wenig zufriedenstellende Lösungen.

ALEXANDER Wie kommst du denn zu dieser Behauptung, Peter? Wieso
soll die Lösung von Schwartz oder die von Mikusiński oder die von
Riesz *nicht zufriedenstellend* sein?

PETER Schon die Tatsache, daß es nicht bei einer einzigen, allseits anerkannten Lösung blieb, sondern daß (mindestens) drei verschiedene ausgearbeitet wurden, zeigt, daß eine gewisse Unzufriedenheit verblieben ist. Und zwar eine durchaus *mathematische* Unzufriedenheit.

ALEXANDER Wieso *mathematische* Unzufriedenheit? Mathematisch ist
doch alles korrekt gelöst bei Schwartz?!

PETER Korrekt - ja: die Logiker können zufrieden sein; ob es aber
die Physiker sind, das ist eine andere Frage! Denn schließlich wollten die Physiker doch eine *Funktion* $\delta(x)$ mit all diesen schönen Eigenschaften, wie ich sie vorhin genannt habe.[442] Eine solche Funktion
aber haben ihnen weder Schwartz noch Mikusiński noch Riesz anbieten
können! Sondern sie alle nahmen ihre Zuflucht bei *verallgemeinerten*
Funktionsbegriffen, also Dingen, die durchaus andere Eigenschaften
haben als eine Funktion.

ALEXANDER Aber wer wird denn so penibel sein, Peter? Diracs symbolischer Kalkül ist logisch abgesichert worden - ob δ dabei eine
Funktion ist, oder aber eine Distribution, als Operator oder als Pseudofunktion definiert ist, das ist doch gleichgültig!

PETER Keineswegs - wie kommst du darauf? Du bist doch sonst immer
so pedantisch, Alexander! Aber offenbar eben nur, solange es um logi-

---

[441] Diese These müßte quellenmäßig erst noch belegt werden; *objektiv*
ist sie selbstverständlich korrekt.
[442] siehe S. 214f

sche Spielereien geht - bei den inhaltlichen Deutungen dagegen bist
du sehr großzügig, oder genauer: die sind dir gleichgültig, die interessieren
dich nicht. Du bist zufrieden, wenn du Diracs Symbole gerettet
siehst - das, was er meinte, der Inhalt seiner Theorie ist dir
unwichtig. Und so stört es dich auch nicht, daß Dirac mit einer *Funktion* δ rechnete.

ALEXANDER Aber was willst du denn, Peter? Was nicht geht, geht
eben nicht. Es gibt halt keinen Funktions- und Integralbegriff, die
Diracs absonderlichen Forderungen genügen!

ANDREAS Oh doch - das gibt es sehr wohl! Warum auch nicht?

2.14.2.2 Die Lösung durch den Ω-Kalkül

ALEXANDER Nein - wie denn?!

ANDREAS Nimm zum Beispiel die Definition[443]

$$\delta(x) := \frac{1}{\pi} \frac{\Omega}{1 + \Omega^2 x^2},$$

wobei Ω irgendeine unendlichgroße Zahl ist.

ALEXANDER Oh Gott - ich hätte es mir ja denken können: Wir werden
diese Gespenster niemals abschütteln!

ANDREAS Vielseitig verwendbare Hilfsmittel sind eben etwas Feines!
Und nun paß' auf: Diese Funktion δ hat genau die von Dirac gewünschten
Eigenschaften! Für endliche Werte von x ist der Nenner des
Bruches

$$\frac{\Omega}{\pi(1 + \Omega^2 x^2)}$$

im wesentlichen gleich Ω^2, der Wert des gesamten Bruches also im wesentlichen
$1/\Omega$, d.h. unendlichklein. Wenn nun x aber in die unendliche
Nähe von Null kommt, dann wächst diese Funktion schlagartig:

$$\delta(\frac{1}{\sqrt{\Omega}}) \doteq \frac{\Omega}{\pi(1 + \Omega)} \doteq \frac{\Omega}{\pi\Omega} = \frac{1}{\pi},$$

wobei durch $\doteq$ die *Gleichheit im wesentlichen* beschrieben wird.[444]

---

[443] Diese δ-artige Funktion wurde erstmals (unbeachtet von der Fachwelt)
veröffentlicht in Chwistek [1948], S. 215f; später unabhängig
davon erneut in Schmieden/Laugwitz [1958], S. 33.

[444] So harmlos auch dieses Symbol $\doteq$ aussieht, so bewegt ist doch
seine Geschichte - vgl. unten S. 254-61, besonders auch Fußnote 530.

D.h. bei $1/\sqrt{\Omega}$ hat diese Funktion schon einen endlichen Wert! Da gilt

$$\delta\left(\frac{1}{\Omega}\right) = \frac{\Omega}{\pi(1+1)} = \frac{\Omega}{2\pi} \doteq \Omega,$$

hat diese Funktion an noch näher bei Null liegenden Stellen sogar einen unendlichgroßen Wert! Und bei $x = 0$ hat sie schließlich den Wert Ω/π, der ebenfalls unendlichgroß ist. Und jetzt zur Fläche unter dieser Kurve!

$$\int_{-\infty}^{\infty} \delta(x)\, dx = \int_{-\infty}^{\infty} \frac{1}{\pi} \frac{\Omega}{1+\Omega^2 x^2}\, dx = \frac{1}{\pi} \int_{-\infty}^{\infty} \frac{d(\Omega x)}{1+(\Omega x)^2} =$$

$$= \frac{1}{\pi} \arctan \Omega x \bigg|_{x=-\infty}^{x=+\infty} = \frac{1}{\pi}\left(\frac{\pi}{2} - \left(-\frac{\pi}{2}\right)\right) = 1$$

- genau, wie Dirac es sich wünschte! Du siehst also, Alexander: Diracs Forderungen lassen sich *vollständig* erfüllen, d.h. es läßt sich wirklich eine *Funktion* δ mit diesen besonderen Eigenschaften angeben - indem man *die passende Mathematik wählt*, ein passendes Modell der Analysis.

ALEXANDER Ehe du nicht verrätst, was es mit diesem Ω auf sich hat, ist das alles symbolische Spielerei, von der nicht einmal klar ist, ob sie überhaupt widerspruchsfrei ist.

2.14.2.3 Eine kleine Einübung in den Ω-Kalkül ...

ANDREAS Du bist und bleibst ein formalistischer Pedant, Alex! Ich zeige dir einen wunderbar eleganten Kalkül, der leistungsfähiger ist als die dir bekannte Mathematik - und du fragst nach Widerspruchsfreiheit! Als ob es in allererster Linie um Logik ginge und nicht um Analysis!

ALEXANDER Aus einer nicht widerspruchsfreien Theorie kann man alles ableiten - sie ist also sinnlos, und deswegen ist diese Frage nach der Widerspruchsfreiheit so wichtig.

ANDREAS Man *kann* alles ableiten - das heißt dann noch lange nicht, daß man auch *tatsächlich* alles ableitet: kein vernünftiger Mensch wird an sowas Interesse haben! Und deswegen ist diese Frage nach Widerspruchsfreiheit keineswegs so bedeutsam, wie du da behauptest.

ALEXANDER Aber man muß doch sicher sein, daß die korrekt geführten Beweise richtige Ergebnisse liefern!

ANDREAS Das tun sie doch sowieso nur, wenn die verwendeten Voraussetzungen richtig sind - und das muß allemal von Fall zu Fall geprüft werden, genau wie die errechneten Ergebnisse selbstverständlich im einzelnen stets durch andere Überlegungen getestet werden müssen, will man sie zu etwas nutzen. Aber das ist ja auch alles gar nicht so wichtig: Selbstverständlich läßt sich der Ω-Kalkül[445] rechtfertigen!

EVA Ω-Kalkül?

ANDREAS Na ja, das Kind muß einen Namen haben.

ALEXANDER Welches Kind?

ANDREAS Das Modell der Analysis, in dem ich eben gerechnet habe und in dem sich eine Diracsche δ-Funktion so bequem finden läßt[446]!

ALEXANDER So verrate uns doch endlich, wie dieses Modell definiert ist! Dreihundert Jahre nach Newton, einhundertfünfzig Jahre nach Cauchy kannst du mit unendlichen Zahlen nicht mehr so naiv rechnen, wie es damals erlaubt gewesen sein mag. Einhundert Jahre nach der exakten Begründung der reellen Zahlen mußt du schon sagen, welche Zahl dieses Ω sein soll, mit dem du rechnest - wenn du ernst genommen werden willst.

ANDREAS Was Ω sein soll? Ich sage dir, wie ich mit Ω rechne - und das genügt ja wohl! Aus den Rechenregeln für Ω ergibt sich der Sinn von Ω.[447] Und wie ich mit Ω rechne, das ist so naheliegend, daß du es selbst sagen könntest! Du weißt doch, wie das mit den unendlichen Zahlen immer so geht. Wenn man Ordinalzahlen untersucht, also angeordnete Zahlen, Zählzahlen, dann gibt es da auch unendliche, und die kleinste unter diesen unendlichen *Ordinalzahlen* ist diejenige, die der Gesamtheit der natürlichen Zahlen zugeordnet ist. Bei den *Kardinalzahlen* (bei denen nur noch der Anzahlaspekt der Zahlen - bzw. Mengen - interessiert, nicht mehr deren Anordnung), da ist es genauso: die kleinste unendliche Kardinalzahl ist jene, die zu der Gesamtheit der natürlichen Zahlen gehört. Gesamtheit der *endlichen* natürlichen Zahlen selbstverständlich. Und hier, in der Analysis, wo es ums Rechnen geht, um *Rechenzahlen* also[448], da werden 'wir unser Ω auch an [die Gesamtheit der natürlichen Zahlen] anschließen'[449].

---

[445] vgl. Laugwitz [1973], S. 79ff; Laugwitz [1976], S. 106ff

[446] Selbstverständlich gibt es sehr viele verschiedene δ-artige Funktionen in dieser Analysis - vgl. z.B. Laugwitz [1959], insbesondere S. 48-54.

[447] vgl. oben bei den Fußnoten 66, 67!

[448] Laugwitz [1976]

[449] Laugwitz [1976], S. 104; anstelle der geklammerten Worte steht bei Laugwitz 'N'.

ALEXANDER Was heißt 'unser Ω' - warum nicht auch hier 'unsere kleinste unendliche Rechenzahl'?

ANDREAS Na ja, weil es so etwas wie 'eine kleinste unendlichgroße Rechenzahl' natürlich nicht geben kann: $\Omega-1$ oder $\Omega/2$ oder $\sqrt{\Omega}$ oder dergleichen sind natürlich stets kleiner als Ω selbst - und dennoch unendlichgroß.[450]

EVA Und wie werden wir jetzt mit Ω rechnen?

ANDREAS Nun, wir wollen Ω an die natürlichen Zahlen anbinden - also *werden wir mit Ω so rechnen wie mit den natürlichen Zahlen.*

ALEXANDER Was soll das heißen? So wie mit *allen* natürlichen Zahlen? Oder wie mit *manchen* natürlichen Zahlen? Oder was?

ANDREAS 'So wie mit *allen* natürlichen Zahlen' - diese direkte Anknüpfung an das Kontinuitätsprinzip für die natürlichen Zahlen, das wir bei Cauchy gefunden haben[451], die ist vielleicht doch etwas zu stark, etwas zu einschränkend. Schwächen wir diese starke Forderung doch ein wenig ab, machen aus 'alle' einmal 'fast alle' und verlangen jetzt: '*Jede Eigenschaft aller sehr großen natürlichen Zahlen* [oder, was dasselbe ist, *aller natürlicher Zahlen bis auf endlich viele*] *kommt auch Ω zu.*'[452]

EVA Und das soll etwas bringen?

ANDREAS Erstaunlicherweise, ja! Paß' nur gut auf. Mit dieser Festlegung ist nämlich sofort klar, welche Rolle Ω in diesem Ω-Kalkül spielen wird, denn da es um analytisches Rechnen geht, ist es deutlich, in welchen Zusammenhängen Ω auftauchen wird: selbstverständlich in algebraischen Zusammenhängen wie $\Omega+1$, $\Omega/2$, $1/\Omega^2$ usw., aber - da wir damit in der Analysis ja nicht auskommen - auch in transzendenten: 2^Ω, Ω^Ω, $\sin\pi\Omega$, $\sum_{k=0}^{\Omega} x^k$ usw.[453] Damit ist dann alles klar, und wir wissen zum Beispiel[453]:

$\Omega(\Omega+1)$ ist eine gerade Zahl - weil $n(n+1)$ für alle natürlichen Zahlen n gerade ist;

$\Omega > 137$, weil für fast alle natürlichen Zahlen n gilt: $n > 137$;

$2^\Omega > \Omega^2$, weil $2^n > n^2$ für alle natürlichen Zahlen ab 5;

---

[450] siehe S. 49!

[451] siehe S. 47

[452] Schmieden 1958, zitiert nach Laugwitz [1973], S. 66; ebenso in Laugwitz [1976], S. 103

[453] vgl. Laugwitz [1976], S. 102f; Laugwitz [1973], S. 66f

$0 < \frac{1}{\Omega} < q$ für irgendeine beliebig gewählte rationale Zahl q,

da $0 < \frac{1}{n} < q$ für fast alle natürlichen Zahlen n gilt;

$(1-(-1)^{\Omega}) \cdot (1+(-1)^{\Omega}) = 0$, weil $(-1)^n$ entweder $=+1$ oder $=-1$;

$\sum_{k=0}^{\Omega} q^k = \frac{1}{1-q} - \frac{q^{\Omega+1}}{1-q}$ für jedes $q \neq 1$; wenn q eine rationale

Zahl ist mit $|q| < 1$, so ist $q^{\Omega+1}$ unendlichklein, also

gilt dann bis auf unendlichkleinen Fehler $\sum_{k=0}^{\Omega} q^k = \frac{1}{1-q}$,

symbolisch: $\sum_{k=0}^{\Omega} q^k \doteq \frac{1}{1-q}$;

$\int_0^1 x^2 \, dx \doteq \sum_{k=1}^{\Omega} k^2 \cdot \frac{1}{\Omega^3} = \frac{\Omega(\Omega+1)(2\Omega+1)}{6\Omega^3} = \frac{1}{3}(1+\frac{1}{\Omega})(1+\frac{1}{2\Omega}) \doteq$

$\doteq \frac{1}{3}$ [454]

ALEXANDER Das sieht ja alles ganz nett aus – aber es gibt doch Schwierigkeiten dabei! Z.B.: Ist $\Omega/2$ eine ganze Zahl oder nicht? Da unendlichviele Zahlen $n/2$ nicht ganz sind, ebensoviele aber auch ganz sind, ist nach deinem Rechengrundsatz $\Omega/2$ weder ganzzahlig noch nichtganzzahlig – obwohl Ω selbst ganzzahlig ist! Das ist doch ausgesprochen merkwürdig – um nicht zu sagen unsinnig!

EVA Ja, das ist wirklich verrückt! Und genauso steht es mit $(-1)^{\Omega}$ – das ist weder $=+1$ noch $=-1$, obwohl, wie Peter sehr richtig gesagt hat, doch gilt: $(1-(-1)^{\Omega}) \cdot (1+(-1)^{\Omega}) = 0$. Das grenzt doch an Zauberei![455]

ALEXANDER Stimmt! Und überhaupt gilt weder $(-1)^{\Omega} > 0$ noch $(-1)^{\Omega} < 0$ – auch eine sehr unerfreuliche Erkenntnis!

ANDREAS Na ja, schön. Wenn wir von den rationalen oder den reellen Zahlen ausgehen und in der beschriebenen Weise die neue Zahl Ω einführen (die größer ist als alle rationalen bzw. reellen Zahlen), dann erhalten wir eben eine nicht total geordnete Struktur – was macht das schon? 'Nun braucht man die Flinte deswegen noch nicht gleich ins Korn zu werfen; wer regt sich schon darüber auf, daß der Körper der komplexen Zahlen nicht total geordnet ist? Manchmal kann man bei einer Zahlbereichserweiterung eben nicht alles retten. Worauf es allein ankommt,

---

[454] für das letzte Beispiel siehe Laugwitz [1976], S. 110
[455] Diesen Sachverhalt beschreibt Laugwitz [1976], S. 105f; Laugwitz [1973], S. 67, 71, 76.

ist doch, daß wir Zahlen haben, mit denen man vernünftig rechnen kann, das war unser Ziel. Und es hat sich gezeigt, daß dies möglich ist.'[456]

ALEXANDER Also schön, ich sehe ein, daß man einen Gewinn auf der einen Seite mit einem Verlust auf der anderen Seite bezahlen muß. Aber ich verstehe immer noch nicht, was das denn für eine Zahlbereichserweiterung ist, von der du da andauernd redest, Peter. Ich weiß immer noch nicht, was Ω nun eigentlich ist!

ANDREAS Was soll denn diese blödsinnige Frage: 'Was ist Ω?'[457] Ich bin doch Mathematiker und kein Philosoph! Ich will wissen, wie ich rechnen kann - das Wesen der Dinge kümmert mich dabei nicht. Und die Rechengesetze des Ω-Kalküls habe ich doch längst angegeben.

ALEXANDER Aber das geht doch nicht! Du kannst doch nicht einfach deine eigene private mathematische Insel beziehen und sagen: Die übrige Mathematik, die interessiert mich nicht; sollen die anderen zusehen, wie sie damit zurechtkommen! Ich mach' mir meine eigene Idylle auf und kümmere mich einen feuchten Staub um die Beziehung zwischen meiner Mathematik und derjenigen der anderen.

ANDREAS Wieso nicht? Wenn ich rechnen will, dann brauche ich entsprechende Festsetzungen. Die müssen klar, umfassend und in sich stimmig sein. Und dann kann ich mich am vorliegenden Problem versuchen. Wie *meine* Problemlösestrategie bzw. Rechentechnik mit denen *anderer* Leute zusammenhängt, das ist ein *ganz anderes Problem*! Zwar kann man sich auch das Ziel setzen, diesen Zusammenhang aufzuklären - aber das ist ein ganz eigenständiges Problem, ein Problem der *Grundlagenforschung*[458], nicht der Analysis! Und demgemäß ist die Klärung dieses Zusammenhanges für die Analysis selbst keinen Pfifferling wert - sie hilft weder dem Ω-Kalkül, noch der gewöhnlichen Analysis.

ALEXANDER Aber dadurch würde der Ω-Kalkül doch *geklärt*, dann könnte man ihn endlich *verstehen*.

ANDREAS Wer ist *man*? Und was heißt *verstehen*? Man ist jener Anhänger der gewöhnlichen Analysis, der unfähig ist, über den Rand seines beschränkten Horizonts hinüber zu sehen und sich durch einen kühnen Sprung einmal in andere Gefilde zu begeben. Dieser Unfähige hilft sich dann mit der Floskel des *Verstehen-wollens*, was nichts anderes

---

[456] Laugwitz [1976], S. 106
[457] Laugwitz [1976], S. 103
[458] siehe auch bei Fußnote 592!

ist als das Verlangen nach einer bequemen Brücke, die ihm den Weg zum
Neuen ermöglicht, ohne das Alte aufzugeben. Das Neue soll nur vom Alten her verstanden werden. Ein totalitäres Systeminteresse äußert
sich hier - nicht anderes.[459]

[459] Wiewohl ich mir beim Schreiben der hier vorliegenden Fassung beständig das Thema 'Übersetzungsproblematik zwischen dem Kontinuitäts-
und dem Finitärprogramm' vornahm, wollte es an keiner Stelle aufs Papier. (Mir gings da also anders als Herbert Achternbusch in seinem
[1977] auf S. 92.) So bleibt mir leider nur eine Randnotiz dazu, die
wohl an dieser Stelle des Textes stehen darf.
Der moderne Mathematiker wird aufgrund seiner logizistischen Ausbildung dazu neigen, die beiden Forschungsprogramme als bloß verschiedene *Redeweisen* zu verstehen, deren Aussagen alleweil in die je andere
'Sprache' übersetzbar sind - und insofern wird er die von mir im Text
hier so betonte Unterscheidung der beiden Forschungsprogramme als
übertrieben abtun.
Diesem vom logischen Imperialismus diktierten Urteil schließen sich
neuerdings auch Philosophen - oder modern: Wissenschaftstheoretiker -
an; so meint etwa Jaroschka [1976], S. 51f: 'Es erscheint für die
"reine" Mathematik, die hier im Vordergrund der Untersuchung steht,
nicht einsichtig und in ihrer Geschichte kaum belegbar, daß aufgrund
einer "Begriffsnetzverschiebung" oder gar einer Wahl zwischen "unvereinbaren Lebensweisen" von Forschern [wie mag das Jaroschka im Falle
der Mathematiker wohl meinen?] die logischen und erkenntnismäßigen
Kriterien dieser Wissenschaft außer Kraft gesetzt wurden. Mathematische Erfahrungen oft sehr verschiedener Epochen konnten immer
"übersetzt" werden, d.h. vom Gegenstandsbereich her in logisch-strukturelle Beziehungen gebracht werden. Die wissenschaftliche *Kommunikation* zwischen den Forschern ist *nie* abgebrochen bzw. *aus prinzipiellen Gründen* gescheitert ...' - und dann beruft Jaroschka sich ausgerechnet auf Bourbaki [1960]! (Hätte Jaroschka anstatt der Parteigeschichte ein klein wenig Originalliteratur studiert - etwa in der
Art, wie es unten auf S. 292-4 angedeutet ist, oder auch nur soweit,
wie ich es hier in diesem 2. Kapitel ('Zweiter Tag') skizziere - , so
hätte er der tatsächlichen geschichtlichen Entwicklung gewiß etwas
besser auf die Spur kommen können, und auch das Gesamtfazit seiner
Arbeit wäre mit Sicherheit entgegengesetzt ausgefallen.)
Daß dieses *logische* Urteil über die 'leichte Übersetzbarkeit' *geschichtlich* falsch ist, belege ich in diesem 2. Kapitel hier recht
ausführlich. Des weiteren zeige ich, wie diese unterschiedlichen Programme nicht nur zu widersprüchlichen und unterschiedlichen *Aussagen*
(*Lehrsätzen*) führen, sondern auch zu unterschiedlichen *Rechnungen*.
Daraus jedoch folgt, daß die beiden Programme verschiedene Weltauffassungen sind - eben weil sie verschiedene Gegenstände erfassen (vgl.
den Text oben bei Fußnote 122!).
Man halte sich deutlich vor Augen: 'Selbstverständlich gibt es Sachverhalte, die auf verschiedene Weisen dargestellt werden können, und
ebensowenig läßt sich bestreiten, wie es einige moderne Wissenschaftstheoretiker tun, daß es "Reduktionen" gibt, daß es sinnvoll ist zu sagen, daß etwas nur etwas Bestimmtes zu sein *schien*, in Wirklichkeit,
im Grunde aber etwas anderes ist. Wenn wir jedoch die Übertreibungen
des Relativismus vernachlässigen, dann sehen wir die Wahrheit, die in

ALEXANDER Was ist denn das für ein Geschwätz, Andreas? Wenn du mit Ω rechnest, so mußt du doch in der Lage sein, zu sagen, was das bedeuten soll!

ANDREAS Das sind ja auf einmal völlig neue Töne von dir, Alex! *Seit wann interessierst du dich denn für den Sinn der verwendeten Symbole?* Das war doch früher ganz anders![460] Aber ich will es dir sagen: Die Fragen nach dem Sinn *deiner* Rechnungen läßt du unbeantwortet - nur nach dem Sinn *meiner* Rechnungen fragst du. Der Grund ist einfach der: Du willst mir die Berechtigung meiner Rechnungen streitig machen - oder aber (und das nennst du verstehen:) sie in dein System *vereinnahmen*. Dein beharrliches Fragen nach dem Sinn des Ω-Kal-

---

ihm steckt. Wir sehen dann nämlich, daß sich nicht *alle* Sachverhalte in *jeder* Sprache zeigen, gar in jener kastrierten Sprache, wie sie unter Universitätsdenkern gebräuchlich ist.' (der Völkerkundler Duerr [1978], S. 155 zu den Schreibtischwissenschaftlern seiner Zunft). Und die anschließende Zusammenfassung: 'Nicht *alle* Räder drehen sich *überall*.'
Für den hier vorliegenden Fall der beiden Forschungsprogramme heißt das: Das Rad 'unendlichklein' dreht im Finitärprogramm kaum etwas, so wie umgekehrt das Rad 'Grenzwert' im Kontinuitätsprogramm bestenfalls Matsch aufwirbelt. Um zu sehen, um zu verstehen, *was* ein solches Rad 'zu Hause' dreht, wie es dort 'arbeitet', müssen wir zu der Maschine *gehen*, in die es eingebaut ist (vgl. Duerr a.a.O.).
Verstehen ist eben etwas anderes als Übersetzen: 'Kleine Kinder [...] gebrauchen Wörter, verbinden sie, spielen mit ihnen, bis sie eine Bedeutung erfassen, die ihnen bisher unzugänglich war. Und die anfängliche spielerische Tätigkeit ist eine wesentliche Voraussetzung für das schließliche Verstehen. Es gibt keinen Grund, warum dieser Mechanismus beim Erwachsenen nicht mehr arbeiten sollte. [...] Die Schaffung eines *Gegenstands* und die Schaffung und das vollständige Verständnis einer *richtigen Vorstellung* von dem Gegenstand *gehören sehr oft zu ein und demselben unteilbaren Vorgang und lassen sich nicht trennen*, ohne diesen zu unterbrechen', bemerkt Feyerabend [1976], S. 39 zurecht, und Duerr [1978], S. 156f erläutert: 'Verstehen bedeutet [...] oft, [...] daß wir lernen, wie ein Wort in einer fremden Umgebung gebraucht wird, wie es in einen fremden Bedeutungszusammenhang *eingreift*. [...] Wer freilich nicht *verstehen* will, sondern nur übersetzen und subsumieren, der will lediglich sich einverleiben, der will nicht wissen, *wer* er ist, der will nur dicker werden, oder zumindest so bleiben, wie er ist. [...] Ich glaube, daß wir Heutigen, die wir daran gewöhnt sind, frei Haus gelieferte Erkenntnisse zu verkonsumieren, weitgehend vergessen haben, daß die Wahrheit ihren *Preis* hat. Oder wie ein Eskimo-Schamane zu Knud Rasmussen sagte: Ihr wißt nicht, daß nur der erkennt, der in die Einsamkeit geht und *Leiden* erträgt! So mag es denn sein, daß wir unsere wissenschaftliche *Unschuld* verlieren, daß unsere alltägliche Weise zu sehen "gebrochen" wird, daß wir dafür aber lernen zu *sehen*, was sehen bedeutet ...'
Wer freilich will heutzutage noch einen Preis für die Wahrheit bezahlen - wo die berufliche Karriere doch schon so teuer ist?

[460] siehe z.B. S. 37

küls ist also nichts weiter als ein Ausdruck deines imperialistischen Eroberungsinteresses.

PETER Ja, aber hältst du denn Sinn- oder Verständnisfragen für sinnlos, Andreas?

ANDREAS Auf keinen Fall, Peter! Aber ich gebe darauf eine andere, eine nichtimperialistische Antwort. Ich sage nicht: Der Sinn eines Satzes, eines Kalküls, einer Theorie ergibt sich aus seiner (ihrer) Zurückführung auf andere, mir bekannte Sätze, Kalküle, Theorien. Sondern ich sage: Der Sinn eines Kalküls zeigt sich in seiner Verwendung.[461] Und deswegen erkläre ich den Sinn des Ω-Kalküls, *indem* ich zeige, wie man mit ihm umgeht.

KONRAD Ja - das leuchtet mir durchaus ein: daß die Frage nach dem Sinn in verschiedener Weise beantwortet werden kann. Andreas interessiert sich für das Rechnen selbst, und die systematischen Zusammenhänge drumherum sind ihm gleichgültig. Alexander stellt das Gesamtgebäude der Mathematik in seiner logischen Struktur in den Mittelpunkt seines Interesses und will deswegen die logischen Zusammenhänge zwischen den verschiedenen Theorien herstellen. Und dir, Peter, geht es wohl in erster Linie um die geschichtlich-methodische Entwicklung, um das Verständnis der einzelnen Theorie-Traditionen.

PETER Ja, mich interessiert der Zusammenhang des Ω-Kalküls mit dem Kontinuitätsprogramm. Und da ist es ganz offenkundig, daß ...

KONRAD Moment noch, Peter! Machen wir Alexander doch zuvor noch eine kleine Freude und stellen ihn zufrieden - wenigstens ansatzweise. Er wird sonst noch Magengeschwüre bekommen, wenn wir seinem beständigen Bohren nach dem Sinn der Zahlbereichserweiterung durch Ω nicht nachgeben.

PETER Meinetwegen. Wenn es nur nicht zu langwierig wird!

2.14.2.4 ... und eine 'konstruktive' Rechtfertigung

KONRAD Keine Sorge, das können wir ganz kurz und schmerzlos machen - nicht wahr, Andreas? Nanu, wo steckt der denn?

EVA Der ist eben mal kurz an die frische Luft gegangen, als er merkte, daß nun doch über Übersetzungen geredet werden soll - er will wohl auch seinen Magen schonen und unnötigem Ärger aus dem Weg gehen.

[461] wie oben bei den Fußnoten 447, 66, 67

KONRAD Also gut, dann mach ich das. Einige Andeutungen werden sicher genügen, um Alexander den Weg zu weisen, den er, wenn er will, dann selbst gehen kann. Das ist nämlich alles ganz naheliegend. Alexander, du kennst doch die Methode, wie man die rationalen Zahlen zu den reellen erweitert?

ALEXANDER Na hör mal! Willst du mich verulken? - Also gut: Man betrachtet die aus den rationalen Zahlen gebildeten Folgen und sucht sich darunter die *Cauchy*-Folgen heraus (die sogenannten *Fundamentalfolgen*). Dann nennt man zwei solche Fundamentalfolgen äquivalent, wenn sie 'gegen dieselbe Grenze konvergieren', d.h. wenn sie sich schließlich um weniger als jedes vorgegebene ε (> 0) unterscheiden. Und eine solche Klasse äquivalenter Fundamentalfolgen heißt dann eine *reelle Zahl*.

KONRAD Wunderbar! Und wenn du statt zu den reellen Zahlen zu den Ω-*Zahlen* kommen willst, dann gehst du ganz ähnlich vor: Du betrachtest wieder Folgen aus rationalen Zahlen[462], und zwar diesmal *alle* Folgen, nicht mehr nur die Fundamentalfolgen. Und dann nennst du zwei Folgen äquivalent, wenn sie sich schließlich *gar nicht mehr* unterscheiden - oder anders gesagt: wenn sie nur an endlich vielen Stellen unterschiedliche Glieder haben. Wenn du nun jede solche Klasse äquivalenter Folgen als eine Ω-*Zahl* betrachtest, dann hast du damit ein Modell des Ω-Kalküls[463] - und eine echte Alternative zu den gewöhnlichen reellen Zahlen.[464]

ALEXANDER Ahaaa! Die Folge $1, \frac{1}{2}, \frac{1}{3}, \frac{1}{4}, \ldots$ repräsentiert dann wohl eine *unendlichkleine Zahl*?!

KONRAD Ja, genau - und zwar dieselbe unendlichkleine Zahl wie zum Beispiel die Folge $1, 5, 23, \frac{1}{4}, \frac{1}{5}, \frac{1}{6}, \ldots$ Demgegenüber repräsentiert die Folge $\frac{1}{2}, \frac{1}{4}, \frac{1}{6}, \frac{1}{8}, \frac{1}{10}, \ldots$ eine *andere* unendlichkleine Zahl - nämlich jene, die genau halb so groß ist wie deine erste.

ALEXANDER Und $2, 1+\frac{1}{2}, 1+\frac{1}{3}, 1+\frac{1}{4}, 1+\frac{1}{5}, \ldots$ repräsentiert dann wohl eine Zahl, die sich *unendlichwenig* von der 1 unterscheidet?

---

[462] Hier soll nur *ein* Modell der Ω-Zahlen kurz skizziert werden. Selbstverständlich kann man auch andere Modelle bauen, etwa indem man Folgen *reeller* Zahlen zugrunde legt; für eine Klärung des Zusammenhangs siehe etwa Laugwitz [1976].

[463] Dies ist das früheste Modell der modernen Nichtstandard-Analysis vgl. Schmieden / Laugwitz [1958].

[464] siehe Laugwitz [1976], Anmerkung 30

KONRAD ... von der durch die Folge *1, 1, 1,* ... repräsentierten Zahl, ja!

ALEXANDER Und die unendlichgroßen Zahlen?

KONRAD Denk an Folgen wie *1, 2, 3, 4, 5,* ... ! Die Klasse dieser Folge wird man sinnvollerweise[465] Ω nennen, während 2Ω dann durch *2, 4, 6, 8, 10,* ... repräsentiert wird.

ALEXANDER Und *1, -1, 1, -1,* ... steht dann für eine Zahl, die weder größer noch kleiner als *0* ist?

KONRAD ... als die durch *0, 0, 0,* ... repräsentierte Zahl. Ich merke, Alexander, du hast die Methode kapiert und bist zufriedengestellt.[466] Dann können wir uns jetzt ja wohl anhören, was Peter am Ω-Kalkül so interessiert.

2.14.2.5 Die Dynamik des Kontinuitätsprogramms

PETER Es ist ja schon völlig klar geworden, daß der Ω-Kalkül als ausdrückliche Rechenmethode mit unendlichkleinen Zahlen im Feld der Analysis zum Kontinuitätsprogramm gehört.

EVA Wieso? Das ist mir viel zu unbestimmt! Willst du *jeden* Kalkül für die Analysis, nur weil er unendliche Zahlen verwendet, deswegen *automatisch* dem Kontinuitätsprogramm zuschlagen? Ist das nicht etwas vorschnell? Es könnte doch *zwei* konkurrierende Forschungsprogramme geben, die *beide* unendliche Zahlen verwenden - jedoch in völlig unterschiedlicher Weise! Du mußt deine Behauptung, der Ω-Kalkül stehe in der Tradition des Kontinuitätsprogramms, schon etwas überzeugender begründen!

PETER Aber das ist doch ein Kinderspiel, Eva! Wir haben gesehen, wie Leibniz das Kontinuitätsgesetz formuliert hat[467]: *Die Regeln des Endlichen behalten im Unendlichen Geltung.* Wir haben aus Cauchys Rechnungen jene verbesserte Fassung des Kontinuitätsgesetzes herausgeschält, die er verwendet hat[468]: *Was für alle endlichen natürlichen Zahlen gilt, das gilt auch für die unendlichgroßen natürlichen Zahlen.*

---

[465] siehe S. 223f

[466] Nähere Ausführungen findet der Interessent in den Texten von Laugwitz; besonders leicht zugänglich sind [1976] und [1973]; [1978a] ist ein erstes Lehrbuch zum Ω-Kalkül.

[467] siehe bei Fußnote 345

[468] siehe bei Fußnote 78

Und soeben hat Andreas noch einmal eine weitere Präzisierung dieses Kontinuitätsgesetzes gegeben[469], indem er fordert: *Jede Eigenschaft aller sehr großen (endlichen) natürlichen Zahlen kommt auch der unendlichgroßen Zahl* Ω *zu*. Die Kontinuität dieser Tradition aber liegt doch vollkommen klar auf der Hand! Oder meinst du nicht, Eva?

EVA Wenn du diese drei Stadien so unmittelbar nebeneinander stellst - allerdings!

PETER Wobei man jedoch nicht übersehen darf, daß diese drei Stadien - so eng verwandt sie und so folgerichtig ihre Entwicklung auch scheinen mögen - , daß diese drei Stadien jeweils runde 150 Jahre auseinander liegen! So langsam also entwickelt sich die positive Heuristik[470] eines fruchtbaren Forschungsprogramms!

ALEXANDER Mir scheint dieses Schneckentempo eher das Gegenteil zu belegen, nämlich die *Unfruchtbarkeit* dieses Programms!

PETER Du darfst die Weiterentwicklung der *positiven Heuristik* eines Forschungsprogramms nicht verwechseln mit den *mathematischen Ergebnissen*, die dieses Programm hervorbringt! Es ist ja eigentlich bemerkenswert, daß die positive Heuristik, das Rückgrat des Forschungsprogramms, sich *überhaupt* verändert[471]! Daß diese Veränderung dann nur eine sehr vorsichtige sein kann, ist selbstverständlich.

ANDREAS Wieso selbstverständlich?

PETER Etwas anderes sind dann die Ergebnisse, die ein Forschungsprogramm hervorbringt - und da hat das Kontinuitätsprogramm ja eine stolze Anzahl überragender Errungenschaften vorzuweisen: auf der Leibnizschen Stufe den Differenzial- und Integralkalkül sowie Fouriers trigonometrische Reihen samt dem nach Gibbs benannten Sprungstellenphänomen, auf der Cauchyschen Stufe das Cauchy-Integral und den Satz über Funktionenreihen sowie späterhin das Riemann-Integral, auf der jüngsten Stufe nun die Lösung des Dirac-Problems.[472]

---

[469] siehe bei Fußnote 452. Von diesem direkten Weg zweigt auch mancher Seitenpfad ab: 'Das Unendlichkleine ist eine mathematische Grösse und hat mit dem Endlichen dessen sämtliche Eigenschaften gemein.' (du Bois-Reymond [1882], S. 75)

[470] siehe S. 72f bei Fußnote 128

[471] Lakatos scheint die Möglichkeit solcher Dynamik nirgends ins Auge gefaßt zu haben.

[472] Der Leser sei hier erneut daran erinnert, daß ich lediglich erste Hinweise gebe: Das Forschungsprogramm 'Kontinuitäts- gegen Finitäranalysis - welchem von beiden verdankt der mathematische Fortschritt mehr?' ist damit allenfalls vorsichtig in die Wege geleitet; vgl. auch Fußnote 262!

ALEXANDER Das Dirac-Problem wurde vom Kontinuitätsprogramm aber
erst im Nachhinein gelöst - hier hat ihm das Finitärprogramm mit der
Schwartzschen Lösung eindeutig den Rang abgelaufen!

2.14.2.6 Das Kontinuitätsprogramm hat Diracs Problem direkt gelöst

PETER Auf den ersten Blick scheinst du ja recht zu haben, Alexander - aber eben nur auf den ersten Blick! Denn zweierlei gibt es bei diesem Urteil zu bedenken: Erstens war 1926, als Dirac sein Problem aufwarf, das Kontinuitätsprogramm von der wissenschaftlichen Bühne längst verdrängt worden - in einem über fünfzig Jahre dauernden Kampf hatte das Finitärprogramm einen -vorläufig- vollständigen Sieg errungen.

KONRAD Wie konnte das passieren?

PETER Eine sehr interessante und wichtige Frage, die wir gleich untersuchen sollten. Aber zuerst will ich den angefangenen Gedanken zu Ende führen. Also: Zu Diracs Zeiten stand das Kontinuitätsprogramm gar nicht mehr zum Kräftemessen bereit - kein Wunder also, wenn das Finitärprogramm den 'Sieg' davontrug. Aber welch ärmlicher 'Sieg' war das - wir haben das Nichtzufriedenstellende der Lösungen von Schwartz, Mikusiński und Riesz bereits angesprochen[473]! Und damit sind wir auch schon beim zweiten zu beachtenden Gesichtspunkt: Erst das Kontinuitätsprogramm vermochte *tatsächlich* eine Lösung für Diracs Problem zu formulieren, eine Lösung, die seinen sämtlichen Forderungen genügt.
[474] Und wenn man nun noch bedenkt, daß diese Lösung *unmittelbar mit den ersten Anzeichen des Wiederauflebens des Kontinuitätsprogramms* gegeben wurde und nicht -wie beim Finitärprogramm- zwanzigjähriger intensivster Forschung bedurfte, dann scheint es mir sehr wohl fragwürdig, ob in diesem Punkt wirklich dem Finitärprogramm der ungeteilte Ruhm gebührt. Ganz im Gegenteil: Wenn der Ruhm schon eindeutig einem Programm zugeschrieben werden soll, dann in meinen Augen doch eher dem Kontinuitäts- als dem Finitärprogramm, das nach zwanzigjähriger Anstrengung ja doch nur ein sehr dürftiges[475] Ergebnis hervorbrachte.

[473] siehe S. 220   [474] siehe S. 221f
[475] 'Der von L. Schwartz und anderen eingeschlagene Weg zu den Distributionen erscheint [...] als ein wenig anschaulicher Umweg mit ad-hoc-Begriffsbildungen und einem großen Aufwand an Funktionalanalysis.' (Laugwitz [1976], S. 112)

ANNA Du sagst, das Kontinuitätsprogramm habe unmittelbar mit seinem Wiederaufleben auch eine Lösung des Dirac-Problems vorgelegt - wie meinst du das, Peter?

PETER Nun, nachdem das Kontinuitätsprogramm seit vielleicht 1870 durch die Alleinherrschaft des Finitärprogramms von der wissenschaftlichen Bühne verdrängt worden war, leitete es im Jahre 1958 unüberhörbar sein comeback ein: Ein von Schmieden und Laugwitz an prominenter Stelle veröffentlichter Zeitschriftenartikel[476] machte mit einem Schlage das bis dahin so verpönte Rechnen mit unendlichen Zahlen wieder hoffähig: indem er die Grundlage des Ω-Kalküls legte (und gleichzeitig - und das wohl garantierte ihm erst die richtige Anerkennung in der Fachwelt - die Anbindung der Ω-Zahlen an die rationalen Zahlen leistete). Und schon in diesem ersten Artikel wurden auch die δ-artigen Funktionen als Lösung des Dirac-Problems vorgestellt [477]. Auch die unmittelbar darauffolgenden Artikel von Laugwitz beschäftigten sich ausführlich mit dem Dirac-Problem.[478] Besonders bemerkenswert scheint es mir in diesem Zusammenhang jedoch zu sein, daß sogar in jener skizzenhaften Vorstufe des Ω-Kalküls, die Chwistek gute zwanzig Jahre zuvor so nebenbei auf sieben Seiten seines wissenschaftstheoretischen Buches gegeben hat[479], eine ganze Seite jener δ-Funktion gewidmet ist[480], die Andreas uns vorhin vorgestellt hat! Wenn das kein Beweis dafür ist, wie *selbstverständlich* Diracs Problem vom Kontinuitätsprogramm gelöst wird - während das Finitärprogramm sich zwanzig Jahre lang abmüht mit derart zweifelhaftem Erfolg!

KONRAD So, wie du es darstellst, Peter, scheint die erste allgemein anerkannte Lösung des Dirac-Problems nur deswegen vom Finitärprogramm vorgelegt worden zu sein, weil das Kontinuitätsprogramm zu dieser Zeit wissenschaftlich gar nicht existent war - wäre es anders gewesen, so wäre der Sieg *selbstverständlich* dem Kontinuitätsprogramm zugefallen.

PETER Genau so sehe ich es, Konrad.

---

[476] Schmieden / Laugwitz [1958]

[477] Schmieden / Laugwitz [1958], S. 32 f

[478] Laugwitz [1959], [1961a], [1961b]

[479] Chwistek [1948], vgl. auch Fußnote 443!

[480] Chwistek [1948], S. 215f - und das hängt offenkundig eng mit dem besonderen Charakter des Ω-Kalküls zusammen: rein *legitimatorischen* Texten wie etwa Neder [1941] fehlt selbstverständlich ein derart fortschrittlicher Gehalt!

KONRAD Das klingt ja recht einleuchtend, Peter - allerdings ist mit dieser Erklärung auch schon ein neues Problem aufgeworfen. Und zwar die Frage, warum das Kontinuitätsprogramm - zumindest zeitweise - vollkommen von der wissenschaftlichen Bühne verschwand - das ist es doch, was du behauptet hast, Peter?

2.15 DIE ZEITWEILIGE NIEDERLAGE DES KONTINUITÄTSPROGRAMMS - EINE FOLGE DER SICH ENTFALTENDEN KAPITALISTISCHEN PRODUKTIONSVERHÄLTNISSE

Trotz seiner unbestreitbaren mathematischen Überlegenheit wurde das Kontinuitätsprogramm im 19. Jahrhundert fast vollständig vom Finitärprogramm verdrängt. Warum? Im 19. Jahrhundert trat ein grundlegender Wandel im Charakter der mathematischen Forschung ein, welcher der Finitärmethode eindeutigen Vorrang vor ihrer Konkurrenz verschaffte, indem er genau jene Fragen für wichtig erklärte, welche mit den damaligen logischen Mitteln nur im Finitärprogramm beantwortbar waren. Dieser grundlegende Wandel im Charakter der mathematischen Forschung beruhte auf einer grundsätzlichen Neuformierung der Wissenschaft Mathematik seit der französischen Revolution - eine Neuformierung, die wiederum Ergebnis des sich verselbständigenden Momentes der mathematischen Arbeit unter den sich entfaltenden kapitalistischen Produktionsverhältnissen ist.

2.15.1 Ein grundlegender Wandel in der Mathematik des 19. Jahrhunderts

PETER Ja, das habe ich gesagt, Konrad. Und du hast die Frage auch gleich richtig gestellt: Tatsächlich ist der Sachverhalt selbst - eben das zeitweilige Verschwinden des Kontinuitätsprogramms - so selbstverständlich, daß er keines weiteren Beleges bedarf; noch bis auf den heutigen Tag ist ja die Übermacht des Finitärprogramms geradezu erdrückend, und man kann noch ohne weiteres sein Mathematikstudium absolvieren, ohne auch nur den geringsten Hinweis auf den Ω-Kalkül, also die moderne Theorie in der Tradition des Kontinuitätsprogramms, erhalten zu haben - wahrlich ein Skandal![481] In Frage steht also nicht

---

[481] Es ist also heutzutage keineswegs überflüssig, mit Feyerabend zu fordern: 'Der Wissenschaftler [...] hat [...] die Aufgabe [...], *"die*

der Sachverhalt, sondern eine Erklärung dieses Sachverhaltes - so wie
du es richtig formuliert hast: Warum hat das Finitärprogramm so erfolgreich das Kontinuitätsprogramm verdrängt?

KONRAD Ja, und diese Frage ist um so wichtiger, als nach deinen
Behauptungen ja das Kontinuitätsprogramm wesentlich fruchtbarer war
als das Finitärprogramm!

PETER Ich darf darauf hinweisen, Konrad, daß das keine bloßen *Behauptungen* sind, sondern daß wir uns selbst anhand der Originalliteratur davon überzeugt haben, wie sich die jeweiligen wissenschaftlichen Fortschritte tatsächlich dem Kontinuitätsprogramm verdanken. Demgegenüber war das Finitärprogramm stets so arg in seinen inneren
Schwierigkeiten befangen, daß es für den allgemeinwissenschaftlichen
Fortschritt in der Regel nicht mehr genügend Energien frei hatte -
ich erinnere nur an die internen Schwierigkeiten, die es sich mit
seinem Begriff der gleichmäßigen Konvergenz auf den Hals lud!

ALEXANDER Um so verwunderlicher dann die Tatsache, daß dieses
angeblich so erfolgreiche Forschungsprogramm schließlich doch vollkommen aus dem Wissenschaftsbetrieb verschwand! Das scheint mir eher
ein Indiz dafür zu sein, daß es mit diesem sogenannten Erfolg keineswegs so weit her war ...

INGE Oder aber seine fortschrittliche Rolle war zu Ende, und ein
anderes wissenschaftliches Programm übernahm nun die Erzeugung des
weiteren Fortschritts!

PETER Mit so unbestimmten Erklärungen können wir uns hier nicht
zufrieden geben, Inge! Ich bin dafür, daß wir nach Erklärungen suchen,
die in der Wissenschaft, in der Mathematik selbst begründet sind. Es
lassen sich doch gewiß rationale Gründe aus der Entwicklung der Mathematik selbst benennen, die für diese Gewichtsverlagerung zwischen den
beiden Forschungsprogrammen verantwortlich sind.

INGE Aber die Mathematik ist doch nicht autonom! Sie ist Produkt
der menschlichen Gesellschaft - und damit letztlich durch die Entwicklung der Produktivkräfte bestimmt!

KONRAD Nun, es wird dir sicherlich schwer fallen, Inge, jene Veränderungen der Produktivkräfte namhaft zu machen, die *unmittelbar* für
die Erfindung des Grenzwertbegriffes oder des Ω-Kalküls entscheidend

schwächere Sache zur stärkeren zu machen", wie es die Sophisten ausgedrückt haben, *und so das Ganze in Bewegung zu halten*' - wenngleich man
nicht übersehen kann, daß 'die Wissenschaft [...] nicht bereit [ist],
einen theoretischen Pluralismus zur Grundlage der Forschung zu machen.'
(Feyerabend [1976], S. 49 und 396)

waren - oder auch nur für die Verdrängung des Kontinuitätsprogramms: dieser Bogen ist viel zu weit gespannt! Laß doch ruhig Peter eine mathematikimmanente rationale Erklärung suchen - etwa für das Verschwinden des Kontinuitätsprogramms. Selbstverständlich wird diese rationale Erklärung irgendwo stehen bleiben - und dann ist gewiß noch ausreichend Spielraum, nach weitergehenden Erklärungen, etwa gesellschaftlicher Art, zu suchen. Aber diese Stufe, die Peter hier vorbauen möchte, die solltest du sehr wohl als Entgegenkommen verstehen, als eine dir nützliche Unternehmung, die dir deine Arbeit erleichtern wird - oder vermutlich sogar erst ermöglicht.

INGE Ich will Peter ja keineswegs den Mund verbieten. Ich wollte nur deutlich machen, daß seine Versuche schon von der Anlage her zu kurz greifen müssen.

PETER Wollen sehen! Ich glaube schon, daß ich eine ausreichende Erklärung dafür geben kann, warum das Kontinuitätsprogramm vom Finitärprogramm verdrängt wurde - und zwar eine innermathematische Erklärung!

INGE Wir hören!

PETER In der Mathematik des 19. Jahrhunderts - und das heißt: in der Analysis - trat eine *grundlegende Zielverschiebung* gegenüber dem vorigen Jahrhundert auf. Dadurch wurden *neue Forschungsschwerpunkte* gesetzt, und um die zu erreichen, lieferte das Finitärprogramm die geeigneten Hilfsmittel, während das Kontinuitätsprogramm dergleichen nicht anzubieten hatte. Deswegen *verlagerte sich das Forschungsinteresse* immer stärker auf das Finitärprogramm. Diese Verlagerung, die *anfänglich* nicht mehr als *eine Akzentverschiebung* war, bescherte *im Laufe der Zeit* dem Finitärprogramm *einen kräftigen wissenschaftlichen Vorsprung*, der das konkurrierende Kontinuitätsprogramm am Ende gar nicht mehr als wissenschaftlich salonfähig erscheinen ließ - womit sein Schicksal einstweilen besiegelt war.

EVA Ein Umschlagen von Quantität in Qualität sozusagen?

KONRAD Ich nehme an, du kannst das alles noch viel konkreter ausführen, Peter!?

PETER In der Tat. Zunächst zu der *grundlegenden Zielverschiebung* in der Mathematik des 19. Jahrhunderts, die gegenüber dem 18. Jahrhundert neue Forschungsschwerpunkte setzte. 'Seit der Renaissance war es das Hauptziel aller Wissenschaft, neue Erkenntnis zu finden. Seit dem ersten neuen Hauptergebnis in der Mathematik - die 1545 veröffentlichte Lösung der kubischen Gleichung - bedeutete die Vermehrung der mathematischen Erkenntnis das Finden neuer Ergebnisse. Die Erfindung des Differenzialkalküls zu Ende des siebzehnten Jahrhunderts verschärfte die Jagd auf neue Ergebnisse; man war im Besitz einer neuen machtvollen Methode, die versprach, unermeßliche neue Welten zu erobern. Man kann sich kaum aufregendere Aufgaben vorstellen als die Lösung der Bewegungsgleichungen für das gesamte Sonnensystem. Der Differenzialkalkül war das ideale Werkzeug für die Gewinnung neuer Ergebnisse, wenngleich viele Mathematiker unfähig waren, genau zu erklären, wie dieses Werkzeug arbeitete. [...] Für die Mathematiker des achtzehnten Jahrhunderts heiligte der Zweck die Mittel.'[482]

ANNA Das heißt aber keineswegs, daß den Mathematikern damals die Grundlagen der Analysis vollkommen gleichgültig waren![483]

PETER Nein, nein, keineswegs. Ich brauche ja nur an MacLaurin oder d'Alembert zu erinnern, deren Bemühungen um die Grundlagenforschung wir schon eingehend studiert haben. Es geht mir jetzt darum, klar herauszustellen, 'daß die Erörterung der Grundlagenprobleme nicht das Hauptinteresse der [Mathematik] des achtzehnten Jahrhunderts war. Das heißt, die Erörterungen der Grundlagenprobleme geschahen nicht allgemein in Forschungsartikeln der wissenschaftlichen Zeitschriften; stattdessen wurden sie in Kapitel 1 der Lehrbücher verbannt, oder sie tauchten in Popularschriften auf. Noch wichtiger, die mathematische Praxis war nicht abhängig von einem vollkommenen Verständnis der verwendeten Grundbegriffe.'[484]

ANDREAS 'Aber das war doch auch so im neunzehnten Jahrhundert, und selbstverständlich ist das auch heute noch so.'[484]

PETER Zu Beginn des neunzehnten Jahrhunderts vollzog sich ein vollständiger Wandel in der Art und Weise, wie Mathematik angesehen und betrieben wurde. Dieser 'Einstellungswandel'[484] begann bei Bolzano[485]. Seine Zielrichtung waren *Existenzbeweise*. Während die Mathe-

---

[482] Grabiner [1974], S. 356; vgl. auch oben S. 183f.
[483] Das betont auch Grabiner [1974], S. 357.
[484] Grabiner [1974], S. 358
[485] Grabiner [1974], S. 358. Frau Grabiner nennt in diesem Zusammenhang nicht nur Bolzano - dessen mathematisches Werk ja auf seine Zeitgenossen so gut wie keinen Einfluß hatte! vgl. unten S. 248f- , sondern (natürlich!) auch Cauchy, und behauptet, beide hätten 'strenge Behandlungen von Grenzwerten, Konvergenz und Stetigkeit auf der Grundlage von Ungleichungen' gegeben (S. 358). Doch Cauchys Nennung ist hier nicht gerechtfertigt - kein Wunder, denn schließlich standen ihm die

matik des 18. Jahrhunderts beim Lösen von algebraischen oder von Differenzial-Gleichungen 'zahlreiche nützliche Näherungsmethoden entwickelte'[486], betrachtete die Mathematik des 19. Jahrhunderts 'die Näherungslösungen als die Konstruktion dieser Lösungen und deswegen als deren Existenzbeweis.'[487] Diese 'Verwandlung der Näherungen in Existenzbeweise'[488] läßt sich bei Cauchy deutlich nachweisen: Sein Existenzbeweis für die Lösung einer Differenzialgleichung beruht auf einer von Euler entwickelten Näherungsmethode; auch Cauchys Beweis des Zwischenwertsatzes beruht auf einer Näherungsmethode des 18. Jahrhunderts; und während Euler bestimmte Integrale durch Summen *annäherte*[489], *definierte* Cauchy das bestimmte Integral gerade als unendliche Summe[490] und *bewies* sodann *die Existenz* des bestimmten

unendlichkleinen Größen zur Verfügung, so daß er von einem ausufernden Gebrauch von Ungleichungen (wie er in der Finitäranalysis aus 'Strengegründen' erforderlich wird) Abstand nehmen konnte; der Leser erinnere sich nur an Cauchys Stetigkeitsbegriff, der anders als der ε-δ-Begriff *keiner einzigen* Ungleichung bedarf!

[486] Grabiner [1974], S. 361; sie schreibt dort weiter:'Paradoxerweise waren die Mathematiker des achtzehnten Jahrhunderts dann am genauesten, wenn sie an Näherungen arbeiteten.' Ein Urteil vom Standpunkt der Finitäranalysis.

[487] Grabiner [1974], S. 361

[488] Grabiner [1974], S. 362; auch die im Text folgende Argumentation findet sich dort.

[489] 'Man erhält demnach den Werth des Integrals $[\int_a^x f(t)\,dt]$ durch die Summation der Reihe $[f(a), f(a+\alpha), f(a+2\alpha), \ldots f(x)]$, deren Glieder aus der Funktion $[f(x)]$ erhalten werden, wenn man daselbst statt x nach und nach a, $a+\alpha$, $a+2\alpha$, ... $a+n\alpha$ schreibt. Dann addirt man zur Summe jener durch die Differenz α multiplicirten Reihe die Größe b, [also: $\alpha(f(a) + f(a+\alpha) + f(a+2\alpha) + \ldots + f(a+n\alpha)) + b$] so erhält man den Werth von $[\int_a^x f(t)\,dt]$, welcher dem $x = a+n\alpha$ entspricht. Je kleiner die Differenzen, um welche x wächst, angenommen werden, desto genauer erhält man auf diese Art den Werth von $[\int_a^x f(t)\,dt]$, wenn zugleich die Glieder der Reihe $[f(a), f(a+\alpha), f(a+2\alpha), \ldots]$ nur nach sehr kleinen Differenzen fortschreiten; denn ist dieß der Fall nicht, so bietet jene Bestimmung ein zu unsicheres Resultat dar.' (Euler [1768], §§ 299 f = Zusätze 2 und 3 zur Lösung der 'Aufgabe 37. Den Werth der Integralformel $[y = \int_a^x f(t)\,dt]$ näherungsweise anzugeben'; zum leichteren Verständnis habe ich hier Eulers Symbolik durch die heute übliche ersetzt. *Selbstverständlich* schreibt Euler für eine allgemeine Funktion von x nicht $f(x)$ (sondern X)!

[490] siehe Fußnote 99!

Integrals einer stetigen Funktion.[491]
Dies also ist der *erste* Punkt, in dem sich der grundlegende Wandel der Mathematik im 19. Jahrhundert vollzieht: die *Verwandlung von Näherungslösungen in Existenzbeweise*. Eng verwandt damit ist der *zweite* Punkt, nämlich *die Verwandlung von Fehlerabschätzungen in Konvergenzdefinitionen*: Mancher Näherung des 18. Jahrhunderts wurde eine Fehlerabschätzung beigegeben. 'Diese Ergebnisse erhielten etwa die folgende Form: Gegeben irgendein n; dann kann der Mathematiker eine obere Grenze des Fehlers berechnen, der entsteht, wenn die n-te Näherung als wahrer Wert genommen wird. Gegen Ende des achtzehnten Jahrhunderts wurde die Algebra dieser Ungleichugen mit großem Geschick in der Berechnung solcher Fehlerabschätzungen ausgebaut.*
[Seidel] und seine Nachfolger drehten den Näherungsprozeß um. Anstatt zu einem gegebenen n den größtmöglichen Fehler zu finden, ist uns nun das *gegeben*, was tatsächlich der "Fehler" -Epsilon- ist, und unter der Voraussetzung der Konvergenz des Prozesses können wir stets n finden, so daß der Fehler der n-ten Näherung kleiner ist als Epsilon.'[492]

[491] Frau Grabiner formuliert: 'Cauchy *definierte* das bestimmte Integral als die Grenze einer Summe, bewies die Existenz des bestimmten Integrals einer stetigen (eigentlich nur: einer gleichmäßig stetigen) Funktion, ...' - aber der beharrliche Leser meines Textes entdeckt sofort die zwei Irrtümer, die dieser halbe Satz enthält.
[492] Grabiner [1974], S. 362. An der Stelle
* verweist sie auf Passagen bei d'Alembert und Lagrange. Wo ich 'Seidel' eingefügt habe, steht im Original 'Cauchy, Abel'; jedoch findet sich etwa in Abels berühmter Arbeit [1826a] *nirgendwo* die von Grabiner beschriebene Technik, sondern dort lauten die Standard-Formulierungen: 'nähert sich für stets wachsende / abnehmende Werthe von m / β einer Grenze' (siehe z.B. auf den Seiten 313, 314, 317, 318, 320, ...) und 'so kann man β klein genug annehmen, daß ...' (S. 315, 316) - ja auf der dritten Seite findet sich sogar die beachtenswerte 'Anmerkung. Der Kürze wegen soll in dieser Abhandlung unter ω eine Grösse verstanden werden, die kleiner sein kann, als jede gegebene, noch so kleine Grösse.' (S. 313) Ehe ich auf Cauchys Rolle eingehe, sei hier noch wiedergegeben, was Grabiner im Anschluß an das im Text aufgeführte Zitat ergänzt: '(Dies scheint der Grund für die Verwendung des Buchstabens "Epsilon" in seinem modernen Sinn bei Cauchy zu sein [mit Quellenverweisen].) Cauchys Konvergenzdefinition -die im wesentlichen die unsrige ist- beruht auf diesem Grundsatz (Cauchy [1821], Kapitel VI).' Der eingeklammerte Satz ist in meinen Augen haltbar (vgl. dazu auch das Freudenthal-Zitat in Fußnote 80!) - auch wenn bei Seidel ε die Bedeutung einer Zunahme hat und die Toleranzen durch τ und ρ bezeichnet werden. Der andere Satz des Grabiner-Zitates ist jedoch - auch abgesehen von Cauchys Zugehörigkeit zum

ALEXANDER Ja, aber wenn man jetzt derartige Konvergenz*definitionen* gibt - während die früher offenbar weit weniger interessant erschienen[493] -, dann ist man doch auch hier wieder ganz dicht an *Existenzproblemen*: Wenn eine Reihe konvergiert, woher weiß man dann, daß ihr Grenzwert existiert? Zum Beispiel können ja die Glieder alle rational sein, ohne daß es einen *rationalen* Grenzwert gibt!

PETER *Logisch* gesehen hast du recht, Alexander: die *Existenzfrage* liegt tatsächlich logisch ganz dicht bei einer strengen Konvergenzdefinition. Aber *geschichtlich* war es ein langer Weg vom einen zum andern! Denn es mußte noch ein Drittes zu den beiden erstgenannten Umwälzungen hinzukommen - nämlich *das Verlangen nach sicheren Beweisen*. [494] Und wenn man diese *Strengeforderung* auch gewöhnlich mit dem Namen Cauchy verbindet[495], so dauerte es tatsächlich doch bis in die zweite

Kontinuitätsprogramm! - ebenso unzulässig wie der Verweis auf Abel vorher; ich zitiere aus dem angegebenen Kapitel Cauchys: '... wächst der Wert des allgemeinen Gliedes x^n unbeschränkt [*indéfiniment*] mit n ' (S. 116); '$1/_{n+1}$ nimmt in dem Maß unbeschränkt ab, wie n zunimmt' (S. 117); 'Folglich ist es möglich, der ganzen Zahl n einen genügend großen Wert zuzuordnen ...' (S. 121); usw. Nirgends findet sich hier bei Cauchy eine Formulierung wie 'falls $n > 1/\varepsilon$, dann gilt ...' Selbst Cauchys 'beste' Formulierungen wie etwa: '... findet man

$$s_n > 1 + \frac{1}{2} + \frac{1}{2} + \frac{1}{2} + \ldots + \frac{1}{2} = 1 + \frac{m}{2}.$$

Man schließt daraus, daß die Summe s_n unbeschränkt mit der ganzen Zahl m wächst, und demzufolge mit n, womit die Divergenz der Reihe erneut bewiesen ist' (S. 117) - selbst diese Formulierungen sind bestenfalls eine *Vorstufe* zu der von Grabiner unterstellten Fassung.
(Wenngleich Grabiners *konkrete* Verweise also nicht zulässig sind, so ist doch ihr Argument selbstverständlich stichhaltig - wie ich durch meine Ersetzung 'Seidel' ja deutlich gemacht habe.)

[493] Es sei hier nur angemerkt, daß 'im achtzehnten Jahrhundert der Begriff "Konvergenz" in verschiedenem Sinn verwendet wurde; manchmal so, wie wir ihn verwenden, oft jedoch wurde er verwendet, um zu sagen, daß das n-te Glied gegen Null geht oder daß die Glieder der Reihe kleiner werden' (Grabiner [1975], S. 441 mit Quellenverweisen nach d'Alembert, Euler, Lagrange). Vgl. dazu auch unten die Fußnote 655!

[494] Auch auf diesen Punkt verweist Grabiner [1974], S. 363f. - Bei Bolzano [1817] wird diese Forderung klar ausgesprochen: 'Denn ist gleich die geometrische Wahrheit, auf die man sich hier beruft, (wie wir schon eingestanden haben) höchst *evident*, und bedarf sie also keines *Beweises* als *Gewißmachung*; so bedarf sie nichts desto weniger doch einer *Begründung*', wobei Bolzano ausdrücklich betont und erklärt, 'daß die Beweise in der Wissenschaft keineswegs bloße *Gewißmachungen*, sondern vielmehr *Begründungen* d.h. Darstellungen jenes objectiven Grundes, den die zu beweisende Wahrheit hat, seyn sollen.' (S. 5)

[495] etwa auch Grabiner [1974]; Lakatos [1961] hat sogar den Begriff 'Cauchys Revolution der Strenge' geprägt - und damit allerdings unterschiedliche Zusammenhänge beschrieben; vgl. S. 49 und demgegenüber Fußnote 217 auf S. 116!

Hälfte des 19. Jahrhunderts hinein, bis diese Forderung breite Anerkennung fand und auch die Entwicklung der Mathematik entscheidend beeinflußte.[496] So konnte zum Beispiel im Jahre 1858 Dedekind noch berechtigterweise gegen Ende seiner Abhandlung über die Begründung der reellen Zahlen mit Stolz verkünden: '... und man gelangt auf diese Weise zu *wirklichen Beweisen* von Sätzen (wie z.B. $\sqrt{2} \cdot \sqrt{3} = \sqrt{6}$), welche meines Wissens bisher nie bewiesen sind.'[497] *Es dauerte eben tatsächlich ein halbes Jahrhundert, bis diese durch die grundlegende Zielverschiebung bewirkte Akzentverschiebung des Forschungsinteresses dem Finitärprogramm einen entscheidenden wissenschaftlichen Vorsprung verschaffte.*

INGE Was meinst du mit 'entscheidendem wissenschaftlichen Vorsprung'?

PETER Nun, wie eben schon angedeutet, natürlich *die Erfindung der reellen Zahlen*!

2.15.2 Die Entstehungsbedingungen der reellen Zahlen

ALEXANDER Wieso *Erfindung*? Es handelt sich doch schlicht um eine *Definition*![498]

INGE Wieso *Erfindung*? Die reellen Zahlen gab es doch schon längst!

KONRAD Wieso gehören die reellen Zahlen zum Finitärprogramm?

ANNA Aber das ist doch klar, Konrad: Die reellen Zahlen sind doch allesamt *endlich*!

KONRAD Nein, so habe ich's nicht gemeint - sondern: Warum produzierte gerade das Finitärprogramm einen neuen Zahlbegriff - und nicht das Kontinuitätsprogramm? Wo doch gerade das Kontinuitätsprogramm immer so fortschrittlich war!?

INGE Aber diese Zahlen waren doch gar nicht neu - die gab's doch schon längst!

ALEXANDER Keineswegs, Inge! Zwar mögen Cauchy, Fourier, Euler und Konsorten mit Zahlen *gerechnet* haben und die vielleicht sogar als *re-*

---

[496] Denn Bolzano - vgl. etwa Bolzano [1817] - war ein wirkungslos bleibender Frühstarter, ein ungehörter Prophet in der Wüste: Eine Schwalbe macht noch keinen Sommer! Vgl. dazu auch unten S. 248f.

[497] Dedekind [1858], S. 18, meine Hervorhebung

[498] Der § 5 in Dedekind [1858] trägt den Titel: 'Schöpfung der irrationalen Zahlen'

elle Zahlen bezeichnet haben - aber die waren bis 1858 keineswegs
exakt definiert. Erst Dedekind[499] und später noch einmal anders Cantor[500] haben eine solche exakte Definition dieses Zahlbegriffs gegeben und damit endlich die strenge Grundlage der Analysis geschaffen.

KONRAD Aber wieso gab es eine solche 'exakte Definition' des Zahlbegriffs denn nur im Finitärprogramm - warum nicht auch im Kontinuitätsprogramm? Noch dazu, wo diese 'exakte Grundlegung' zweimal geschah - durch Dedekind und Cantor - , wenn auch in leicht unterschiedlicher Weise!? Genügend Forschungspotential war ja offenbar vorhanden.

EVA Ja, genau! Warum hat denn Cantor bei seinem Hang zu unendlichen Zahlen nicht einen exakten Zahlbegriff fürs Kontinuitätsprogramm geschaffen? Schließlich hat er doch auch andere Arten unendlicher Zahlen eingeführt: unendliche Ordinalzahlen, unendliche Kardinalzahlen - - warum nicht auch: unendliche Rechenzahlen?

ANDREAS Na ja, so naiv darf man sich das natürlich nicht vorstellen. Selbstverständlich haben sich die Herren Dedekind und Cantor nicht eines schönen Sonntages an ihren Schreibtisch gesetzt (oder an ihr Stehpult gestellt), sich gemütlich zurückgelehnt, den Entschluß gefaßt: Jetzt schaffe ich einen Durchbruch für die Analysis, jetzt gebe ich eine exaktere Definition der reellen Zahlen!, zur Feder gegriffen und nach einigem Nachdenken ihre neue Definition niedergeschrieben. So gezielt, so absichtsvoll pflegen neue, bahnbrechende Begriffsbildungen nicht zustande zu kommen. Und das gilt auch, obwohl Dedekind sich sehr wohl ziemlich zielstrebig in dieser Richtung abmühte, wie er selbst schreibt: 'Ich befand mich damals [im Herbst 1858] als Professor am eidgenössischen Polytechnikum zu Zürich zum ersten Mal in der Lage, die Elemente der Differentialrechnung vortragen zu müssen, und fühlte dabei empfindlicher als früher den Mangel einer wirklich wissenschaftlichen Begründung der Arithmetik. Bei dem Begriffe der Annäherung einer veränderlichen Größe an einen festen Grenzwert und namentlich bei dem Beweise des Satzes, daß jede Größe, welche beständig, aber nicht über alle Grenzen wächst, sich gewiß einem Grenzwert nähern muß, nahm ich meine Zuflucht zu geometrischen

---

[499] Dedekind [1858]
[500] Cantor [1872], S. 92-102

Evidenzen. [...] Aber daß diese Art der Einführung in die Differentialrechnung keinen Anspruch auf Wissenschaftlichkeit machen kann, wird wohl niemand leugnen. Für mich war damals dies Gefühl der Unbefriedigung ein so überwältigendes, daß ich den festen Entschluß faßte, so lange nachzudenken, bis ich eine rein arithmetische und völlig strenge Begründung der Prinzipien der Infinitesimalanalysis gefunden haben würde...'[501]

D.h. Dedekind steuerte zwar schon sehr direkt auf eine Präzisierung des Zahlbegriffs zu, aber (und das ist für Peters rationale Rekonstruktion nun entscheidend) das geschah *keineswegs absichtsvoll und bewußt unter der Flagge des Finitärprogramms*. Es war für Dedekind ganz *selbstverständlich*, daß eine wachsende, aber beschränkte Größe einen Grenzwert haben *muß* - und damit war schon von vornherein klar, daß er als Agent des Finitärprogramms handeln würde.

PETER Ja, richtig, Andreas: Auf das private Bewußtsein der Leute kommt es mir nicht an - sondern auf den objektiven Stellenwert ihrer Ideen. Bei Cantor ist es übrigens noch deutlicher, daß seine Begriffsbildung der reellen Zahlen zunächst nur ein Abfallprodukt, ein Randergebnis seiner eigentlich ganz anders gelagerten Forschung war. So ging es Cantor in seiner später berühmt gewordenen Arbeit 'Über die Ausdehnung eines Satzes aus der Theorie der trigonometrischen Reihen'[502] eigentlich um eine Verallgemeinerung eines früher von ihm bewiesenen Lehrsatzes, in dem Kriterien für die Übereinstimmung der Summen zweier trigonometrischer Reihen angegeben werden. Zur Darstellung seiner neuen Ergebnisse bedurfte es einer gewissen Vorarbeit, die Cantor wie folgt einleitete: 'Zu dem Ende [d.i. die beabsichtigte Ausdehnung des Satzes] bin ich aber genötigt, wenn auch zum größten Teile nur andeutungsweise, Erörterungen voraufzuschicken, welche dazu dienen mögen, Verhältnisse in ein Licht zu stellen, die stets auftreten, sobald Zahlengrößen in endlicher oder unendlicher Anzahl gegeben sind; dabei werde ich zu gewissen Definitionen hingeleitet, welche hier nur zum Behufe einer möglichst gedrängten Darstellung des beabsichtigten Satzes, dessen Beweis im § 3 gegeben wird, aufgestellt werden.'[503] Es folgt im § 1 Cantors erste Begründung der reellen Zahlen.

[501] Dedekind [1858], S. 4; vgl. auch oben S. 242.
[502] Cantor [1872]. Für eine zeitgenössische Kritik der Cantorschen wie der Dedekindschen Ideen siehe du Bois-Reymond [1882], S. 60ff.

Also auch hier geschieht dies keineswegs in freier und bewußter Entscheidung für die Interessen des Finitärprogramms (bei Seidel war das noch ganz anders!), sondern Cantor arbeitete - wie Dedekind und praktisch alle seine Zeitgenossen - *ganz selbstverständlich* nach den Grundsätzen des Finitärprogramms. Und deswegen waren die von ihnen erzielten Fortschritte *ganz selbstverständlich* Fortschritte des Finitärprogramms.

KONRAD Und in diesem Falle wohl auch: Fortschritte der Gesamtwissenschaft!

EVA Das verstehe ich nicht, Peter: Setzt du hier nicht schon etwas voraus, was du eigentlich erst beweisen willst? Du willst das Übermächtigwerden des Finitärprogramms begründen - und verweist dazu einfach darauf, daß es sowieso schon die Oberhand hatte!?

PETER Nein, Eva, ich sage etwas anderes. Ich habe zuerst die grundlegende Veränderung beschrieben, welche die Mathematik des 19. Jahrhunderts gegenüber der früheren erfuhr. Ich habe verdeutlicht, wie diese *Verwandlung der Näherungslösungen in Existenzbeweise*, gemeinsam mit der *Verwandlung der Fehlerabschätzungen in Konvergenzdefinitionen* die Existenzproblematik sachte, aber unumgehbar in den Vordergrund schob. Und als dann noch das *Verlangen nach sicheren Beweisen* in breiten Kreisen sich festsetzte, da lagen die Existenzfragen offen auf dem Tisch. Und damit nun war die Stunde des Finitärprogramms gekommen.

EVA Wieso? Was haben Existenzfragen mit dem Finitärprogramm zu schaffen?

PETER Unendlich viel! Das Finitärprogramm ist die geeignete Grundlage für die Bearbeitung der Existenzproblematik, während das Kontinuitätsprogramm hier nichts entscheidendes beizusteuern vermag.

EVA Wieso?

ANDREAS Na, das ist doch klar: Der Aufforderung, eine bestimmte Zahl konkret vorzuzeigen, kann man nur dann nachkommen, wenn es sich um eine *endliche Zahl* handelt - *unendliche Zahlen* lassen sich eben nicht konkret vorzeigen, nicht konstruktiv angeben, sondern die zeigen sich nur in den Regeln, nach denen man mit ihnen rechnet.

INGE Natürlich: Konkrete, materiale Forderungen graben dem Idealismus das Wasser ab!

[503] Cantor [1872], S. 92

2.15.3 Präzisierungsversuche des Zahlbegriffs im Kontinuitätsprogramm

PETER Du hast recht, Andreas, es ist logisch völlig selbstverständlich, daß eine mit Existenzproblemen sich herumschlagende Analysis verstärkt das Finitärprogramm benötigt und das Kontinuitätsprogramm zur Seite schiebt. Und es ist logisch ebenso selbstverständlich, daß nur ein im Finitärprogramm präzisierter Zahlbegriff zur Beantwortung von Existenzfragen im Zahlbereich geeignet ist - ein Zahlbegriff des Kontinuitätsprogramms taugt da gar nichts.

EVA Wieso? Kannst du das genauer erklären?

PETER Gewiß. Und wenn du dich erinnerst, dann siehst du, daß Dedekind schon das Wesentliche dazu gesagt hat. Erinnere dich: *Dedekind wollte den Satz rechtfertigen,* 'daß jede Größe, welche beständig, aber nicht über alle Grenzen wächst, sich gewiß einem Grenzwert nähern muß'[504] - und da ist es schon aus rein logischen Gründen klar, daß er zu dem uns heute geläufigen Begriff der reellen Zahlen kommen muß. Denn es ist ja genau diese *Vollständigkeitseigenschaft*, die diesen Begriff der reellen Zahl schon ganz und gar kennzeichnet! Wir formulieren diese Vollständigkeitseigenschaft heute ja gewöhnlich so: Jede nichtleere beschränkte Menge von Zahlen hat eine kleinste obere Schranke.

EVA Ja, aber kann ein Zahlbegriff des Kontinuitätsprogramms nicht ebenfalls diese Vollständigkeitseigenschaft aufweisen?

PETER Nein, in diesem Sinne ganz und gar nicht! Ein Zahlbereich für das Kontinuitätsprogramm ist in hohem Maße unvollständig in diesem Verständnis. Denke nur beispielsweise an die (nichtnegativen) unendlichkleinen Zahlen: Diese Menge ist zwar nach oben beschränkt (etwa durch *1*), aber sie besitzt keineswegs eine kleinste obere Schranke!

ALEXANDER Wie beweist du das?

PETER Durch einen Widerspruchsbeweis. Indem ich mir überlege, ob diese Schranke s - wenn es sie gäbe - endlich oder aber unendlichklein wäre. Wäre s endlich, so wäre auch $s/2$ endlich - und damit eine *kleinere* obere Schranke aller unendlichkleinen Zahlen (denn die unendlichkleinen Zahlen sind selbstverständlich allesamt kleiner als

---

[504] Dedekind [1858], S. 4; vgl. auch oben S. 243.

jede positive *endliche* Zahl); das aber ist ein Widerspruch dazu, daß
s schon die *kleinste* obere Schranke sein sollte; also kann s nicht
endlich sein.

Ebensowenig kann s unendlichklein sein, denn dann wäre auch $2s$ noch
unendlichklein und zugleich *größer* als die vorgebliche obere Schranke
s.

Wenn aber s weder endlich noch unendlichklein ist (und schon gar nicht
unendlichgroß, versteht sich), so bleibt diesem s gar nichts anderes
übrig, als überhaupt nicht zu existieren.

ALEXANDER Aha. Und was für die (nichtnegativen) unendlichkleinen
Zahlen gilt, das gilt natürlich auch für jede Menge von solchen Zahlen, die sich nur unendlichwenig von irgendeinem bestimmten Wert unterscheiden - ein Zahlbereich fürs Kontinuitätsprogramm ist tatsächlich in hohem Maße unvollständig, das sehe ich jetzt auch![505]

PETER Sag ich ja. Und deswegen führte die grundlegende Veränderung
der Mathematik des 19. Jahrhunderts *zwangsläufig* zu einer Bevorzugung
des Finitärprogramms und zu einer Austrocknung des Kontinuitätsprogramms.[506]

ANDREAS Na, wenn das keine schöne rationale Erklärung dafür ist,
daß die geschichtlich erste Präzisierung des Zahlbegriffs in der Tradition des Finitärprogramms erfolgte! Jetzt fehlt uns nur noch eine
ebenso rationale Erklärung dafür, warum das Kontinuitätsprogramm sich
so sehr viel schwerer tat als das Finitärprogramm, bis es seinerseits
endlich ebenfalls einen präziseren Zahlbegriff hervorbrachte: den der
Ω-Zahl. So einen trägen Fortschritt sind wir von diesem Programm doch
gar nicht gewohnt!

INGE Die Macht des einen ist die Ohnmacht des anderen! Was ist
da noch viel zu erklären?

---

[505] Der Leser erinnert sich gewiß an die 'Inseln', von denen auf
S. 49 die Rede ist.

[506] Selbstverständlich ist der Sachverhalt auch einer anderen Betrachtungsweise fähig: So kommt etwa der *Idealist* bei du Bois-Reymond[1882]
nach einer sorgfältigen Kritik der Dedekind-Cantorschen Zahlenbegriffe
zu folgendem Ergebnis: 'Zunächst ist, sobald man durch das Unendliche
den Grössenbegriff ergänzt hat, auch das Vorhandensein des Grenzpunctes
$0,a_1a_2...$ ausser Zweifel gesetzt.' (S. 76f) Aus dieser Perspektive
löst also gerade das Kontinuitätsprogramm die Grenzwertproblematik!

2.15.3.1 Bolzanos Ansatz ...

ANDREAS Oh, ich meine: allerhand! Warum gab es denn nicht zu Zeiten Dedekinds und Cantors irgendwo einen schrulligen Eigenbrötler, der abseits aller Mode seinen eigenen Weg ging und so ganz neben der Hauptströmung seine eigenen Ideen entwickelte - womit er wider Erwarten dem Kontinuitätsprogramm einen entscheidenden Fortschritt beschert hätte!?

INGE So zufällig ereignet sich Geschichte nicht!

ANNA Daß du dich da mal nicht täuschst, Inge! Denn in gewisser Weise ist die Frage von Andreas durchaus berechtigt.

ANDREAS Danke vielmals, Anna!

ANNA Denn wenn mir auch aus den Zeiten Dedekinds und Cantors niemand bekannt ist, der diese Absicht verfolgte, so gab es doch vierzig Jahre früher tatsächlich einen solchen Eigenbrötler: Fernab vom mitteleuropäischen Wissenschaftsbetrieb, außerhalb der wissenschaftlichen Diskussionsgemeinschaft stehend (wenn auch die Fachliteratur seiner Zeit sehr gut kennend) beschäftigte sich Bernhard Bolzano 'in der ersten Hälfte der 30er Jahre des 19. Jahrhunderts'[507] mit der Schöpfung einer 'Reinen Zahlenlehre'. Zu diesem Zeitpunkt jedoch hatte Bolzano wegen der 'liberalen bzw. religiös-sozialen Tendenzen seiner Reden'[508] aufgrund mehrerer Anzeigen längst seine Professur (für Religionswissenschaft) an der philosophischen Fakultät Prag verloren: er war 1819 von Kaiser Franz entlassen worden, 'von der Universität verwiesen und unter Polizeiaufsicht gestellt, er durfte nichts publizieren und nicht einmal eine mathematische Assistentenstelle annehmen.'[508]

INGE Sieh da - ein früher Fall von Berufsverbot!

ANNA Ja. '1823 siedelte [Bolzano] auf das Landgut eines Freundes über und beschäftigte sich mit mathematischen Studien. Die meisten seiner Arbeiten konnten erst nach seinem Tode veröffentlicht werden.'[508] Seine Studien zur Zahlenlehre wurden verstümmelt erst im Jahr 1962 herausgegeben[509] und vollständig gar erst 1976 [510]! Sie hatten also tatsächlich keinerlei Einfluß auf seine Zeitgenossen oder unmit-

---

[507] Berg (Hrsg.) in Bolzano [≥1830], S. 7
[508] Meschkowski [1968], S. 40
[509] Rychlík [1962]
[510] Bolzano [≥1830]

telbaren Nachfahren.[511] Denn Bolzano überließ seinen Entwurf 'unter anderen mathematischen Handschriften seinem Schüler Zimmermann zur Überarbeitung [...], dessen Interessen sich aber von der Mathematik abwandten, ehe es zur Edition von Bolzanos Nachlaß kam. Daß Bolzano sich über Unzulänglichkeiten des [...] Manuskripts im klaren gewesen sein muß, geht aus späteren Äußerungen, insbesondere in den "Paradoxien des Unendlichen"[512] hervor. Man wird annehmen können, daß ein versierter Mathematiker auch schon zu Bolzanos Zeiten den entscheidenden Fehler in Bolzanos Ansatz, nämlich die zu enge Definition der unendlich kleinen Zahlen, hätte korrigieren können. Durch Zimmermanns Desinteresse aber hatte die mathematische Öffentlichkeit keine Gelegenheit zur Diskussion der Ideen Bolzanos.'[513]

INGE   Soll das etwa eine gesellschaftliche Erklärung mathematischer Entwicklung sein, Anna?

ALEXANDER   Ist das tatsächlich wahr? Hat Bolzano wirklich eine Definition von unendlichkleinen Zahlen gegeben?

ANNA   Gewiß! Und das läßt sich auch eindeutig durch die Quellen belegen. Hier, im siebten Abschnitt seiner 'Reinen Zahlenlehre' erklärt Bolzano zunächst allgemein: 'Es sey mir erlaubt, einen jeden Zahlbegriff, in welchem eine unendliche Menge von Verrichtungen, es sey nun des Addirens, oder Subtrahirens, oder Multiplicirens oder Dividirens oder aller zugleich gefordert wird, einen *unendlichen Größenbegriff*; und einen Ausdruck, durch den ein solcher Begriff dargestellt wird, einen unendlichen *Größenausdruck* zu nennen.'[514] Und als Beispiele für solche unendlichen Größenausdrucke nennt er[515]

$1 + 2 + 3 + ..$ *in inf*:

$\frac{1}{2} - \frac{1}{4} + \frac{1}{8} - \frac{1}{16} + ..$ *in inf*:

$(1 - \frac{1}{2})(1 - \frac{1}{4})(1 - \frac{1}{8})(1 - \frac{1}{16}) ...$ *in inf*:

und auch[516]

$a + \cfrac{b}{1 + 1 + 1 +...}$ *in inf*.

---

[511]   'Bolzanos Manuskript zur "Reinen Zahlenlehre" liegt in drei Fassungen in der österreichischen Nationalbibliothek [...] vor. [...] Die drei Fassungen der "Reinen Zahlenlehre" wurden in der ersten Hälfte der 30er Jahre des 19. Jahrhunderts geschrieben.' (Berg in Bolzano [≥1830], S. 7)

[512]   Bolzano [1850]   [513]   Laugwitz [1965], S. 399

[514]   Bolzano [≥1830], S. 100   [515]   Bolzano [≥1830], S. 100f

[516]   Bolzano [≥1830], S. 102

Im folgenden erklärt Bolzano dann, was er unter dem *Messen* eines Zahlenausdrucks verstehen will, und stellt sodann den folgenden Lehrsatz auf: 'Unter den unendlichen Zahlenbegriffen gibt es auch einige von einer solchen Art, daß sich bey dem Geschäfte des Messens der Zähler des messenden Bruches fortwährend = 0 findet, ohne daß wir gleichwohl berechtiget wären, den betreffenden Zahlenbegriff selbst eine Null zu nennen.'[517] Und nach dem Beweis dieses Lehrsatzes erklärt Bolzano ganz deutlich: 'Die Zahl, welche ein Zahlenbegriff, wie ihn der vorstehende Lehrsatz beschreibt, als seinen Gegenstand vorstellt, erlaube ich mir eine *unendlich kleine* und zwar *absolute*, oder auch *positive* Zahl zu nennen.'[518]
Ich glaube, die technischen Einzelheiten sind hier nicht wichtig. Es genügt, deutlich zu sehen, wie sich Bolzano um eine logisch einwandfreie Grundlegung eines Zahlbegriffs bemüht, der auch unendliche Zahlen umfaßt.

PETER Ja, wunderbar, Anna! Du hast uns damit eindrucksvoll gezeigt, daß auch beim Kontinuitätsprogramm der Versuch einer Verbesserung des Zahlbegriffs nicht nur logisch möglich ist, sondern auch tatsächlich unternommen wurde. Und zwar lange vor den entscheidenden Versuchen im Finitärprogramm - erneut ein Hinweis für die größere wissenschaftliche Fruchtbarkeit des Kontinuitätsprogramms!

2.15.3.2 ... und der Grund seines Scheiterns

ALEXANDER Oder auch nicht! Immerhin war Bolzano letztlich ja nicht erfolgreich - weder in logischer Hinsicht (sein Ansatz war nicht konsistent[519]), noch in Hinblick auf eine Einwirkung auf nachfolgende Generationen[520]. Dies als 'wissenschaftliche Fruchtbarkeit' zu bezeichnen, scheint mir doch ziemlich unverfroren.

PETER Ich habe ja bereits erklärt, daß und warum das 19. Jahrhundert keine günstige Zeit für die weitere Entwicklung des Kontinuitätsprogramms war ...

---

[517] Bolzano [≥1830], S. 112
[518] Bolzano [≥1830], S. 112f
[519] vgl. Berg in Bolzano [≥1830], S. 8
[520] siehe S. 248f

ALEXANDER Ja, weil es völlig unbrauchbar war zur Bearbeitung der neuen (Existenz-)Probleme, die damals anstanden!

PETER Weil es keinen Raum für überzogene Spitzfindigkeiten ließ, die damals immer mehr in Mode kamen, ja. Deswegen paßt es durchaus ins Bild, daß Bolzanos Bemühungen noch im ersten Drittel des Jahrhunderts erfolgten, und daß sie in späterer Zeit auch keinen Widerhall fanden.

ANDREAS Na, das ist ja schon fast eine *soziologische* Erklärung, die du da gibst, Peter! Deinem hohen Anspruch einer mathematik*immanenten*, einer *rationalen* Erklärung genügt das ja wohl nicht mehr.

PETER Oh, ich kann diesem Anspruch auch hier sehr wohl genügen! Ich kann sehr wohl eine rationale Erklärung dafür geben, daß Bolzano um 1830 mit seinen Bemühungen scheiterte, während dreißig Jahre später Dedekind und nochmals zehn Jahre später Cantor erfolgreich waren.

ANDREAS Da bin ich aber neugierig!

PETER Nun, das liegt doch auf der Hand. Sieh dir nur einmal die *logischen* Hilfsmittel an, welche in die Definition der jeweiligen Zahlen eingehen! Die Kontinuitätszahlen beanspruchen ein wesentlich abstrakteres logisches Rüstzeug zu ihrer Präzisierung als die Finitärzahlen. Nehmen wir uns doch einmal die logischen Begriffe vor, die für die drei Zahlbegriffsbestimmungen benötigt werden: für die Dedekindsche und die Cantorsche auf der einen und für die Ω-Zahlen auf der anderen Seite. Die frühest erfolgreiche, die Dedekindsche Definition kommt schon mit dem sehr elementaren logischen Begriff der *Menge* (oder wie Dedekind selbst sagt: der *Klasse*) aus sowie mit der etwas häufigeren Verwendung von *Ungleichungen*. Cantors Definition ist da logisch schon anspruchsvoller, denn sie arbeitet mit dem Grundbegriff der *Folge* (oder wie Cantor selbst sagt: der *Reihe*) - aber andrerseits waren Folgen (bzw. Reihen) seit einem Jahrhundert schon wichtiger Untersuchungsgegenstand der Analysis und insofern den Fachleuten sehr vertraut. Die eigentliche Schwierigkeit bei Cantors Definition besteht in der *geeigneten Einteilung der Folgen*. Aber auch da bietet es sich geradezu an - wenn man erst einmal darüber nachdenkt - , sich die interessantesten Folgen herzunehmen - eben die *konvergenten* Folgen - und sie nach ihrem jeweiligen Grenz(wert)verhalten zu klassifizieren: diejenigen konvergenten Folgen, die sich in dieser Hinsicht gleich verhalten, gehören zusammen (in Cantors Worten: bilden eine neue Zahlengröße[521]).

[521] Cantor [1872], S. 92ff; siehe auch oben S. 230

ALEXANDER Logisch gesehen ist das nichts anderes als die Bildung einer *Äquivalenzrelation*: Konvergente Folgen mit gleichem Grenz(wert)-verhalten werden als zueinander *äquivalent* betrachtet und jeweils in eine *gemeinsame Klasse* eingeteilt. Diese Äquivalenzklassen sind dann die neuen Zahlen.

PETER Genau so, Alexander: Cantor definierte eine Äquivalenzrelation auf Zahlenfolgen. Dazu ist aber dreierlei bemerkenswert: *Erstens* beschränkte sich Cantor auf die (intuitiv leicht erfaßbare, d.h.) anschauliche Menge der *konvergenten Folgen*. *Zweitens* liegt in diesem Fall *die Bildung des Äquivalenzbegriffs klar auf der Hand*, 'äquivalent' heißt eben: 'haben gleiches Grenz(wert)verhalten'. Und *drittens* – und dies scheint mir das Wichtigste zu sein – , drittens *benutzt* Cantor diesen *Begriff der Äquivalenzrelation* oder der Äquivalenzklassenbildung *gar nicht*.

ALEXANDER Na und – wieso soll das wichtig sein?

PETER Weil es zeigt, wie fern einem Mathematiker, der Analysis betreibt, noch um 1870 das *bewußte Arbeiten mit Äquivalenzrelationen* liegt.[522]

INGE Aber wenn er's unbewußt doch richtig macht?!

PETER Dagegen hab ich nichts. Ich will nur darauf hinweisen, welch logische Hürde zu überwinden war, ehe die Mathematik im Besitze des allgemeinen Begriffs der Äquivalenzrelation war!

INGE Und wozu das?

PETER Weil, wie wir heute wissen, erst dieser allgemeine Begriff der Äquivalenzrelation die Präzisierung von *Kontinuitätszahlen*, von Zahlen fürs Kontinuitätsprogramm also, möglich macht. Denn wie Konrad vorhin vorgeführt hat – ihr erinnert euch an den Ω-Kalkül! –[523], benötigt man für eine 'konstruktive' Begründung solcher Kontinuitätszahlen eine Äquivalenzrelation auf der Gesamtheit *aller* (rationalen) Zahlenfolgen. Und diese Äquivalenzrelation ('äquivalent' heißt hier: 'unterscheiden sich nur in endlich vielen Gliedern') liegt nun keineswegs

---

[522] 'Am bedenklichsten wird dem, welchem das Unendlichkleine in der hier entwickelten Auffassung neu ist, die durch sie bedingte Erweiterung des Gleichheitsbegriffs erscheinen', schreibt du Bois-Reymond [1882], S. 73, und formuliert dennoch sogleich: Bezeichnen wir mit ε ein Unendlichkleines irgend welcher Ordnung und Grösse (innerhalb seiner Ordnung), so ist in aller Strenge
$$(1 + \varepsilon)^{1/\varepsilon} = e\,'$$
(S. 82) –; in aller Strenge des erweiterten Gleichheitsbegriffs, versteht sich ...

[523] siehe S. 230f

so klar auf der Hand wie die von Cantor verwendete. Kurz: *Kontinuitätszahlen lassen sich nur dann präzise fassen, wenn man den Begriff der Äquivalenzrelation bewußt verwendet.* Und dies erklärt auch (*rational!*) das Scheitern Bolzanos und das Ausbleiben von Nachfolgern: Der allgemeine Begriff der Äquivalenzrelation war zu Bolzanos Zeit noch keineswegs alltägliches mathematisches Handwerkszeug – noch nicht einmal vierzig Jahre später, wie wir gesehen haben.

ALEXANDER Das kann ich gar nicht glauben: daß ein logisch so grundlegender Begriff so spät erst Allgemeingut geworden sein soll!

ANDREAS 'Logisch grundlegend' heißt eben keineswegs auch: 'geschichtlich früh' – eher das Gegenteil!

PETER Sehr richtig, Andreas! Der Begriff der Äquivalenzrelation benötigte mindestens einhundert Jahre bis zur Vollendung seiner Geburt. Wie wir bei Cantor (und Dedekind) gesehen haben, war er um 1870 noch immer nicht allgemein verbreitet. Und erst recht um 1830 noch scheiterte Bolzano, weil ihm dieser Begriff unbekannt war und dessen Herausarbeitung ihm nicht gelang.[524] Überhaupt 'sehe [ich grundsätzlich] vor Gaußens Disquisitiones arithmeticae (1801), in denen die Kongruenz von ganzen Zahlen nach einem Modul wohl erstmals bezeichnet und systematisch benutzt wird, keine Quelle für die bewußte Verwendung von Äquivalenzrelationen.'[525]

---

[524] Die Kontinuitätszahlen Bolzanos sollten offenkundig die *meßbaren Zahlen* werden, aber Bolzano scheitert wegen des fehlenden Begriffs der Äquivalenzrelation schon an einer präzisen Definition der *Zahl*: Er geht von Zahlen'ausdrücken' aus (das sind Symbole oder, wie Bolzano sagt: 'Zeichnungen', etwa $(\frac{5-5}{3}) \cdot (1 + \frac{2}{4})$), versucht daraus 'Zahlenbegriffe' (= 'Zahlenvorstellungen') zu bilden und untersucht von diesen wieder jene, die 'gleichgeltend' mit einer ganzen oder gebrochenen Zahl sind ... (siehe Bolzano [≥1830], Vierter Abschnitt!). Wenn Jahnke / Otte [1979], S. 19 meinen: 'Insbesondere das Verfahren der "Definition durch Abstraktion", das Bolzano ausführlich diskutiert und bei dem Objekte aufgrund einer dem Erkenntnisziel entsprechenden Äquivalenzrelation klassifiziert [und] unter denselben Begriff subsumiert werden, bringt die Tatsache zum Ausdruck, daß subjektive Erkenntniszwecke oder Erkenntnisziele in die Begriffsbildungen selbst eingehen', so bringt diese Tatsache zum Ausdruck, daß subjektive Erkenntniszwecke und -ziele in die Begriffsbildungen selbst dann eingehen, wenn sie der objektiven Grundlage entbehren. – Zu diesem Text Jahnke / Otte [1979] siehe unbedingt unten, Fußnote 561!

[525] Laugwitz [1978b], S. 6f

2.15.3.3 Euler und der Begriff der Äquivalenzrelation

PETER Sogar einem solch genialen Mann wie Euler gelingt es nicht, dieses Begriffs habhaft zu werden: In seiner 'Vollständigen Anleitung zur Differenzial-Rechnung'[526] unterscheidet er ganz klar zwei verschiedene Gleichheitsrelationen[527]: die *arithmetische Gleichheit* und die *geometrische Gleichheit* - mit anderen Worten, er arbeitet einwandfrei mit zwei Äquivalenz-, genauer: Kongruenzrelationen, die gröber sind als die ja außerdem noch benutzte gewöhnliche Gleichheit.[528]

---

[526] Euler [1755]

[527] ab § 84

[528] Zwei Größen sind *arithmetisch gleich*, wenn ihre Differenz unendlichklein ist, und *geometrisch gleich*, wenn ihr Verhältnis arithmetisch gleich eins ist (§ 84; diese Formulierung verdanke ich Rodewald [1981]). 'Wenn man also, so wie solches in der Analysis des Unendlichen üblich ist, durch dx eine unendlich kleine Größe bezeichnet, so ist allerdings sowohl [arithmetisch] $dx = 0$, als $a\,dx = 0$ [dito], wo a jede endliche Größe bedeutet. Das ungeachtet aber ist das geometrische Verhältniß $a\,dx : dx$ ein endliches Verhältniß, nemlich $a : 1$, und es dürfen daher die beyden unendlich kleinen Größen dx und $a\,dx$, obgleich beyde [arithmetisch] $= 0$ sind, nicht miteinander verwechselt werden, wenn es auf die Untersuchung ihres Verhältnisses [also ihrer geometrischen Gleichheit] ankommt.' (Euler [1755], § 86, S. 81) Mit ' = ' bezeichnet Euler also offenbar nicht die gewöhnliche Gleichheit (in diesem Zusammenhang)!
Es sei an dieser Stelle daran erinnert, daß das Gleichheitszeichen damals zwar gerade vor seinem 200. Geburtstag stand, daß es sich allerdings zumindest in den ersten hundert Jahren keineswegs allgemeiner Anerkennung und breiter Verwendung erfreute:
1556 veröffentlichte Robert Recorde (seines Zeichens königlicher Leibarzt in England) eine Algebra unter dem Titel 'The Wetstone of Witte', worin er das Symbol ' = ' zur Bezeichnung der Gleichheit einführt, 'weil nichts einander gleicher sein könne, als zwei parallele Strichelchen. (And to avoide the tediouse repetition of these wordes: i s e q u a l l e t o I will sette as I do often in woorke use a pair of parallels, or Gemove lines of one length, thus: =, beacause noe 2 thynges can be more equalle.)' (Cantor [1892], S. 479) Jedoch: 'Der grösste Algebraiker der Zeit [nämlich 1550 - 1600]', Vieta (Cantor [1892], S. 629), verwendet das Symbol ' = ' als Zeichen der Differenz zweier Grössen' (Cantor [1892], S. 631), und auch Albert Girard behielt in seiner 1629 herausgegebenen 'Invention nouvelle en l'algèbre' Vietas Symbol ' = ' als Differenzzeichen bei, und 'ein Gleichheitszeichen kommt nicht vor, Girard schreibt vielmehr statt dessen das Wort *egale*.' (Cantor [1892], S. 787f) Zwar gewann Vietas Zeichensprache 'an Leichtigkeit und Übersichtlichkeit [...] durch die von Thomas Harriot herrührenden Verbesserungen, durch welche die Gleichungen namentlich von der Verquickung mit Wörtern befreit wurden. Es gelang ihm dadurch, daß er [...] andrerseits das Zeichen = [für Gleichheit] benutzte' (Zeuthen [1903], S. 101; vgl. auch Cantor [1892], S. 790f). Allein: In Descartes außer-

Damit wir nicht zu weit vom Thema abkommen, sollten wir uns hier nicht in die Einzelheiten des Eulerschen Größenbegriffs vertiefen; begnügen wir uns einfach mit der zusammenfassenden Erkenntnis, daß Euler *inhaltlich* richtig mit dem allgemeinen Begriff der Äquivalenz- bzw. Kongruenzrelation umging, daß ihm die *abstrakte* Fassung bis hin zur *formalen* Darstellung jedoch nicht gelang.[529] Bis dahin war es noch ein weiter Weg, und besonders schwer war der Schritt hin zur formalen Darstellung: Noch sechzig Jahre nach Euler wagt es der in Göttingen lehrende Professor Johann Tobias Mayer in seinem Lehrbuch der höheren Analysis nicht, für jene Äquivalenzrelation, die unendlichkleine Unterschiede übersieht (in Eulers Worten: die *arithmetische Gleichheit*), ein eigenes Zeichen einzuführen - obwohl er die Notwendigkeit dafür deutlich fühlt und auch ausspricht.[530]

ordentlich einflußreicher und sehr verbreiteter 'Geometrie' (Ersterscheinung 1637; lateinische Übersetzung 1649, die 1659 erneuert und ergänzt wurde) findet sich 'das aus einer umgekehrten Verschlingung der Buchstaben *ae* entstandene Gleichheitszeichen ∞' (Cantor [1892], S. 793f).

[529] Dieses (auf formaler Ebene nicht mit Erfolg gekrönte) Ringen Eulers mit dem Begriff der Äquivalenzrelation führte zu ungezählten Mißverständnissen durch seine Leser: Es *begann* bei seinem Übersetzer Michelsen, der in seinen Anmerkungen unter der Überschrift 'Von den Schwierigkeiten, worin man sich durch Annahme der Eulerschen Vorstellung von dem Unendlichen, dem unendlich Kleinen, und von der Natur der Differenzialien verwickelt' sich genötigt sieht, 'die Nachtheile von der geringen Sorgfalt, welche Euler bey der Festsetzung des Begriffs des unendlich Kleinen bewiesen' (S. 308) durch eigene, äußerst undurchsichtige Konstruktionen zu 'beheben' (vgl. Euler [1755], S. 306 -44 (!!)); und es *endet* bei namhaften modernen Interpreten wie etwa Juschkewitsch, der zu dem Ergebnis kommt: 'Hier werden die Formulierungen Eulers [eben in Euler [1755], §§ 84-5 !] für den modernen Zuhörer unstreng, wenn man sie wörtlich auffaßt' (Juschkewitsch [1957], S. 233).

[530] 'Hätte man in der Analysis ein besonderes Zeichen eingeführt, um eine solche unendliche Annäherung einer Grösse zu einer andern anzudeuten, z.B. etwa das Zeichen ≡, so würde Niemand daran einen Anstoß finden, daß wenn in einer Gleichung wie

$$T = \frac{1}{\log x} + \frac{1}{x^2} + \frac{1}{x^3} + \frac{1}{2^x}$$

die Grösse x ohne Ende wächst, d.h. unendlich wird

$$T \equiv \frac{1}{\log x}$$

seyn werde, da man hingegen bey der Bezeichnung

$$T = \frac{1}{\log x}$$

sich gewöhnlich den Werth von T als schon erreicht gedenkt, eine Vorstellung, die bey der Betrachtung des unendlich Grossen oder unendlich

ALEXANDER Also mir leuchtet das ganz und gar nicht ein! Wie könnt ihr behaupten, jemand - z.B. Euler - habe über den *inhaltlichen* Begriff der Äquivalenzrelation verfügt, wenn er doch nirgendwo diesen Begriff klar herausarbeitet. Das ist doch glatt eine *Überinterpretation* des Textes! Wenn Euler tatsächlich diesen Begriff gehabt hätte, dann hätte er ihn auch klar aufgeschrieben - da er ihn nicht klar aufgeschrieben hat, hat er ihn also auch nicht besessen.

PETER Deine feinsinnige Art des Schwarz-weiß-Denkens ist schon beeindruckend, Alexander!

ALEXANDER Ein Schimpfwort ist kein Argument.

ANDREAS *beiseite* Aber sicher - nur meist ein ungelegenes!

PETER Ich schimpfe nicht, Alexander - ich formuliere Selbstverständlichkeiten. Was heißt das denn schon: *klar aufschreiben*? Das ist doch wieder nur eines von deinen Propagandaworten. Was nicht *formal* einwandfrei dasteht, das zählt für dich nicht. Wenn Euler ein ganzes Kapitel 'Von dem Unendlichen und dem unendlich Kleinen' schreibt, dreißig Seiten lang[531], dann bist du unfähig, das zu lesen. Du be-

Kleinen, nur in der Abstraction [*sic!*] statt finden kann. Man kann also behaupten, daß wenn in dem für T angegebenen Ausdrucke $x \equiv \infty$ wird, d.h. x *sich dem Unendlichen immer mehr und mehr nähert*, alsdann in *völliger Schärfe* auch $T \equiv \frac{1}{\log x}$ d.h. T *sich dem Werthe* $1/\log x$ *ohne Ende immer mehr und mehr nähern werde*. Da indessen ein solches Zeichen für die unendliche Annäherung einer Grösse zu einer andern, bis jetzt nicht eingeführt ist, so erinnere ich doch ein für allemahl, ...' (Mayer [1818], S. 55f) - und so versäumt es ein deutscher Lehrer namens Mayer, eine kleine begriffslogische Revolution anzuzetteln. Ähnlich scheut auch Schaffer [1824] die Einführung eines neuen Gleichheitssymbols - allerdings ist er dem Begriff der Äquivalenzrelation noch nicht so dicht auf den Fersen wie Mayer: 'Es erhellet sogleich, daß das Zeichen der Gleichheit = in den Differenziale nicht gebraucht werden sollte, weil nach Weglassung mehrerer Glieder in der Differenzengleichung die wirkliche Gleichheit aufgehoben wird. Da indeß dieses Zeichen in den Differenzialen von der Erfindung des Calculs an immer gebraucht worden ist, und dasselbe auch auf den Gang des Calculs keinen Einfluß haben kann, so braucht hier kein neues Zeichen, wie etwa $\asymp$, eingeführt zu werden', schreibt Schaffer [1824], S. 167, nachdem er zuvor unmißverständlich erklärt hat: '[Außer im Fall $n = 1$] können die beyden Glieder in $dy = nx^{n-1}dx$ nie gleich seyn, mag man dx unendlichklein annehmen oder nicht; denn immer fehlen bey $nx^{n-1}dx$ entweder eine endliche Anzahl Glieder, wenn n eine ganze positive Zahl ist, oder eine unendliche Menge Glieder, wenn n negativ oder gebrochen ist.' (S. 146) Und später nochmals unmißverständlich: 'Lehrsatz. Die Differenzialgleichung ist nicht genau wahr; sie kommt aber der Wahrheit unendlich nahe, wenn die Differenziale der veränderlichen Grössen der Function unendlich klein oder als Elemente angenommen werden. Beweis..' (S. 199f)

[531] Euler [1755], S. 71-100

merkst nur, daß da keine *formale* Definition gegeben wird - und
wischst deswegen die dreißig Seiten mit einer Handbewegung vom Tisch:
'unklar'. Das ist nicht einmal eine *Unterinterpretation* des Textes,
das ist Unverständnis und Hochnäsigkeit! Aber der Autor wird doch
nicht dreißig Seiten schreiben, um seine Leser zu veräppeln.

ANDREAS *beiseite* Weiß man's?

PETER Euler erklärt sehr ausführlich und anhand vieler Beispiele,
was er meint, und der gewissenhafte Leser kann ihn sehr wohl verstehen!

ALEXANDER Aha - und wer ist das: dieser 'gewissenhafte Leser'?
Jetzt machst wohl du Propaganda, und zwar ganz kräftige! So klar und
unmißverständlich kann Eulers Text ja nun auch wieder nicht sein,
wenn doch sogar sein Übersetzer ihn nicht versteht.[532]

PETER Wenn ein Buch und ein Kopf zusammenstoßen und es klingt
hohl, dann muß das nicht allemal das Buch sein! Selbstverständlich
ist jeder *sinnvolle* Text in mehrerlei Weise deutbar und kann folglich
auch falsch verstanden werden; nur *sinnleere* Texte können völlig eindeutig sein.[533]

ALEXANDER Aber wie machst du diesen Sinn denn aus?

ANDREAS Indem er auf die Beweisführung oder auf die Rechnung
schaut: *Wie verwendet* der Verfasser die einzelnen Begriffe? *Welches
sind die Grundsätze* seiner Rechnungen? Der *Sinn* eines Wortes zeigt
sich in seinem Gebrauch, nicht in seiner Form.

PETER Sehr richtig, Andreas! Und wenn Eulers Leser dies besser
beherzigt hätten, dann wären ihnen viele Irrtümer erspart geblieben.

ALEXANDER Zum Beispiel?

PETER Zum Beispiel die Sache mit den *Nullen*: Euler nennt manchmal die unendlichkleinen Größen *Nullen*[534] (denn sie sind ja *arithmetisch gleich* Null). Dennoch - und wie schon der Gebrauch der Mehrzahl zeigt - unterscheidet er diese Nullen sehr deutlich voneinander

---

[532] Auf mysteriöse Weise scheinen unsere Gesprächsteilnehmer/innen
sogar Kenntnis von den Fußnoten dieses Textes zu erhalten - jedenfalls
könnte Alexander die Fußnote 529 gelesen haben.

[533] Ich möchte dem Leser (und mir) hier eine Diskussion dieser Selbstverständlichkeit ersparen und verweise den zweifelnden Mathematiker
einfach auf Lakatos [1961], besonders Kapitel 7 und 9: 'Geschwätz ist
vor Widerlegungen sicher, bedeutungsvolle Aussagen sind durch Begriffsdehnung widerlegbar.' (S. 95)

[534] Euler [1755], §§ 83, 84 ff; S. 79ff

(denn sie sind ja keineswegs *vollkommen* gleich - sie sind nicht einmal *geometrisch gleich*, jedenfalls nicht alle). Das hat schon seinen Übersetzer im 18. Jahrhundert in arge Verlegenheit gestürzt[535], und noch heute schlagen die standhaften Euler-Deuter tolle Kapriolen und fahren schwere Geschütze auf, um Euler zu verteidigen.[536] Vor lauter Wortklauberei[537] fallen diese Leute dabei auf Eulers Rhetorik herein und übersehen so den tatsächlichen Fortschritt, den Eulers Begriff der unendlichkleinen Zahlen gegenüber etwa dem Leibnizschen aufzuweisen hat.

ALEXANDER Eulers Rhetorik? Hat Euler etwa auch Propaganda betrieben? Das glaubst du doch wohl selbst nicht!

PETER Aber gewiß doch - schließlich hatte er sie dringend nötig! Denn die Gegner des Kontinuitätsprogramms behaupteten doch, daß wegen der Vernachlässigung der unendlichkleinen Größen die Ergebnisse dieser Rechnungen nicht mehr *exakt richtig* seien. Und dagegen muß ein Verfechter des Kontinuitätsprogramms ganz entschieden zu Felde ziehen - was Euler auch bravourös tut[538], indem er immer wieder darauf beharrt, die unendlichkleinen Größen seien 'schlechterdings und absolut genommen, Null, und es finde zwischen dem unendlich Kleinen in der Differenzial-Rechnung und dem absoluten Nichts kein Unterschied statt.'[539] Durch diese pfiffige Wortwahl sucht Euler den Gegnern den Wind aus den Se-

---

[535] s. Michelsen in Euler [1755], S. 307ff; vgl. auch Fußnote 529.

[536] 'Diese Bemerkung Eulers [daß zwei Nullen jedes Verhältnis zueinander haben können] ist auch vom Standpunkt der modernen Arithmetik berechtigt: im Ring der reellen Zahlen kann der Quotient *0/0* jedem beliebigen seiner Elemente gleichgesetzt werden.' (Juschkewitsch [1957], S. 233)

[537] Ich vermag dem einfühlsamen Dampfhammer-Charme von Eulers Übersetzer nicht zu widerstehen und muß ihn hier nochmals zitieren: 'Euler nennt in der gegenwärtigen Stelle die Differenzialien *incrementa evanescentia*. Man nehme das Beywort *evanescentia* in der Bedeutung, die ihm, ob es gleich ein Participium der gegenwärtigen Zeit ist, beygelegt werden kann, und halte sich daran: so steht man an der Quelle der wahren und leichtesten Regeln der Differenzial-Rechnung.' (Michelsen in Euler [1755], Fußnote in der 'Vorrede des Verfassers' auf S. LV) Hier kann man nur mit Feyerabend schlußfolgern: 'Wirrköpfe und oberflächliche Denker *schreiten voran*, während "tiefe" Denker in die dunkleren Regionen des status quo *hinabsteigen*, oder, um es anders auszudrücken, sie bleiben im Dreck stecken.' (Feyerabend [1976], S. 107 Fußnote 26)

[538] zum Beispiel in der Vorrede seines [1755] auf S. LXIII-LXX

[539] Euler [1755], S. LXV

geln zu nehmen - und das und nichts anderes ist die Begründung, der Sinn dieser Wortwahl.

INGE Und der tatsächliche Fortschritt, der hier angeblich übersehen wird?

PETER Ist mit Händen zu greifen! Als wir Leibniz besprochen haben, da habe ich zitiert, wie er das *Unendliche* durch das *Unvergleichbare* erklärt und so 'beliebig viele Grade unvergleichbarer Größen'[540] erhält. Ausdrücklich sagt Leibniz, und ich darf das hier wiederholen: 'So ist etwa ein Teilchen der magnetischen Materie, die das Glas durchdringt, einem Sandkorn, dieses wiederum der Erdkugel, die Erdkugel schließlich dem Firmament nicht vergleichbar.'[324] Auf solche metaphysische Hypothek kann Euler nun verzichten, da er an die Stelle des *Vergleichbaren* und des *Unvergleichbaren* die weitaus präziseren Begriffe *(gewöhnlich) gleich* bzw. *arithmetisch gleich* und *geometrisch gleich* gesetzt hat - ja, runzele nur die Stirn, Alexander! Und dieser eindeutige mathematische Fortschritt erlaubt es Euler,das zu tun, was jeder gute Schüler mit den Ergebnissen seines Lehrers tut: sie mit Füßen zu treten. Getreu dieser Regel formuliert Euler dann auch: 'Eben so wenig erreicht man seinen Zweck, wenn man die unendlich kleinen Größen auf die Art beschreibt, daß man sie sich wie Staubkörner, in Vergleichung mit einem großen Berge, oder selbst der ganzen Erde, gedenken müsse. Denn ob man gleich bey der Bestimmung der Größe der Erde, selbst eine beträchtliche Menge von Staubkörnern, als etwas nicht zu achtendes ansehen kann; so leidet doch die geometrische Schärfe nicht den geringsten Fehler, und der Vorwurf bliebe wichtig, sofern er die geringste Kraft behielte.'[541] Was bei Leibniz noch wie eine *materielle Grundlage* aussah ...

INGE Leibniz und materialistisch? Daß ich nicht lache!

PETER ... - die unendlichkleinen Größen - , das *entmaterialisiert* Euler und macht daraus eine *bloße Eigenschaft des Kalküls*.

EVA Wie kommt das?

PETER Indem er die bei Leibniz angelegten Gedanken konsequent weiterverfolgt, und zwar ausdrücklich: '... die Schwierigkeit, welche man bey der Zahl tausend antrifft, findet sich auch bey jeder andern noch so großen Zahl. Dies konnte dem Scharfsinne Leibnitzens, des Er-

---

[540] Leibniz [1702], zit. nach Becker [1954], S. 165; vgl. auch S. 181f
[541] Euler [1755], S. LXV - LXVIII

finders der Monaden, nicht verborgen bleiben, als er die Materie an und für sich genommen unendlich theilbar annahm. Er behauptete daher auch, daß man nicht eher zu den Monaden komme, als bis der Körper wirklich unendlich getheilt worden sey. *Dadurch aber hebt er die Existenz der einfachen Dinge, woraus die Körper bestehen sollen, gänzlich auf.* Denn diejenigen, die die Zusammensetzung der Körper aus einfachen Dingen leugnen, und diejenigen, welche die unendliche Theilbarkeit der Körper annehmen, sind in ihren Meinungen durchaus nicht von einander verschieden.'[542]

INGE   Das ist ja außerordentlich interessant, denn ...

ALEXANDER   Ganz im Gegenteil: Dieses philosophische Geschwätz ist furchtbar langweilig und führt zu nichts. Die handfesten Fragen bleiben davon völlig unberührt.

INGE   Keineswegs! Peters letzte Ausführungen zeigen doch ganz deutlich ...

ALEXANDER   ... die Nutzlosigkeit solcher Spintisiererei. Hier ist die handfeste Frage, um die sich Peter beständig herumdrückt: *Woher hat Euler den* von Peter behaupteten[543] *inhaltlichen Begriff der Äquivalenzrelation?* Wenn dies ein doch so schwer zu erlangender Begriff ist, dann kann er ihm ja nicht einfach in den Schoß gefallen sein.

PETER   Ist er doch auch gar nicht - wer sagt denn das? Selbstverständlich ist es kein Zufall, daß gerade Euler zu einem solch tiefen Verständnis der Größen gelangt, das es ihm erlaubt, den vollen Inhalt der *Äquivalenzrelation* 'bis auf unendlichkleinen Unterschied gleich' zu erfassen. Wie allgemein bekannt ist, war Euler ein unermüdlicher und offenbar 'begeisterter Zahlenrechner'[544], der sich nicht scheute, etwa Näherungswerte für Reihensummen bis auf sage und schreibe 27 De-

---

[542]   Euler [1755], S. 76ff, meine Hervorhebung

[543]   siehe S. 255

[544]   Laugwitz [1978b], S. 6. In seinem [1748], S. 122 betrachtet Euler die Exponentialfunktion a^x an der Stelle $x = \omega$ für ein *unendlichkleines* ω und setzt (wegen $a^0 = 1$) $a^\omega = 1 + k\omega$, also $\omega = log_a(1+k\omega)$. Im nachfolgenden *Beispiel* setzt er dann $k\omega = 1/1\,000\,000$ und berechnet daraus $\omega = 0{,}000\,000\,434\,29$. Hodkin [1979], S. 5 beurteilt dies als 'Dreistigkeit' (*boldness*) und deutet damit eine grundlegend andere Einschätzung Eulers an als Peter.
Hundert Jahre nach Euler bringt Lehmus die Rechen*praxis* auf ihren *Begriff*: 'Versteht man unter einer *unendlich kleinen Zahl* eine solche, *die so klein ist, daß sie in Ziffern nicht mehr angegeben werden kann, also der Null zunächst anliegt*, und demnach für jede Rechnung in Zahlen als Summand ohne allen Einfluß ist, ...' (Lehmus [1842], S. 10, Hervorhebungen im Original!)

zimalstellen hinterm Komma auszurechnen[545]! Und diese *enorme Rechenpraxis*[546] vermittelte ihm ganz handfest und direkt eine Vorstellung von dem Sachverhalt 'bis auf unendlichkleinen Unterschied gleich' - besagt das doch nichts anderes als 'von gleicher Dezimaldarstellung'. Wenn Euler also 'meint, durch ein Infinitesimales würde zu einer Zahl "Nichts" hinzugefügt, so bedeutet das, an der Dezimaldarstellung ändert sich nichts, alle n-ten Ziffern (für endliche n) der Dezimaldarstellung bleiben ungeändert. Diese Auffassung läßt sich schon durch sehr frühe Äußerungen Eulers bestätigen'[544]. Kurz: Eulers Begriff dieser Äquivalenzrelation erwuchs direkt aus seinem exzessiven Zahlenrechnen.

ALEXANDER Oh - wenn das keine materialistische Erklärung ist! Was meinst du, Inge?

INGE Schwindel, alles Schwindel - das ist reiner Idealismus, was Euler hier treibt!

ANDREAS Wie bitte?

INGE Aber sicher doch - ihr habt mich ja eben nicht zu Wort kommen lassen, ich wollte das schon gleich auf Peters vorherige Ausführungen antworten!

ANDREAS Dann hol' es doch jetzt nach.

2.15.4 Eine materialistische Erklärung für den Niedergang des Kontinuitätsprogramms?

INGE Ja, das will ich auch! Peter hat doch eben Euler zitiert, der die Einsicht klar aussprach, daß die unendliche Teilbarkeit der Materie 'die Existenz der einfachen Dinge, woraus die Körper bestehen sollen, gänzlich auf'hebt[547]. Mit anderen Worten: Die Vorstellung

---

[545] Der skeptische Leser blättere etwa in Euler [1748]!

[546] die sich selbstverständlich nicht nur bei Euler findet! So lese ich etwa bei Rhode [1799] im Anschluß an seine Berechnung des neunten (!) Differenzialquotienten, dessen achter Term die folgende Gestalt hat:
$$+ 5 \cdot 7 \cdot 9 \cdot (\frac{age^a}{c^2 \cdot \cos \omega})^8 \cdot (8 - 36 \cdot \cos \phi^2 + 33 \cdot \cos \phi^4) \cdot \cos \phi^8 \cdot \sin \phi$$
die schöne Versicherung: 'Von der Richtigkeit dieser [neun] Differenzialquotienten habe ich mich durch dreymalige Wiederholung der Rechnung überzeugt ...' (Anhang, S. 34; ähnlich auch wieder auf S. 37)

[547] siehe S. 260

von unendlichkleinen Größen ist eindeutig *idealistisch*, da sie nicht an der realen Beschaffenheit der Materie orientiert ist, sondern diese geradezu verleugnet. Das Kontinuitätsprogramm ist also idealistische Wissenschaft - und von daher ist es auch kein Wunder, daß dieses Programm im 19. Jahrhundert mit dem Fortgang der Geschichte und der weiteren Entfaltung der Produktivkräfte dem Finitärprogramm als der wahrhaften Form der materialistischen Analysis unterlag.

ANNA Und das Wiederaufleben des Kontinuitätsprogramms in jüngster Zeit - ich erinnere an den Ω-Kalkül - ist also eine fortschrittsfeindliche, eine konterrevolutionäre Bewegung?

INGE So ist es!

ANNA Da staunst du, was, Peter? Eine kurze, schlüssige neue Erklärung für den Niedergang des Kontinuitätsprogramms!

KONRAD Allerdings eine *externe* Erklärung und keine *interne*, rationale! Das wird dir wohl nicht schmecken, Peter - aber warum eigentlich nicht?

PETER Na ja, dieses Gebräu ist wirklich ungenießbar! Das ist nicht nur eine kurze, schlüssige Erklärung, die Inge hier vorgestellt hat - das ist eine (allzu) *kurzschlüssige* Erklärung: Sie überspannt den Bogen bei weitem! Zum Beispiel wäre es nach diesem Standpunkt unverständlich, daß der im allseitigen Einverständnis als *Idealist* eingestufte Berkeley[548] sehr wohl auch gegen die angeblich so idealistischen unendlichkleinen Zahlen zu Felde zog ...

INGE Das war noch vor Eulers Einfluß! Damals war

Die Brotgelehrten, die Lagerverwalter des Geistes: Sie schieben Begriffe - zum Beispiel: Materialismus - Idealismus, Rationalismus - Irrationalismus - hin und her, stapeln sie; daher ihre Tendenz zur Hochstapelei, die von den modernen Akademien systematisch gezüchtet wird. Diese Lagerverwalter verdanken ihre Existenz dem Auftrag, scheinbar Gegensätze als reale zuzugeben. Damit bleiben sie, selbst wenn sie Regale mit ihren Büchern füllen sollten, gänzlich unproduktiv, denn auch nur ein einziger schöpferischer Gedanke setzte ja voraus, daß man die gegenseitige Abhängigkeit jener gedachten Gegensätze durchschaute, erkennte, wie die Realität aus beiden sich aufbaut, wie die eine Seite mit der anderen steht *und fällt*. Wie einfältig der Geist, der beispielsweise, wo möglich noch im Sinne von Wert und Unwert, Materialismus und Idealismus einander gegenüberstellt. Nur Tölpel denken so! Und Brotgelehrte, selbst wenn sie diese Tölpelei durchschauen, sichern ihre Existenz und Eloquenz durch die Gutgläubigkeit und Denkfaulheit jener, die solchen Betrug für Gelehrsamkeit halten.
Bernd Nitzschke: Die Folter in uns, Nr. 14 Konkursbuch Nummer drei, S. 194f, Gehrke & Poertner: Tübingen 1979

der idealistische Charakter des Kontinuitätsprogramms noch keineswegs deutlich.

[548] *Philosophisches Wörterbuch*, S. 498

PETER Aber doch zumindest schon angelegt - oder?
ANDREAS Also ich glaube, Inges Hauptfehler liegt in ihrer zu engen - beinahe hätte ich gesagt: orthodoxen - Auffassung von *Materialismus*. Inge, du verkennst einfach, daß es so etwas wie einen allumfassenden Begriff des Materialismus nicht gibt, nicht geben kann. Was tatsächlich materialistisch ist, das hängt von den jeweiligen Randbedingungen ab und muß von Fall zu Fall neu bestimmt werden. *Was für den Mathematiker materialistisch ist, das kann für den Nichtmathematiker sehr wohl nichtmaterialistisch* (oder wenn dir das besser gefällt: idealistisch) *sein!*
Konkret: Zahlen sind gewiß Abstraktionen, und Zahlenkalküle, Rechenschemata sind gewiß Idealisierungen der materiellen Welt - im Normalfall. Für den Mathematiker aber, für den Zahlenrechner sind diese Idealisierungen durchaus materiell, eben das Material seines Rechnens, das Material, mit dem er arbeitet. Und für ihn, für den Mathematiker ist auch ein errechnetes Zahlenergebnis materiell - während es für den Praktiker, der es in *seine* Wirklichkeit umsetzen muß (etwa als Ingenieur) durchaus eine Idealisierung ist, die erst unter Beachtung der je konkret gegebenen Randbedingungen umgesetzt und wirksam werden kann.
INGE Dein Begriff des Materialismus ist idealistisch, Andreas!
ANDREAS Streiten wir uns doch nicht um Worte. Aus Peters Ausführungen wurde unbestreitbar klar, daß Eulers Verständnis für den konsequenten Umgang mit unendlichen Zahlen aus seiner Rechenpraxis, aus seiner konkreten Tätigkeit - oder schematisch: aus seiner Arbeit entstand. *Mir* scheint das eine materialistische Erklärung zu sein - eine materialistische Erklärung für Idealisierungen.
PETER Ich verstehe gar nicht, was diese Kategorien hier sollen: Materialismus - Idealismus? Die sind doch nur auf *gesellschaftliche Erklärungen* anwendbar; mir aber geht es doch um *rationale Erklärungen!*
ANDREAS Na ja, wie Konrad schon gesagt hat[549]: die rationalen, also die mathematikimmanenten Erklärungen haben selbstverständlich ihre Grenzen, und wer über diese Grenzen hinausfragt, der kann nur mit Erklärungen anderer Art zufriedengestellt werden, beispielsweise eben mit gesellschaftlichen - das liegt ja wohl nahe, denn Mathematik als Wissenschaft ist natürlich eine gesellschaftliche Erscheinung.
EVA Konkret! Beispiel!

[549] siehe S. 236f

ANDREAS Peter hat ja eine rationale Erklärung für die - zeitweilige- Niederlage des Kontinuitätsprogramms im 19. Jahrhundert gegeben. Diese Erklärung gründet in dem Hinweis auf eine 'grundlegende Zielverschiebung in der Mathematik des 19. Jahrhunderts gegenüber dem 18. Jahrhundert'[550]. Diese Zielverschiebung machte er an drei Punkten fest: an der *Verwandlung der Näherungslösungen in Existenzbeweise*[551], an der *Verwandlung von Fehlerabschätzungen in Konvergenzdefinitionen*[552] und an dem neu aufkommenden *Verlangen nach sicheren Beweisen*[553]. Zusammenfassen lassen sich diese drei Punkte unter dem Schlagwort *'Einrichtung der Strenge in der Mathematik'*[554]. Neugierig frage ich nun weiter: *Wie kommt es zu dieser Einrichtung der Strenge in der Analysis?* Gibt es auch dafür eine rationale Erklärung?

ANNA Ei freilich! 'Um etwa 1800 begannen sich die Mathematiker Sorgen zu machen um die Ungenauigkeit in den Begriffen und Beweisen von weiten Zweigen der Analysis. Der eigentliche Funktionsbegriff war nicht klar; der Gebrauch von Reihen ohne Ansehen von Konvergenz und Divergenz hatte Paradoxien und Widersprüche hervorgerufen; der Streit um die Darstellung von Funktionen durch trigonometrische Reihen hatte zu weiterer Verwirrung geführt; und natürlich waren die Grundbegriffe Ableitung und Integral niemals sauber definiert worden. All diese Schwierigkeiten führten schließlich zur Unzufriedenheit mit dem logischen Zustand der Analysis. [...] Mehrere Mathematiker beschlossen, dieses Chaos zu ordnen. Die Führer der oft so genannten kritischen Bewegung bestimmten, daß die Analysis allein auf der Grundlage arithmetischer Begriffe wiederaufzubauen sei.'[555]

ANDREAS Großartig! Wirklich faszinierend (einmal abgesehen vielleicht von deinem etwas arroganten Tonfall) - das nenne ich überzeugend: Die Einrichtung der Strenge in der Analysis erfolgte deswegen, weil sie noch nicht erfolgt war und weil man ihr Fehlen bemerkte. Einige scharfsichtige Genies erspähten diesen Mangel und beschlossen (vielleicht auf einer Gipfelkonferenz?) die Verordnung eines neuen Paradigmas[556], einer neuen, für die gesamte Analysis verbindlichen

---

[550] siehe S. 237f [551] siehe S. 238f
[552] siehe S. 240 [553] siehe S. 241
[554] Diese Formulierung findet sich (allerdings nicht in der hier eingeführten Rolle eines Oberbegriffs) bei Kline [1972], S. 947.
[555] Kline [1972], S. 947
[556] Ob das wohl eine Anspielung auf Kuhn [1962] sein soll?

Grundeinstellung. So *überzeugend* diese Erklärung aber auch ist, Anna, so wenig *Erklärung* ist es. Tautologien *erklären nichts*, weil sie eine Aussage nicht auf eine *andere* zurückführen, sondern nur auf eine ihr äquivalente. Und sehr weit von einer Tautologie ist deine 'Erklärung' nun wirklich nicht entfernt, Anna!

ANNA   Danke für die Blumen, Andreas.

ANDREAS   Bitte, bitte, gern geschehen.

PETER   Was mir wichtiger erscheint: Das Niveau, der Standard deiner Erklärung, Anna, liegt weit unter dem einer *rationalen* Erklärung. Einmal ganz abgesehen davon, daß du die gesamte von uns gewonnene Erkenntnis über die Entwicklung der Analysis mit einem Schlag vergessen zu haben scheinst (unser Modell der beiden konkurrierenden Forschungsprogramme hebt ja eine ganze Reihe angeblicher Widersprüche auf das Niveau propagandistischer Rhetorik der jeweiligen Parteigänger gegeneinander) -, ganz abgesehen davon sind auch deine substantiellen Argumente wenig überzeugend: Der 'eigentliche Funktionsbegriff' ist eine Chimäre, die Alexanders Kopf entsprungen sein könnte: natürlich wußten die Mathematiker damals, was sie mit dem Begriff der Funktion meinten (gewiß nicht eine zweistellige, linkseindeutige Relation - aber welcher vernünftige Mensch wird ihnen das vorwerfen?)! Natürlich konnte man um 1800 schon wundervoll differenzieren und integrieren - warum man aber plötzlich solchen Wert auf die abstrakte Definition, auf den Beweis der Existenz und dergleichen legte: das genau ist ja zu erklären! Und die Darstellung von Funktionen durch trigonometrische Reihen steckte in den allerersten Anfängen und erlangte erst nach einigen Jahrzehnten ihre ganz große Bedeutung.

ANNA   Aber es läßt sich doch unmittelbar belegen, daß diese fehlende Strenge als Mangel empfunden wurde! Hier, am 29. März 1826 schrieb Abel in einem Brief an den Professor Christoffer Hansteen: 'Ich werde meine ganze Kraft der Verbreitung des Lichtes in dieser unermeßlichen Dunkelheit widmen, die heute die Analysis beherrscht. Sie ist derartig entblößt von jeglichem Plan, von jeglichem System, daß man sich nur wundert, daß es so viele Leute gibt, die sie überliefern - und was noch schlimmer ist, ihr mangelt vollkommen die Strenge. In der Höheren Analysis sind sehr wenige Sätze mit einer endgültigen Strenge bewiesen. Überall findet man diese erbärmliche Eigenart, vom Besonderen auf das Allgemeine zu schließen, und es ist ein Wunder, daß man bei einer solchen Vorgehensweise nur selten das findet, was man Paradoxien nennt.'[557]

ANDREAS *Endgültige Strenge* - wie ergreifend! Abel scheint dein Ahne zu sein, Alexander.

PETER Das ist ja alles schön und gut, Anna: daß sich da jemand Gedanken über die logische Strenge der Analysis macht ...

ANNA *Jemand?!* Abel ist nicht *jemand!*

PETER ... aber die Frage ist doch gerade: Wie kommt es, daß diese Gedanken eines einzelnen - oder meinetwegen mehrerer einzelner - Schrittmacherfunktion für eine gesamte Epoche erhalten, tonangebend für (mindestens) anderthalb Jahrhunderte werden. (Und daß es mit der 'endgültigen Strenge' zu Anfang des 19. Jahrhunderts noch nicht so weit her war, das wissen wir auch schon - auch nicht bei Abel.[558])

ANNA Na selbstverständlich bestimmen die Gedanken der genialen Wissenschaftler die Weiterentwicklung der Wissenschaft!

INGE Umgekehrt wird ein Schuh daraus, Anna: Die weitere Entwicklung der Wissenschaft formt im Nachhinein die Genies! Oder allenfalls haben gewisse Leute ein feines Gespür für die Notwendigkeit der Zeit und sind in der Lage, diese Notwendigkeit zu formulieren. Das Sein bestimmt das Bewußtsein - nicht umgekehrt.

ALEXANDER Also wenn ich euch so philosophieren höre - da finde ich schon beinahe Geschmack an Peters Methode, nach *rationalen* Erklärungen zu suchen!

ANDREAS *beseite* Und das will etwas heißen bei ihm!

ALEXANDER Wie steht's denn, Peter? Hast du vielleicht eine weitere rationale Erklärung in petto, diesmal für diesen Einbruch der Strenge in die Analysis des 19. Jahrhunderts?

PETER Gewiß! Abel hat sich gewundert, warum zu seiner Zeit trotz der angeblich fehlenden Strenge nur so wenig Paradoxien aufgetaucht sind. Nun, 'dafür gibt es zwei Gründe. Zum einen konnten [bis zur damaligen Zeit] einige Ergebnisse numerisch überprüft und bestätigt wer-

---

[557] Abel [1826b], S. 263. Auch Kline zitiert diese Stelle - und zwar genau in jener Auslassung, die ich in dem Zitat bei Fußnote 555 vorgenommen habe.

[558] Auch Kline weiß um diese Inkonsequenz seiner Argumentation, da er selbst einsieht: 'Tatsächlich ist Cauchys Strenge in diesen Werken nach modernen Maßstäben oberflächlich [*loose*].' ([1972], S. 948) Aber (selbstverständlich!?) gibt Kline keine Erklärung, was es mit solch oberflächlicher endgültiger Strenge auf sich hat, noch gar, worin deren Bedeutung liegt - ein Thema, das unsere Gesprächsteilnehmer verschiedentlich erörtert haben und noch weiter erörtern werden ...

den - oder sogar experimentell. Zum zweiten, und das ist sogar noch wichtiger, verfügten die Mathematiker des achtzehnten Jahrhunderts über eine fast untrügliche Intuition. Obwohl sie nicht von strengen Definitionen geleitet wurden, besaßen sie dennoch ein tiefes Verständnis von den Grundbegriffen der Analysis.'⁵⁵⁹

ANDREAS Jaaa! Das leuchtet mir weit mehr ein - mehr als Annas Darstellung, bei der die genialen Mathematiker als Trottel betrachtet werden, die ihre eigene Tätigkeit, ihre eigenen Grundbegriffe nicht verstehen.

ANNA Ich bitte dich, Andreas!

ALEXANDER Aber das ist doch Unsinn! Wie kann man ein 'tiefes Verständnis' für etwas haben, was 'nicht streng definiert' ist?

ANDREAS In der Tat, Alex - das geht über deinen Horizont! Du wirst nie begreifen, daß 'verstehen' etwas anderes ist als 'in seine logischen Bestandteile zerlegt haben'. Verstehen ist eben keine logische Angelegenheit, sondern eine psychologische.

ALEXANDER Dann ist dieses 'Verstehen' aber für den Mathematiker uninteressant - Mathematik ist eben keine Psychologie.⁵⁶⁰

ANDREAS Natürlich nicht, ebensowenig wie sie Soziologie ist. Aber Soziologie erklärt vielleicht doch in bestimmter Weise, wie Mathematik zu dem wurde, was sie heute ist.

ALEXANDER In *bestimmter* Weise gewiß nicht - höchstens in sehr *unbestimmter* Weise.⁵⁶¹

---

⁵⁵⁹ Grabiner [1974], S. 358. Sie gibt auf die Frage: 'Warum veränderten sich die Maßstäbe der mathematischen Wahrheit?' insgesamt drei Antworten. Nur die hier aufgegriffene erste Antwort ('Um Fehler zu vermeiden und bereits entstandene Fehler zu verbessern') paßt in das Schema einer rationalen Erklärung. Da ich das erst im Rohbau stehende Gebäude einer rationalen Rekonstruktion der Analysis mit Hilfe der Methodologie der wissenschaftlichen Forschungsprogramme nicht sofort wieder sprengen möchte (sondern allenfalls sicherheitshalber einige Bohrlöcher für eine solche Sprengung anbringen will), muß ich die beiden anderen hier leider übergehen. Auf einen vierten von ihr genannten 'wichtigen Faktor' wird Andreas sogleich eingehen - siehe bei Fußnote 562.

⁵⁶⁰ Mit derselben Abgrenzung startet Popper sein berühmt gewordenes Unternehmen [1934] (dort S. 6f) - was sein (in der *Rückschau* betrachtet) mageres Ergebnis erklärlich erscheinen läßt.

⁵⁶¹ Ein gewisser Typus von Erklärungen innerhalb der Mathematikgeschichte ist tatsächlich so abgehoben von allem handfest Belegbaren, daß die Argumente beliebig sind. Ein betrübliches Beispiel aus neuester Zeit bieten dafür die Bielefelder, die auf einem in Berlin veranstalteten workshop im Juli 1979 sich unter vielem anderen auch an

ANDREAS Abwarten!

PETER Du hast etwas auf Lager, Andreas?

ANDREAS Ja - da du mit deinen rationalen Erklärungen jetzt ja wohl am Ende bist, Peter, sind nun andere Erklärungen fällig. Oder kannst du auch noch eine rationale Erklärung dafür geben, 'daß die Notwendigkeit zur Fehlervermeidung gegen Ende des achtzehnten Jahrhunderts immer wichtiger wurde, in einer Zeit, in der sich die Mathematiker in verstärkter Weise für komplexe Funktionen, für Funktionen mehrerer Veränderlicher und für trigonometrische Reihen interessierte [?] In diesen Gefilden gibt es zahlreiche einleuchtende Vermutungen, deren Wahrheit nur sehr schwer auf intuitivem Weg beurteilt werden kann. Wachsendes Interesse an derartigen Ergebnissen wird dazu beigetragen haben, die Aufmerksamkeit auf die Grundlagenproblematik [allgemein] zu lenken.' [562] Aber das ist ja gewiß keine ausreichende *rationale* Erklärung - oder?

einer Einschätzung jener Stellung versuchten, welche die französischen Aufklärer zur Mathematik bezogen. Im Dunkeln (= Allgemeinen) ist gut munkeln: 'In den empiristischen Wissenschaftsauffassungen der englischen und französischen Materialisten des 18. Jahrhunderts war die Beziehung von *Entwicklung* und *Anwendung* nicht als Problem gesehen worden', meint Schubring [1979], S. 4, während Jahnke / Otte vom Gegenteil überzeugt sind: 'In ihrer Kritik an der cartesischen Metaphysik zielen die französischen Aufklärer vor allem darauf, die Grundlagen einer "*anwendungsorientierten* Wissenschaft" zu *entwickeln*, bei der es nicht mehr darum geht, die Vielfalt der Welt aus der Mathematik, also aus wenigen vorgefaßten Prinzipien, abzuleiten oder in ihr "verschwinden" zu lassen. Vielmehr schwebt ihnen eine Wissenschaft vor, die sich in ihrer Entwicklung optimal von den empirischen Gegebenheiten und Befunden regulieren läßt und sich diesen möglichst eng anpaßt.' (Jahnke / Otte [1979] = *Zum Gegenstandsverständnis der Mathematik im frühen 19. Jahrhundert ...*, S. 4, meine Hervorhebungen)
Übrigens ziert dieses Vortragsmanuskript Jahnke / Otte [1979] die verblüffende (oder erschreckende?) Warnung: 'Nicht zitierbar ohne Rücksprache!' (nicht als einziges Vortragsmanuskript dieses workshops ...) - was ein befremdliches Gegenstandsverständnis einiger Mathematikgeschichtler des ausgehenden 20. Jahrhunderts offenbart: Sind sie sich ihrer Sache so unsicher? Oder wollen sie eine neue Geheimwissenschaft begründen? Die einfachste Antwort ist natürlich eine Kombination aus beidem: Eine zu neuer Blüte erwachende Wissenschaft - Mathematikgeschichte - benötigt ihre Experten, ihre Koryphäen, die dann würdig sind, die neugeschaffenen Beamten- und Angestelltenstellen zu bekleiden - und die Produktion solcher Experten(images) ist ein mühseliges Hobeln, bei dem Informationsvorenthaltung nur *ein* fliegender Span ist. (Wer sich für einen näheren Einblick in diese Holzerei interessiert, dem übersende ich auf Anfrage gerne einen kleinen Briefwechsel, der einen dünnen Lichtstrahl in die finsteren Praktiken dieses modernen Wissenschaftsbusiness wirft.)

[562] Grabiner [1974], S. 358f

INGE Was soll dieses idealistische Geschwafel?
KONRAD Seit wann redest denn du in demselben polemischen Ton wie Andreas, Inge?
INGE Oh, das geht auch anders - wenn dir der Ton so wichtig ist. In Peters Stil könnte ich auch sagen: Das idealistische Forschungsprogramm ist offenbar überwiegend mit internen Problemen beschäftigt und gar nicht in der Lage, den allgemeinen wissenschaftlichen Fortschritt zu erklären. Für das materialistische Programm dagegen ist eine solche Erklärung eine Leichtigkeit.
ANDREAS Bitte, bitte: nur zu!
INGE Die zunehmende Abstraktheit der Mathematik im 19. Jahrhundert ist eine Widerspiegelung der zunehmenden Vergesellschaftung der Arbeit. Denn 'die zunehmende Vergesellschaftung der Arbeit ist es, die ihre zunehmende Mathematisierung ermöglicht und ihrerseits die mathematische Wissenschaft mehr und mehr steuert und vorantreibt.'[563] Es war zu dieser Zeit, daß 'der Kapitalismus in sein zweites technologisches Stadium [trat], das Stadium der Maschinenproduktion und Großindustrie. [...] Die Maschinisierung der Produktion setzt am Arbeitsmittel, am Werkzeug an. Sie ist als Methode der Produktion von relativem Mehrwert auf Ersparnis von Kapital aus. [...] Die Konstruktion von Maschinen hat die Wissenschaft der Renaissance und des Barock, insbesondere die Mechanik und mit ihr die Mathematik in ungeheurem Maße beflügelt. [...] Der Kapitalist ersetzt erfahrungsgemäß Routine durch planmäßige und bewußte Anwendung der Naturwissenschaften. Dabei kann er sich kostenlos viele "fremde" wissenschaftliche Resultate nutzbar machen, d.h. allgemeine Naturgesetze und mathematische Methoden, die von der Gesamtgesellschaft zwar finanziert, aber nicht bewußt und unmittelbar für den Arbeitsprozeß bereitgestellt wurden (z.B. Ergebnisse der Astronomie, Optik, Chemie, Arithmetik, Algebra, der militärischen Forschung, des Vermessungswesens usw.). Die auf Maschineneinsatz beruhende Großindustrie verschärft und vollendet die Scheidung der geistigen Potenzen des Produktionsprozesses von der Arbeit und die Verwandlung derselben in Mächte des Kapitals über die Arbeit. [...] Die kapitalistische Produktionsweise führt also nicht nur zu einer immer stärkeren Verwissenschaftlichung der Produktion, sondern auch zur systematischen Abtrennung der Wissenschaft vom Produktionsprozeß, sobald

[563] *Projektstudium Mathematik*, s. 77

sie eine gewisse Allgemeinheit erreicht hat. [...] Es wird Sache des Staates, die Wissenschaft zu organisieren.'[564]

ANDREAS Aber das glaubst du doch selbst nicht, Inge! Eine solch direkte Verbindung zwischen Mathematik und Naturwissenschaft einerseits und Technik und industrieller Produktion andrerseits für die damalige Zeit zu behaupten, ist schlichtweg Unsinn! Vielleicht heute, vielleicht seit Mitte des 20. Jahrhunderts läßt sich eine solche unmittelbare Abhängigkeit feststellen - aber keinesfalls schon zu Beginn oder im Verlaufe des 19. Jahrhunderts - geschweige denn vorher! Es ist eindeutig belegbar, 'daß vor dem 18. Jahrhundert vom überwiegenden Teil, ja vom Kernbereich der materiellen Produktion kein Anstoß für die Entwicklung der klassischen Naturwissenschaft in dem Sinne ausging, daß ein Bedürfnis nach wissenschaftlichen Erkenntnissen zur Lösung praktischer Probleme bestanden hätte.'[565] Ganz eindeutig sieht man das auch an der 'Geschichte des Maschinenbaus bis ins 19. Jahrhundert hinein; nicht Wissenschaftler, sondern Ingenieur-Handwerker konstruierten und bauten Maschinen.'[566] Gründliches Studium führt uns schwerlich an der Erkenntnis vorbei: 'Weder in der materiellen Produktion noch aufgrund ihrer unmittelbaren Bedürfnisse konnte sich [... die] Naturwissenschaft entwickeln; aufgrund des Entwicklungsstands der materiellen Produktion bestand zwischen ihr und der Wissenschaft eine notwendige Kluft.'[567] Und daß 'die neue und ungestüme ma-

---

[564] *Projektstudium Mathematik*, S. 72-4

[565] Lefèvre [1978], S. 36 zusammenfassend nach einer sorgfältigen Untersuchung dieses Problems. Als einzige Ausnahme nennt er die Navigation, die 'm.E. der einzige Fall [war], der es gestattet, in der frühbürgerlichen Epoche von der Anwendung wissenschaftlicher Erkenntnis für die materielle Produktion zu sprechen (die auf den gleichen astronomischen Grundlagen beruhende Zeitrechnung ist hier natürlich mitgemeint). Hierbei handelt es sich freilich um eine von der Antike übernommene Anwendung wissenschaftlicher Erkenntnis ...' (S. 34) (Für den nützlichen Hinweis auf Lefèvre [1978] bin ich Peter Damerow zu Dank verpflichtet.)

[566] Lefèvre [1978], S. 30. Zu der Rolle der Ingenieur-Handwerker oder, wie er sie nennt, Künstler-Ingenieure siehe die wichtigen Texte Zilsel [1940-45].

[567] Lefèvre [1978], S. 37. Lefèvre belegt dagegen sorgfältig die These: 'Die Entwicklung der bürgerlichen Produktionsweise [...] verlangt gebieterisch nach [der neuzeitlichen Wissenschaft], aber nicht aus technischen Bedürfnissen der materiellen Produktion, sondern aus Bedürfnissen des Klassenkampfs zur Durchsetzung der bürgerlichen Produktionsweise (- so wenigstens vor dem 18. Jahrhundert).' (S. 78) - Auch Struik [1979], S. 2 urteilt: 'Es war eher die politische als die indu-

thematische Produktivität [...] nicht in erster Linie auf technischen Problemen [beruhte], die von den neuen Industrien aufgeworfen wurden'[568], das läßt sich auch ganz zweifelsfrei belegen: 'England, das Herz der industriellen Revolution, blieb mathematisch mehrere Jahrzehnte hindurch unfruchtbar. Der mathematische Fortschritt entfaltete sich [vielmehr] am kräftigsten in Frankreich und etwas später auch in Deutschland, also in Ländern, in denen der ideologische Bruch mit der Vergangenheit besonders stark empfunden wurde und in denen schnelle Veränderungen eingetreten waren oder noch eintreten sollten, die die Grundlage für die neue kapitalistische wirtschaftliche und politische Struktur vorbereiteten.'[568] Entscheidend ist wohl: 'Die neue mathematische Forschung machte sich allmählich von der alten Tendenz frei, in Mechanik und Astronomie das endgültige Ziel der exakten Wissenschaften zu erblicken. Das Studium der Wissenschaft im ganzen machte sich noch stärker von den Forderungen des Wirtschaftslebens oder des Kriegswesens frei. Es entwickelte sich der Spezialist, der an der Wissenschaft um ihrer selbst willen interessiert war.'[568]

INGE Das gilt aber erst für das späte 19. Jahrhundert! Am Beginn des 19. Jahrhunderts besteht diese enge Verbindung zwischen Mathematik einerseits und dem Kriegs- und Ingenieurwesen andrerseits durchaus noch! Genauer: In dieser Zeit begann sich der direkte Zusammenhang zwischen Mathematik und Kriegswesen aufzulösen zugunsten einer neu entstandenen Zwischeninstanz - dem Ingenieurwesen, das nun zwischen beiden vermittelte.

PETER Läßt sich dieser Ablösungsprozeß der Mathematik vom Militärwesen belegen?

INGE In der Tat - und sogar mit der von dir so geschätzten Methode der Quellenzitate! So ist es etwa in der Mitte des 18. Jahrhunderts für Euler ganz selbstverständlich, den begrifflichen Zusammenhang zwischen beständigen und unveränderlichen Größen - also den Funktionsbegriff - mit einem Beispiel aus dem Militärhandwerk zu erläutern: 'Um [diese Unterscheidung zwischen beständigen und veränderlichen Größen] durch ein Beyspiel zu erläutern, wollen wir annehmen, es werde eine Bombe geworfen. Hier kommen verschiedene Größen in Betrachtung. Zuerst

strielle Revolution, die Forschung und Lehre in den mathematischen Wissenschaften vorantrieb.'
[568] Struik [1948], S. 147

die Menge des Pulvers; dann die Richtung des Mörsers; drittens die Weite des Wurfs; viertens die dazu erforderliche Zeit: und wenn Versuche mit verschiedenen Mörsern gemacht werden, außerdem noch die Länge derselben und die Schwere der Bomben. Diese beyden letzten Dinge wollen wir indeß bey Seite setzen, um den Fall nicht zu sehr zu verwickeln. Aendert man also, bey stets gleicher Menge des Pulvers die Richtung des Mörsers, und will man die zugehörige Weite des Wurfs nebst der Zeit finden: so hat man in der Menge des Pulvers, oder der gegebenen Kraft, eine beständige, in den übrigen Dingen aber veränderliche Größen, wenn die Aufgabe allgemein aufgelöset werden soll. Sollte bey unveränderter Richtung des Mörsers die Menge des Pulvers verschiedentlich angenommen, und die dabey entstehenden Wirkungen untersucht werden: so wäre die Richtung eine beständige, und die Menge des Pulvers, die Weite und Dauer des Wurfs veränderliche Größen. Es gehören daher die Größen, nach Verschiedenheit der Umstände, bald zu den beständigen, bald zu den veränderlichen; und außerdem erhellet aus diesem Beyspiele, worauf es bey der Untersuchung der veränderlichen Größen unverzüglich ankomme, nemlich, die Abhängigkeit einer veränderlichen Größe von andern veränderlichen Größen zu bestimmen. Bleibt nemlich, im ersten Falle, die Menge des Pulvers unverändert dieselbe, so ändert sich die Weite und die Dauer des Wurfs mit der Richtung des Mörsers, und es sind folglich die Weite und die Dauer des Wurfs veränderliche Größen, die von der Richtung des Mörsers abhangen, und sich mit derselben ändern: im andern Falle hingegen hangen sie von der Menge des Pulvers ab. Sind nun Größen auf die Art von einander abhängig, daß keine davon eine Veränderung erfahren kann, ohne zugleich eine Veränderung in der andern zu bewirken: so nennt man diejenige, deren Veränderung man als die Wirkung von der Veränderung der andern betrachtet, eine Funktion von dieser; eine Benennung, die sich so weit erstreckt, daß sie alle Arten, wie eine Größe durch andere bestimmt werden kann, unter sich begreift. Wenn also x eine veränderliche Größe bedeutet, so heißen alle Größen, welche auf irgend eine Art von x abhangen, oder dadurch bestimmt werden, Funktionen von x: z.B. das Quadrat xx, und jede Potenz von x, so wie auch alle daraus auf irgend eine Art zusammengesetzte, ja selbst die transzendenten, ...'[569]

Wir sehen also: Noch um 1750 war es durchaus selbstverständlich, grund-

---

[569] Euler [1755], Vorrede, S. XLVII - L

legende mathematische Begriffsbildungen am Beginn der Differenzialrechnung mit Beispielen aus dem Kriegshandwerk zu erläutern.[570]
ANDREAS Und zwar durchaus schon in der nüchtern-sachlichen Betrachtungsweise, die das rationalistische Denken so sympathisch macht
[571]: Am Mörserschuß interessieren Pulvermenge, Mörserrichtung, Schußweite, Schußdauer und dergleichen - die angerichtete Verheerung, der verfolgte Zweck und ähnliches bleiben gänzlich außer Betrachtung.

INGE Selbstverständlich: Militärtechnik ist etwas anderes als strategische Planung, und für Gefühlsduseleien ist da sowieso kein Platz. Worauf ich aber hinaus will: Das, was um 1750 noch so selbstverständlich und so eng verbunden war - Differenzialrechnung und Kriegshandwerk - , das hatte sich kaum fünfzig Jahre später schon deutlich auseinanderentwickelt. Diese Auseinanderentwicklung bemängelt ganz unmißverständlich Rhode, der seinen 1799 erschienenen 'Anfangsgründen der Differenzialrechnung. Nach Lagrange's Théorie des Fonctions analytiques' deswegen einen langen (sechzigseitigen) Anhang beifügt. Dort betont er zu Beginn ganz allgemein, daß 'das balistische Problem, nicht bloß als eine Artillerie-Aufgabe, sondern als ein vorzüglicher Probierstein für den gegenwärtigen Zustand aller Approximations- und Reversionsmethoden ohne Ausnahme, zumal bey unintegrablen Differenzialgleichungen von der ersten Ordnung'[572] zu verstehen ist. Sodann geht Rhode aufs Heftigste (und aufs Detaillierteste!) mit seinen mathematischen Zeitgenossen ins Gericht. Zunächst rügt er einen Artikel aus dem 'Archiv der reinen und angewandten Mathematik' wegen dessen Praxisferne: 'Hiermit endiget die gesamte Aufklärung, und läßt uns bey der Hauptsache, nämlich: *wie die Schußweite selbst daraus herzuleiten sey, ohne erst zu einer Gleichung zwischen x und y Zuflucht zu nehmen,* - gänzlich im Stiche.'[573] Andrerseits lobt Rhode: 'Der Erste, welcher mit Hintansetzung dieser Integrationen, die Schußweite

---

[570] 'Vom 15. Jahrhundert an wurde die Mathematik jedoch auch zunehmend bei der Lösung technischer Probleme angewandt, zunächst vor allem in der vom Schießpulver revolutionierten Kriegstechnik (Festungsbau und Ballistik) [...] Die Mathematik war gezwungen sich weiterzuentwickeln, wenn sie den von der Praxis gestellten Aufgaben nachkommen wollte; insbesondere die von der Ballistik aufgeworfenen Probleme verlangten die Entwicklung [...] der Algebra.' (Lefêvre [1978], S. 104)
[571] Zu der 'kindlichen Einfachheit' der Regeln und Maßstäbe der Rationalisten vgl. auch das Vorwort, das Paul Feyerabend für die deutsche Ausgabe von Lakatos [1961] verfaßt hat, dessen Abdruck jedoch leider auf Wunsch und Drängen der englischen Herausgeber und des englischen Verlages unterblieb: Feyerabend [1979a]
[572] Rhode [1799], Anhang, S. 1   [573] Rhode [1799], Anhang, S. 5

finden lehrte, war Herr *Euler* in *Hist. de l'Acad. de Berlin 1753*. Er verwandelte die ganze Kugelbahn [= Bahn der (Kanonen-)Kugel] in eine Art von Polygon, und es ist ausgemacht, daß die ganze Schußweite dadurch noch nicht um $\frac{1}{3000}$ zu groß wird, (*Lambert* in *Mém. de l'Acad. de Berlin*, Seite 34; und *Le Gendre's Dissert. sur la question de balist.* §21); daß also diese Methode an sich eine ungewöhnliche Genauigkeit gewähren würde, wenn sie nur für die Berechnung *aller nöthigen* Tafeln ausführbar wäre.'[573]

Rhode legt also unmißverständliche Maßstäbe an die Wissenschaft Mathematik, die er in eine klare Forderung bringt, 'welche Theorie und Ausübung an die Mathematik unbedingt machen, nämlich: die Schußweite auf jedem Plano directe zu finden (brauchbare convergirende Reihen zugegeben), welches mit dem Horizonte einen gegebenen [Aufschlag-]Winkel [der Kugel] macht.'[574] Wer eine Methode angibt, 'wie man die Schußweite directe finden könne, und zwar *erstlich*, ohne die ursprüngliche Differenzio-Differenzialgleichung zu *modeln*; *zweytens* [...] ohne dabey irgend eine Gleichung zwischen der Abscisse und Ordinate zu suchen; und *drittens*, ohne in das erbärmliche *Tâtonnement* [= Umhertappen] in § IV Nr. 13 zu verfallen, [der würde sich] ein großes Verdienst nicht nur um das balistische Problem, sondern zugleich um die Analysis selbst erwerben.'[574]

PETER Bei derart strengen Anforderungen - konnten denen die zeitgenössischen Forscher überhaupt genügen?

INGE Eben nicht in jedem Falle, und Rhode nimmt auch kein Blatt vor den Mund: 'Für die Fortschritte der Analysis ist es allerdings zu bedauern, daß weder Herr *de la Grange*, noch Herr *de la Place* je irgend einen Versuch über dieses Problem herausgegeben haben [d.i. über die Abschätzung der Fehler, die beim Abschneiden unendlicher Reihen nach endlich vielen Gliedern entstehen]. [...] Mit einem Worte, aus allen bisherigen noch so wichtigen Erfindungen dieser großen Männer kann das balistische Problem auch nicht den geringsten Vortheil ziehen; die einzige Bequemlichkeit der *Lagrange*schen Reversionsformeln (oben § VI Nr. 12) abgerechnet. Dasselbe gilt im strengsten Sinne von allen *bisherigen* noch so importanten Erweiterungen der Analysis aller anders Mathematikverständigen, den einzigen Herrn *von Tempelhoff* ausgenommen; wohlzumerken! für die Schußweite, für diese *conditio sine qua non*,

[574] Rhode [1799], Anhang, S. 26

eine brauchbare *hinreichend convergirende* Reihe nicht aus den Augen
gesetzt, und an den ächten Probierstein der Resultate von der *Euler-*
schen Polygone wohlgestrichen.'[575]
Es kann also keinen Zweifel geben: Rhode behauptet noch 1799 eine
strenge Zweckbindung der Mathematik, der Analysis, und zwar an die
kriegstechnischen Bedürfnisse seiner Zeit. Er orientiert sich dabei
ausdrücklich an Vorbildern mit demselben Interesse, wie etwa diesem
Herrn von Tempelhoff, von dem er ausdrücklich die Formulierung übernimmt, die *Schußweite* sei *eine conditio sine qua non* für mathematisches Forschungsstreben.[576]

ANDREAS Aber hatte Rhode denn nicht als 'Königlich Preußischer
Hauptmann von der Armee' und zugleich Mathematiker, der er war, nicht
ein direktes persönliches Interesse an der Verbindung von beidem? Ist
sein behauptetes großes Interesse an der Verbindung von beidem nicht
vielleicht eher Propaganda oder wenigstens nur ein Lippenbekenntnis
- zur Rechtfertigung seiner eigenen Tätigkeiten und Lieblingsinter-
essen?

INGE Propaganda und Lippenbekenntnis? Nein, gewiß nicht! Schließlich berechnet Rhode ja ausführlich neue, verbesserte Artillerie-Ta-
feln[577], einzelne Schußweiten und Aufschlagwinkel und vergleicht sie
mit den 'wahren' Werten[578]; er unternimmt eine 'praktische Prüfung'
der Konvergenz einer Reihe mittels einer Artillerie-Tafel[579] und weiß

---

[575] Rhode [1799], Anhang, S. 52; ausgelassen habe ich zwei Detailkri-
tiken Rhodes an Lagrange. Rhodes lebendige Sprache verleitet mich dazu, wenigstens hier in der Fußnote seine nächste bissige Anmerkung
- eine Auseinandersetzung mit einem Rezensenten - wiederzugeben: 'Weit
von der Stelle in Nr. 1, als nachher ausdrücklich von *Simplificationen
des balistischen Problems* die Rede ist, steht auf der folgenden Seite
jener Vorrede diese Parenthese: "in diesen (nämlich 1796) nur zu weit
gehenden *Simplificationszeiten*, da man öfters Arbeiten, ohne sie einmal gehörig zu kennen, in Spiele mit Sylphen und Gnomen zu verwandeln
sucht." Nun könnte man wohl fragen: welcher deutsche Mann war im Jahre
1796 so sehr *Hospes in re publica*, daß ihm die Simplificationen am
Rhein nicht in die Augen sprangen, wobei *legislatorische* Arbeiten,
ohne Kenntniß eines allgemeinen Staatsrechts und der Staatsverfassungs-
lehre, in Spiele mit Sylphen und Gnomen verwandelt wurden? zu ge-
schweigen, daß die dortige Stelle sich ausdrücklich auf Simplificationen des *balistischen Problems* bezieht ...' (Anhang, S. 52f)
[576] in Rhodes [1799] Anhang auch auf S. 53; das Tempelhoff-Zitat
findet sich bei Rhode auf S. 5 des Anhangs.
[577] z.B. nach S. 6 des Anhangs
[578] z.B. auf S. 23f des Anhangs
[579] S. 28 des Anhangs

genau um die Bedeutung der Parameter in seinen Differenzialgleichungen Bescheid: 'Bekanntlich ist a für die großen Bomben, über $9\,000$ Fuß; für den 24pfünder, über $7\,600$ Fuß; für die sogenannte *zehnpfündige* Grenade, über $5\,700$ Fuß; für das Kleingewehr, über $1\,200$ Fuß, u.s.w.'[580] Gerade dieses tatsächliche Engagement für eine Zweckbindung der mathematischen Forschung an die militärischen Bedürfnisse des Heeres ist es ja, das Rhode zu solch unverblümter Kritik an den großen Mathematikern seiner Zeit veranlaßte, die doch gerade diese Loslösung der Mathematik betreiben.

PETER Aber diese Kritik war ja wohl erfolglos?

INGE Ganz recht: *Selbstverständlich war Rhodes Kritik erfolglos!*

PETER Wieso *selbstverständlich*? Müßtest nicht gerade du, Inge, das bedauern und sagen: *Leider!*?

INGE Nein, keineswegs! Rhodes Kritik greift zu kurz! Sie offenbart genau 'die Mängel des abstrakt naturwissenschaftlichen Materialismus, der den geschichtlichen Prozeß ausschließt'[581]. Materialistische Wissenschaft bezieht - das ist schon richtig - gerade die gesellschaftliche Praxis ein, aber - und das macht Rhode nun falsch - diese Einbeziehung der gesellschaftlichen Praxis bedeutet eben nicht die Aufforderung, Theorie vom *Einzelfall* ausgehend zu betreiben! Denn allein aus dem Einzelfall heraus ist keine Theorie, keine Wissenschaft möglich - weil er des Allgemeinheitscharakters, der Gesetzmäßigkeit usw. entbehrt. Anders: Die Überwindung des abstrakten Charakters des naturwissenschaftlichen Materialismus bzw. der Einbezug der gesellschaftlichen Praxis meint nichts anderes als das Wissen davon, daß der Gegenstand ein in der geschichtlichen Menschheitspraxis gewordener ist.

Darüberhinaus unterläuft Rhode eine zweite Fehleinschätzung: Er erkennt nicht die Konsequenzen, die sich zwangsläufig aus dem Aufbrechen realer Widersprüche durch die Entstehung der Wissenschaft, hier: der Mathematik, ergeben - also der Widerspruch (in diesem Fall) zwischen dem Artillerietafeln berechnenden Mathematiker und dem diese Tafeln verwendenden Artilleristen, ganz zu schweigen etwa von dem Geschützbauer.

ALEXANDER Widerspruch?? Was soll das hier heißen, Inge?

---

[580] Rhode [1799], Anhang, S. 47
[581] Marx [1867], S. 393 Fußnote 89

INGE Natürlich ist hier kein *logischer* Widerspruch gemeint, Alex
- das hast du messerscharf erkannt! Ein Widerspruch in meinem Verständnis liegt vor, wenn aus ursprünglicher Einheit ein ausschließendes (d.i. aber ein sich aufeinander beziehendes) Bestehen zweier Momente hervorgegangen ist. So hat sich der früher einheitliche Prozeß des sich selbst ausstaffierenden Kriegers mittlerweile längst aufgelöst in verschiedene spezialisierte Arbeitsfelder - in Rhodes Zeit sogar bis hin zur Abtrennung der geistigen Arbeit (des Mathematikers) von der körperlichen Arbeit (des Kanoniers, des Schmiedes, ...). Also: Nachdem nun dieser Widerspruch einmal aufgebrochen ist (und dessen war sich Rhode ja sehr bewußt, wie wir gehört haben!), danach läßt sich solche Entwicklung nicht mehr rückgängig machen! 'Die *Entwicklung der Widersprüche* [...] ist [...] der einzig geschichtliche Weg ihrer Auflösung und Neugestaltung.'[582] Natürlich ...

ANDREAS 'Die Wissenschaft vom Polizeistaat. [...] In seiner Allgegenwart macht das Herrschaftssystem jeden "lokalen" Emanzipationsversuch zunichte [... -] ein Gefängnis ohne Aufseher'[583]!

INGE Natürlich: 'Die Entwicklung [...] hebt diese Widersprüche nicht auf, *schafft* aber *die Form*, worin sie sich bewegen können. Dies [jedoch] ist überhaupt die Methode, wodurch sich wirkliche Widersprüche lösen.'[584] Und es ist *diese Logik*, die Rhode nicht anerkennt ...

ANDREAS 'Die *Logik* - das *Geld* des Geistes, der spekulative, der *Gedankenwert* des Menschen und der Natur - ihr gegen alle wirkliche Bestimmtheit vollständig gleichgültig gewordnes und darum unwirkliches Wesen - das *entäußerte*, daher von der Natur und dem wirklichen Menschen abstrahierende *Denken*; das *abstrakte* Denken. - Die *Äußerlichkeit dieses abstrakten Denkens* ...'[585]

[582] Marx [1867], S. 512; meine Hervorhebung
[583] Glucksmann [1977], S. 219, 225, 170
[584] Marx [1867], S. 118; meine Hervorhebung. Ich habe bei den letzten beiden Marx-Zitaten den *Wortlaut* durch die Auslassungen ein wenig vergewaltigt (was sehr gegen meine Gewohnheit ist - deswegen merke ich's hier ausdrücklich an!) - allerdings nur in der ja zweifellos lauteren Absicht, seine Einstellung zu dem hier vorliegenden Problem (das Marx m.W. nicht ausdrücklich abgehandelt hat) zutreffend zu extrapolieren; Se. Erlaucht wird's mir vergeben.
[585] Marx [1844], S. 571f. - Mein geisteswissenschaftlicher Kollege Hassan Givsan versichert mir, daß diese letzten beiden Marx-Zitate auf Hegel zurückgehen bzw. zurückzuführen sind; aber wir beide sind uns darin einig, daß es hier weniger auf Bewußtseinsphilosophie (das

INGE ... Er anerkennt nicht, daß die bereits in Gang gekommene Entwicklung der Widersprüche gerade in dieser Form eine ungeheure Entfaltung der einzelnen Momente beinhaltet (mathematisches Denken einerseits, handwerkliche Geschicklichkeit andrerseits). Und er erkennt das nicht, obwohl doch gerade zu seiner Zeit die polit-ökonomischen Bedingungen in Frankreich es jedenfalls diesem Staat ermöglichten, diese Entfaltung der Widersprüche in neuer, besonderer Weise zu befördern! Dort jedenfalls konnten sich diese Widersprüche mittlerweile gesellschaftliche Formen geben, sich gesellschaftlich geltend machen - mit Gründung der Ecole Polytechnique hatte die junge französische Republik begonnen, eine neue Sphäre gesellschaftlicher Produktion zu institutionalisieren: den Wissenschaftsbetrieb.[586] Die Or-

wäre Hegel) denn auf Geschichtsmaterialismus (also Marx) ankommt. -- Ich möchte Hassan Givsan an dieser Stelle für seine geduldige und verständnisvolle Mithilfe bei der Korrektur dieser Passage danken, deren frühere Fassung mir bei meiner profunden Unkenntnis der Blauen Bibeln mißlungen war. Gerhard Herrgott hatte mich dankenswerterweise auf meinen damaligen Irrtum aufmerksam gemacht. Nun gibt es zum Thema wissenschaftliche Arbeit ein recht bekanntes Marx-Zitat, nämlich: 'Allgemeine Arbeit ist alle wissenschaftliche Arbeit, alle Entdeckung, alle Erfindung. Sie ist bedingt teils durch Benutzung der Arbeiten früherer ...' (Marx [1894], S. 114). Doch vermag mir dies hier nicht weiterzuhelfen, weil es einen ganz anderen Zusammenhang meint - wie auch die dazu passende Erläuterung Marx [1844], S. 538 sehr klar macht: 'Allein auch wenn ich *wissenschaftlich* etc. tätig bin, eine Tätigkeit, die ich selten in unmittelbarer Gemeinschaft mit anderen ausführen kann, so bin ich *gesellschaftlich*, weil als *Mensch* tätig. Nicht nur das Material meiner Tätigkeit ist mir - wie selbst die Sprache, in der der Denker tätig ist - als gesellschaftliches Produkt gegeben, mein *eigenes* Dasein *ist* gesellschaftliche Tätigkeit; darum das, was ich aus mir mache und mit dem Bewußtsein meiner als eines gesellschaftlichen Wesens.' Mir aber hilft diese Bezugnahme auf den gesellschaftlichen Charakter der wissenschaftlichen Arbeit hier nicht weiter, da der natürlich nicht zur Erklärung der Trennung der geistigen von der körperlichen Arbeit und damit zur Erklärung der Institutionalisierung der Wissenschaften hinreichen kann - schließlich hat *alle* Arbeit (auch) diesen gesellschaftlichen Charakter. Zum Arbeitsbegriff bei Marx siehe z.B. die auch sonst sehr aufschlußreiche Dissertation Givsan [1979], S. 162-6.

[586] In dem von Lefèvre [1978] bereitgestellten begrifflichen Instrumentarium läßt sich Rhodes Sichtweise auch als 'flacher Empirismus des Praktikers' (S. 91) beschreiben. Die Stichhaltigkeit von Rhodes Kritik gründet sich danach auf den 'damals unvermeidlichen Widerspruch zwischen Theorie und Praxis' (S. 93), der sich 'direkt als Folge des Entwicklungsstandes der Produktivkräfte' zeigt (S. 93). Und es sind 'diese von der materiellen Produktion geschaffenen Voraussetzungen der Abstraktion, [... welche] die von [der Naturwissenschaft] verlangte kritische Empirie' ermöglichte (S. 111). Diese *kritische empirische Theorie* hat dem *flachen Empirismus* jenen 'Verall-

ganisation der Wissenschaft ist jedoch Aufgabe des (kapitalistischen) Staates, und da die damals entstehenden Nationalstaaten selbstverständlich großes militärisches Interesse hatten, war die grundsätzlich militärische Ausrichtung der zu dieser Zeit in die Hände der staatlichen Organisation geratenden Mathematik garantiert. Was sich ja auch konkret nachweisen läßt: 'Der Anfang der neuen Periode in der Geschichte der französischen Mathematik kann vielleicht von der Errichtung der Militärschulen und -akademien an gerechnet werden, die im zweiten Teil des achtzehnten Jahrhunderts stattfand. In diesen Schulen, von denen einige auch außerhalb Frankreichs (Turin, Woolwich) gegründet wurden, spielte der mathematische Unterricht als Teil der Ausbildung von Militäringenieuren eine beträchtliche Rolle. Lagrange begann seine Laufbahn an der Turiner Artillerieschule; Legendre und Laplace lehrten an der Militärschule in Paris, Monge in Mézières [wo er zwischen 1768 und 1789 Vorlesungen über Festungsbau hielt]. Carnot war Ingenieur-Hauptmann. Napoleons Interesse an Mathematik reicht in seine Studentenzeit an den Militärakademien von Brienne und Paris zurück. Während des Einfalls der königlichen Armeen [der sogenannten 1. Koalition] in Frankreich wurde das Bedürfnis [des Staates] nach einer stärker zentralisierten Ausbildung im Mili-

gemeinerungsschritt' voraus, bei dem es darum geht, sich 'von den Erscheinungen zu lösen und eine fiktive Welt zu untersuchen, weil sie die in Betracht gezogenen Seiten der Erscheinung nicht als das auffaßt, als was sie erscheinen, nämlich als Eigenschaft von Dingen, sondern als Momente eines Zusammenhangs, der als solcher nicht erscheint, sondern vom Kopf aus den Erscheinungen geschlossen ist. Mit Idealisierung hat das freilich nichts zu tun; denn die Naturkräfte wirken in der von der Theorie erforschten Gesetzmäßigkeit keineswegs nur [?] in einer Idealwelt. Die scheinbaren Abweichungen von dieser Gesetzmäßigkeit, mit denen sie in der erscheinenden Realität wirken, rühren daher, daß keine Naturkraft in der erscheinenden Realität isoliert, ohne Zwischenkunft anderer, ihre Wirkung modifizierender Naturkräfte wirkt. Kritisch ist diese empirische Theorie, weil sie die Erscheinung nicht für *die* Realität nimmt, sondern an der erscheinenden Realität zwischen ihren Erscheinungen und den darin wirksamen Kräften unterscheidet; noch wichtiger ist aber, daß sie nicht bei dieser Unterscheidung, die die Erscheinungen so belieβe, wie sie erscheinen, stehen bleibt, sondern die Erscheinungen aufgrund der Erkenntnis naturgesetzlicher Zusammenhänge in veränderter Weise sieht, nämlich als Momente und Resultate der anerkannten Wirkzusammenhänge der Natur.' (S. 113) - Überhaupt ist diese historisch-materialistische Studie von Lefèvre ein sehr interessanter Ansatz, die Entstehung der modernen Naturwissenschaft als die bürgerliche Gesellschaft voraussetzend und zugleich über sie hinausweisend zu erklären.

täringenieurwesen offenkundig. Das führte zur Gründung der Ecole Polytechnique in Paris (1794) [durch die Revolutionsregierung]. Diese Schule entwickelte sich bald zu einer führenden Einrichtung für das Studium der allgemeinen Ingenieurwissenschaft und wurde allmählich zum Vorbild für alle Ingenieur- und Militärschulen des frühen neunzehnten Jahrhunderts. [...] Die Ausbildung in theoretischer und angewandter Mathematik bildete einen wesentlichen Bestandteil des Lehrplans. Forschung und Lehre wurden mit gleichem Nachdruck betrieben. Die besten Wissenschaftler Frankreichs wurden herangezogen, um ihre Kraft der Schule zu widmen; viele große französische Mathematiker waren Studenten, Professoren oder Examinatoren an der Ecole Polytechnique.'[587]

ANDREAS Oha - wenn das kein Hinweis ist!

INGE Was?

ANDREAS Daß die berühmten Mathematiker damals allesamt *Ausbilder* oder *Prüfer* waren, Mathematik *unterrichteten* oder *prüften*!

INGE Das ist schon richtig. 'Seit der französischen Revolution haben fast alle Mathematiker ihren Lebensunterhalt durch Unterrichten verdient.'[588] Aber worauf soll das ein Hinweis sein?

ANDREAS Nun, wir suchen doch noch immer eine befriedigende Erklärung für den Einbruch der Strenge in die Analysis![589] Und hier, so scheint mir, haben wir eine Antwort gefunden.

INGE Wieso? Welche?

ANDREAS Eine solch einschneidende und umfassende Änderung im Berufsbild der Mathematiker muß doch gewisse Auswirkungen auf Art und Inhalt ihrer Tätigkeit haben![590]

INGE Na ja, die Lehrer der Ecole Polytechnique mußten in den ersten Jahren ihre Unterrichtsprogramme von jedem Kursus in dem berühm-

---

[587] Struik [1948], S. 152f; vgl. auch Struik [1979], S. 2: 'Die Franzosen, die politische Revolution benötigte Ingenieure und Lehrer, und sie benötigten, oder glaubten dies zumindest, die Mathematik und ihr Bestes.'

[588] Grabiner [1974], S. 360f

[589] siehe S. 264

[590] Überraschenderweise will Struik [1979] solches Argument nicht gelten lassen, denn er schreibt (zur Entwicklung im 19. Jahrhundert): 'Die Rolle der Mathematiker bei den neuen großen Unterrichtsreformen ist unübersehbar, aber dies besagt wenig über den Inhalt ihrer Forschung.' (S. 4) Widerlegungen dieses Urteils sind wohlfeil, auch für den von Struik avisierten Zeitraum - vgl. etwa Schubring [1979], S. 4 über Jacobi.

ten Journal dieser Schule veröffentlichen[591] - das war zweifellos eine Neuerung, die auf diesen veränderten Charakter ihrer Tätigkeit zurückgeht. Und auch 'Lagranges eigenes Interesse am Grundlagenproblem wurde ursprünglich dadurch angeregt, daß er den Differenzialkalkül an der Turiner Militärschule unterrichten mußte.'[588]

ANDREAS Siehst du! Und es ist doch auch selbstverständlich:'Jeglicher Unterricht läßt den Lehrer sorgfältig über die Grundlagen des Unterrichtsgegenstandes nachdenken. Ein Mathematiker kann einen Begriff hinreichend gut verstehen, um ihn zu verwenden, und er kann sich auf die Einsicht verlassen, die er durch seine Erfahrung gewonnen hat. Aber bei Anfängerstudenten geht das nicht, auch nicht im achtzehnten Jahrhundert. Anfänger werden nicht mit dem Ratschlag einverstanden sein: "Wenn du drei Jahre lang mit diesem Begriff gearbeitet hast, dann wirst du ihn verstanden haben."'[592]

KONRAD Wieso eigentlich nicht?

ANDREAS Ja, es ist alles ganz klar: 'Die Ausbildung an dieser Institution [der Ecole Polytechnique] ebenso wie die an anderen technischen Schulen erforderte einen neuen Lehrbuchtyp. Die gelehrten Abhandlungen für die Kenner, die so charakteristisch für die Zeit von Euler [wenn auch nicht allgemein für Euler selbst!] waren, mußten durch Bücher für den Hochschulunterricht ergänzt werden.'[593] Und in diesen Lehrbüchern erschienen dann die meisten Arbeiten über die Grundlagen der Analysis - nicht in den wissenschaftlichen Zeitschriften.[594] 'Sogar noch im neunzehnten Jahrhundert, als die Grundlagenforschung längst als unentbehrlich für die Mathematik erkannt war, entstand sie oftmals aus dem Unterricht.'[592]

INGE Und vergiß nicht die Bedeutung und die Rolle, welche die Prüfungen damals hatten! Gemäß ihrem Einfluß auf das zukünftige berufliche Schicksal des Prüflings (die in einer Prüfung erreichte Punktzahl aus allen Fächern bestimmte den zukünftigen Beruf des Zöglings![595]) waren die Abgangsprüfungen eine bedeutungsvolle Aufgabe -

---

[591] vgl. Jacobi [1835], S. 364

[592] Grabiner [1974], S. 360; vgl. auch Dedekinds eindrucksvolle Schilderung, die ich oben bei Fußnote 501 zitiert habe.

[593] Struik [1948], S. 153

[594] vgl. Grabiner [1974], S. 360; auch oben S. 238

[595] vgl. Jacobi [1835], S. 367

und für die Prüfer entsprechend eine 'sehr beschwerliche Arbeit'[596]:
Eine solche 'Abgangsprüfung in der Mathematik beschäftigte Poisson
einen Monat lang täglich neun Stunden'[596] (von den Aufnahmeprüfungen
erst gar nicht zu reden, die ebenfalls '*mit jedem Einzelnen besonders
angestellt* [wurden], so daß der Examinator hundert und fünfzig Mal
immer dieselben Gegenstände zu prüfen hat'[596] - da 'nur' die 150 Besten der über 400 Bewerber zur Aufnahmeprüfung zugelassen wurden).

ANDREAS   Ja klar - derartige Massenprüfungen stellen neben den abzuhaltenden Vorlesungen[597] einen weiteren *Zwang zur Normierung des
Stoffes* dar.

ANNA   Wieso? Das verstehe ich nicht! Wieso stellt das Abhalten von
Vorlesungen einen Zwang zur Normierung des Stoffes dar?

ANDREAS   Aber das liegt doch auf der Hand: Jedem Unterricht liegt
der Anspruch zugrunde, dem Schüler etwas verständlich zu machen. Verstehen - oft beschrieben als das Zurückführen auf etwas Bekanntes[598] -

---

[596] Jacobi [1835], S. 367

[597] Alle hier vorgeschlagenen Argumente sind nur sehr grobschlächtig
und eröffnen (wie der gesamte Text) lediglich eine Fülle neuer Fragen.
Hier zum Beispiel die: Wie kommt es tatsächlich zur Herausbildung des
typischen Vorlesungsstils? Denn am Anfang waren die Unterrichtsverhältnisse (jedenfalls mancherorts) noch wesentlich sinnvoller organisiert als etwa heute - wie Jacobis Bericht über die ersten Jahre der
Ecole Polytechnique unübersehbar zeigt: 'Nach dem Vorbilde der Kriegsschule von Mézières nehmen die mündlichen Vorträge nur einen kleinen
Theil der Zeit ein; in der übrigen *wurden die Schüler* in den Studiensälen *unter Aufsicht ihrer Lehrer mit eigenen Arbeiten beschäftigt.
Hier war der Schauplatz von Monge's grösster Thätigkeit; überall sah
man ihn rathen, helfen, anleiten,* Alles durch seinen Eifer anfeuern.'
(Jacobi [1835], S. 362, meine Hervorhebungen) Welche Welten liegen zwischen diesem Unterrichtsstil und jenem, von dem Franz Neumann in seinen Erinnerungen über Berlin 1817/18 berichtet: 'Als ich mich beim
Professor der Mathematik [Tralles] meldete, sagte dieser: "Ja, ich habe die Vorlesungen angezeigt, sie pflegen aber nie zustande zu kommen."
Ich verabredete mit fünf anderen, zu ihm zu gehen. Der Professor kam
ins Auditorium, stellte sich aufs Katheder und schrieb, mit dem Rücken
gegen uns gewendet, ununterbrochen mathematische Formeln an die Tafel,
sprach kein Wort, zeichnete weiter, bis die Zeit um war; dann machte
er uns eine Verbeugung und ging fort. Am zweiten Tag kamen nur noch
drei Zuhörer. Der Professor stellte sich wieder an die Tafel, zeichnete wieder ununterbrochen mathematische Formeln an dieselbe, sprach wieder kein Wort, machte seine Verbeugung, und die zweite Vorlesung war
beendet. Den dritten Tag kam außer mir nur noch ein Zuhörer. Der Professor erschien, ging aufs Katheder, wandte sich zu uns und sagte: "Sie
sehen, meine Herren, es kommt kein Kolleg zustande", machte seine Verbeugung und verschwand.' (zit. nach Lorey [1916], S. 31) Ein - bis auf
die Wortlosigkeit und die Verbeugung - sehr modern anmutender Vorlesungsstil ...

[598] 'Ein Beweis wie eine Erklärung ist doch schliesslich, allgemein

ist aber ein je individueller Vorgang, der von den ganz persönlichen Eigenschaften und Voraussetzungen des einzelnen Schülers entscheidend mitbestimmt wird. Will oder muß ein Lehrer nun aber einen bestimmten Stoff gleichzeitig an mehrere oder gar an eine Vielzahl von Schülern vermitteln, so kann er auf den einzelnen Schüler nicht eingehen, kann sich nicht am individuellen Verständnis des einzelnen orientieren, sondern muß notwendig eine unpersönliche, eine abstrakte *Norm* erschaffen, die ihm als Leitung und Maßstab dient. *Lehre (als gleichzeitiges Unterrichten einer Mehrzahl von Schülern) in Verbindung mit anschließendem Abprüfen des Lehrstoffes erzwingt Normierung des Stoffes.* Und das hat natürlich weitreichende Folgen: *Normierung des Lehrstoffes erzwingt eine Normierung der (Schüler-)Köpfe* - denn schließlich steht ja nicht länger die *Einsicht* der Schüler, ihr je individuelles *Verstehen* im Vordergrund, sondern nur ihr Erlernen des (normierten) Stoffes. Und Ziel der ganzen Unternehmung ist ja nicht die Erziehung neuer Forscher, sondern erklärtes Ziel ist von allem Anfang an - du hast es ja eben betont, Inge! - die Erzeugung abprüfbaren Wissens in den Köpfen der Schüler. Kurz: *Die Lehrtätigkeit des Mathematikers mit anschließendem Prüfungsritual erzeugt notwendig ein normiertes System des Wissens.* Oder anders herum: *Die so bestechende Geschlossenheit der mathematischen Wissenschaft verdankt sich dem* - oft auch unbewußten - *Bemühen praktisch aller Mathematiker der beiden letzten Jahrhunderte.*[599] Der Anschein der absoluten Sachlichkeit, der unbedingten Objektivität, der unbezweifelbaren Strenge der Mathematik ist von den Mathematikern systematisch erzeugt und nichts anderes als der Reflex auf die gesellschaftlich-kulturellen Bedingungen, unter denen die Mathematik der letzten zwei Jahrhunderte produziert wurde. So, wie 'untaugliche' Ingenieurstudenten mit Hilfe der Mathe-

---

zu reden, die Herstellung einer logisch befriedigenden Vorstellungsfolge zwischen einer Vorstellung, die uns beunruhigt, und solchen Vorstellungen, die unseren Frieden nicht stören', versichert der Idealist bei du Bois-Reymond [1882], S. 111.

[599] vgl. oben das Zitat zu Fußnote 588 auf S. 280. - Ich sollte vielleicht betonen, daß ich mein Interesse an dem rigiden Prüfungssystem hier gezielt auf dessen Auswirkungen für die Formierung des (mathematischen) *Wissens* beschränke; selbstverständlich lassen sich da noch weitere Wirkungszusammenhänge sehen - am radikalsten wohl Michel Foucault, der neben dem Wissen, der Erkenntnis, auch das *Individuum* selbst als Ergebnis einer Produktion 'der Macht' behauptet, einer Produktion, an der 'die Prüfung' einen wesentlichen Anteil hat: siehe Foucault[1975], S. 238-50.

matik aussortiert wurden, so wurden auch 'untaugliche' Lehren innerhalb der Mathematik von der Selektionsmaschine ausgemerzt und dem Trugbild eines absoluten Wertmaßstabes geopfert.[600]

ANNA Bourbaki als Charaktermaske kapitalistischer Produktionsbedingungen?

EVA Noch schlimmer: Bourbaki als Personifizierung der mathematischen Lehre!

ALEXANDER Das geht entschieden zu weit!

KONRAD Ich glaube, wir hören heute besser auf: ehe ihr euch wegen ideologischer Nichtigkeiten die Köpfe einschlagt. Gehen wir lieber schlafen und machen morgen weiter – ich glaube, es lohnt sich, denn mir ist noch etwas Wichtiges aufgefallen!

---

[600] *Natürlich* übernehme ich hier nicht das von Lefêvre [1978], S. 105 angebotene Argument, das hier auf den ersten Blick sehr gut zu passen scheint: 'Die [wissenschaftliche] Deduktion konnte dann als gedankliche Reproduktion eines der gewöhnlichen materiellen Produktion vergleichbaren Produktionsprozesses aufgefaßt werden, weil sie durch die ihr vorausgehende Analyse jedes Anscheins magischer Produktion entkleidet wurde. Die Analyse hatte in der erscheinenden Realität die Momente aufzufinden, aus denen etwas Reales tatsächlich hervorging, aus denen es hervorzubringen war. Die Deduktion hatte nichts Geheimnisvolles mehr an sich; aus einem System allgemeiner Begriffe war erscheinende Realität zu deduzieren, hervorzubringen, weil diese allgemeinen Begriffe das widerspiegelten, was die Analyse in der erscheinenden Wirklichkeit als die [*sic!*] allgemeinen Erzeugungsbedingungen jener erscheinenden Realität herausgefunden hatte. Solange diese Funktion der Analyse nicht zu vollem Bewußtsein gekommen war, so lange mußten die Allgemeinbegriffe doppeldeutig bleiben. [...] Ohne Einsicht in die Bedeutung der Analyse konnte deswegen die Begriffsbildung nicht mit aller Konsequenz der Willkür und Spekulation entzogen werden. Es war nach wie vor zu jedem Begriff ein alternativer zu konstruieren ...'
Hier bietet Lefêvre eine sehr schöne materialistische Erklärung für die entscheidende Rolle, welche der *Deduktion* zufällt – aber für mich bleibt dabei die (hier im Text zentrale) Frage offen, wieso sich alles auf ein *einziges* Deduktionssystem zuspitzt: Das missing link wäre der Nachweis, daß sich alles nur in einem *einzigen* Spiegel reflektiert – und zwar ohne Doppelbrechung oder andere optischen Störphänomene ...

DRITTER TAG

> Der Botanische Garten hat durch
> den Hurrikan nichts von seiner
> geschichtslosen Lebendigkeit ver-
> loren.
> Blühende Parasiten liegen entwur-
> zelt.
> Mehrstöckige Wespennester aus den
> Bäumen gerüttelt.
> Die Blätter der Riesen zeigen ihre
> unberührte Unterseite.
> Diese Umstürze beeinträchtigen
> nicht die Ordnung des Gartens.
> *Hubert Fichte*

3.1 WIE DER SCHÖNE TRAUM ZERPLATZT

Ein breiter angelegtes Studium von Originalliteratur offenbart die Mangelhaftigkeit der Methodologie der wissenschaftlichen Forschungsprogramme. Je eingehender sich der forschende Blick auf die niedergeschriebene Mathematik richtet, desto stärker verschwimmt die Idee der konkurrierenden Forschungsprogramme: der Rationalismus wird zur Räumung auch der Bastion der 'Vernunft im Kleinen' gezwungen. Bleibt dem Rationalismus nach diesem Zusammenbruch der vertikalen Vernunft nur noch eine horizontale Vernunft?

KONRAD Also gestern - da habt ihr euch zum Schluß so sehr in hochfahrende, weltanschauliche Spekulationen gesteigert, daß ihr euch zum Schluß beinahe die Köpfe eingeschlagen hättet! Vor lauter Ideologie und vor lauter Bemühung, Peters Leidenschaft für rationale Rekonstruktionen zu verstehen, geriet die Grundlage all unserer Untersuchungen schließlich völlig außer Sicht.

INGE Wieso das? Nach wie vor haben wir uns doch ganz eng an die Quellen gehalten, alte Bücher und Schriften durchforstet - gerade um dieser Gefahr der abgehobenen, durch nichts belegbaren Spekulation zu entgehen! Oder hast du etwa dieses Lehrbuch von Rhode aus dem Jahr 1799 schon wieder vergessen, das ich gestern in unser Gespräch eingebracht habe?

KONRAD Keineswegs, ganz und gar nicht - im Gegenteil! Während ihr euch die Köpfe heiß geredet habt, derweilen habe ich ein wenig in diesem Buch geblättert, und dabei ist mir etwas Wichtiges aufgefallen.

INGE Was denn?

KONRAD Du hast aus diesem Buch ausschließlich Theoriekritisches aus dem Anhang zitiert - das Buch selbst scheinst du nicht gelesen zu haben: denn die mathematische Substanz dieses Lehrbuches hast du vollkommen übersehen, von der methodologischen ganz zu schweigen! Und doch ist gerade dies das Aufregendste an diesem Buch - immerhin bringt es nämlich das gesamte, von Peter aufgebaute Weltbild zum Einsturz! Und damit natürlich auch sämtliche, darauf gegründete Überlegungen!

Alle sind verdattert.

PETER Wie meinst du das, Konrad?

EVA Ein entscheidendes Experiment, das Peter widerlegt?!

PETER Keine Sorge, Eva - so etwas geht nicht! '*Es gibt keine entscheidenden Experimente*, zumindest nicht, wenn man darunter Experimente versteht, die ein Forschungsprogramm mit *sofortiger Wirkung* stürzen können.'[601] Es gibt keine sofort wirkende Rationalität![602] Ganz im Gegenteil muß man sich damit abfinden, 'daß die Rationalität viel langsamer arbeitet, als die meisten Leute glauben wollen, und daß sie selbst dann fehlbar ist. Die Eule der Minerva fliegt in der Dämmerung.'[603]

ANDREAS Die Eine Wissenschaftliche Vernunft errichtet Rückzugsbastionen! 'Natürlich weiß ich, daß die Eule der Minerva ein Nachtvogel ist. Aber warum sollte man sie nicht manchmal auch tagsüber wachrütteln?'[604]

INGE Von welchem Forschungsprogramm sprichst du da, Peter?

PETER Natürlich von meinem Programm, die Geschichte der Analysis aus der Konkurrenz von Kontinuitäts- und Finitärprogramm zu erklären.

ALEXANDER Peters Programm ist ein Meta-Programm, ein Programm zweiter Stufe.

PETER Ja. Und wie wir gesehen haben, war das Kontinuitätsprogramm in den letzten hundert Jahren zwar lange Zeit im Untergrund, aber *trotz der Überzeugung zahlloser Mathematiker* war es keineswegs endgültig tot, sondern es erwachte gerade in jüngster Zeit erneut zu blühendem Leben. 'Es ist [eben] sehr schwer, ein Forschungsprogramm zu schlagen, das von begabten und einfallsreichen Wissenschaftlern un-

---

[601] Lakatos [1970a], S. 167
[602] vgl. Lakatos [1970a], Kapitel 3 d), S. 150-71
[603] Lakatos [1970a], S. 168
[604] Duerr [1978], S. 309 Fußnote 53

terstützt wird.'⁶⁰⁵ Und das gilt natürlich auch für mein Meta-Programm: Ebenso wird es nichts geben, was mein Programm erschüttert, die Geschichte der Analysis als Kampf zwischen dem Kontinuitäts- und dem Finitärprogramm zu erkennen!

KONRAD Vielleicht doch - wenn ihr nur die Güte hättet, mir zwei Minuten euer Ohr zu leihen, anstatt eure ideologische Keiferei beständig fortzusetzen.

ANDREAS Nicht so zurückhaltend, Konrad, du mußt dir gegen solches Geschwätz einfach lautstark Gehör verschaffen!

KONRAD Also gut. Alle mal herhören und gut aufgepaßt! Hier, dieses Buch, das Inge gestern in unsere Diskussion eingebracht hat, heißt mit vollständigem Titel: 'Anfangsgründe der Differenzialrechnung. Nach Lagrange's *Théorie des fonctions analytiques*' und ist ein übersetzter Auszug 'aus der [zwei Jahre zuvor in Buchform erschienenen⁶⁰⁶] Lagrange'schen Theorie, für Anfänger welche mit einigen algebraischen Vorkenntnissen die Differenzialrechnung erst lernen wollen'⁶⁰⁷. Und schon in seiner Vorrede macht Rhode unmißverständlich klar, wie wenig er (und also auch Lagrange, von dem Rhode hier ja nur Sprachrohr ist) vom Kontinuitäts- und auch vom Finitärprogramm hält: 'Wenn man alles auf *unendlich kleine Größen* bauet, kann man zwar *in concreto* durch dieses oder jenes Exempelchen noch so kümmerlich erläutern, daß die Weglassung der höheren Potenzen von unendlich kleinen Größen, in diesem oder jenem besonderen Falle kein unrichtiges Resultat geben mag. Allein, ein allgemeiner und strenger Beweis davon, daß die Fehler welche aus dem angeblichen Postulate jene Potenzen wegzulassen, entstehen möchten, allemal ohne Ausnahme durch die ferneren Operationen dieses Calcüls selbst genau aufgehoben oder compensirt werden[⁶⁰⁸], - ein solcher Beweis bleibet dem Infinitesimalcalcül selbst unmöglich.'⁶⁰⁹ Und ebensowenig wie das Kontinuitätsprogramm taugt für Rhode auch das Finitärprogramm: 'In der That, welchen Sinn können wohl Euklid's Schüler

---

⁶⁰⁵ Lakatos [1970a], S. 153
⁶⁰⁶ Vivanti [1908], S. 645 Fußnote 1
⁶⁰⁷ Rhode [1799], Vorrede S. V
⁶⁰⁸ eine Behauptung, die Lagrange erhoben hatte, wobei ungewiß ist, ob dies in Kenntnis von Berkeleys Schriften geschah (die diese Idee längst enthielten) - vgl. Vivanti [1908], S. 644.
⁶⁰⁹ Rhode [1799], Vorrede S. IV

mit geometrischen Verhältnissen zwischen Quantitäten, deren jede im strengsten Sinne *Zero*, folglich keine Quantität mehr, und deren Differenz jedoch durchaus *kein Zero* seyn soll; noch mehr aber aufs neue, mit dergleichen Verhältnissen von eben solchen Verhältnissen, u.s.w., verknüpfen? [... Diese] angebliche Theorie der Gränzverhältnisse'[610] ist in Rhodes Augen viel zu umständlich, schwierig und uneinsichtig und außerdem viel zu speziell.

PETER Genug der Vorrede! Was interessiert uns Rhodes (subjektives) Bewußtsein von seiner Mathematik! Komm endlich zur Sache, zum objektiven Stellenwert seiner Theorie!

KONRAD Aber gern, und das geht auch ruck-zuck: Auf Seite 1 erklärt Rhode, was eine '*Function*' sei, daß man sie durch den Buchstaben f oder F bezeichne und daß fx 'kein Product aus f in x, sondern eine jede Function der veränderlichen Größe x' bedeute. Auf Seite 2 dann stellt er kurz und bündig fest: 'Eine Function fx läßt sich entwickeln:

$$f(x+i) = fx + pi + qi^2 + ri^3 + cet.$$

wobey p, q, r, cet. Functionen von x sind, die kein i enthalten'. Und auf Seite 5 erklärt Rhode sodann kurz und bündig: 'p oder $f'x$ heißt die *erste* von fx *abgeleitete* Function.' Fertigaus. Auf Seite 7 findet sich dann die schöne Formel

$$f(x+i) = fx + if'x + i^2 \frac{f''x}{2} + i^3 \frac{f'''x}{2\cdot 3} + i^4 \frac{f^{IV}x}{2\cdot 3\cdot 4} + cet.$$

zusammen mit den Definitionen: 'fx heißt die *primitive* Function, $f'x$, $f''x$, $f'''x$, cet. die *derivirten* ...' Also kein Wort von unendlichkleinen Größen, kein Wort von einem Grenzwert ...

PETER ... kurz: ein neues, ein drittes Forschungsprogramm! Neben das Kontinuitäts- und das Finitärprogramm tritt als dritter Konkurrent noch das *Algebraisierungsprogramm*, bei dem es darum geht, 'sämtliche Ableitungen einer Funktion durch rein algebraische Operationen zu erhalten'[611].

ANDREAS Potzblitz! Da hast du aber schnell zurückgesteckt, Peter: Ohne lange Rückzugsgefechte, ob sich diese Vorstellung nicht vielleicht doch in einem der beiden altgedienten Programme unterbringen lassen - schwuppdiwupp hebst du ein neues Forschungsprogramm aus der Taufe![612]

[610] Rhode [1799], Vorrede S. IIIf. Zu Lagranges Kritik an der zeitgenössischen Analysis siehe auch Kline [1972], S. 430.
[611] Vivanti [1908], S. 666
[612] Allmählich muß ich den geduldigen Leser an diesem 'Dritten Tag'

PETER Oh, ich folge nur der positiven Heuristik meines (Meta-)
Forschungsprogrammes! Ich sehe, daß eine neue Theorie, und zwar eine
mit *drei* konkurrierenden Analysisprogrammen, 'einen Gehaltsüberschuß
hat über ihre Vorgänger[in]'[613] (das ist meine alte Theorie mit den
zwei Konkurrenten), und daß ihr 'Gehaltsüberschuß nachher teilweise
bestätigt [werden] wird'[613]. Das ist alles. 'Im Lichte besserer rationaler Rekonstruktionen der Wissenschaft kann man immer einen größeren
Teil der wirklichen großen Wissenschaft als rational rekonstruieren.'
[614] Und im übrigen ist ein 'Fortschritt in der Theorie der Rationalität [...] durch historische Entdeckungen gekennzeichnet: durch die
Entdeckung der Möglichkeit, die von irrationalen Wertungen durchsetzte Geschichte in wachsendem Umfang als rational rekonstruieren zu können.'[615]

ANDREAS Wer sich an der Autorität orientiert, muß sich nicht wundern, wenn er Einflußbereiche vorfindet.

ANNA Was heißt das?

ANDREAS Nein, das war nicht gegen dich gerichtet, Anna, ausnahmsweise, sondern diesmal auf Peter gemünzt. Ich wollte ihn nur darauf
hinweisen, daß sein beständiges Aufspüren von Rationalität, von Vernunft, Ergebnis einer systematischen Suche danach ist - und also keineswegs verwunderlich oder gar überraschend. Wer bei einflußreichen
Leuten[616] auf die Suche nach einflußreichen Ideen geht, der kann nicht
gut mit leeren Händen zurückkommen. *Aber diese Vernunft der Großen ist
keineswegs auch die Vernunft im Kleinen!*

von der am 'Zweiten Tag' so ausgiebig gepflegten Methode der strengen
Anbindung meiner Überlegungen an (Original-)Texte entwöhnen. Ähnlich
wie am 'Ersten Tag' geht es mir jetzt wieder mehr um eine sehr grobe
Skizze von Ideen, deren Feinzeichnungen jedoch (und das ist allerdings
anders als am 'Ersten Tag'!) noch ausstehen. (Es kann natürlich sein,
daß sich solche Feinzeichnungen als undurchführbar erweisen.)

[613] Lakatos [1970b], S. 282
[614] Michael Sukale, nach Lakatos [1970b], S. 303
[615] Lakatos [1971], S. 91
[616] 'Der "Erfolg" der Ideologie ist reines Menschenwerk. Man entschloß sich, an gewissen Ideen festzuhalten, komme was da wolle, und
das Ergebnis war natürlich das Überleben dieser Ideen.' Und: 'Der Mythos hat daher keine objektive Bedeutung; er lebt allein durch die Bemühungen der Gemeinde der Gläubigen und ihrer Führer fort, seien diese
Führer nun Priester oder Nobelpreisträger [bzw. Träger der Fields-
Medaille].' (Feyerabend [1976], S. 64 und 67)

INGE Wie meinst du das, Andreas?

ANDREAS Ganz einfach: Peter hat uns ein packendes, ein buntes Bild von der Geschichte der Analysis entworfen. Zwei - oder neuerdings vielleicht auch drei - Konkurrenten wetteifern miteinander um den wissenschaftlichen Fortschritt. Es ist ein spannender Kampf - mal hat der eine die Nase vorn (meistens das Kontinuitätsprogramm), dann mal der andere (seltener); mal verpulvert der eine seine Energien in nutzlosen, aber prächtig anzusehenden Kapriolen, mal ist der andere, einst heißer Favorit, scheinbar hoffnungslos im Hintertreffen, um dann völlig unerwartet doch wieder nach vorne zu stoßen. Dieses Drama entwarf Peter anhand der Arbeiten der berühmtesten Analytiker: Leibniz, Newton, MacLaurin, d'Alembert, Euler, Lagrange, Cauchy, Riemann - und auch Leute wie Seidel, Stokes, Schwartz sind durchaus über ihren engeren Fachkreis hinaus bekannt. *Wie aber sieht dieses Bild von weiter unten aus?*

INGE Was soll das heißen: von weiter unten?

ANDREAS Nun, was erwarten wir denn, wenn wir uns mit diesem Bild im Kopf in der übrigen Fachliteratur umschauen, in den Lehrbüchern beispielsweise?

EVA Natürlich Parteigänger für das eine oder das andere Forschungsprogramm!

ANDREAS Sehr richtig, Eva. Was aber finden wir stattdessen? Das vollkommene Tohuwabohu!

EVA Nicht möglich!

ANDREAS Doch, doch - seht her! Ich habe mir einmal die Mühe gemacht und in der hiesigen Bibliothek die zufällig vorhandenen Lehrbücher aus dem 19. Jahrhundert zur Infinitesimalrechnung durchgeblättert.[617] Meine Absicht dabei war es herauszufinden, wie stark die Anhängerschaft der jeweiligen Forschungsprogramme war und wie sich diese Stärke im Verlaufe des Jahrhunderts änderte. Denn da das Kontinuitätsprogramm ja nach dem von Peter gezeichneten Bild gegen Ende des 19. Jahrhunderts vom Finitärprogramm überrundet wurde, sollte sich dies ja wohl auch in der Zahl seiner Anhängerschaft und also auch in der im jeweiligen Stil geschriebenen Lehrbücher niederschlagen.

---

[617] Das Gespräch findet offenbar im Raume Darmstadt statt, denn es handelt sich um die Bestände der Hessischen Landes- und Hochschulbibliothek. An dieser Stelle muß ich den dort Tätigen danken, denn nur durch ihre entgegenkommenden, unbürokratischen Bemühungen war mir diese Untersuchung bei vertretbarem Zeitaufwand möglich.

EVA Und - hat sich das bewahrheitet?
ANDREAS Konnte es gar nicht - denn die Vorbedingung war gar nicht erfüllt!
EVA Welche Vorbedingung?
ANDREAS Die Zuordenbarkeit der einzelnen Autoren zu den verschiedenen Programmen!
EVA Wieso? Welche Schwierigkeiten tauchen da auf?
ANDREAS Die konkrete Logik der einzelnen Autoren fügt sich so gut wie nie dem abstrakten Raster der Forschungsprogramme! Und zwar zeigt sich das sehr einfach. Erinnern wir uns an das *Kontinuitätsprogramm*: Es rechnet ausdrücklich mit unendlichen Zahlen, wobei die unendlichkleinen in konkreter Rechnung gewöhnlich Kehrwerte unendlichgroßer (natürlicher) Zahlen sind - und diese unendlichgroßen natürlichen Zahlen werden gemäß dem 'Kontinuitätsprinzip für die natürlichen Zahlen' behandelt, ihr erinnert euch! Demgegenüber beschränkt sich das *Finitärprogramm* ausdrücklich auf das Rechnen mit endlichen Zahlen; dafür jedoch muß es mit dem Begriff des Grenzwertes operieren, der für das Kontinuitätsprogramm entbehrlich ist. Für das Lagrangesche *Algebraisierungsprogramm* wiederum sind sowohl unendliche Zahlen als auch Grenzwerte entbehrlich, da es von der Taylor-Entwicklung einer Funktion ausgeht.

EVA Na wunderbar: Somit liegen ja eindeutige Merkmale vor, anhand derer die Parteimitgliedschaft des einzelnen Autors leicht ablesbar ist.

ANDREAS Genau das dachte ich auch. Aber Pustekuchen! Hier - ich habe die Ergebnisse meines Blätterns in einer Tabelle gesammelt ...:

Autor	Verwendung unendlichgroßer natürlicher Zahlen absolut	Verwendung unendlichgroßer Zahlen als Grenzgröße	absolut	Verwendung unendlichkleiner Zahlen als Grenzgröße	absolut	das Differential dx wird verwendet als reines Symbol	Grenzgröße	absolute Größe	Einführung des Integrals	Grenzwertbegriff	Forschungsprogramm
Rhode 1799		(−)	(−)	+	+	+	−	−		−	A
Bürja 1802				−	+	−	+	−	U	+	F
Rösling 1805		−	−	−	−	−	−	+	U	−	A
Buzengeiger 1809				+		−	+	−		−	A
Lacroix ²1810/14, ⁴1828				−		−	−	−	U	+	F
de Prasse 1813				−	−	−	+	−	U	+	F
Bourchalat 1814		−	−	−	−	−	−	+	U	+	A (!)
		−	−	−	+	+=	+	−			K
Langsdorf 1817		−	−	−	−	−	−	−	U	−	E
Hoffmann 1817		−	−	+=	+	+	−	−	U	−	K
Mayer 1818				+=	+	+=	+	−	U	−	K
Vieth 1823				+	−	+	−	−	U	−	K
Eytelwein 1824		+	−			+		−	U	−	K
Schaffer 1824				+	−	+	−	−	U	−	(K)
Schweins 1825		(−)	(−)	−	+	−	+	−		−	(F)
Ettingshausen 1827		(−)	(−)	−	+	−	+	−		+	F
Burg 1833		(−)	+	+	−	+	−	−	U	+	K
Littrow 1836				−	−	+	(−)	+	−	U (−)	F/K
Minding 1836		+	−	+	+	+=	+	−	U	+	F (K)
Grunert 1837				−	−	−	−	+	U	+	F
Ohm 1839		+	−	+	−	+	−	−	U	+	K
Raabe 1839		−	+	−	+	+=	+	−	U	+	F
Gregory 1841						−	−	+	U	−	? (K)
Lehmus 1842				+	−	−	−	+	U	−	?

	Verwendung unendlichgroßer natürlicher Zahlen (absolut / als Grenzgröße)	Verwendung unendlichkleiner Zahlen (absolut / als Grenzgröße)	das Differential dx wird verwendet als (absolute Größe / Grenzgröße / reines Symbol)	Einführung des Integrals	Grenzwertbegriff	Forschungsprogramm
Cournot 1845	− −	− +	+=+ −	S	+	K
	− −	− −	− − −	−		F
Jolly 1846	(−) (−)	− +	− + −	U	+	A/F
Duhamel ^{2}1847		− +	− + −	U	+	K → F
Schlömilch 1847.	− −	− +	− + −	S	+	F
Burhenne 1849	− −	+	+ − −	U	(+)	K
Navier/Wittstein 1848. .		− +	− + −	U	+	F
Burg 1851.		+ +	(+)=+ −	U	+	A/K
Etienne 1854.	− +	− +	− + −	S	+	F
Dienger 1857.	− +	− (+)	− − +	U	+	F
Schnuse 1858.	− +	− +	− + −	S	?	K
Weisbach 1860	+ −	+ −	+ − −	S	−	K
Bertrand 1864		− +	− + −	U	+	F
Hoppe 1865	+ −	+ −	+ − −		+	K
Serret 1868		− +	− + −	U	+	F
Tegetthoff 1869.	− +	− (+)	− − +	U	+	F
Barfuß ^{2}1869.	+ −	+=+	+=+ −	U	+	K
Spitz 1871	− +	+ −	− + −	U	+	(K)
Gilbert 1872.		− +	+ − −	S	+	K
Hermite 1873.	+ −	− −	− + −	S	+	A/F
Sturm 1873		− +	− + −	U	+	K
Autenheimer 1875	(+) −	+ −	+ − −	U	+	K
Lipschitz 1877/80	− −	− −	− − +	U	+	F
Hoüel 1878		− +	− + −	S	+	F

	Grenzwertbegriff	Einführung des Integrals	das Differential dx wird verwendet als (reines Symbol / Grenzgröße / absolute Größe)	Verwendung unendlich kleiner Zahlen (als Grenzgröße / absolut)	Verwendung unendlich großer natürlicher Zahlen (als Grenzgröße / absolut)	Forschungsprogramm
Worpitzki 1880			− +	− − +	S +	F
Harnack 1881			− +	− − +	S +	F
Pasch 1882			E	E	S +	(F)
Greenhill 1885, ³1896				− + −	U +	F
Laurent 1885			− +	Funktion	U +	F
Stegemann ⁴1886			+? −	+? − −	U +	K?
Kleyer 1888			+ −	+ − −	+	K
Stegemann/Kiepert ⁵1888			− +	− + −	U +	((F))
Boussinesq 1890			+?	+?	S	?
Picard 1891		− (+)	? ??	? ? ?	S +	(F)
Deter ²1892				+ − −	−	K
Gravelius 1893		− −	+ −	+=+ −	+	F
Stolz 1893			− −	− + −	U +	A→F
Méray 1894		+	+=(+)	? ? ?	U +	A→?
Geigenmüller 1895			− +	− + −	+	K
Fricke 1897			− +	− + −	U +	F
Stegemann/Kiepert ⁸1897/1900			− +	− + −	U +	(F)
Appell 1898			− +	Funktion	S +	F
Czuber 1898		− −	− +	− + −	S +	F
Lambert 1898		− −	− +	− + −	U +	F
Nernst/Schönflies ²1898						K(F)
Smith 1898		(+) (+)	− +	− − +	S +	(F)

PETER Mathematische Feldforschung![618]

ANDREAS ... In dieser Tabelle bedeuten + ja; - nein; eingeklammerte Zeichen, daß der betreffende Sachverhalt im Buch so nicht ausdrücklich, jedoch indirekt benutzt wird; = schließlich zeigt eine subjektiv gültige Gleichung an.

EVA Was ist denn das - eine 'subjektiv gültige Gleichung'?

ANDREAS Hier, betrachte dir bei Mayer [1818] in den beiden Spalten 'Verwendung unendlichkleiner Zahlen' die Gleichung + = +. Sie besagt, daß Mayer zwar einerseits aktual unendliche Größen verwendet[619], andrerseits aber ausdrücklich behauptet, nur mit potentiell unendlichen Größen zu operieren[620].

PETER Aber das ist doch reine Rhetorik! Gerade bei Mayer, von dem wir doch schon wissen, daß er den Begriff der Äquivalenzrelation besaß![621]

ANDREAS Das ist schon klar, und bei Mayer gibt's ja auch weiter keine Schwierigkeit bei der Einordnung: er rechnet mit unendlichen Größen und vermeidet den Begriff des Grenzwertes - also verficht er eindeutig das Kontinuitätsprogramm, wie ich das in der letzten Spalte auch angeschrieben habe. (Diese letzte Spalte habe ich übrigens von *deiner Sichtweise* her ausgefüllt, Peter! Dabei bedeutet E, daß der Autor versucht hat, ein eigenes Programm zu formulieren.)

ALEXANDER Und was bedeuten U und S in der drittletzten Spalte?

EVA Aber das ist doch offensichtlich: sie zeigen an, ob das Integral als *Umkehroperation* eingeführt wird oder - in Form des bestimmten Integrals - als *Summe* bzw. Grenzwert von *Summen*!

---

[618] Recht hat er! Schwer zu tragen waren die Bücher, und staubig obendrein!

[619] 'Es ist also in völliger Strenge wahr, daß $\infty \cdot 1 : \infty \cdot 2 = 1 : 2$ ist, und nur der irrige Begriff von dem würklichen *Seyn* einer unendlichen Grösse kann den Einwurf veranlassen, daß zwischen Grössen im unendlichen Zustande keine weitere Vergleichung statt finde.' (Mayer [1818], S. 34) Selbstverständlich ist es gleichgültig, ob über unendlich*kleine* oder unendlich*große* Größen (oder Zahlen) philosophiert wird - weil die Kehrwertbildung stets zugelassen ist; ein besonderes Interesse verdienen allenfalls die unendlichgroßen *natürlichen* Zahlen - daher die Extraspalte in der Tabelle.

[620] 'Der Begriff des Unendlichen beruht also bloß auf der denkbaren Möglichkeit des Wachsthums einer Zahl oder Grösse überhaupt, über jede angebliche [= angebbare, angegebene] Gränze [= Schranke] hinaus. Aber wir dürfen uns das Unendliche nie als völlig erreicht, als ein völlig bestimmtes, das durch irgend eine Zahl dargestellt werden könnte, gedenken.' (Mayer [1818], S. 31)

[621] vgl. Fußnote 530!

PETER Sag mal, Andreas - warum berücksichtigst du denn noch
Mayers *Rhetorik* mit diesem zweiten +, wenn doch der *objektive* Charakter seiner Mathematik klar ist?
ANDREAS Ganz einfach deswegen, weil ich Mayers Text *so wie er dasteht* kennzeichnen will - und nicht so, wie du ihn aus dem Blickwinkel deiner Weltanschauung siehst. So einfach ist das nämlich gar nicht, wie du es dir machst: Dies ist Rhetorik, jenes nicht ...
PETER Andreas auf dem Wege zur absoluten Objektivität!
ANDREAS Du solltest nicht von dir auf andere schließen, Peter! Trotz aller Wissenschaftstheorie, so meine ich, 'sollte es zunächst darum gehen, herauszufinden, was jemand eigentlich zum Ausdruck bringen will, wenn er so etwas sagt - denn es besteht bei ihm ja wohl nicht *lediglich* eine Verwirrung über die Bedeutung von Begriffen'[622].
EVA Oh - diese Tabelle, Andreas, die ist ja grausig! Da ist ja kaum ein einziger linientreuer Parteigänger zu finden!
ANDREAS Sag ich doch!
EVA Da findet sich der Grenzwertbegriff *neben* der Verwendung unendlicher Zahlen! Oder der Grenzwertbegriff fehlt, obwohl *keine* unendlichen Zahlen benutzt werden - und dennoch handelt es sich nicht ums Algebraisierungsprogramm. Oder es werden zwar unendlichkleine Zahlen verwandt, jedoch keine unendlichgroßen natürlichen. Oder es wird trotz des Algebraisierungsprogramms noch mit unendlichen Zahlen hantiert.
ANDREAS Oder es ist auch bezüglich der vorgeführten Definitionen und Rechnungen keine eindeutige Zuordnung zu einem Programm möglich: zwei verschiedene werden miteinander vermengt. Oder aber es wird sogar *ausdrücklich* der Versuch unternommen, neben den bekannten Forschungsprogrammen ein eigenes neu zu entwickeln - wie etwa bei Langsdorf. Mir scheint, Peter, du mußt die Zahl der miteinander konkurrierenden Forschungsprogramme in deinem Weltbild noch beträchtlich erhöhen - mit lumpigen zwei oder drei kommst du da nicht aus!
Und das kann ja auch gar nicht anders sein - schon im Jahre 1846 zählte Jolly immerhin fünf verschiedene 'Methoden der Begründung der Differentialrechnung' auf: die 'Methode des unendlich Kleinen' nach Leibniz, die 'Methode der Fluxionen' nach Newton, die 'Methode von Euler', die 'Methode von Lagrange' und die 'Methode von Ampere'.[623]

---

[622] Duerr [1974], S. 49f in einem etwas anderen Zusammenhang
[623] vgl. Jolly [1846], Siebenter Abschnitt (S. 100-16)

KONRAD Ja, warum eigentlich nicht: Jedem sein eigenes Forschungsprogramm!?

PETER Wieso wollt ihr denn von einem Extrem ins andere fallen? Es ist doch selbstverständlich, 'daß keine Theorie der Rationalität die *gesamte* Geschichte der Wissenschaft als rational erklären kann oder sollte. Sogar die größten Wissenschaftler machen falsche Schritte und irren sich in ihrem Urteil.'[624] Bedenkt doch einmal: Zu Beginn hatten wir die Vorstellung von einer ganz einfachen, geradlinigen, sich beständig entfaltenden Logik (oder Vernunft). Der Nachteil dieser Vorstellung war, daß sie sowohl die tatsächliche geschichtliche Entwicklung vergewaltigte als auch die unbestreitbar vorhandenen mathematischen Widersprüche unter den Teppich kehrte.[625] Nun plädiert ihr im Gegenzug für ein hundertprozentiges Chaos - sowohl was die geschichtliche als auch was die mathematische Entwicklung anlangt! Und das, obwohl doch gerade die Tabelle von Andreas eindeutig zeigt, daß in den 80er und 90er Jahren des 19. Jahrhunderts das Finitärprogramm sich eindeutig gegenüber dem Kontinuitätsprogramm in den Vordergrund schob![626]

ANDREAS 'Es ist schon wahr, daß zwei oder drei irrationale Schwalben noch keinen irrationalen Sommer machen, aber sie entfernen doch die Regeln und Maßstäbe, die in rationalistischen Gebetsbüchern an prominenter Stelle auftreten.'[627]

PETER Dabei müssen wir doch gar nicht so extremistisch sein! Gewiß können wir nicht alles haben - keiner kann den Pudding gleichzeitig aufbewahren und verspeisen. Gewiß können wir die tatsächlichen mathematischen Widersprüche der Mathematikgeschichte nicht übergehen - das hat schon unsere anfängliche Vorstellung (wenn auch *verdeckt*) gezeigt, das hat unsere Theorie der konkurrierenden Forschungsprogramme *unmißverständlich* herausgestellt, und das wollt ihr jetzt *als Hauptthema in den Vordergrund rücken*, indem ihr etwa Euler gegen Leibniz ausspielt.

[624] Lakatos [1971], S. 91 Fußnote 61
[625] Das war ursprünglich der Motor für die gesamte im Text geschilderte Entwicklung - vgl. S. 8f!
[626] Dergleichen Auswertungen der Tabelle traue und mute ich dem Leser selbst zu. Erwähnenswert vielleicht noch, daß Hoppe, ein lupenreiner Vertreter des Kontinuitätsprogramms, zur gleichen Zeit wie der Ordinarius Weierstraß als Privatdozent in Berlin wirkte - doch seine Vorlesungen blieben 'ziemlich wirkungslos' (Lorey [1916], S. 93).
[627] Feyerabend [1979b], S. 17

Aber eure Übertreibung ist nicht notwendig ...

ANDREAS Jedoch sehr wohl möglich!

PETER ..., wie unser Bild der Forschungsprogramme zeigt. Wir können tatsächlich eine *Entwicklungs*logik sehen, die von Leibniz zu Euler führt, oder eine (andere) von Newton zu MacLaurin. Sicherlich wird dadurch die Unschärferelation zwischen unangreifbarer Logik (geschichtlicher wie mathematischer Natur) und undurchschaubarem Durcheinander (geschichtlich wie mathematisch) keineswegs beseitigt - das ist offenbar nicht möglich. Aber mit unserer Vorstellung der konkurrierenden Forschungsprogramme haben wir so etwas wie eine *mittlere* Einstellung gefunden: weder werden die Widersprüche und Ungereimtheiten auf dem Altar der Einen Wahren Vernunft geopfert, noch schmoren wir orientierungslos in der Hölle des vollständigen Chaos; und alle Seiten (Geschichte wie Mathematik) kommen - in Maßen - zu ihrem Recht.

ANDREAS Wer's allen recht machen will, der macht's keinem recht!

KONRAD Wer vieles bringt, wird jedem etwas bringen!

ALEXANDER Aber die Mathematik ist doch gar nicht widersprüchlich!

PETER Deine Weltanschauung ist ja nun wirklich durch nichts, aber auch gar nichts zu erschüttern, Alexander! Noch so viele *geschichtliche* Argumente vermögen deinen Standpunkt offensichtlich um keinen einzigen Millimeter zu verändern.

ANDREAS Ich weiß gar nicht, warum du Alexander so stark kritisierst, Peter - so sehr unterscheidest du dich doch gar nicht von ihm! Auch deine Ideologie ist durch nichts in Bewegung zu bringen - kein einziges *mathematisches* Argument schreckt dich aus deiner Selbstsicherheit.

PETER Nun aber Schluß - das ist doch die Höhe! Ich und mich nicht an mathematischen Argumenten orientieren? Wo ich mich doch beständig um die Verarbeitung der Originalliteratur bemühe!

ANDREAS Solange sie dir in den Kram paßt - ja. Meine Tabelle beispielsweise hast du einfach beiseite gewischt!

PETER Erstens ist das nicht so ganz richtig, und zweitens: Wir sind doch keine Kuriositätensammler! Außerdem: Du wirst dich doch nicht auf den heute längst verschrotteten empiristischen (oder positivistischen) Standpunkt stellen, der die absolute Verbindlichkeit gewisser 'objektiver Tatsachen' behauptet, an der sich eine wissenschaftliche Theorie zu messen habe?!

ANDREAS Selbstverständlich weiß ich, daß (wie man heute so schön sagt) Tatsachen stets *Tatsachen im Lichte einer (Beobachtungs-)Theorie* sind[628] - aber mich stört es, wenn dieser theoretische Überbau zu wasserköpfig ist, wenn er ein Eigenleben entwickelt[629]. Natürlich *kann man gegen Tatsachen argumentieren* (so wenigstens verstehe ich diese Feststellung, Tatsachen seien theorieabhängig) - aber als Mathematiker kommen wir doch nicht an der Mathematik vorbei! Und wenn uns unsere Weltanschauung den Weg zur Mathematik verbaut - oder erschwert - , dann sollten wir diese Weltanschauung überprüfen.

PETER Du behauptest doch nicht etwa, meine Theorie der konkurrierenden Forschungsprogramme verstelle den Weg zur Mathematik? Das würde mich sehr verblüffen, nein: das wäre geradezu Unsinn! Ganz im Gegenteil öffnet meine Sichtweise diesen Weg doch!

ANDREAS In bezug auf Alexanders oder Inges bornierten Standpunkt zu Anfang tut sie das ganz ohne Zweifel - aber ist das vielleicht ein Maßstab? Du solltest dich nicht gegenüber deinen *schwächsten* Gegnern zu profilieren versuchen! Ich will dich nicht erneut an deine arrogante Abweisung meiner Tabelle erinnern - nehmen wir einfach ein anderes, ein konkretes Beispiel vor, eines, das wir schon gestern besprochen haben.

PETER Ich bin neugierig.

ANDREAS Du erinnerst dich sicherlich an die Riemannsche Funktion, die Anna uns gestern vorgeführt hat - jene Funktion, die zwischen je zwei noch so engen Grenzen unendlichoft unstetig ist.[630]

PETER Du meinst die Reihe

$$\delta(x) = \frac{(x)}{1} + \frac{(2x)}{2^2} + \frac{(3x)}{3^2} + \ldots ?$$

ANDREAS Ja, genau. Diese Reihe, diese Funktion ist für jeden rationalen Wert der Form $\frac{p}{2n}$ (p und n relativ prim) unstetig, bei allen anderen Werten dagegen stetig.

PETER Stimmt. Und das hatten wir auf zwei verschiedenen Wegen eingesehen ...

---

[628] vgl. Popper [1934], Abschnitte 27ff, besonders Abschnitt 30; für die Formulierung siehe etwa Lakatos [1970a], S. 104; ich erinnere auch an den Diskussionsverlauf von S. 176!
[629] für ein pointiertes Beispiel dieser Art siehe etwa mein [1979].
[630] siehe S. 112-9

ANDREAS Darauf genau will ich hinaus. Zunächst hat Alexander einen Beweis dafür gegeben, der sehr lang, sehr umständlich und dadurch letzten Endes ziemlich uneinsichtig war. Das war ein Beweis mit den Mitteln des Finitärprogramms.

PETER Ja, und dann habe ich gesehen, daß der Beweis im Kontinuitätsprogramm viel einfacher, viel kürzer ist - weil man dort den Cauchyschen Summensatz zur Verfügung hat. Ein Beispiel also dafür, wieviel eleganter, wieviel direkter das Kontinuitätsprogramm sein kann, weil es auf den überflüssigen theoretischen Ballast des Finitärprogramms verzichtet.

ANDREAS Eben. Und trotzdem schleppt auch dieses Kontinuitätsprogramm noch genügend überflüssigen theoretischen Ballast mit sich - auf den man hier sehr gut verzichten kann!

PETER So? Und der wäre?

ANDREAS Genauer: Das Kontinuitätsprogramm selbst ist dieser überflüssige Ballast! Am schnellsten, einfachsten, elegantesten geht die Überlegung nämlich $ohne$ all diese Ideologie!

PETER Da bin ich aber neugierig.

ANDREAS Ich werde den Beweis sogar noch etwas allgemeiner führen, als ihr das bisher getan habt - aufgepaßt: Man nimmt 'eine Folge von Functionen $\phi_1(x)$, $\phi_2(x)$, $\phi_3(x)$, ..., von denen die erste für die [um $\frac{1}{2}$ verschobenen] ganzzahligen Werthe des Arguments, die zweite für die ganzzahligen Vielfache von $\frac{1}{2}$, die dritte für die ganzzahligen Vielfache von $\frac{1}{4}$, u.s.f. springt, und man bildet die Summe $\lambda_1 \phi_1(x) + \lambda_2 \phi_2(x) + \lambda_3 \phi_3(x) + ...$, wo die λ so gewählte Zahlencoefficienten vorstellen, dass die Reihe convergirt, so stellt die Summe vorstehender Reihe eine Function dar, die in jedem beliebig kleinen Intervall springt.'[631]
Dies ist - in einem einzigen Satz - das allgemeine Schema der Riemannschen Funktionen. In Riemanns Beispiel waren $\lambda_n = \frac{1}{n^2}$ und $\phi_n(x) = (nx)$ und man braucht sich nur noch zu überlegen, daß die (nx) wirklich die geforderten Eigenschaften haben. Aber das sieht man ja sofort an ihren Bildern:

---

[631] du Bois-Reymond [1882], S. 143

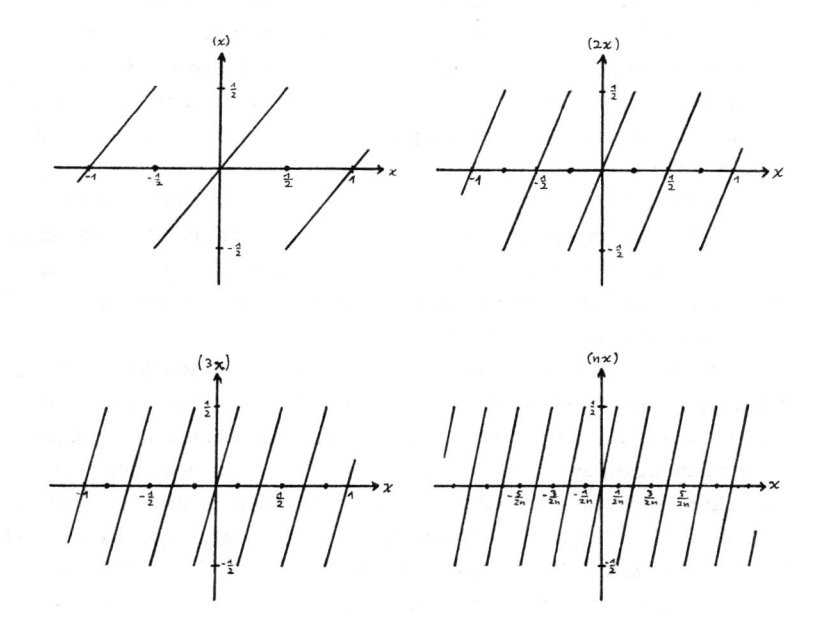

Die Sprungstellen der Funktion (nx) sind also genau die Werte $\frac{2k+1}{2n}$ für eine jede ganze Zahl k; d.h. für genau die Werte der von Riemann genannten Form $\frac{p}{2n}$ springt jeweils ein Summand der Reihe (und zwar um die Höhe $\frac{1}{n^2}$).

Du siehst also, Peter, Riemanns Funktion läßt sich auch sehr gut *außerhalb jedes* deiner Forschungsprogramme verstehen - ja sogar auf diese Weise am besten, weil jede zusätzliche Ideologie offenbar nur Ballast wäre.

PETER Du willst also tatsächlich auf jegliche Vernunft, auf jegliche Ideologie, wie du sagst, verzichten. Andreas?

ANDREAS Wie kommst du denn darauf? Nicht jeder Kritiker ist ein Feind.[632] Ich möchte nur deutlich machen, daß auch deine Aufdröselung

---

[632] 'Ein extremer Synkretismus [= Vermischung von Lehren oder Religionen], der dazu anleitet, die verschiedenartigsten Weltanschauungen in einem Mixbecher durcheinanderzuschütteln [...], würde wahrscheinlich jeder einzelnen Weltanschauung die Würze rauben und einen geschmacklosen Einheitsbrei produzieren, der nicht einmal den Mixern schmecken

der Einen Großen Vernunft in viele kleine Vernünfte *die wahre Lösung* nicht sein kann. 'Es gibt keinen *roten Faden*, der sich durch die Schnur zieht, um die einzelnen Fasern miteinander zu verbinden. Die Fasern berühren sich also jeweils, doch es gibt keine durchgängige *Grundfaser*, etwa die Vernunft, den Geist, oder wie immer die Begriffe lauten, deren Artikel die Philosophen bisweilen vor lauter Ehrfurcht weglassen.'[633]

ANNA Ja, ich meine auch, daß diese *vertikale Vernunft der Forschungsprogramme* unzureichend ist - ich finde, man muß ihr noch eine *horizontale Vernunft des Zeitgeistes* beigesellen. Erst diese horizontale Vernunft des Zeitgeistes ermöglicht zufriedenstellende Erklärungen der geschichtlichen Entwicklung.

PETER Du möchtest also die rationale Rekonstruktion der Forschungsprogramme ergänzen, ergänzen durch eine *externe Geschichte*? Das ist durchaus sinnvoll, denn 'die Geschichte der Wissenschaften ist immer reicher als ihre rationale Rekonstruktion'[634]. Aber das Entscheidende dabei ist: '*Die rationale Rekonstruktion oder die interne Geschichte ist primär, und die externe Geschichte nur sekundär, denn die wichtigsten Probleme der externen Geschichte werden durch die interne Geschichte definiert.*'[634] Die externe Geschichte spielt eindeutig eine untergeordnete, eine zweitrangige Rolle, denn sie 'gibt nicht-rationale Erklärungen für die Schnelligkeit, den Ort, die Auswahl etc. historischer Ereignisse, so wie diese durch die interne Geschichte *gedeutet* werden; oder sie gibt eine empirische Erklärung festgestellter Unterschiede zwischen der Geschichte und ihrer rationalen Rekonstruktion. Der *rationale* Aspekt des Wachstums der Wissenschaften wird aber von der gewählten Forschungslogik voll und ganz erklärt.'[634]

dürfte. Als der liebe Gott einst die Farben unter die Tiere verteilte, konnte der Spatz den Hals nicht voll kriegen und hüpfte in jeden Farbtopf. Deshalb wurde er so grau, wie er heute ist, und nur manchmal, wenn die Sonne auf ihn scheint, sieht man die verschiedensten Farben auf seinem Gefieder glitzern.' (Duerr [1978], S. 302 Fußnote 15)

[633] Duerr [1978], S. 125 in einem etwas anderen Zusammenhang mit einem nachfolgenden Wittgenstein-Zitat: 'Wenn aber Einer sagen wollte: "Also ist in allen diesen Gebilden etwas gemeinsam - nämlich die Disjunktion aller dieser Gemeinsamkeiten" - so würde ich antworten: hier spielst du nur mit einem Wort. Ebenso könnte man sagen: es läuft ein Etwas durch den ganzen Faden, - nämlich das lückenlose Übergreifen dieser Fasern.'

[634] Lakatos [1970b], S. 288

EVA Mir scheint, für dich ist nur jenes Wachstum rational, welches in deine Ideologie der Forschungsprogramme paßt. *Aber diese Vernunft ist zu eng.* Sie schließt zuviel aus, erklärt zuviel für irrational, was durchaus rational ist - rational bei der richtigen Vernunft.

ANDREAS Hört, hört! Mir scheint, Eva hat noch etwas in der Hinterhand.

EVA Mit dieser armseligen Vernunft von Peter kann man sich doch wirklich nicht zufrieden geben!

ANDREAS Zwei (oder drei) konkurrierende Vernünfte sind dir noch immer nicht genug, Eva?

3.2 DER UNENTSCHLOSSENE RATIONALISMUS

Die mathematikgeschichtliche Vernunft steht am Scheideweg: Bricht sie sich mit neuer Kraft eine eigene Bahn - oder versickert sie in der Breite der allgemeinen Entwicklung des Denkens? (Vielleicht ist das gar keine Alternative?)

EVA Ganz im Gegenteil: Die Zahl ist mir zu groß - aber ihre Reichweite ist mir zu klein.

KONRAD Erkläre dich näher.

EVA Gern. Wie Peter gerade erläutert hat, gehören Erklärungen etwa für die Schnelligkeit oder für die Auswahl geschichtlicher Ereignisse, welche für die *interne* Geschichte bedeutungsvoll sind, der *externen* Geschichte an.

PETER Nicht immer, aber in aller Regel!

EVA Nun, eine Vernunft, deren Dynamik nicht vernünftig ist, ist nicht mehr als ein Rennwagen ohne Motor.

PETER Du vergißt die Heuristiken!

EVA Ich denke beständig an sie - aber die sind nur das Getriebe und keinesfalls der Motor des Wagens. Außerdem ist das alles sehr unbestimmt, was du uns bisher über die positive und die negative Heuristik gesagt hast. Nein, das muß genauer werden, das muß besser erklärt werden. Hier ist das Problem: Warum dauerte es vierzig, fünfzig Jahre, bis der Begriff der unendlich langsamen bzw. der gleichmäßigen Konvergenz dermaßen an Bedeutung gewann?

PETER Wie meinst du das, Eva?

EVA Na, wir haben gestern doch herausgefunden, daß diese Begriffe in den Jahren 1847-8 erfunden wurden. Danach hat Alexander die weitere Entwicklung des Finitärprogramms geschildert, bis hin zum Pendant des Cauchyschen Summensatzes. In dieser Theorieentwicklung spielte die gleichmäßige Konvergenz wiederholt eine wichtige Rolle - sei es als Beschränkungsbedingung bei den Baireschen Funktionenklassen[635], sei es beim Satz von Egoroff[636]. All diese Theorieentwicklungen stammen jedoch erst aus den letzten Jahren des 19. Jahrhunderts[637] oder noch etwas späterer Zeit[638]. Ich frage jetzt: Wieso dauerte diese Verwertung des Begriffs gleichmäßige Konvergenz so lange?

PETER Das war halt ein hartes Stück Arbeit fürs Finitärprogramm...

EVA Eine etwas dürftige Erklärung, Peter - findest du nicht? Und vor allem: keine rationale!

KONRAD So rück doch endlich mit deinem Vorschlag raus, Eva!

3.2.1 Die Systematik der Denkebenen

EVA Ich habe mir ein paar Gedanken um die Entwicklungsdynamik der Mathematik gemacht[639], und ich glaube, damit wird so manches durchsichtiger, einschließlich des von mir eben formulierten Problems: Die Entwicklung mathematischer Theorien vollzieht sich in gewissen Schichtungen, in gewissen Stufen, oder sagen wir: in gewissen *Denkebenen*[640]. Mit diesem Begriff Denkebenen will ich hervorheben, daß es sich um Stufen handelt, die dem Denkprozeß - und zwar dem Denkprozeß

---

[635] siehe S. 105f

[636] siehe S. 107

[637] Baires Dissertation stammt aus dem Jahre 1899 - vgl. Frêchet-Rosenthal [1923], S. 1167 Fußnote 1006

[638] Weitere entscheidende Arbeiten zum Thema gleichmäßige Konvergenz sind etwa Osgood [1896], Hobson [1903], Young [1903a,b], Young [1907] und natürlich zu diesem Themenkreis Arzelà [1883], Arzelà [1899] (dazu Vivanti [1910]).

[639] Die Vorstellungen, welche Eva im folgenden äußert, stammen von van Hiele / van Hiele-Geldorf. Die beiden entwerfen diese Ideen zwar für die Individualentwicklung des lernenden Schülers, aber Eva stützt sich hier einfach auf die Umkehrung von Haeckels biogenetischem Grundgesetz. Doch auch van Hiele / van Hiele-Geldorf [1958] selbst schreiben: 'Die Denkebenen haben z.B. auch für die Mathematik selbst eine gewisse Bedeutung.' (S. 132) Dies wird im folgenden ein wenig angetestet.

[640] Diesen Begriff verwenden auch die van Hieles.

jedes einzelnen! - innewohnen.[641] Zur genaueren Definition der Denkebenen möchte ich drei Punkte herausstellen[642]:

'a) Auf jeder Ebene erscheint das als nebensächlich, was auf der vorhergehenden Ebene wesentlich war. [...]

b) Jede Ebene hat ihre eigenen sprachlichen Symbole und ihr eigenes Beziehungsnetz, das diese Zeichen verbindet. Eine "exakte" Beziehung auf einer Ebene kann sich als unexakt auf einer anderen erweisen. [...] Zahlreiche sprachliche Symbole erscheinen auf zwei aufeinanderfolgenden Ebenen: Sie sind es, die die Verbindung zwischen den verschiedenen Ebenen herstellen und die Kontinuität des Denkens in diesem diskontinuierlichen Bereich gewährleisten. Ihre Bedeutung ist jedoch unterschiedlich: Sie offenbart sich durch andersartige Beziehungen zwischen diesen Symbolen.

c) Zwei Menschen, die auf verschiedenen Ebenen denken, können sich nicht verstehen.'[643]

[641] van Hiele / van Hiele-Geldorf [1958], S. 127, 129, 132

[642] Der von van Hiele / van Hiele-Geldorf [1958] noch genannte *vierte* Punkt bleibt in der folgenden groben Skizze unberücksichtigt. Er befaßt sich mit dem Übergang von einer Ebene zur anderen, und van Hiele /van Hiele-Geldorf theoretisieren diesen Übergang eingehend (auf S. 130-2).

[643] van Hiele / van Hiele-Geldorf [1958], S. 129; der Leser erinnert sich vielleicht noch der Passage auf S. 15f. -
Der in Punkt (c) angesprochene Sachverhalt verführt heutzutage (also nach Kuhn [1962] und in einer Phase explosiver Entfaltung der Wissenschaft Wissenschaftstheorie) leicht zu der Versuchung, die sehr allgemeinen Kategorien von Paradigma und Inkommensurabilität zu bemühen. So etwa Perko [1978], S. 344: '... so befindet sich der Lehrer (meist) auf einer von der des Schülers verschiedenen (höheren [??]) Paradigmenstufe. Nimmt man zunächst an, daß die die jeweiligen Paradigmen (Lehrerparadigma, Schülerparadigma) charakterisierenden Beweismethoden unterschiedlich sind (d.h. die Beweisvorstellung des Schülers ist eine andere als die des Lehrers), so ist klar, daß auf Grund der Verschiedenheit der Argumentationsbasis der Schüler den Intentionen des Lehrerbeweises kaum folgen kann. Aber selbst dann, wenn die Konsistenz des Beweises vom Schüler überprüft werden kann [...], ist der Assoziationskomplex, welchen der Schüler mit dieser Tätigkeit verbindet von seinem (persönlichen) Paradigma geprägt und somit von den Vorstellungen des Lehrers verschieden. Also muß der Versuch des Lehrers mit Hilfe dieses Beweises Einsicht und Klärung zu vermitteln in diesem Stadium scheitern. Zumindest solange bis (wie auch immer) die Verschiedenheit der Paradigmen beseitigt ist (meist durch einen Paradigmenwechsel des Schülers).'
So interessiert und wohlwollend man auch Perkos Husarenritt gegen die Eine Allumfassende Vernunft und deren autoritäres Auftreten verfolgen mag: 'Eine solche, historisch unschwer nachweisbare formale Kontinui-

KONRAD Das ist arg theoretisch - kannst du nicht ein Beispiel geben?

ALEXANDER Ja, was soll denn das heißen: Sprachliche Symbole erscheinen auf verschiedenen Denkebenen - in unterschiedlicher Bedeutung!?

EVA Nimm zum Beispiel die Bezeichnung einer *Funktion*[644]: mal schreibt man einfach f, ein andermal jedoch $f(x)$ und manchmal sogar $y = f(x)$.

ALEXANDER Was soll denn diese Verwirrung? Die *Funktion* selbst ist doch nur f; dagegen ist $f(x)$ der Funktions*wert* und $y = f(x)$ die Funktions*gleichung*!

EVA ... sagt der moderne Logiker, der reine Mathematiker. Geschichtlich war es natürlich anders. Vielleicht erinnerst du dich: Euler schreibt für die Parabel[645] xx anstatt (wie es deinen Strengeforderungen vielleicht angemessen ist) $-^2$ oder $x \to x^2$, denn xx oder

tät [der Wissenschaft Mathematik] aufgefaßt als wesentlicher Teil der Deskription mathematischer Entwicklung, nicht als Selbstzweck oder metaparadigmatischer Wunsch nach Permanenz dargestellt, sondern als das Walten innerer Kräfte und der Fähigkeit elitärer Geister [nur elitäre Geister können solche Sätze, noch dazu versetzt mit Kommafehlern, zusammenbrauen!], nimmt der Mathematik ein Teil ihrer Bodenständigkeit, den Geruch von Durchsetzungsvermögen, Spekulation, Irrtum, Manipulation und harter Arbeit, macht sie scheinbar unabhängig von jeder Ontologie. Die Folgen einer solchen hehren Selbsteinschätzung für die Lehre sind bekannt: Ignoranz, Strebertum oder mystische Ergriffenheit kennzeichnen, speziell in der Pubertätsphase die Einstellung zum Mathematikunterricht (die übliche Minderheit stets ausgenommen), ein Unterricht, der sich vielfach zur "Stunde des Unverstehens" degradiert, nicht zuletzt weil es Wesen (meist höhere, etwa Lehrer) gibt, die ständig glaubhaft ihre Fähigkeit offerieren, die Dinge völlig klar zu sehen und entsprechend zu erklären zu können (ein tieferes Verständnis gemeinsam mit entsprechender "Begabung" vorausgesetzt).' (Perko [1978] S. 339) - so sympathisch mir dieses hemdsärmelige Auftreten auch ist, so deutlich muß ich doch Perkos selbstkritische Relativierung am Schluß unterstreichen: 'Zum Abschluß muß festgestellt werden, daß die eben durchgeführten Überlegungen trotz ihrer gelegentlich verführerischen Stringenz letztlich noch zu oberflächlich sind, um über ihren bewußt provokativen hypothetischen Charakter hinaus eine ernsthafte Alternative darzustellen.' (S. 346f) Eben wegen dieser zu großen Oberflächlichkeit ließ sich aus diesem Standpunkt nicht einmal ein Gesprächseinwurf entnehmen, da dieser gegenüber der von Eva hier aufgebauten neuen Bastion der Rationalität nicht mehr als ein kläglicher Rohrkrepierer sein könnte. Die Vernunft verdient bessere Gegner!

[644] Dieses Beispiel entstammt einer Unterhaltung der van Hieles mit Freudenthal - vgl. van Hiele / van Hiele-Geldorf [1958], S. 132 f.

[645] siehe S. 272

x^2 ist nach deiner Auffassung ja nur der Funktions*wert* der Parabel[646].
Cauchy[647] schreibt für eine Funktion gewöhnlich $f(x)$, mit ihm tut das auch Bolzano[648], nach ihnen alle Welt - bis hinein ins zwanzigste Jahrhundert. Heute jedoch lernt der Mathematikstudent in der ersten Vorlesungsstunde des ersten Semesters, daß eine Funktion f heißt und *keinesfalls* $f(x)$, sondern daß letzteres nur ihr Funktions*wert* sei.

KONRAD Kannst du mal ein Beispiel für eine solche *Denkebene* geben, von denen du gesprochen hast, Eva?

EVA Ja, das wollte ich auch. Nehmen wir wieder den Begriff der Funktion. Auf einer *Basisebene* (Ebene O)[649] ist eine Funktion einfach ein Zusammenhang zwischen irgendwelchen Größen; sie wird mit Mitteln der Umgangssprache beschrieben[650] oder durch eine Zeichnung, durch ein Bild.

Auf der *ersten* Ebene sind die Funktionen 'Träger ihrer Eigenschaften'[651]. D.h. Funktionen sind stetig (oder nicht stetig), differenzierbar (oder nicht), integrierbar (...), durch eine unendliche Reihe darstellbar und was dergleichen mehr ist. Die Funktionen 'werden an ihren Eigenschaften erkannt'[651]: Die Funktion, welche ihrer Ableitung gleich ist, ist die Exponentialfunktion. Die auf dieser Ebene verwendete Sprache ist bereits die algebraische Symbolik.

'Auf der *zweiten* Ebene ordnen sich die Eigenschaften einander zu. Sie leiten sich voneinander ab: eine Eigenschaft geht einer anderen vorher oder folgt ihr nach. Auf dieser Ebene wird die der Deduktion innewohnende Bedeutung [...] noch nicht erfaßt.'[652] Also: Stetige Funktionen

---

[646] Ich muß jedoch darauf hinweisen, daß Euler zwar solchen *besonderen* Funktionen keine eigenen Namen(ssymbole) gibt, daß er jedoch eine *allgemeine* Funktion gewöhnlich in sehr modern anmutender Weise benennt! In seinem [1755] verwendet er für die (allgemeine) Funktion meist das Zeichen y, für *Werte* dieser Funktion dann die Zeichen y^I, y^{II} usw. In seinem [1768] bezeichnet Euler eine allgemeine Funktion von der Variablen x durch X.

[647] siehe etwa S. 34f; vgl. demgegenüber jedoch Rhode [1799], zitiert etwa auf S. 288!

[648] siehe unten, Fußnote 675

[649] van Hiele / van Hiele-Geldorf [1958], S. 128

[650] Der Leser erinnert sich vielleicht an Eulers Funktionsdefinition von S. 271f.

[651] Diese Formulierungen sind von van Hiele / van Hiele-Geldorf [1958], S. 128, die ihr Schema an einem Beispiel aus der Elementargeometrie erläutern.

[652] van Hiele / van Hiele-Geldorf [1958], S. 129

sind integrierbar und (abgesehen vielleicht von vereinzelten Punkten) differenzierbar. Oder überhaupt, jede Funktion ist in eine Taylorreihe entwickelbar ...
   PETER Die Grundannahme des Algebraisierungsprogramms!
   EVA ... und damit auch differenzierbar. Auf der sprachlichen Seite tritt hier zur algebraischen Symbolik wieder wesentlich die Umgangssprache hinzu. Schließlich: 'Auf der *dritten Ebene* beschäftigt sich das Denken mit der Bedeutung der Deduktion, mit der Umkehrung eines Theorems, eines Axioms, mit der notwendigen und hinreichenden Bedingung.'[652] Hier nun zeigt die logische Analyse, daß Stetigkeit und Differenzierbarkeit doch sehr unterschiedliche Begriffe sind, und es werden Funktionen konstruiert, die an keiner Stelle differenzierbar sind. Differenzierbare Funktionen werden gefunden, die nicht mit ihrer Taylorreihe übereinstimmen - und was dergleichen logische Spitzfindigkeiten mehr sind. Auf der sprachlichen Seite treten nun verstärkt logische Elemente hinzu.
   PETER Aber was hat das alles mit deiner eigentlichen Frage zu tun, Eva?
   EVA Nur ruhig Blut, Peter - eins nach dem andern. Zunächst wollte ich kurz die vier Denkebenen erläutern, in denen sich alles mathematische Denken vollzieht.[653] Nun werde ich dieses Schema auf die Entwicklung des Reihenbegriffs anwenden, und damit kommen wir dann ganz von selbst zu einer Antwort auf meine Frage nach der langen Zeitverzögerung bei der Verwertung des Begriffs gleichmäßige Konvergenz.
Also zunächst zur Entwicklung des Reihenbegriffs.
Der Reihenbegriff hat sich *phasenverschoben* zum Funktionsbegriff entwickelt. Seine Entwicklung setzte eine Phase später ein, d.h. seine Ebene 0 fällt geschichtlich mit der der ersten Ebene des Funktionsbegriffs zusammen, usw. Das bedeutet natürlich auch, daß auf einer Denkebene des Reihenbegriffs die auf der nächsthöheren Denkebene des Funktionsbegriffs schon entwickelte mathematische Sprache verwendet wird. Im einzelnen:[654]

---

[653] van Hiele / van Hiele-Geldorf [1958] sprechen noch von einer fünften Ebene, das ist 'die der *logischen Trennung in der Mathematik*. Das Unterrichtsziel [die Arbeit handelt, wie gesagt, von Didaktik, nicht von Geschichte!] auf dieser Ebene wäre, zu analysieren, worin die Tätigkeit des Mathematikers besteht und worin sie sich von der anderer Forscher unterscheidet.' (S. 135)
[654] Der Leser wird die tatsächliche geschichtliche Entwicklung ohne

Auf der *Ebene 0* werden Reihen ganz naiv als unendliche Summen verstanden - sie sind hier kaum mehr als eine Spielerei mit algebraischen Symbolen.

Auf der *ersten Ebene* werden dann verschiedene Eigenschaften der Reihen bemerkt: sie konvergieren[655], divergieren, oszillieren. Das sagt man natürlich in der (um solche Fachworte bereicherten) Umgangssprache.

Auf der *zweiten Ebene* werden nun diese Eigenschaften selbst zum Untersuchungsgegenstand (die einzelnen Reihen nur noch Hilfsmittel, Beispiel): Oszillierende Reihen können gegen ein, zwei, ... oder aber auch gar keinen Wert 'konvergieren'. Bei der Beschreibung treten jetzt noch logische Elemente hinzu - nämlich Quantoren, aber natürlich noch in der Umgangssprache verschlossen.

Erst auf der *dritten Ebene* schließlich werden die logischen Abhängigkeiten und Zusammenhänge *zwischen* den verschiedenen Eigenschaften untersucht (und dabei dann auch weitere *künstliche* Eigenschaften erfunden[656]: einfach-gleichmäßige Konvergenz, pseudo-gleichmäßige Konvergenz, ... im Intervall, ... in einem Punkt, ...). Wesentliche Hilfe dabei ist die Verwendung der formalen Logik, insbesondere die Quantorensymbolik.[657]

Schwierigkeit selbst in groben Zügen in die verschiedenen Ebenen einzuordnen wissen - ich darf mir hier einmal die Text-Verweise sparen.

[655] 'Eine Reihe ist convergirend, wenn ihre Glieder in ihrer Folge nach einander immerfort kleiner werden. Die Summe der Glieder nähert sich alsdann immer mehr dem Werthe der Größe, welche die Summe der ganzen ins Unendliche fortgesetzten Reihe ist.' (Klügel [1803], S. 555) Im selben Werk, möglicherweise gar vom selben Verfasser, heißt es zwanzig Jahre später dagegen: 'Wenn die arithmetische Summe einer Anzahl von Gliedern einer unendlichen Reihe von dem vollständigen Werthe [?!] derselben immer weniger verschieden wird, je größer die Anzahl der Glieder genommen wird, so heißt die Reihe eine *convergirende* oder eine sich nähernde. [...] Die Convergenz oder Annäherung hängt nicht von der Kleinheit der Glieder ab. [Das soll heißen:] Die harmonische Reihe, $1 + 1/2 + 1/3 + 1/4 + 1/5 + etc.$ convergirt nicht, wenn gleich die Glieder immer kleiner werden.' (Klügel / Mollweide [1823], S. 283)

[656] Ich erinnere an die Fußnoten 179, 190.

[657] Die *vierte Ebene* (siehe Fußnote 653) stellt womöglich das obige Gespräch dar. (Um Hans Peter Duerrs überzeugender Erörterung der Feststellung: 'Kein Satz ist reflexiv.' - Duerr [1974], S. 25-33 - gerecht zu werden, sei darauf verwiesen, daß das soeben verwendete Wort 'Gespräch' verdeutlichen soll, daß die Fußnoten zum Gespräch nicht mitgemeint sein können, zumindest nicht die Fußnote 657.)

KONRAD Aha, und jetzt errate ich auch schon deine Antwort auf die Frage, warum die gleichmäßige Konvergenz erst so lange Zeit nach ihrer Erfindung an Bedeutung gewann: Nach deiner Theorie gehören die *Erfindung* eines Begriffs und dessen *logische Untersuchung auf seine Zusammenhänge*, hier auf seine Zusammenhänge mit anderen Reiheneigenschaften, zwei verschiedenen Denkebenen an!
EVA Du hast es genau erfaßt, Konrad!
KONRAD Und der Übergang von einer Denkebene zur anderen benötigt natürlich seine Zeit!
EVA In diesem Fall fünfzig Jahre.
KONRAD Aha, und jetzt sehe ich auch den Stellenwert von Abels Kritik an Cauchys Summensatz! Damals, bis zu den 1820ern, befand man sich im wesentlichen noch auf der *ersten* Denkebene des Reihenbegriffs; es ging damals also um die Untersuchung konkreter Reihen auf ihre Eigenschaften. Cauchys Summensatz dagegen gehört eigentlich schon der *dritten* Denkebene an - verknüpft er doch die Begriffe stetige Funktion und konvergente Reihe miteinander. *Dieser verfrühte Lehrsatz Cauchys hatte für das damalige mathematische Denken noch keine Bedeutung.*
EVA Eben - man widmete ihm eine Fußnote, mehr nicht. Die Forschung befaßte sich noch mit ganz anderen Dingen, und 'ein autoritäres Gerücht entschied eine wissenschaftliche Diskussion'[658]. Und in einem Zeitalter, das noch nicht (wie das unsere) vom logischen Imperialismus kolonisiert war, lockte ein falscher Lehrsatz *als solcher* (also: solange er sowieso nicht für die Forschung interessant war) keinen Hund hinterm Ofen hervor.[659] Auch Cauchy selbst bequemte sich ja erst spät zu einer Verteidigung.[660] - Na, Peter, was sagst du nun? So ein-

---

[658] Feyerabend [1979b], S. 149. Zwar gebraucht Feyerabend diese Formulierung zur Beschreibung der quantentheoretischen Diskussion in den 1930er Jahren, aber er ergänzt (wie der Leser meines Textes mittlerweile weiß: zu recht): 'Die Geschichte der Physik und der Mathematik ist voll von Beispielen dieser Art.'

[659] Dies wirft möglicherweise ein neues Licht auch auf die von Lakatos [1961], S. 19 bei Fußnote 37 zitierte Arbeit Hessel [1832]: Der Blick des rationalistischen Rekonstrukteurs sieht *methodologische* Elefanten (hier: Monstersperrer), wo es sich tatsächlich um eine *inhaltliche* Mücke handelt.

[660] Nachdem die breite mathematische Forschung diese Denkebene erreicht hatte, rückte die Bedeutung von Cauchys Lehrsatz ganz selbstverständlich in den Vordergrund des Interesses: 'Cauchy's Analysis beruht - um nur dies eine hervorzuheben - in ihren wesentlichsten Theilen auf einem Satze, dessen Unrichtigkeit (wenigstens in der Allge-

fach, so schnell wird das, was für dich zur irrationalen, zur externen Geschichte gehört[661], zum Bestandteil der rationalen, internen Geschichte!

PETER Alles, was ich sehe, ist, daß du Abels Vorgehen unter allen Umständen als rational zu rechtfertigen vermagst[661] - und wenn du dafür deine Rationalitätstheorie völlig umkrempeln mußt. In solchen Kehrtwendungen treibst du Schindluder mit der Vernunft!

ANDREAS Geschieht ihr doch recht! Dieser ganze Hokuspokus der Forschungsprogramme mit ihren positiven und negativen Heuristiken - alles fauler Zauber! Dieses armselige Cauchysche Kontinuitätsprinzip für die natürlichen Zahlen, das ihr mit solcher Mühe aus seinen Texten herausgequetscht habt[662] und das euch als Verbindungsglied zwischen dem Leibnizschen Differenzialkalkül und dem modernen Ω-Kalkül[663] so unentbehrliches Indiz für die beständig wirkende Vernunft, pardon: positive Heuristik des Kontinuitätsprogramms ist - das ist alles nur durch euer zielstrebiges Vorurteil erschaffen! Durch eure beschränkte vertikale [664] Sichtweise. Horizontal betrachtet zeigt sich ein vollkommen anderes Bild[665]: Dieses sogenannte *Cauchysche Kontinuitätsprinzip für die natürlichen Zahlen* ist nur ein winziges Steinchen im damaligen großen Mosaik der *Allgemeinheit der Algebra*. Diese '"Allgemeinheit der Algebra" [nämlich] besagte, daß das, was für reelle Zahlen gilt, auch für komplexe Zahlen gilt, daß das, was für konvergente Reihen gilt, auch für divergente gilt, daß [ganz allgemein] das, was für endliche Größen gilt, auch für unendlichkleine gilt. [Dabei will ich gleich zugeben:]

meinheit in welcher Cauchy ihn ausspricht) längst anerkannt ist. [Es folgt eine Zitierung des Cauchyschen Summensatzes.] [...] Die Unrichtigkeit des erwähnten Satzes hat aber schon Abel nachgewiesen. [...] Man hat [späterhin] in den bekannten Werken der Analysis, welche nach dieser Zeit in Deutschland erschienen sind, statt zu untersuchen, ob nicht der erwähnte Cauchy'sche Satz unter gewissen Beschränkungen beibehalten werden kann, denselben vielmehr ganz entfernt, im Uebrigen aber Cauchy's Darstellung unverändert beibehalten. Man scheint also diesen Satz als eine blosse Verzierung angesehen zu haben, die man ohne Gefährdung des analytischen Baues auch wegnehmen könne, und hat nicht bemerkt, dass es sich um eine Grundmauer handelte, die man nicht entfernen konnte, ohne den grössten Theil des Gebäudes in die Luft zu stellen', urteilt Stern [1860], S. IVf sehr treffend - vierzig Jahre nach Cauchys Formulierung des Summensatzes. (Stern war übrigens der erste von Gauß promovierte Mathematiker - vgl. Lorey [1916], S. 66 Fußnote 4.)

[661] siehe S. 54!   [662] siehe S. 47
[663] siehe S. 231f   [664] siehe S. 302
[665] beachte Fußnote 80!

Heute ist es sehr schwer zu verstehen, daß die Mathematik jemals auf solche Grundsätze baute'[666] - aber es war eben so! Das müssen wir so hinnehmen, da beißt keine Maus 'nen Faden ab.

EVA Aber ich treibe doch nicht Schindluder mit der Vernunft, Peter - ganz im Gegenteil: ich verweise sie in ihre Schranken! Ich zeige, daß deine Dramatisierung der Geschichte des Cauchyschen Summensatzes eine entscheidende Überdramatisierung aus der Froschperspektive des logizistischen Mathematikbildes ist!

KONRAD ... also unter Berücksichtigung des modernen Standes der Mathematik fast entschuldbar![667]

PETER Aber es sind doch *wir*, die uns die Geschichte verständlich machen wollen - wir, in unserer heutigen geschichtlichen Lage! *Wir* sind es doch, die die Geschichte verstehen und (möglicherweise) daraus lernen wollen![668]

EVA Schon richtig - aber trotzdem sollte dabei wohl auch *die Geschichte* zu ihrem Recht kommen, ein kleines bißchen wenigstens! Geschichte ist doch gewiß kein Steinbruch, aus dem sich nur der Schotter für Neubaustraßen gewinnen läßt. Geschichte als 'riesiger Steinbruch'[669] - eine solche Sichtweise entspringt dem skrupellosen Verwertungsinteresse des neuzeitlichen Wissenschaftstechnologen, dessen Ausbeutungswille die Strukturen unserer Traditionen aus Profit- und Prestigegründen bedenkenlos zersprengt und die Beute barrelweise meistbietend dem Konsumenten vorsetzt. Daß die Geschichte geschichtet ist, also eine eigene Struktur aufweist, das wird dabei völlig mißachtet.

---

[666] Freudenthal [1970], S. 377

[667] Diese Bedenken gegen Lakatos' Methodologie wissenschaftlicher Forschungsprogramme hat in allgemeiner Form bereits Hucklenbroich [1972] erhoben: 'Die rationale Rekonstruktion der Wissenschaftsgeschichte kann [...] auf keinen absoluten Bezugspunkt rekurrieren, sondern ist genötigt, sich an der aktuellen historischen Situation der Wissenschaft zu orientieren' (S. 102). Diese allgemeine Bemerkung zur Methode der geschichtlichen Rekonstruktion via Textauszug findet sich auch bei Lefèvre [1978], S. 47f, der darüberhinaus eine weitere Randbedingung formuliert - ich komme darauf bei Fußnote 724 zurück.

[668] Hucklenbroich [1972] gießt das in wissenschaftliche Sprache: 'Insofern das Studium der "internen Geschichte" eines Forschungsprogramms zugleich die ideelle Entwicklung, gesehen vom aktuellen Forschungsstand, verfügbar macht und die Mechanismen theoretisch-innovativer Arbeit einübt, besitzt es [...] ohne Zweifel einen hohen Wert für didaktische Zwecke.' (S. 102)

[669] Dieses Wort ist weit verbreitet; neuerdings findet es sich etwa bei Stowasser [1979], S. 7; ich erinnere auch an Abschnitt 2.13, besonders S. 171, 173f.

PETER Immer wieder dieser positivistische Glaube an 'harte' Tatsachen!

KONRAD Kein ideologischer Streit! Eva hat uns eben an einem Beispiel gezeigt, wie ihre Theorie der Denkebenen eine Frage *systematisch* zu klären vermag, die in Peters Theorie der Forschungsprogramme nicht hineinpaßt - eine Frage nach Schnelligkeit und Auswahl. Diese Überlegung von Eva hat mich dann spontan dazu angeregt, ihre Theorie der dynamischen Vernunft mit Peters Theorie der Ideenstränge zu verschränken, was zu einer sehr einleuchtenden Erklärung des Stellenwertes von Cauchys Summensatz in der ersten Hälfte des 19. Jahrhunderts führte. Die Frage ist jetzt natürlich, ob dies ein einmaliger Erfolg ist - oder ob diese Theorienkombination noch mehr zu leisten vermag.

3.2.2 ... und die Geschichte des Stetigkeitsbegriffs in diesem Raster

EVA Selbstverständlich kann sie das![670] Nimm zum Beispiel die Geschichte des Stetigkeitsbegriffs.[671] Ursprünglich bedeutete *stetig* nach einer Definition Eulers[672] soviel wie *ein einziger analytischer Ausdruck*; d.h. zusammengesetzte Funktionen etwa von der Art:

x^2 für $x \leq 0$ und x^3 für $x \geq 0$

waren in diesem Sinne unstetig. Wie Fouriers Werk dann aber zeigte, war *jede willkürlich mit einem Strich gezeichnete Funktion* durch eine einzige trigonometrische Reihe darstellbar - und somit war der Eulersche Stetigkeitsbegriff sinnlos geworden.[673] Man ersetzte also[674] diesen *globalen* Stetigkeitsbegriff durch einen völlig neuen, und zwar

---

[670] Alles geht einmal zu Ende - selbst dieses Gespräch. Evas Behauptung ist also eher eine Aufforderung zu weiterer Forschung als ihr folgendes Beispiel eine ausreichende Untermauerung dieser Behauptung.

[671] Selbstverständlich geht es Eva hier nur um *einen Aspekt* dieser Geschichte - alles andere faßt sie nur grob zusammen! Ausführlicheres findet sich z.B. in Jourdain [1913].

[672] Euler [1748], S. 11

[673] Fourier selbst könnte sich dessen bewußt gewesen sein: 'Es ist bemerkenswert, daß man durch konvergente Reihen [...] die Ordinaten von Linien und Oberflächen darstellen kann, die keinem stetigen Gesetz unterworfen sind.' (Fourier [1823], Abschnitt 230.)

[674] Dieses 'also' ist natürlich eine rationale Rekonstruktion - vgl. das Ende von Fußnote 677!

durch einen *lokalen*. Der jedoch stellte sich in den jeweiligen Forschungsprogrammen unterschiedlich dar: Für das Finitärprogramm formulierte Bolzano die ε-δ-*Definition der Stetigkeit*[675]...

INGE Bolzano?? Vertritt der nicht das Kontinuitätsprogramm?

EVA Doch, doch, das tut er, das haben wir ja gesehen. Aber erst später! Zu dieser Zeit, um 1817 herum, hatte er sich noch nicht aufs Kontinuitätsprogramm festgelegt - und die von ihm gegebene Stetigkeitsdefinition gehört eindeutig ins Finitärprogramm.[676] Also: lokale Stetigkeitsdefinitionen. Bolzano erfindet die ε-δ-Definition fürs Finitärprogramm. Fürs Kontinuitätsprogramm gibt Cauchy zu etwa derselben Zeit (1821) die *Infinitesimal-Definition* - wir haben sie schon ganz zu Anfang des gestrigen Tages besprochen.[677] Schließ-

[675] Bolzano [1817], S. 7f: 'Nach einer richtigen Erklärung nähmlich versteht man unter der Redensart, daß eine Funktion $f(x)$ für alle Werthe von x, die inner- oder außerhalb gewisser Grenzen liegen, nach dem Gesetz der Stetigkeit sich ändre nur so viel, daß, wenn x irgend ein solcher Werth ist, der Unterschied $f(x+\omega) - f(x)$ kleiner als jede gegebene Größe gemacht werden könne, wenn man ω so klein, als man nur immer will, annehmen kann; oder es sey (nach den Bezeichnungen, die wir im §. 14 des *binomischen Lehrsatzes* u.s.w. Prag 1816, eingeführt) $f(x+\omega) = f(x) + \Omega$.'
Freudenthal [1970] bemerkt zu recht: '[Diese Definition] ist modern (obwohl er ω und Ω anstelle von δ und ε verwendet); die Reihenfolge der Quantoren ist richtig und klar.' (S. 380)

[676] In der Tat wäre sie ja unnötig kompliziert, wenn darin ω sogar eine *unendlichkleine Größe* darstellen sollte. Aber auch im gesamten Zusammenhang dieses Textes findet sich nicht der geringste Hinweis auf diese Freiheit. Ganz im Gegenteil bezeichnen dort (andere) griechische Buchstaben wie α, β ganz eindeutig *endliche Größen* - anders, als man es etwa bei Cauchy gewohnt ist, wo ε, α usw. gewöhnlich *unendlichkleine* Größen bezeichnen.

[677] siehe S. 34ff. Übrigens zeigt diese methodische Scheidung zwischen ε-δ-Definition und Infinitesimal-Definition der Stetigkeit, daß Cauchy eindeutig erfolglos von Bolzano abgeschrieben hätte (jedenfalls im rationalistischen Lichtschein der Methodologie der wissenschaftlichen Forschungsprogramme) - wenn er es denn versucht hätte. Diese Abschreibe-Theorie nämlich verficht Grattan-Guiness [1970] mit dem Heldenmut des Kamikaze-Fliegers - völlig unbeeindruckt von Freudenthals Überfülle fundierter Einwände, die zeigen, daß Grattan-Guiness ganz unbelastet ist von irgendwelchen genaueren Kenntnissen (seien es geschichtliche, seien es mathematische) über die Dinge, die er erzählt. Vgl. Freudenthal [1970], zu Grattan-Guiness' Unbeirrbarkeit besonders Fußnote **** auf S. 388. Im Lichte der hier vorgeschlagenen methodischen Scheidung kann Freudenthal seine Formulierung, 'Bolzanos und Cauchys [Stetigkeits-]Definitionen sind äquivalent' (S. 380) zurücknehmen - aber ein totaler Sieg läßt sich kaum noch vergrößern. Oder vielleicht doch? Wie mir scheint, hat Freudenthal die an der St. Petersburger Akademie 1787 erfolgreiche Preisschrift von Louis-François-

lich wird noch eine dritte lokale Stetigkeitsdefinition formuliert:
die *Grenzwert-Definition*.[678]

PETER In welchem Forschungsprogramm?

EVA Von der *Formulierung* her ist die Grenzwert-Definition unabhängig von den beiden Forschungsprogrammen, aber *inhaltlich* gehört sie natürlich zum Finitärprogramm.

KONRAD Wieso?

EVA Na, im Kontinuitätsprogramm ist die Grenzwert-Definition lediglich ein anderer *Wortlaut* für die Infinitesimal-Definition - und also überflüssig, wie Grenzwerte ja überhaupt im Kontinuitätsprogramm fehl am Platz sind. Im Finitärprogramm dagegen ist die Grenzwert-Definition eine echte Alternative zur ε-δ-Definition, und die Äquivalenz von beiden ist zu beweisen![679]

KONRAD Also schön. Und weiter?

EVA Mich interessiert jetzt diese Grenzwert-Definition. Ich habe sie erstmals bei Abel gefunden, und zwar in dieser Formulierung: 'Eine Function $f(x)$ soll *stetige Function* von x, zwischen den Grenzen $x = 0$, $x = b$ heissen, wenn für einen beliebigen Werth von x, zwischen diesen Grenzen, die Grösse $f(x-\beta)$ sich für stets abnehmende Werthe von β, der Grenze $f(x)$ nähert.'[680]

Nun ist diese Definition, wie wir heute sofort sehen, nicht ausreichend, da sie nur das einseitige, das linksseitige Verhalten der Funktion berücksichtigt - jedenfalls in ihrem *Wortlaut*. Das störte Abel jedoch seinerzeit nicht (und er wußte ja schließlich auch, was er *gemeint* hatte). Wie bereits ausgeführt[681] befand sich damals die Entwick-

---

Antoine Arbogast: *Mémoire sur la nature des fonctions arbitraires qui entirent dans les intégrales des équations aux différentielles partielles* übersehen, in der (falls Jourdain [1913], S. 675f korrekt übersetzt) in essayistischer Ausführlichkeit der neue lokale Stetigkeitsbegriff erstmals vorgestellt wird (wenngleich er dort anders heißt); und diese Preisschrift könnte ja nach ihrer Veröffentlichung 1791 *sowohl* Bolzano *als auch* Cauchy zugänglich gewesen sein - jedenfalls angesichts der Jahreszahlen. Jourdain jedenfalls zieht immerhin eine Verbindung zwischen Arbogast und der frühesten Fassung des lokalen Stetigkeitsbegriffs bei Cauchy in Cauchy [1814], S. 402f (Jourdain[1913], S. 694f).

[678] siehe S. 36
[679] Ich erinnere an die Diskussion bei Fußnote 62!
[680] Abel [1826a], S. 314
[681] siehe S. 307f

lung des Funktionsbegriffs erst auf der zweiten Denkebene, d.h. die Bedeutung der Deduktion spielte in den Untersuchungen dieser Zeit noch nicht die entscheidende Rolle. Dies änderte sich erst gegen Mitte des Jahrhunderts, als allgemeine Lehrsätze über Stetigkeit und dergleichen in den Blickpunkt rückten[682], als also die dritte Denkebene des Funktionsbegriffs erreicht war. Nunmehr setzte eine strenge Analyse dieser Grenzwert-Definition ein, was sich sehr schön an einem damaligen Zeitschriftenbeitrag verfolgen läßt. In diesem Artikel aus dem Jahr 1849 berichtet der Verfasser Schlömilch zunächst von seinem ersten Verbesserungsversuch, den er zuvor in einem Lehrbuch unternommen hatte[683]: Dort nannte er eine Funktion stetig, wenn gilt

$$Lim [f(a+\delta) - f(a-\delta)] = 0$$

wobei das Zeichen Lim bedeutet, daß die beliebige Größe δ in Null übergehen soll.[684] Dann aber hat Schlömilch bemerkt, daß nach dieser Be-

---

[682] Der §. 11. des Lehrbuchs Schlömilch [1851] trägt die Überschrift: 'Zweites Kennzeichen der Discontinuität. Allgemeine Theoreme' (S. 46), und es heißt dort beispielsweise: '... d.h. *die Summe einer endlichen Menge stetiger Funktionen ist selbst eine stetige Funktion*. Dieser Satz bleibt jedoch nicht mehr richtig [eine Formulierung, die Alexander gewiß großes Kopfzerbrechen bereiten würde!], wenn die Anzahl m der Funktionen unendlich wird, denn es könnte in diesem Falle geschehen, dass ...' (S. 47) Hier geht es also in erster Linie um die rein logische Ableitung, Beispiele werden für später versprochen.

[683] vgl. Schlömilch [1849], S. 431

[684] Das Bemerkenswerte bei dieser Definition ist, daß sie durch die Konfrontation der Abelschen Grenzwert-Definition der Stetigkeit (die Schlömilch Cauchy zuschreibt - s. Schlömilch [1849], S. 430) mit dem Dirichletschen Funktionsbegriff entsteht, den Schlömilch übernimmt: 'Wenn eine Funktion $f(x)$ an irgend einer Stelle $x = a$, eine Unterbrechung der Continuität erleidet, so kommen ihr daselbst *zwei* verschiedene Werthe zu, von denen der eine den Endwerth der bisherigen Reihe von Werthen bildet und der andere den Anfang zu einer neuen Reihe macht. [... Diese beiden Werte unterscheidet] man nach Lejeune Dirichlet's Vorschlag sehr passend dadurch [...], dass man [den ersten] mit $f(a-0)$ und [den zweiten] mit $f(a+0)$ bezeichnet.' (Schlömilch[1849], S. 430) Dieser Bezug auf Dirichlet ist völlig korrekt, wie die Lektüre von Dirichlet [1837], S. 170 zeigt. Mit dem Satz: 'Entspricht nun jedem x ein einziges, endliches y, und zwar so dass, während x das Intervall von a bis b stetig durchläuft, $y = f(x)$ sich ebenfalls allmählig verändert, so heisst y eine stetige oder continuirliche Funktion' (Dirichlet [1837], S. 152) - mit diesem Satz definiert Dirichlet eben nur den Begriff *stetige Funktion* und nicht den allgemeinen Begriff *Funktion* - ein Sachverhalt, den Hankel [1870], S. 67 Fußnote * leider übersehen hat, wodurch eine hartnäckige Legende begründet wurde. Auch Jourdain [1913] weist übrigens auf Hankels Lesefehler hin (S. 693) - und glaubt dennoch, bei Dirichlet den Dirichletschen Funktionsbegriff vorzufinden: er verweist dazu ganz allgemein (und unzulässig - vgl. Fußnote 186!) auf Dirichlet [1829].

stimmung etwa die Funktion $\frac{1}{(x-a)^2}$ an der Stelle $x = a$ ebenfalls stetig ist:

'für $\quad f(x) = \frac{1}{(x-a)^2}$:

$$Lim \, [f(a+\delta) - f(a-\delta)] = Lim \, [\frac{1}{\delta^2} - \frac{1}{\delta^2}] = 0 \, .$$

Dieser Ausspruch streitet aber gegen die Anschauung [...] Daher ist jenes Kriterium [für die Unstetigkeit] noch zu beschränkt und ich stelle desshalb das allgemeinre auf: "die Funktion $f(x)$ erleidet an der Stelle $x = a$ eine Unterbrechung der Continuität, wenn

$$Lim \, [f(a+\delta) - f(a-\epsilon)] \gtrless 0$$

ist, wobei δ und ϵ zwei *verschiedene* Grössen sind, die sich der gemeinschaftlichen Gränze Null nähern." So hat man z.B. für

$f(x) = \frac{1}{(x-a)^2}$ und $x = a$:

$$Lim \, [f(a+\delta) - f(a-\epsilon)] = Lim \, [\frac{1}{\delta^2} - \frac{1}{\epsilon^2}] \, ,$$

und etwa für $\epsilon = 2\delta$ (um nur die Verschiedenheit von δ und ϵ auszudrücken):

$$Lim \, [f(a+\delta) - f(a-\epsilon)] = Lim \, (\frac{3}{4} \frac{1}{\delta^2}) = \infty \, ,$$

also $f(x)$ discontinuirlich an der Stelle $x = a$. Überhaupt kann man immer $\epsilon = k\delta$ setzen, wo k eine beliebige aber *constante* Grösse bezeichnet.'[685]

PETER Und das soll die dritte Denkebene des Funktionsbegriffs sein? Das sieht mir eher wie die erste aus!

EVA Nicht doch! Es geht hier doch nicht um die Funktion $\frac{1}{(x-a)^2}$, die in ihren besonderen Eigenschaften untersucht wird - diese Eigenschaften sind längst bekannt und selbstverständlich. Diese Funktion dient hier nur als Beispiel für die Tragfähigkeit einer neuen Bestimmung der Stetigkeit, die hier der eigentliche Untersuchungsgegenstand ist.

PETER Also zweite Ebene!

EVA Nein! Denn den Anlaß des Ganzen bildet ja der Versuch, allgemeine Lehrsätze über diese Funktioneigenschaften aufzustellen. Aber ich gebe zu: Dies läßt sich anhand des aus seinem Zusammenhang gerissenen Artikels nicht erkennen, dazu muß man schon die zwei Jahre spä-

---

[685] Schlömilch [1849], S. 431f

ter erschienene Neuauflage von Schlömilchs Lehrbuch mit heranziehen.[686]

KONRAD Also schön. Wie es scheint, eröffnet Evas Theorie der Denkebenen tatsächlich der geschichtlichen Forschung neue Möglichkeiten. Die Erklärungskraft der Forschungsprogramme wächst, wenn man diese Entwicklungsdynamik der Denkebenen mit hineinnimmt, denn dadurch werden Ereignisse, die zuvor irrational, extern waren, zu rationalen, also internen Ereignissen.

EVA Ja, und das Tolle ist, daß diese Entwicklungsdynamik nicht nur in der objektiven Wissenschaft zu finden ist, sondern auch *in derselben Weise* beim einzelnen Menschen, beim lernenden Schüler![687]

ANNA Toll nennst du diese aufsehenerregende Schwäche?

3.2.3 Foucaults Schema der epistemologischen Felder des Wissens

EVA Wie bitte? Wie kannst du diese überzeugende Stärke als Schwäche bezeichnen?

ANNA Es *ist* eben eine Schwäche! Deine Theorie, Eva, ist völlig ungeeignet, objektive, transzendentale Sachverhalte zu erfassen! Denn sie ist eindeutiges Opfer der allgemeinen 'Gefahr, die [...] jedes dialektische Unternehmen bedroht und vielleicht stets freiwillig oder gewaltsam in eine Anthropologie hineintaumeln läßt.'[688]

EVA Wie meinst du das, Anna? Was heißt das? Wie sprichst du überhaupt?

ANNA 'Es ist zweifellos nicht möglich, den empirischen Inhalten einen transzendentalen Wert zu geben, noch, sie in Richtung auf eine konstituierende Subjektivität zu verlagern, ohne wenigstens verschwiegen einer Anthropologie Raum zu geben, das heißt einer Denkweise, in der die De-jure-Grenzen der Erkenntnis - und infolgedessen jeden em-

---

[686] eben Schlömilch [1851]; vgl. auch Fußnote 682. Es gibt freilich Mathematikgeschichtler, denen nichts ferner liegt als solche *Deutung im Zusammenhang*. Und ich sollte es ruhig zugeben: Auch die Vorgehensweise am 'Zweiten Tag' *tendierte* zu einer Textatomisierung, insbesondere zu Beginn. Aber da war ja auch der Einfluß der Strukturmathematik und ihrer Geschichtsschreibung noch sehr groß.

[687] Ich erinnere daran, daß diese Theorie der Denkebenen von ihren Erfindern ausdrücklich als *didaktische* Theorie gedacht ist - vgl. Fußnote 639!

[688] Foucault [1966], S. 305f

pirischen Wissens - gleichzeitig die konkreten Formen der Existenz sind, so wie sie sich genau in demselben empirischen Wissen ergeben.'[689] 'Die "Anthropologisierung" ist heutzutage die große innere Gefahr der Wissenschaften.'[690]

ANDREAS Eine neue Große Vernunft! (*fällt in Ohnmacht*)

ANNA Nein, keineswegs - nur 'das erwachte und unruhige Bewußtsein des modernen Wissens'[691]! Es geht nicht um Vernunft, es geht um die 'Geschichte des Denkens'[692], um 'das Werden des Wissens'[692]. Ihr in eurer Verblendung - ihr liefert 'unter dem Vorwand, Ideengeschichte in einem streng historischen Sinne zu schreiben, ein schönes Beispiel von Naivität. Denn in der Geschichtlichkeit des Wissens zählen nicht die Meinungen oder die Ähnlichkeiten, die man durch die Epochen hindurch zwischen ihnen feststellen kann [...]; was wichtig ist, was die Geschichte des Denkens in sich selbst zu gliedern gestattet, sind ihre immanenten Bedingungen der Möglichkeit.'[693]

INGE Jawohl, Anna! Es ist wirklich an der Zeit, daß wir gegen dieses idealistische Denken Front machen und die materiellen, die sozialen Wurzeln des Denkens aufzeigen!

ANNA Auch du bist in einem Irrtum befangen, Inge. 'Wenn die Zugehörigkeit zu einer sozialen Gruppe auch erklären kann, daß diese oder jene ein Denksystem eher als das andere gewählt haben, besteht die Bedingung dafür, daß dieses System gedacht worden ist, niemals in der Existenz dieser Gruppe. [...] Die [entscheidende] Frage besteht, ohne daß man den Personen oder ihrer Geschichte Rechnung trägt, darin, daß man die Bedingungen definiert, von denen ausgehend es möglich gewesen ist, in kohärenten und gleichzeitigen Formen das [jeweils untersuchte] Denken zu denken.'[694] Und diese Frage läßt sich auch eindeutig beantworten, denn 'in einer Kultur, und in einem bestimmten Augenblick, gibt es immer nur eine *episteme*, die die Bedingungen definiert, unter denen jegliches Wissen möglich ist. Ob es sich nun um das handelt, das in einer Theorie manifest wird, oder das, das schweigend durch eine Pra-

---

[689] Foucault [1966], S. 306
[690] Foucault [1966], S. 417
[691] Foucault [1966], S. 260. Der Anfang des zitierten Satzes lautet: 'Der Strukturalismus ist keine neue Methode, er ist das erwachte ...'
[692] Foucault [1966], S. 127
[693] Foucault [1966], S. 336
[694] Foucault [1966], S. 252

xis eingehüllt wird, spielt dabei keine Rolle. [...] Und diese fundamentalen Notwendigkeiten des Wissens müssen wir sprechen lassen.'[695]

ANDREAS Also doch (*hat große Schwierigkeiten, sich zu erholen*) - schon wieder ein 'Gott, der in seinem Schweigen zu uns spricht'[696]!?

KONRAD Und diese fundamentalen Notwendigkeiten - schlagen die auch auf die Mathematik durch?

ANNA Sie durchziehen alles Wissen - mithin auch die Mathematik.

PETER Konkret - Beispiele!

ANNA Nehmen wir zum Beispiel jene Diskontinuität, durch welche die letzten Jahre des achtzehnten Jahrhunderts gebrochen werden, und die mit jener 'symmetrisch ist, die am Anfang des siebzehnten Jahrhunderts mit dem Denken der Renaissance gebrochen hatte'[697], jenes fundamentale Ereignis, 'eines der radikalsten wahrscheinlich, das der abendländischen Zivilisation zugestoßen ist'[698]. Ich will das kurz zu beschreiben versuchen, zunächst die Situation vor dem Bruch: 'Die Menschen des siebzehnten und achtzehnten Jahrhunderts denken den Reichtum, die Natur und die Sprachen nicht mit dem, was ihnen die voraufgehenden Zeitalter gelassen hatten, und auf der Linie dessen, was bald entdeckt werden sollte; sie denken ausgehend von einer allgemeinen Einteilung, die ihnen nicht nur Begriffe und Methoden vorschreibt, sondern die, auf fundamentalere Weise, eine bestimmte Seinsweise für die Sprache, die Einzelwesen, die Natur, die Gegenstände des Bedürfnisses und des Verlangens vorschreibt. Diese Seinsweise ist die der Repräsentation. Von nun an erscheint ein ganzer gemeinsamer Boden, auf dem die Geschichte der Wissenschaften als eine Oberflächenwirkung figuriert. [...] Die Geschichte des Wissens [dieser beiden Jahrhunderte] kann nur ausgehend von dem gebildet werden, was ihm gleichzeitig war, und nicht in Termini von Bedingungen und in der Zeit gebildeter Apriori.'[699] Jetzt 'muß man wohl annehmen, daß die Repräsentationen sich ähneln und

---

[695] Foucault [1966], S. 213f
[696] Duerr [1974], S. 15
[697] Foucault [1966], S. 269
[698] Foucault [1966], S. 273
[699] Foucault [1966], S. 260f. Foucault trachtet in seinem Buch, zahlreiche Belege aus den verschiedensten Wissensgebieten zugunsten seiner Thesen beizubringen. Selbstverständlich ist hier nicht der Ort, diese Belege auf ihre Stichhaltigkeit zu prüfen. Hier kann es nur um eine Darstellung von Foucaults Ergebnissen gehen.

in der Vorstellung sich gegenseitig in Erinnerung rufen; daß die natürlichen Wesen in einer Nachbarschaftsbeziehung und Ähnlichkeitsbeziehung stehen; daß die Bedürfnisse der Menschen sich entsprechen und ihre Befriedigung finden. Die Verkettung der Repräsentationen, die dikke, bruchlose Schicht der Wesen, die Fruchtbarkeit der Natur sind stets erforderlich, damit es Sprache gibt, damit es Reichtümer und Handhabung der Reichtümer geben kann. Das Kontinuum der Repräsentationen und des Seins, eine negativ als Fehlen des Nichts definierte Ontologie, eine allgemeine Repräsentierbarkeit des Seins und das durch die Präsenz der Repräsentation offenbarte Sein - alles das gehört zur Konfiguration der Gesamtheit der klassischen *episteme*. Man wird in diesem Prinzip des Kontinuierlichen das metaphysisch starke Moment des Denkens des siebzehnten und achtzehnten Jahrhunderts erkennen können [...]; während die Beziehung zwischen Gliederung und Attribution, Bezeichnung und Derivation [...] für dieses Denken [das] wissenschaftlich starke [Moment] (was die Grammatik, die Naturgeschichte, die Wissenschaft der Reichtümer möglich macht) definieren. Das Ordnen der Empirizität findet sich so mit der Ontologie verbunden, die das klassische Denken charakterisiert.'[700]

Das 'erkenntnistheoretische Fundament' in der Klassik des siebzehnten und achtzehnten Jahrhunderts kann man 'mit einem Wort definieren, indem man sagt, daß im klassischen Wissen die Erkenntnis der empirischen Einzelwesen nicht anders als durch eine kontinuierliche, geordnete und allgemeine Übersicht (*tableau*) aller möglichen Unterschiede erworben werden kann.'[701] Der Bezug der Naturgeschichte 'wird durch Oberflächen und Linien gegeben, nicht durch Funktionieren oder unsichtbares Gewebe. [...] Die Naturgeschichte durchläuft [in dieser Zeit] einen Raum von sichtbaren, gleichzeitigen, begleitenden Variablen, die ohne innere Beziehung einer Subordination oder Organisation sind. [...] Die fundamentale Disposition des Sichtbaren und des Aussagbaren dringt nicht mehr durch die Dicke des Körpers.'[702]

PETER Stolze Wortfeuerwerke - und was weiter?

---

[700] Foucault [1966], S. 258. Diese Übersetzung analogisiert 'das metaphysisch starke *Moment* des Denkens' und 'den wissenschaftlich starken *Augenblick*' - was ich nur als diskontinuierliche Übersetzung vermuten kann und deswegen die Veränderung Augenblick→Moment vorgenommen habe.

[701] Foucault [1966], S. 188

[702] Foucault [1966], S. 179

ALEXANDER Aber spürst du denn nicht die Zusammenhänge? Wissen als *tableau*, aufgeschrieben etwa in der *Encyclopédie*: hier der Leibnizsche Differenzialkalkül, da Newtons Fluxionsrechnung – ein *innerer Zusammenhang* zwischen beiden existiert nicht. Die *Begründung* des Differenzialkalküls interessiert ebenfalls kaum. Stetigkeit (es war damals noch die Eulersche!) ist immer nur eine Definition an der Oberfläche: ein einziger analytischer Ausdruck und nicht: ein innerer, struktureller Zusammenhang.

PETER Soll das alles sein? Dünn - sehr dünn, sag ich!

KONRAD Lassen wir Anna ausreden. Sie wollte eine außerordentliche Diskontinuität beschreiben, die sich zu Ende des achtzehnten Jahrhunderts vollzog. Bislang hat sie erst die Situation vor dem Bruch geschildert.

ANNA Ja, dieser Bruch, 'dieses Ereignis, sicher weil wir noch in ihm befangen sind, entgeht uns zu einem großen Teil. [...] Sicher stellt sich die Gesamtheit des Phänomens zwischen leicht fixierbare Daten (die äußersten Punkte sind die Jahre 1775 und 1825); aber man kann in jedem der untersuchten Gebiete zwei aufeinanderfolgende Phasen erkennen, deren Verbindungspunkt ungefähr um 1795 bis 1800 liegt. In der ersten dieser Phasen ist die fundamentale Seinsweise der Positivitäten nicht verändert. Die Reichtümer der Menschen, die natürlichen Arten, die Wörter, mit denen die Sprachen bevölkert sind, bleiben noch, was sie im klassischen Zeitalter waren: reduplizierte Repräsentationen, - Repräsentationen, deren Rolle es ist, Repräsentationen zu bezeichnen, sie zu analysieren, sie zu komponieren und sie zu dekomponieren, um in ihnen mit dem System ihrer Identitäten und ihrer Unterschiede das allgemeine Prinzip einer Ordnung auftauchen zu lassen. In der zweiten Phase erst werden die Wörter, die Klassen und die Reichtümer eine Seinsweise erlangen, die nicht mehr mit der der Repräsentation vereinbar ist.'[703] Die erste dieser beiden Übergangsphasen läßt sich nur 'oberflächlich in einem Fortschritt der Rationalität oder in der Entdeckung eines neuen kulturellen Themas'[704] finden. 'Auf fundamentalere Weise und auf jener Ebene, in der die Erkenntnisse sich in ihrer Positivität verwurzeln, betrifft das Ereignis [...] das Verhältnis der Repräsentation zu dem, was in ihr gegeben ist. [...] Die Repräsen-

---

[703] Foucault [1966], S. 273f
[704] Foucault [1966], S. 294

tation hat die Kraft verloren, von ihr selbst ausgehend, in ihrer eigenen Entfaltung und durch das sie reduplizierende Spiel die Bande zu stiften, die ihre verschiedenen Elemente vereinen können. Keine Zusammensetzung, keine Zerlegung, keine Auflösung in Identitäten und Unterschiede kann mehr die Verbindung der Repräsentationen miteinander rechtfertigen. [...] Die Bindung dieser Verbindungen ruht künftig außerhalb der Repräsentation, jenseits ihrer unmittelbaren Erscheinung (*visibilité*), in einer Art Hinterwelt, die tiefer und dicker ist als sie selbst. [...] Die Dinge in ihrer fundamentalen Wahrheit [entgehen] dem Raum des Tableaus. [...] Der Ordnungsraum [...] als *gemeinsamer Ort* für die Repräsentation der Dinge, die empirische Erscheinung und die wesentlichen Regeln [...] wird künftig zerbrochen werden. Es wird die Dinge mit ihrem eigenen Bau (*organisation*), mit ihrer geheimen Aderung (*nervures*), dem sie gliedernden Raum und der sie hervorbringenden Zeit geben. Und dann wird es die Repräsentation geben, eine rein zeitliche Abfolge, in der ...'[705]

KONRAD Ich bitte dich, Anna, fasse dich kurz, komm zur zweiten Phase des Übergangs.

ANNA Ich bin doch schon darüber hinaus! Aber du hast recht, ich sollte systematisch bleiben.[706] Also: In der zweiten Phase 'wechselt das Wissen in seiner Positivität seine Natur und seine Form. [...] Was an der Wende des Jahrhunderts sich geändert, eine irreparable Veränderung durchgemacht hat, ist das Wissen selbst als im voraus bestehende und ungeteilte Seinsweise zwischen dem erkennenden Subjekt und dem Gegenstand der Erkenntnis.'[707] 'Produktion, [...] Leben und [...] Sprache [...] sind fundamentale Modi des Wissens, die in ihrer rißlosen Einheit die zweite und abgeleitete Korrelation von Wissenschaften und neuen Techniken mit den noch neuen Gegenständen tragen.'[708]

KONRAD Und die Situation jenseits des Bruches?

ANNA 'Seit dem neunzehnten Jahrhundert entfaltet die Geschichte in einer zeitlichen Serie die Analogien, die die unterschiedlichen Organisationen einander annähern. Jene Geschichte wird ihre Gesetze allmählich der Produktionsanalyse, der Analyse der organisierten Wesen und

---

[705] Foucault [1966], S. 294f
[706] Das allerdings ist bei Foucaults Text nicht ganz einfach ...
[707] Foucault [1966], S. 309
[708] Foucault [1966], S. 310

schließlich der der linguistischen Gruppen auferlegen. Die Geschichte *gibt* den analogen Organisationen *Raum*, so wie die Ordnung den Weg der Identitäten und der *abfolgenden* Unterschiede öffnete.'[709] 'Das Wesentliche ist, daß sich am Anfang des neunzehnten Jahrhunderts eine Wissensdisposition konstituiert hat, in der gleichzeitig die Historizität der Ökonomie (in Beziehung zu den Produktionsformen), die Endlichkeit der menschlichen Existenz (in Beziehung zum Mangel und zur Arbeit) und die Fälligkeit eines Ziels der Geschichte vorkommen, ob diese nun unendliche Verlangsamung oder radikale Umkehr ist. Geschichte, Anthropologie und Unentschiedenheit des Werdens gehören zueinander gemäß einer Figur, die für das Denken des neunzehnten Jahrhunderts einen ihrer bedeutendsten Raster definiert. [...] Das Denken wird nicht mehr nach Art eines Tableaus konstituiert, sondern als eine Folge, als eine Verkettung oder ein Werden.'[710]

KONRAD Das war's?

ANNA Eines noch - damit ihr den Bezug zur Mathematik auch recht klar seht!

PETER Jetzt wird's spannend!?

ANNA Statt des aufgelösten Raumes, 'statt eines einheitlichen Feldes der Erscheinung und der Ordnung, dessen Elemente unterscheidenden Wert im Verhältnis zueinander haben, verfügt man [nun] über eine Serie von Oppositionen, deren beide Punkte nicht auf gleicher Ebene liegen.'[711] 'Diese Folge von Oppositionen, die den Raum der Naturgeschichte zerlegte, [hat] Folgen großen Gewichts gehabt. Für die Praxis ist es das Erscheinen zweier korrelativer Techniken, die sich stützen und abwechseln. Die erste dieser Techniken wird durch die vergleichende Anatomie gebildet: diese läßt einen inneren Raum auftauchen, der einerseits durch die oberflächliche Schicht der Häute und Schalen und andererseits durch die Quasi-Unsichtbarkeit des unendlich Kleinen begrenzt ist.'[712]

PETER Hört, hört!

ANNA Die vergleichende Anatomie 'richtet einen Raum ein, der weder der der sichtbaren Merkmale, noch der der mikroskopischen Elemen-

---

[709] Foucault [1966], S. 271
[710] Foucault [1966], S. 321
[711] Foucault [1966], S. 328
[712] Foucault [1966], S. 329

te ist. [...] In Opposition zum einfachen Blick, der beim Durchlaufen der unberührten Organismen vor sich die Vielzahl der Unterschiede sich entfalten sieht, läßt die Anatomie, indem sie die Körper tatsächlich zerschneidet, in getrennte Teilchen zerlegt, sie im Raum zerstückelt, die großen Ähnlichkeiten hervortreten, die unsichtbar geblieben wären. Sie rekonstruiert die unter den großen sichtbaren Verstreuungen liegenden Einheiten.'[713]

INGE Ich warte auf die Mathematik - und sie redet von vergleichender Anatomie!

KONRAD Und die zweite korrelative Technik?

ANNA 'Die zweite Technik beruht auf der Anatomie (da sie deren Resultat ist), steht aber im Gegensatz zu ihr (weil sie erlaubt, auf die Anatomie zu verzichten). Sie besteht in der Herstellung von Hinweisverhältnissen zwischen oberflächlichen, also sichtbaren Elementen und anderen, die in der Tiefe der Körper verborgen sind. [...] So gestattet sie "die Errichtung der Entsprechung äußerer und innerer Formen, die beide integrierender Bestandteil des Wesens des Tiers sind" (Cuvier, 1817). [...] Diese Technik der Hinweise [verläuft jedoch] nicht zwangsläufig von der sichtbaren Peripherie zu den grauen Formen der organischen Innerlichkeit, sie kann Netze der Notwendigkeit herausarbeiten, die von irgendeinem Punkt des Körpers zu irgendeinem anderen verlaufen.'[714]

PETER Jetzt aber Schluß! Was soll diese unbestimmte, abgehobene Spintisiererei?

ALEXANDER Wieso abgehoben? Anna hat doch ganz hart an tatsächlichen Geschehnissen argumentiert ...

INGE ... sich aber dabei im Wissensgebiet vertan: uns interessiert Mathematik - und keine vergleichende oder sonstige Anatomie!

ALEXANDER Aber bemerkst du denn nicht die unübersehbaren Parallelen? Ich finde es phantastisch, wie genau der von Anna geschilderte allgemeine Umbruch im Denken auch auf den Umbruch der Mathematik[715] paßt!

INGE Parallelen zwischen der Anatomie und der Mathematik?

---

[713] Foucault [1966], S. 329f
[714] Foucault [1966], S. 330
[715] von dem Foucault kaum etwas gewußt haben dürfte (er hätte ihn sonst gewiß erwähnt).

ALEXANDER Nicht doch - zwischen den Entwicklungen dieser beiden Wissensgebiete!

ANNA Und natürlich nicht nur dort, nicht nur in den Entwicklungen des Wissens! Das gesamte 'Schema von Macht/Wissen'[716], das jeder Disziplin eigen ist[717], war damals im Umbruch. Denken wir auch an die Veränderung des Polizeiapparates (in Frankreich), der 'das unendlich Kleine der politischen Gewalt'[718] zu erfassen sucht: die Disziplinarfunktion der Macht hat sich in und zwischen sämtliche gesellschaftlichen Funktionen 'eingeschlichen und, indem sie sie gelegentlich modifizierte, sie miteinander verband und sie erweiterte, ließ sie die Machtwirkungen bis in die feinsten und entlegensten Elemente dringen. Die Disziplinarfunktion gewährleistet eine infinitesimale Verteilung der Machtbeziehungen.'[719]

ALEXANDER Meinetwegen auch *noch* allgemeiner - aber beschränken wir uns doch auf die Durchgängigkeit dieses Bruchs *im Denken*!

INGE Wie meinst du das?

ALEXANDER Nun, wir hatten doch gestern schon ausführlich über die 'Einrichtung der Strenge in der Analysis'[720] gesprochen, jene gewaltige Umwälzung in der Mathematik - und die vollzog sich sehr genau mit dem Beginn des neunzehnten Jahrhunderts! Mit anderen Worten: Der von Anna so eindrucksvoll geschilderte Bruch des Denkens am Übergang vom 18. zum 19. Jahrhundert zeigt sich ganz eindeutig auch in der Mathematik!

PETER Wieso soll das derselbe Bruch sein? Kann es sich nicht um ein zufälliges Zusammentreffen zweier grundverschiedener Ereignisse handeln?

INGE Außerdem haben wir doch die Einrichtung der Strenge in der Mathematik längst als Konsequenz aus der Einrichtung der *Ecole Polytechnique* und ähnlicher Schulen erkannt!

ALEXANDER Aber natürlich ist das derselbe Bruch! Erinnere dich doch nur an diese Technik der 'Herstellung von Hinweisverhältnissen zwischen oberflächlichen, also sichtbaren Elementen und anderen, die

---

[716] Foucault [1975], S. 290f
[717] Foucault [1975], S. 290
[718] Foucault [1975], S. 274
[719] Foucault [1975], S. 277
[720] siehe S. 264

in der Tiefe der Körper verborgen sind', von denen Anna (in Hinblick auf die Anatomie) eben gesprochen hat! Was anderes als die Technik der Herstellung solcher Hinweisverhältnisse ist denn diese Einrichtung der Strenge? Wodurch werden denn diese unsichtbaren Elemente wie etwa die *unendlichlangsame Konvergenz* aufgespürt - wenn nicht durch die Knüpfung solcher logischen Hinweisverhältnisse? Wie anders werden denn diese unsichtbaren Gebilde *unendlichkleine Größen* gesichert - wenn nicht durch ihre kalkülmäßige Anbindung an die sichtbaren, die endlichen Größen, sei es mittels konvergierender Folgen wie zumeist oder sei es mittels unendlicher Rechenausdrücke wie bei Bolzano?

3.2.4 Aufbruch

PETER Nun aber genug des freien Assoziierens! Wenn ihr nichts Konkreteres zu bieten habt als solche unbestimmten, ungesicherten Analogien, dann möchte ich darauf gerne verzichten.

ANDREAS *beiseite* Die Vernunft wird ihrer Kinder überdrüssig.

PETER Wir haben mit handfesten Dingen wie der gleichmäßigen Konvergenz angefangen, sind von dort aus zwar etwas tiefer in die Geschichte der Analysis abgeglitten - aber dennoch hatten wir stets festen Boden unter den Füßen: vom Leibnizschen Differenzialkalkül bis hin zum Ω-Kalkül unserer Tage. Jetzt aber verlieren wir uns im Nebel der Unbestimmtheiten - und die Mathematik ist uns längst vollends abhanden gekommen!

ALEXANDER Also aus meiner Sicht haben wir diese enorme Spanne zwischen der allgemeinen Geschichte des Denkens einerseits und ganz konkreten mathematischen Techniken andrerseits in diesem ersten Anlauf verblüffend gut überbrückt!

KONRAD Und jetzt tu auch nicht so wichtig, Peter! Schließlich hast du selbst deinen Teil zu dieser letzten Entwicklung beigetragen!

PETER Ich?

KONRAD Aber sicher: Du hast einen Rationalitätsanspruch erhoben, den einzulösen du nicht fähig warst. Die fehlende - oder zumindest äußerst mangelhafte - Entwicklungsdynamik deiner Ideologie ließ deine Rationalität allzu mager und hilfebedürftig aussehen, so daß Eva dir mit ihrer Logik der Denkebenen stützend unter die Arme griff. Anna hat jetzt lediglich versucht, Evas Theorie in Frage zu stellen und durch eine eigene Theorie zu ersetzen.

ANNA Das ist nicht irgendeine 'Theorie', was ich euch da erläutert habe, sondern dies ist einfach 'das erwachte und unruhige Bewußtsein des modernen Wissens'[691]. Von der Beliebigkeit einer 'Theorie' also keine Spur![721]

ANDREAS *stöhnt* Wie ich schon gleich bemerkt habe: die Wiedergeburt der Großen Vernunft![722]

EVA Außerdem ist ja gar nicht klar, Konrad, ob Annas Theorie die meine ersetzt - oder ob es nicht eher umgekehrt ist! Nach allem, was Anna uns erläutert hat, scheint mir ihre geschichtliche, ihre gebrochene Schichtung des Denkens sehr genau in mein Schema der Denkebenen zu passen!

KONRAD Das mag schon sein, aber das macht besser unter euch aus - es ist gewiß ein eigenes Thema![723]

INGE Also - mir geben Annas Ausführungen inzwischen doch zu denken: ihre Betonung der Brüche in der geschichtlichen Entwicklung ... Bisher haben wir alle, Alexander und Peter, Eva und ich so eindringlich nach durchgängigen Entwicklungslinien gesucht, ohne uns über die Randbedingungen unserer Forschungsrichtung Gedanken gemacht zu haben. Und ist es denn nicht so, daß schon die von uns verwendeten Methoden das Ergebnis unserer Studien entscheidend vorbestimmen?

[721] 'Wie für Plato liegt [...] auch für die Strukturalisten die *wahre Welt*, von der Nietzsche einmal sagte, sie sei unser bisher gefährlichstes Attentat auf das *Leben* gewesen, jenseits der Welt des bloßen Scheins, der bloßen Empirie', meint Duerr [1978], S. 345 Fußnote 42 und kommentiert: 'Um wieviel weiser ist im Vergleich hierzu das, was die *Lankavatara Sutra* sagt: "Diejenigen, welche aus Angst vor den Qualen, die aus der Unterscheidung von Geburt-und-Tod (*samsara*) entstehen, nach dem *nirvana* suchen, wissen nicht, daß *samsara* und *nirvana* nicht voneinander zu trennen sind. Und da sie denken, daß alle Dinge, die der Unterscheidung unterworfen sind, keine Wirklichkeit haben, hegen sie die Vorstellung, daß das *nirvana* die künftige Vernichtung der Sinne und ihrer Bereiche sei."'

[722] 'Man wird wohl auch von einem Strukturalisten erwarten dürfen, daß er seinen Alfa Romeo dort stehen läßt und zu Fuß weitergeht, wo der Urwald anfängt.' (Duerr [1978], S. 331 Fußnote 5)

[723] Diese spielerische Frage (jenseits aller bombastischen Rhetorik), wie weit die van Hieles (12 Seiten) etwas zum Verständnis der von Foucault dargelegten Geschichtsauffassung (450 Seiten) beitragen können, scheint mir (etwa angesichts der Passage Foucault [1966], S. 188f) so vermessen gar nicht zu sein - aber nur der Esel, dem es zu wohl ist, begibt sich aufs Glatteis.

PETER Inwiefern?

INGE Wir haben uns Texte angeschaut und versucht, sie zum ersten in *sich* und zum zweiten *in ihrer Beziehung zueinander* zu verstehen. Enthält diese Methode der Textauslegung nicht schon von vornherein 'einen Entwicklungsbegriff, der Kontinuität der Entwicklung nur als allmähliche Modifikation kennt, während ihm sprunghafte Veränderungen als Bruch gelten[?][Wenn ja, so relativiert das eine Vielzahl unserer Ergebnisse recht stark, denn:] Entsteht aufgrund dessen die Neigung, sprunghafte Veränderungen, deren Kontinuitätscharakter infolge sonstigen Wissens außer Frage steht, durch selektive Wahrnehmung oder auf sonst eine Art in stetige Modifikationen umzumodeln, so ist damit wohl nicht allein die Rekonstruktion verstellt, sondern auch die Möglichkeit gewonnen, die wirklichen Brüche unkenntlich zu machen.'[724] Aber vielleicht enthalten 'gerade die Sprünge den Schlüssel der Rekonstruktion, da sie zwingen, zur Herausarbeitung der Identität im Unterschiedenen die Ebene der [Textauslegung] zu überschreiten und den historischen Gehalt der geistigen Gestalten freizulegen'[725]?

PETER Aber haben wir das nicht getan? Haben wir denn nicht gerade am Entwicklungsbruch des Kontinuitätsprogramms unsere Methode der Textauslegung gesprengt? Und immerhin muß ja eine gewisse Entwicklung erst einmal vorliegen oder herausgearbeitet werden, ehe man über ihre Unterbrechung reden kann!

INGE Wobei es dann natürlich um 'die Aufdeckung der tieferen Kontinuität [gehen muß], die die in widersprüchlichen Phasen sich vollziehende Entwicklung bestimmt.'[725] Es muß darum gehen, 'den in der Differenz enthaltenen Sprung als notwendige Form der Kontinuität zwischen diesen Entwicklungsetappen der neuzeitlichen Wissenschaft darzulegen.'[726]

ANDREAS *stöhnt* Die vertikale Rationalität gibt sich unter keinen Umständen geschlagen ... Ich ahne schon wieder die Entfaltung der Produktivkräfte im Hintergrund!

---

[724] Lefèvre [1978], S. 48. Inge wirft Lefèvres *Thesen* hier nur als *Fragen* auf. Allerdings steuerte Andreas schon vorher in dieselbe Richtung - vgl. S. 289f.
[725] Lefèvre [1978], S. 48
[726] Lefèvre [1978], S. 53

ANNA *empört* Ich bin da jedenfalls gründlich mißverstanden!⁷²⁷ Ich meine ...

ANDREAS Schluß jetzt! Ich habe die Nase voll! Wie ich sehe, könnten wir noch endlos über die Mathematikgeschichte weiterreden - aber ich meine, für diesmal ist's genug.

PETER Obwohl wir da doch noch so viele Fragen offengelassen, so viele neue Fragen gestellt haben!?

ANDREAS Gerade deswegen! Wenn's am schönsten ist, soll man aufhören. Und außerdem - wohin das Denken über das Denken führt, das haben wir zur Genüge gesehen⁷²⁸: Das Denken über das Denken ähnelt dem Kratzen einer juckenden Stelle - je mehr man kratzt, desto mehr juckt es.

> Mancher, aus dessen Seele einmal tropische Urwälder gewuchert sind, wird wissen, was es bedeutet, sich zwischen den Schlingpflanzen und Orchideen des Unterbewußtseins zu verheddern, nachdem man von den Trampelpfaden der Kultur abgekommen ist und Schwierigkeiten hat, den Weg zurück zu finden. Und findet er sich plötzlich wieder diesseits des Zaunes, dann ist er ein anderer geworden, für den die einst heimische Welt viel von ihren Heimlichkeiten verloren hat. Aber wie eine *selbst*verständliche Welt keine *verständliche* Welt ist, so wird er *jetzt* vieles von seiner Welt zum erstenmal verstehen, auch wenn es ihm mitunter so gehen mag wie dem, der einem Blinden verständlich machen will, was 'rot' bedeutet.
> *Hans Peter Duerr*

Chumo kiscreib, filo chumor kipeit.

---

⁷²⁷ Um den Leser vor falschen Assoziationen zu bewahren: Lefèvre geht in seinem [1978] mit keinem Wort auf Foucault ein - die Konfrontation der Standpunkte geschieht (wie zumeist) nur in dem oben ablaufenden Gespräch.

⁷²⁸ Der folgende Gedanke stammt von Samuel Butler, wie Duerr [1978] auf S. 147 versichert.

ABGANG

Wenn es am schönsten ist, soll man aufhören. Ich höre an dieser Stelle also auf. Denn der Typ des *Wurzelbuches* vom Beginn hat sich mehr und mehr *deterritorialisiert* zum Rhizombuch, und ein Rhizom kann nicht aufhören zu werden. *Schaut euch die Mathematik an, das ist keine Wissenschaft, sondern ein wuchernder, nomadisierender Jargon.* Die hier vorgelegte Kopie zeigt dies. Aber man muß *die Kopie immer auf die Karte zurückübertragen, denn die Kopie reproduziert von einer Karte und einem Rhizom im Grunde nur die Sackgassen und Sperren, die Ansätze zu Achsen und Punkte der Strukturierung.* Die Aufforderung an die Leser ist also: *Findet die Stellen, mit denen ihr etwas anfangen könnt. In einem Buch gibt's nichts zu verstehen, aber viel, dessen man sich bedienen kann. Nichts zu interpretieren und zu bedeuten, aber viel, womit man experimentieren kann.* Bedenkt jedoch: Man *schreibt Geschichte immer aus der Sicht der Seßhaften im Namen eines einheitlichen Staatsapparats* - auch, wenn man mehrere ist.[729]

Beim Schreiben war ich mehrere. (Ich spreche hier nicht nur von der Form des Textes.) Einige blühten geradezu auf bei diesem Tun. Ihre Munterkeit, ihre Ausgelassenheit übertönte die Traurigkeit, die Einsamkeit und Verbitterung der anderen. Oftmals - jedoch nicht überall.

So weitverbreitet freilich diese persönliche Erfahrung des Leidens bei wissenschaftlicher Arbeit ist, so einhellig wird eine beeinträchtigende Wirkung auf das Produkt dieser Arbeit bestritten. Das hält sich durch noch bei jenem zeitgenössischen Pseudonymos, der mit 30 Jahren vor dem Tode stehend in der radikalen Abrechnung mit seinem Leben zwar sein Krebsleiden konsequent als eine 'seelische Krankheit [begreift], die darin besteht, daß ein Mensch, der alles Leid in sich hineinfrißt, nach einer gewissen Zeit von diesem in ihm steckenden Leid selbst aufgefressen wird'[730], der aber gleichzeitig den doch viel näher liegenden Einfluß dieses Leidens auf seine intellektuelle Arbeit hartnäckig bestreitet: 'Für die Abfassung meiner Dissertation zum Beispiel hatte es keine Rolle gespielt, ob mein See-

---

[729] Die Schlagworte und -sätze dieses Absatzes sind aus Deleuze / Guattari [1976], S. 5-47
[730] Zorn [1977], S. 132

lenleben zerstört war oder nicht; der Umstand, daß ich während meiner Dissertationszeit in einer psychischen Wüste Sahara lebte, hatte mit der wissenschaftlichen Brauchbarkeit meiner Dissertation nichts zu tun'[731]. Eine unmenschliche Wissenschaft also.

Selbstsichere Koryphäen neigen gar zu einer Glorifizierung ihrer Leid-Erfahrungen wie etwa Bertrand Russell: 'Wenn man bei abstrakter Arbeit etwas Gutes zustande bringen will, dann muß man sich damit abfinden, daß das menschliche Gefühl in einem ertötet wird. Man errichtet ein Denkmal, das zugleich ein Grabmal ist, worin man sich willentlich selbst einscharrt.'[732]

Das ideologische Kleingeld, mit dem der armselige Wissenschaftler für diese Verkrüppelung seines Menschseins bei der heute üblichen Form wissenschaftlichen Arbeitens entlohnt wird, ist die These von der Notwendigkeit der Sublimierung unserer vitalen Antriebe als einer konstanten Bedingung kultureller Leistung[733]. Arno Plack hält diese Münze für Falschgeld und analysiert diese Sublimierungsthese als 'objektive Heuchelei'[734]: 'Der vielgerühmte Fleiß der Nimmermüden ist oft nichts als eine ganz besonders zähe Form der Aggression, die nur weltfremde Psychologen als deren Sublimierung ausgeben.'[735] Ich gebe Plack hier recht. Ich begreife die öde Kaltschnäuzigkeit in der Wissenschaft als Reflex auf die konsequente Hartherzigkeit, in der die Wissenschaftler ihre Arbeit verrichten (wenn denn der Mensch das Wissen produziert und es sich nicht umgekehrt verhält, wie Foucault es sieht[736]).

[731] Zorn [1977], S. 141

[732] Russell 1902 in einem Brief an Lucy Martin Donnelly, abgedruckt in Russell [1967], S. 254f. Drei Zeilen weiter versteigt sich der frustrierte Mathematiker gar zu der absurden Behauptung: 'Im Schmerz liegt tausendmal mehr Erlebnis beschlossen als im Vergnügen.' Voilà.

[733] zur Formulierung vgl. Plack [1976], S. 157

[734] Plack [1976], S. 66

[735] Plack [1976], S. 79

[736] Für Foucault stellt sich dann freilich die Frage nach der Sublimierungsthese erst gar nicht. Ganz im Gegenteil bestreitet Foucault sogar entschieden die Einschätzung von der beständigen Repression des Sex in neuerer Zeit (dies ist das Thema seines [1976], wobei er sich allerdings weniger auf Argumente stützt als vielmehr schlicht und beständig eines seiner früher proklamierten methodischen Prinzipien anwendet - vgl. sein [1970], S. 35f; was der Überzeugungskraft seiner Thesen in meinen Augen weit weniger bekommt als der Konsistenz seines Werkes). Doch im Schlußgalopp schlägt auch Foucault dann noch den

Hartherzigkeit freilich ist ein unabdingbares Qualifikations-
merkmal polizeilicher Schutztruppen, und 'zur intellektuellen Poli-
zei gehören [nun einmal] vornehmlich Wissenschaftler.'⁷³⁷ Einige
ihrer Einheiten 'widmen sich der Aufgabe einer recht unverblümten
und leicht durchschaubaren *Abwehr* des Fremden. Solche Wissenschaftler, deren Ideal es ist, "cool" zu bleiben [...], machen den Feind
aus und halten ihn draußen. Sie vernehmen bisweilen das entfernte
"Flüstern des *nagual*" und versichern, dort, woher dieses Flüstern
komme, lauerten nur der Wahnsinn und der Tod. [...] Wissenschaftlern,
die den "Rationalitätsnormen" ihrer Disziplin untreu werden, [...]
unterschreiben meist [...] ihr *wissenschaftliches* Todesurteil, was
indessen Menschen, die nur zu einem geringen Teil ihr Selbstwertge-
fühl aus der "scientific community" beziehen, nicht allzu sehr verdrießen wird.'⁷³⁸ Ich werde mich also nicht allzu sehr verdrießen
lassen - doch nun will ich endgültig aufhören, denn es ist schon
wieder früh am morgen, und wäre es nicht inmitten der Stadt, so
hörte ich gewiß gerade den Hahn krähen.

(*4. Oktober 1979*)

ganz großen Bogen und integriert das Biologische holterdipolter ins
Wissen - nein, noch unbestimmter: in die Macht; indem er nämlich behauptet, daß 'sich Machtdispositive direkt an den Körper schalten
- an Körper, Funktionen, physiologische Prozesse, Empfindungen, Lü-
ste. Weit entfernt von jeder Ausradierung des Körpers geht es darum,
ihn in einer Analyse sichtbar zu machen, in der das Biologische und
das Historische [...] sich in einer Komplexität verschränken, die in
gleichem Maße wächst, wie sich die modernen Lebens-Macht-Technologien
entwickeln.' ([1976], S. 180f)

⁷³⁷ Duerr [1978], S. 152
⁷³⁸ Duerr [1978], S. 152f

ANHANG 1

WAS SIND UNENDLICHKLEINE ZAHLEN ?

• Was also sind unendlichkleine Zahlen?
o Was unendlichkleine Zahlen *sind*? Ja, was soll ich darauf sagen? Ich meine: was sie *sind*, das zeigt sich darin, wie man mit ihnen *rechnet*.
• Du willst also meiner Frage ausweichen?
o Keineswegs - ich gebe nur dieselbe Antwort wie etwa bei den komplexen Zahlen: Was *ist* schon $\sqrt{-1}$? Sicherlich keine gewöhnliche Dezimalzahl - weil eben das Quadrat jeder Dezimalzahl nichtnegativ ist, während $(\sqrt{-1})^2 = -1 < 0$ gilt. Demnach ist $\sqrt{-1}$ in einem gewissen Sinn eine *Zahl* - und in welchem Sinn $\sqrt{-1}$ eine Zahl ist, das zeigt sich in der Übereinstimmung, die das Rechnen mit $\sqrt{-1}$ mit dem Rechnen mit Dezimalzahlen aufweist. Und damit scheint mir auch deine Frage nach dem *Wesen* von $\sqrt{-1}$ bzw. nach dem *Wesen* einer unendlichkleinen Zahl hinreichend beantwortet zu sein.
• Damit wir weiterkommen: Wie also rechnet man mit unendlichkleinen Zahlen?
o Die Frage scheint mir noch immer unglücklich gestellt - sie sollte lauten: Wie wollen wir mit unendlichkleinen Zahlen rechnen? Oder als Aufforderung: Laß uns das Rechnen mit unendlichkleinen Zahlen erfinden!
• *Erfinden*? Wie soll denn das geschehen?
o Nun, wir werden unsere intuitiven Vorstellungen soweit präzisieren, daß wir schließlich zur Formulierung eines uns genügend klar erscheinenden Begriffes gelangen.
• Da bin ich aber gespannt. Welches sind denn diese 'intuitiven Vorstellungen', die du präzisieren willst?
o Das sind genau die Vorstellungen, die du von den unendlichkleinen Zahlen hast. Dein Kopf ist doch nicht leer, wenn du deine Frage nach den unendlichkleinen Zahlen stellst!* Welche Eigenschaften, meinst du, müßten unendlichkleine Zahlen denn haben - damit sie ihren Namen verdienen?
• Na ja - die allgemeine Vorstellung ist ja wohl: *kleiner als jede (positive) Dezimalzahl und größer als Null* - aber das geht ja nicht.

---

* vgl. Lakatos [1961], S. 63

$\Omega+1$

o Wieso geht das nicht?

• Das ist doch widersprüchlich: Wie kann eine Zahl sowohl kleiner als *jede* Dezimalzahl als auch größer als Null sein?

o Ich denke, das ist genauso wenig 'widersprüchlich' wie die Vorstellung einer Zahl, deren Quadrat kleiner als Null ist - wie der Kalkül der komplexen Zahlen zeigt, ist eine solche Vorstellung *keineswegs* 'widersprüchlich', sondern allenfalls *ungewohnt* und das heißt *neu*. Und gegen etwas Neues hast du doch sicher nichts einzuwenden - nur weil es neu ist?

• Gewiß nicht!

o Na also. Selbstverständlich müssen wir bei der Hinzunahme neuer Vorstellungen unsere alten ein wenig verändern. Z.B. führt die Anerkennung von $\sqrt{-1}$ als einer neuen *Zahl* bekanntlich zu einer Veränderung des Ordnungsverhaltens der (neuen) Zahlen: es ist dann nicht mehr so ohne weiteres klar, wann eine Zahl größer ist als eine andere. (Ist beispielsweise $\sqrt{-1}$ größer oder kleiner als $\sqrt{-2}$, oder wie ist das mit $1-\sqrt{-1}$ und $1+\sqrt{-1}$?)
Und mit den unendlichkleinen Zahlen wollen wir nun auch und gerade das Ordnungsverhalten der Zahlen verändern - allerdings gerade im entgegengesetzten Sinn zu dem Fall der komplexen Zahlen: Anstatt das Ordnungsverhalten zu verwässern, wollen wir es verschärfen. Tun wir das also, und sagen wir: Für eine unendlichkleine Zahl ω gelten:

(i) $\omega < a$ für jede positive Dezimalzahl a und

(ii) $\omega > 0$.

Das ist doch genau deine intuitive Vorstellung, nicht wahr?

• Ja - schon. Aber wie weiter?

o Ich denke, das genügt erst einmal.

• Wie??

o Nun, die unendlichkleinen Zahlen sollen doch wohl *Zahlen* sein - und das heißt, daß man mit ihnen rechnen können soll; rechnen wir also mit ihnen wie mit den gewöhnlichen Dezimalzahlen, und zwar ganz formal.

• Also etwa so: $\omega + \omega'$, $2 \cdot \omega$, $\sqrt{\omega}$?

o Ganz genau!

• Ja... warum eigentlich nicht?! Dann ist z.B. $a+\omega$ eine Zahl, die kleiner ist als jede Dezimalzahl, welche größer als a ist, - und andererseits immer noch größer als a. - Aber was ist denn $a:\omega$?

o Nun, es soll wohl gelten: $(a:\omega) \cdot \omega = a$ - einverstanden?

(336)

Ω+2

- Ja.
- ○ Also muß $a:\omega$ eine Zahl sein, die unendlichviel größer ist als a – weil ja auch ein unendlichkleiner Teil von $a:\omega$ noch immer von der endlichen Größe a ist. Mit anderen Worten: Mit den unendlichkleinen Zahlen haben wir zugleich auch eine Fülle *unendlichgroßer* Zahlen erfunden, z.B. $1/\omega$, $2/\omega$, $1/\omega^2$, $1/\omega^3$, ...
- Oh – da gibt es ja auch noch Abstufungen! Wenn nämlich ω unendlichklein ist, wie groß ist dann $\omega\cdot\omega$? Doch noch unendlichmal kleiner!
- ○ Oder mit anderen Worten: Wenn ω unendlichklein gegen, sagen wir, 1 ist, so ist ω^2 unendlichklein gegen, sagen wir, ω – in Zeichen etwa: $\omega \ll 1$, $\omega^2 \ll \omega$.
- Also gelten auch $a \ll 1/\omega$, $1/\omega \ll 1/\omega^2$?!
- ○ Ja, eine einzige unendlichkleine Zahl (ω) erschafft uns eine unendliche Fülle verschiedener Größenordnungen: 'Im Kleinen gibt es kein Kleinstes, im Großen gibt es kein Größtes' (Anaxagoras).
- Und wieviele dieser unendlichkleinen Anfangszahlen wollen wir insgesamt zulassen?
- ○ Ich weiß nicht – soviel eben, wie wir brauchen; vielleicht kommen wir mit einer einzigen aus, vielleicht auch mit zweien oder dreien – vielleicht auch benötigen wir unendlichviele: ω, ω', ω'', ... – oder gar noch mehr... Ich finde, wir sollten uns da jetzt nicht allzu sehr festlegen.
- Und wozu brauchen wir die unendlichkleinen Zahlen eigentlich?
- ○ Ja, ich denke, das weißt du?
- Ich weiß nur, daß manche Leute behaupten, damit könne man die Infinitesimalrechnung begründen.
- ○ 'Könne begründen' ist sehr gut –: Die Infinitesimalrechnung wurde gerade auf diese Weise *erfunden* – lies nur einmal bei Leibniz oder Euler nach!
- Aber wieso wird das heute anders gemacht als früher?
- ○ Auf diese Frage gibt es – leider – noch keine schlüssige Antwort.
- – Aber kommen wir doch kurz auf den Nutzen der unendlichkleinen Zahlen zu sprechen, auf den Zweck, zu dem sie erfunden wurden: auf die Erweiterung der Analysis durch die Infinitesimalrechnung. Denn ebenso, wie die Erfindung der komplexen Zahlen eine gewisse Erweiterung der Analysis ermöglichte (z.B. die Formulierung und den Beweis des 'Fundamentalsatzes der Algebra' – nicht gerade ein glücklicher Name übrigens

(337)

für diesen Satz!) - ebenso ermöglicht es die Erfindung der unendlichkleinen Zahlen, neue Fragen zu stellen und neue Antworten zu geben. Eine dieser neuen Fragen, deren Untersuchung sich als außerordentlich nützlich erwiesen hat, lautet: Betrachte eine Funktion bei dem Argumentwert x; mit welcher Rate verändert sich der Funktionswert, wenn sich das Argument um einen unendlichkleinen Wert ändert? Dabei soll die Antwort nicht übergenau ausfallen, sondern in einer gewöhnlichen Dezimalzahl bestehen!

• Und wie geht das?

○ In der naheliegendsten Weise! Betrachten wir die Funktion ι^2: Bei dem Argumentwert x hat sie den Wert x^2; bei dem Argument $x+\omega$ hat sie den Wert $x^2 + 2x\omega + \omega^2$; die Änderung des Wertes ist also $2x\omega + \omega^2$, die Änderungsrate ist $2x + \omega$, die nächstliegende Dezimalzahl ist $2x$. Zusammengefaßt: Die (in Dezimalzahlen gemessene) Änderungsrate der Funktion ι^2 an der Stelle x ist $2x$ (und damit ist zu ι^2 eine neue Funktion definiert, welche die *Ableitung* von ι^2 genannt wird - nämlich die Funktion 2ι).

Oder die Funktion ι^3: Bei x hat sie den Wert x^3, bei $x+\omega$ den Wert $(x+\omega)^3$; die Änderung beträgt hier $3x^2\omega + 3x\omega^2 + \omega^3$, die Änderungsrate $3x^2 + 3x\omega + \omega^2$, und die nächstliegende Dezimalzahl ist $3x^2$ - die Ableitung von ι^3 ist also $3\iota^2$.

• Und wie steht's mit anderen Funktionen, etwa transzendenten, z.B. *sin*?

○ Ganz genauso: Die Funktion *sin* hat bei x den Wert *sin* x, bei $x+\omega$ den Wert *sin* $x \cdot cos\, \omega + cos\, x \cdot sin\, \omega$; die Änderung ist also $sin\, x \cdot \frac{cos\, \omega - 1}{\omega} + cos\, x \cdot \frac{sin\, \omega}{\omega}$, und das ist wegen

$$\frac{cos\, \omega}{\omega} = \frac{1}{\omega} - \frac{\omega}{2!} + \frac{\omega^3}{4!} - + \ldots \quad \text{und} \quad \frac{sin\, \omega}{\omega} = 1 - \frac{\omega^2}{3!} + \frac{\omega^4}{5!} - + \ldots$$

gleich

$$sin\, x \cdot (-\frac{\omega}{2!} + \frac{\omega^3}{4!} - + \ldots) + cos\, x \cdot (1 - \frac{\omega^2}{3!} + \frac{\omega^4}{5!} - + \ldots);$$

die nächstliegende Dezimalzahl ist also $cos\, x$ - oder: Die Ableitung von *sin* ist *cos*.

• Was aber, wenn du nicht die Reihendefinition der trigonometrischen Funktionen zugrunde legst, sondern die geometrische Definition am Einheitskreis?

○ Dann ist alles ebenso einfach! Bei unendlichkleinem Winkel PCQ (sagen wir: von der Größe ω) ist das Bogenstück PQ eine *gerade Strecke* (der Länge ω) und steht senkrecht auf dem Halbmesser CP. Da der Winkel OQP gleich dem Winkel MCP ist (denn auch QO steht senkrecht auf CM), sind die Dreiecke MCP und OQP einander ähnlich, also

$$\frac{QO}{QP} = \frac{CM}{CP}$$

oder eben

$$\frac{\sin(x+\omega) - \sin x}{\omega} = \frac{\cos x}{1}$$

wie es ja sein muß.* –

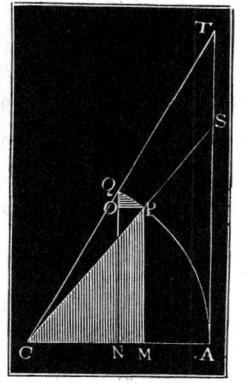

So also ermöglicht die Einführung der unendlichkleinen Zahlen die Erweiterung der Analysis um den Infinitesimalkalkül (und so wurde der Infinitesimalkalkül auch erfunden).

• Ja, aber man sagt doch immer, das Rechnen mit unendlichkleinen Zahlen führe auf Widersprüche ...
o Wenn man nicht rechnen kann!
• ... wo bleiben denn hier diese Widersprüche?
o Das möchte ich auch wissen – oder besser: das weiß ich. Solche 'Widersprüche' gibt es nicht; anders gesagt: sie sind von derselben Qualität wie die 'Widersprüchlichkeit' von $\sqrt{-1}$, die wir bereits erörtert haben. Die Rede von diesen Widersprüchen ist nichts anderes als die Behauptung, es sei unmöglich, diese andere Rechnungsweise einzuführen (eben die der unendlichkleinen Zahlen) – es ist einfach eine dogmatische Behauptung, die so unhaltbar ist wie jede andere dogmatische Behauptung. (Und die Mathematik enthält zahlreiche solche Dogmen.)

Nachtrag: Dieser Text ist als Ermunterung für den Leser gedacht, der ihm eingetrichterten Doktrin von der 'Widersprüchlichkeit der unendlichkleinen Zahlen' zu mißtrauen, weil sie – wie jede monistische Doktrin – das Denken vereinseitigt und möglicherweise hemmt. Das Anliegen ist eine gewisse Hinführung zum verständigen *Rechnen*. Deswegen auch wirft der Text mehr Fragen auf, als er ausdrücklich stellt – beispielsweise kommt nicht zur Sprache, welche angenehmen Eigenschaften bei dieser Erweiterung der Zahlen verloren gehen. (Was z.B. ist $(-1)^{1/\omega}$?)

* vgl. das alte Lehrbuch Weisbach [1860], S. 25. Heutige Didaktiker pflegen Geschichte nur noch als Steinbruch anzusehen – und bekommen bei der Rohstoff-Enteignung prompt Schwierigkeiten mit der 'Strenge', hier etwa Kirsch [1979], S. 61f.

Ω+5

Was folgt daraus für die Existenz von sogenannten 'Nullteilern'?)
Der Leser, der nach bislang ausgearbeiteten *Kalkülen* fragt, in denen
man mit unendlichkleinen Zahlen rechnet, sei verwiesen auf Laugwitz
[1973], Laugwitz [1976] und neuerdings Laugwitz [1978a]. Hier sollte
nur darauf hingewiesen werden, daß die beliebte Redensart, das Rechnen
mit unendlichkleinen Größen sei 'widersprüchlich' und/oder 'unexakt',
reine *Propaganda* ist.

> Vernunft ist nicht Vernunft,
> wenn sie nicht mehr ist
> als Vernunft. *Jean Améry*

(9. *November 1977*)

ANHANG 2

DER ECKIGE KREIS HÜPFT

> Das sicherste Mittel, eine politische (und nicht nur eine politische) Idee zu diskreditieren und ihr zu schaden, besteht darin, sie ad absurdum zu führen, während man sie verteidigt.
>
> *Lenin*

Vorgeschichte: Bevor wir unseren Lauschangriff in die Wege leiten, haben wir uns natürlich seiner Rechtmäßigkeit versichert. Nach den Ermittlungen unserer Schutzorgane liegen folgende Erkenntnisse vor: Die verdächtige Person hat es wiederholt gewagt, ihre systemkritische Meinung in privaten Gesprächen offen darzulegen. Nach ihrer Überzeugung ist es durchaus mit den Grundprinzipien unserer Mathematik (Strenge, Widerspruchsfreiheit, Korrektheit) vereinbar, mit (*horribile dictu*) unendlichen Zahlen zu rechnen, also sowohl mit unendlichkleinen als auch mit unendlichgroßen. Dabei lautet die Kernthese ihres Programms: Was für fast alle natürlichen Zahlen gilt, das gilt auch fürs Unendlichgroße. Dieses Programm jedoch widerspricht ganz eindeutig der heute herrschenden Praxis und ist deswegen mit den Grundprinzipien unserer strengen, widerspruchsfreien, korrekten Mathematik unvereinbar. Für uns ist ja bekanntlich das Unendliche etwas mit dem Endlichen völlig Unvereinbares, ihm ganz fremd Gegenüberstehendes, etwas qualitativ anderes; und damit erst werden ja die großen Leistungen etwa unserer Analysis möglich, da durch den Sprung vom Endlichen zum Unendlichen Qualitätsänderungen vollzogen werden können. Berühmt ist ja der Qualitätssprung von der Summe zur Reihe, der Anfängern immer wieder solche Schwierigkeiten macht, da die nicht begreifen wollen, daß eine Reihe keine 'unendliche Summe' ist, sondern eine *Folge*, und denen man dies häufig geradezu einbleuen muß. Haben sie jedoch diesen Erziehungsprozeß einmal hinter sich, dann sind sie reif genug, um andere derartige Qualitätssprünge ohne inneren Widerstand in all ihrer prachtvollen Schönheit genießen zu können - erinnern wir uns nur an die Fourier-Darstellung unstetiger Funktionen durch eine Reihe stetiger Funktionen.

Diese und andere hervorragenden Leistungen unseres Systems werden nun

2Ω+1

von der verdächtigen Person rundweg in Frage gestellt und als doktrinär verleumdet! Und das besonders Heimtückische dabei ist der konservative Anstrich, den sich die verdächtige Person zu geben versucht - in Wahrheit jedoch will sie nur die unbestreitbaren Leistungen unseres fortschrittlichen Systems leugnen und ihre eigenen revolutionären Ansprüche verbergen.

Jedenfalls ist aufgrund dieser Umstände unser Lauschangriff gerechtfertigt, ja sogar notwendig, da wir auf diese Weise sicherlich weiteres belastendes Informationsmaterial erlangen werden, das schließlich eine Anklage vor einem ordentlichen Gericht und eine ordnungsgemäße Aburteilung gewährleisten wird.

Da - soeben betritt die verdächtige Person gemeinsam mit einer anderen ihr Wohnzimmer, schon ganz in ein konspiratives Gespräch vertieft. Hören wir ihnen nur einmal zu!

Das Gespräch

○ Deine Methode, mit dem Unendlichen zu rechnen, ist doch ziemlich unsinnig! Sie zerbricht jede Systematik, zerstört die Einheitlichkeit, den inneren Zusammenhang ..., kurz: die Schönheit und Geschlossenheit des Rechnens.

• So ein Quatsch! Du mit deiner konservativen Philosophie! Du willst im Unendlichen genauso rechnen wie im Endlichen! Aber dadurch läßt du dir doch eine Fülle neuartiger Erkenntnisse entgehen, die dir meine revolutionäre Art, mit dem Unendlichen zu rechnen, eröffnet. Du nutzt die sich hier bietende Freiheit, einmal etwas grundsätzlich Neues zu machen, nicht und verschließt dich auf diese Weise neuen, revolutionären Erkenntnissen!

○ Ach, bleib mir doch mit deinen revolutionären Erkenntnissen vom Hals! Auf solche Schein-Revolutionen, die in Wahrheit Rückfälle in die Barbarei sind, gebe ich nichts. Der wahre Revolutionär ist konservativ!

• So, so ...! Aber warum soll mein revolutionäres Prinzip nur eine Schein-Revolution, ein Rückfall in die Barbarei sein?

○ Weil es weniger Sinn als Unsinn hervorbringt, mehr Unordnung als Ordnung, mehr Durcheinander als Klarheit!

• Wieso?

$2\Omega+2$

o Wieso? Na, einfach weil es künstlich aufgepfropft ist anstatt organisch gewachsen ...
• Nein, ich meine: Worin besteht denn dieser angebliche Unsinn, den mein Prinzip hervorbringt, die Unordnung, das Durcheinander?
o Dein Prinzip ist völlig willkürlich ...
• Nicht mehr und nicht weniger als dein Prinzip!
o ... und stiftet deswegen Unstimmigkeiten, Widersprüche, Paradoxa im analytischen Denken.
• Zum Beispiel?
o Zum Beispiel bei den grundlegendsten Kontinuitätsbetrachtungen. In deiner 'revolutionären' Mathematik haben alle Kreise den gleichen Umfang!
• Wie bitte? Das sieht mir aber eher nach einem Ergebnis *deiner* Mathematik aus!
o Wollen sehen. In deiner Mathematik ist der Kreis vollkommen rund ...
• In der Tat! Nur in deiner wirren Sichtweise ist er ein *Unendlicheck*.
o ... und deswegen ist folgende Beweisführung stichhaltig: 'Die beiden gegebenen Kreise mögen konzentrisch aufeinandergelegt und fest miteinander verbunden werden:

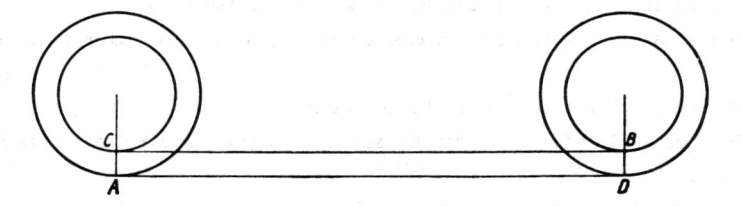

Der größere Kreis rolle längs der Geraden AD seine Peripherie ab. Dann beschreibt der mit C bezeichnete Punkt auf der Peripherie des kleineren Kreises den Weg CB. Die Strecken AD und CB sind gleich, sie sind ja Gegenseiten in einem Rechteck. Da außerdem die beiden Kreise fest miteinander verbunden sind, so hat sich der kleine Kreis während der einmaligen Umdrehung des größeren auch nur einmal gedreht, CB ist also die Abwicklung der Peripherie des kleineren Kreises. Es ergibt sich also, daß die Umfänge beider Kreise gleich lang sind.'*
c Also hör mal - beleidigen laß ich mich nicht! Mit solchen Kindereien hat meine Mathematik nichts zu tun!

* Lietzmann [1953], S. 99

(343)

○ Geschimpf erkenne ich als Verteidigung nicht an. Wo steckt der Fehler - wenn es hier einen gibt?

● Aber der Fehler ist doch offensichtlich! Wenn der größere Kreis *rollt*, dann *rollt* der kleinere Kreis *nicht*, sondern er *rutscht* auch, und zwar rutscht er insgesamt über eine Strecke der Länge $2\pi(R-r)$, also genau um die Differenz $2\pi R - 2\pi r$ der beiden Kreisumfänge - und eben dieses *Rutschen* hat deine sogenannte Beweisführung unterschlagen.

○ Mit dieser Art, von hinten herum, vom Ergebnis her zu argumentieren, kommst du mir nicht davon! Du glaubst den Unterschied der beiden Kreisumfänge schon zu *kennen*, und dieses *Vorwissen* schmuggelst du mit einem sprachlichen Kunstgriff in deine Antwort hinein. Und dabei vergißt du auch mal deine Rechenprinzipien!

● Sprachlicher Kunstgriff?

○ Ja, was ist das denn sonst, wenn du behauptest, der innere Kreis *rolle nicht* nur, sondern er *rutsche* auch?

● Offenbar mangelt es *dir* an analytischer Denkfähigkeit! Denk dir doch mal die beiden Kreise als zwei Reifen, den Radius als Verbindungsstab und die Strecken AD und CB als Latten; darauf sollen nun die beiden Kreise gleichzeitig rollen? Das geht doch gar nicht!

○ Wir wollen hier Mathematik betreiben, keine Mechanik!

● Gewiß, aber eine solche Veranschaulichung hilft uns, klarer zu denken!

○ Inwiefern können wir jetzt klarer denken?

● Insofern, als wir jetzt direkt *sehen*, daß der innere Kreis rutscht, wenn der äußere rollt.

○ Das sehe ich aber nicht!

● Was siehst du denn sonst?

○ Ich verstehe dich doch recht: *Rutschen* ist eine geradlinige Bewegung (hier in Richtung der Strecke CB), während *Rollen* eine Drehbewegung (um den Auflagepunkt) ist?

● Klar!

○ Gut. Jetzt sehe ich aber, daß sich der innere Kreis *dreht* - also *rollt* er; von *rutschen* sehe ich nichts!

● Ja sicher ... rollen tut er auch, aber er rutscht auch!

○ Wann rutscht er?

● Nun ...

○ Und wann rollt er?

- ... natürlich: beides gleichzeitig! Er rollt und rutscht gleichzeitig! Beide Bewegungen *überlagern* sich.
o Du quasselst da einen ganz schönen Mist zusammen ...
- Wie du mit mir redest!
o Also gut - damit es Wissenschaft wird: Deine Argumentation ist unhaltbar widersprüchlich. *Rollen* ist eine Drehbewegung um einen festen, ruhenden (Auflage-)Punkt; *Rutschen* ist eine geradlinige Bewegung (des gesamten Körpers, also einschließlich des Auflagepunktes). *Gleichzeitiges* 'Rollen und Rutschen' ist also ein innerer Widerspruch *par excellence!*
- Keineswegs: Du hast wohl deine Lektionen in Mechanik nicht gelernt! Die beiden Bewegungen *überlagern* sich eben, das Rollen und das Rutschen finden *gleichzeitig* statt!
o Wie bitte?
- Nun, es ist doch klar, daß ein Körper mehrere Bewegungen gleichzeitig ausführen kann. Du weißt doch selbst, wie aus gleichzeitiger Vorwärts- und Seitwärtsbewegung eine schräge Bewegung resultiert - in jener Richtung, welche die Diagonale des Kräfteparallelogramms anzeigt. Und so ist es auch hier beim inneren Kreis: er rollt und rutscht gleichzeitig.
o Hm, das ist ja eine ganz beachtliche Denkakrobatik, die du mir da abverlangst. Ganz abgesehen davon, daß dein Beispiel etwas anders gelagert ist ...
- Wieso? Das ist doch alles ganz einfach!
o Nein, mein Lieber - übertreibe nicht! Rollen ist nach Definition ein Drehen um einen *festen, ruhenden* Punkt. Nun willst du diesem Rollen eine geradlinige Bewegung des *gesamten Körpers*, eben ein Rutschen, 'überlagern'. Das bedeutet doch nichts weniger als daß du den für das Rollen benötigten *ruhenden* Punkt *in Bewegung setzt* - womit du das Rollen glattweg vernichtest: von Rollen jetzt keine Spur mehr!
- Ja klar: ein durch Rutschen überlagertes Rollen ist selbstverständlich kein reines Rollen mehr - es entsteht etwas Neues, eine Gleitbewegung.
o Also: Der äußere Kreis rollt, der innere gleitet?
- Ganz genau!
o Meinetwegen - *sprachlich* ist dein System jetzt in Ordnung: Rollen + Rutschen = Gleiten. Aber *fürs Rechnen* bringen all deine sprachlichen Anstrengungen, deine denkerischen Klimmzüge keinerlei Fortschritt!

• Wieso nicht?
o Da im Gleiten zugegebenermaßen ein Rollen enthalten ist, darf ich doch weiterhin die Frage stellen: Um wieviel rollt der innere Kreis weniger als der äußere?
• Selbstverständlich darfst du diese Frage stellen. Aber die Antwort darauf habe ich dir schon längst gegeben: Der innere Kreis rollt nur über eine Strecke der Länge $2\pi r$, während er über die restliche Strecke von der Länge $2\pi(R-r)$ rutscht.
o Ja, ja – das hast du schon einmal *gesagt*, aber du hast es nicht *berechnet*, nicht *bewiesen*. Natürlich muß das von dir genannte Ergebnis *am Schluß herauskommen* – aber all deine komplizierte Argumentation mit 'überlagerten Bewegungen' hilft uns beim Rechnen kein Stück weiter. Und ums Rechnen geht es hier doch gerade!
• Ich verstehe nicht, was du willst. Mein Ergebnis stimmt doch!
o Woher weißt du das? Und was heißt hier *Ergebnis*? Du stellst eine (nun gut, ich will zugeben: plausible) *Behauptung* in den Raum – weiter nichts! Ein *Ergebnis* steht am Ende einer *Rechnung*, doch von einer Rechnung ist bei dir weit und breit keine Spur.
• Ich verstehe nicht: Was für eine Rechnung? Was soll überhaupt eine Rechnung – wenn deren Ergebnis längst bekannt ist?
o Ich sehe: Der Fortschritt der Wissenschaft liegt dir nicht gerade am Herzen – wenn du dich nicht für eine Zurückführung der Tatsachen auf gewisse andere, 'grundlegendere' Tatsachen begeistern läßt!
• Du bist wohl ein Axiomatiker, wie?
o Das nun gerade wieder nicht ...
• Aber gut, du hast mich inzwischen doch neugierig gestimmt: Zeige mir ruhig mal deine Rechnung!
o Gerne. Ich werde dir zeigen, wie es die Sehweise des Kreises als Unendlicheck erlaubt, die Länge der Rutschstrecke des inneren Kreises *vollkommen exakt zu berechnen* – und somit auch die unterschiedlichen Umfänge der beiden Kreise *auch bei diesem* (Gedanken-)*Experiment* zu *berechnen*.
Doch laß mich zuvor noch schnell die Tatsache streifen, daß deine Theorie des runden Kreises auch auf anderem Wege zu Verwirrung führt, daß sie nämlich auch noch auf einem anderen Wege zu demselben absurden Schluß verleitet, die Umfänge der beiden konzentrischen Kreise mit unterschiedlichen Radien seien gleich!

2Ω+6

- Was hat sich denn dein krankes Hirn noch weiter ausgedacht?
o So krank wie deines ist mein Hirn noch lange nicht. Aber wir wollten Mathematik treiben und nicht polemisieren.
- Beim Gespräch mit dir glaube ich, es gibt da gar keinen so großen Unterschied!
o Also: Beim Abrollen liegen die beiden momentanen Auflagepunkte der Kreise jeweils auf einem vom gemeinsamen Mittelpunkt beider Kreise ausgehenden Strahl. 'Man sieht daraus, daß jedem Punkt des kleinen Kreises genau ein Punkt des großen entspricht und umgekehrt. Beide Kreise haben also gleich viele Punkte, sind also gleich groß.'*
- Ach, du hast aber auch nicht den geringsten Schimmer von den Anfangsgründen der Maßtheorie! Sonst wüßtest du: 'Die Tatsache, daß man die Punkte einer Linie eineindeutig den Punkten einer anderen [...] zuordnen kann, besagt nicht, daß die beiden Linien [...] gleiche Größe haben.'*
o Du kannst dir deine großen Worte ruhig sparen! Dieses Paradox ergibt sich *unmittelbar* aus deinem Grundprinzip, daß Kreise vollkommen rund und also sämtliche Punkte ihres Umfangs gleichberechtigt sind. Und es ist eine offenkundige Schwäche deiner Mathematik, daß du dieses Paradox nur mit Hilfe einer sehr verwickelten '(Maß-)Theorie' auflösen kannst - - und, kennzeichnenderweise geht damit auch noch ein Denkverbot einher: 'Nein, auf diese einfache, anschauliche Weise darfst du nicht denken!'
- Also schön, ich behaupte ja nicht, den Stein der Weisen gefunden zu haben! Aber manche Dinge sind eben nur *scheinbar* einfach, *in Wahrheit* jedoch sehr kompliziert.
o Der Herrschaftsanspruch aller basisfeindlichen Theorie!
- Bitte schön - wenn es in deiner Mathematik so viel einfacher geht, dann zeig's mir doch. Du drückst dich ja laufend.
o Ganz und gar nicht! Sehr gerne zeige ich dir die Vorteile, die meine Sehweise des Kreises bringt. Wie du schon richtig gesagt hast, ist bei mir der Kreis ein (regelmäßiges) Unendlicheck.
- Unendlicheck ... was soll das eigentlich heißen? Wie groß ist denn dieses 'unendlich'?

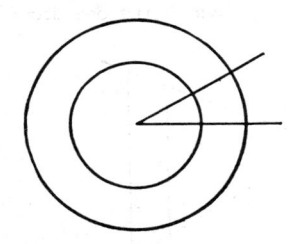

* Lietzmann [1953], S. 121

(347)

o Die genaue Größe ist da völlig gleichgültig, so penibel will ich gar nicht sein. Nimm dir getrost *irgendein* Unendlich her, nenne es zum Beispiel Ω und arbeite dann damit. Also: Für mich ist der Kreis ein regelmäßiges Unendlicheck (meinetwegen eben ein Ω-Eck). Das bedeutet zunächst einmal, daß bei mir diese 'zweite Beweisführung' nicht funktioniert!

• Warum?

o Ganz einfach: Der Umfang des Kreises ist natürlich die Summe der Seitenlängen dieses Unendlichecks. Nun steht aber jede Seite des inneren Unendlichecks zu jeder Seite des äußeren Unendlichecks im Verhältnis innerer Radius zu äußerer Radius, also *r* : *R* , und folglich stehen auch die beiden Umfänge in diesem Verhältnis!

• Aber jetzt hast du dich am Problem vorbeigemogelt!

o Wieso?

• Jede kleinere Seite hat doch ebensoviele Punkte wie jede größere Seite - also haben sie auch die gleiche Länge!

o Sieh an: jetzt will er mich mit meinen eigenen Waffen schlagen. Das wird dir aber nicht gelingen! Denn du übersiehst den grundlegenden Unterschied zwischen deinen und meinen Kreisumfängen: deine sind *rund*, meine dagegen bestehen aus lauter ganz kleinen, aber *geraden* Stücken. Und das ist ein himmelweiter Unterschied! Denn runde Linien eröffnen ein weites Feld für Spekulationen, während bei den geraden Strecken alles ganz klar ist - da wissen wir genau, wie wir zu rechnen haben! Denn *erstens* weiß jeder, daß der Umfang eines Vielecks ganz einfach die Summe der Seitenlängen ist - die 'Anzahl der Punkte einer Seite' *kommt hier überhaupt nicht zur Sprache*. Und außerdem: *Zweitens* ist dieses Argument ('Zwei Linien, die aus gleichvielen Punkten bestehen, sind gleichlang.') auf gerade Strecken *aus sich heraus* gar nicht anwendbar: weil sonst Längenmessung gar nicht möglich wäre - schließlich messen wir doch mit einem *geraden* Maßstab. - Und jetzt kommt meine Untersuchung der Umfänge konzentrischer Kreise: Denken wir uns zunächst statt zweier konzentrischer Kreise zwei konzentrische regelmäßige Sechsecke. Wälzen wir nun das äußere Sechseck um eins weiter. 'Es ist klar, daß, wenn B festbleibt beim Beginn der

Wälzung, der Punkt A sich erheben und C sich senken wird, indem C
den Bogen CQ beschreibt, bis die Seite BC sich der Linie AS anlegt
als BQ = BC : bei dieser Drehung aber wird der Winkel J in dem klei-

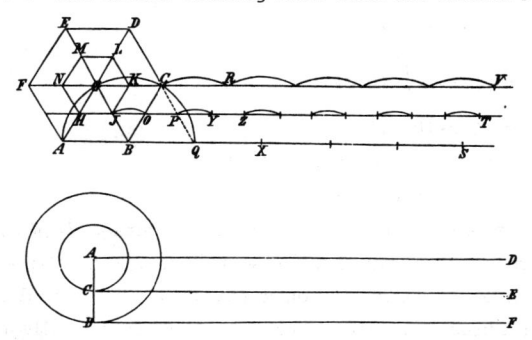

neren Polygon sich über die Linie JT erheben, da JB gegen AS geneigt
ist: und nicht eher wird J sich gegen die Parallele JT anlegen, als
bis C in Q angelangt ist: alsdann wird J auf O fallen, nachdem der
Bogen JO außerhalb der Linie HT beschrieben worden, und JK wird auf
OP gefallen sein. Das Zentrum G aber wird unterdes stets oberhalb GV
gewandert sein, und nicht eher dieselbe erreichen, als bis der Bogen
GC zurückgelegt ist.'* Usw. Nach einer vollen Umdrehung haben sich
die sechs Seiten des inneren Sechsecks an sechs voneinander getrenn-
ten Stücken der Strecke HT angelegt - und sechs voneinander getrennte Lücken gelassen. Die Gesamtlänge dieser Lücken berechnet sich natürlich als die Differenz von HT und dem Sechsfachen der Seitenlänge
(d.h. dem vollen Umfang) des inneren Sechsecks. Also gilt - wenn man
berücksichtigt, daß HT gleich AS und also gleich dem Umfang des äußeren Sechsecks ist - :

$$L_6 = 6 \cdot S_6 - 6 \cdot s_6$$

(S_6 ist also die Seitenlänge des größeren Sechsecks, s_6 die des kleineren). Oder wenn man die halben Durchmesser der Sechsecke mit R bzw.
r bezeichnet (auf *unendliche* Genauigkeit soll es uns dabei nicht an-
kommen!) und berücksichtigt, daß gilt $s_6 = \frac{r}{R} \cdot S_6$:

$$L_6(r) = 6 \cdot S_6 \cdot (1 - \frac{r}{R}) = 6 \cdot S_6 \cdot \frac{1}{R} \cdot (R - r).$$

Natürlich gilt diese Überlegung für alle regelmäßigen n-Ecke:

$$L_n(r) = n \cdot S_n \cdot \frac{1}{R} \cdot (R - r)$$

* Galilei [1638], S. 21

$$L_n(r) = n \cdot S_n \cdot \frac{1}{R} \cdot (R-r)$$

Folglich gilt für die Kreise, die ja Ω-Ecke sind,

$$L_\Omega(r) = \Omega \cdot S_\Omega \cdot \frac{1}{R} \cdot (R-r)$$
$$= 2 \cdot \pi \cdot R \cdot \frac{1}{R} \cdot (R-r)$$
$$= 2 \cdot \pi \cdot (R-r) .$$

• Das wußten wir aber schon vorher!
o Was wußten wir schon vorher?
• Daß die Differenz der beiden Kreisumfänge gerade $2\pi(R-r)$ ist!
o *Das* habe ich ja auch gar nicht ausgerechnet! Ich habe etwas ganz anderes berechnet, nämlich *die Gesamtlänge der Lücken*, die der innere Kreis auf der Strecke HT unberührt läßt - eben genau diejenige Strecke, die er *rutscht*! Diese Gesamtlänge der Lücken, diese Rutschstrecke, hat gerade die Länge $2\pi(R-r)$. Und das habe ich jetzt wie angekündigt *errechnet* (indem ich die Gesamtlänge unendlichvieler unendlichkurzer Strecken berechnet habe), während du dir dein Ergebnis *erschlichen* hast, indem du von dem (eigentlich erst zu berechnenden) Ergebnis her geschlossen hast. Darüberhinaus ergibt sich meine Rechnung in *natürlicher Weise* aus meinen Grundprinzipien. Es ist also nicht irgend ein Kunstgriff oder sonstiger Hokuspokus erforderlich, um das Problem korrekt zu behandeln - in meiner Mathematik.
• Ach, deine Rhetorik ist betörend, aber sag mir noch: Was tut denn der innere Kreis bei dir? Rollt er? Oder rutscht er? Oder beides? Oder was?
o Sieh doch selbst! Rutschen tut er offenbar niemals - denn er ist beständig in einer Drehbewegung (Drehpunkt ist stets eine Ecke des äußeren Vielecks). Aber er rollt auch nicht, weil er sich niemals um eine seiner Ecken dreht - wie etwa der äußere Kreis es tut.
• Das nenne ich eine salomonische Antwort: weder - noch! Ja, was tut er denn dann?
o Das siehst du doch selbst in aller Klarheit an meinem Bild: Er beschreibt eine Drehbewegung, und zwar um den jeweils vorderen Eckpunkt jener Seite des äußeren Kreises, die gerade auf der Abrollstrecke AS liegt. In bezug auf die Strecke HT kann man diese Bewegung vielleicht am besten als 'Hüpfen' oder meinetwegen 'Holpern' bezeichnen - also jedenfalls mit einem neuen Begriff, der die beiden alten, einander

widerstreitenden aufhebt. Mit anderen Worten: Die beiden Kreise beschreiben *sichtbar* unterschiedliche Bewegungen - denkerische Klimmzüge sind hier völlig unnötig. Insofern liefert meine Theorie also weniger eine *salomonische* Antwort als eine *dialektische* - und zwar ganz von selbst!

- Zum Teufel mit der Dialektik - in der Mathematik hat sie gewiß nichts zu suchen!
  o Seltsame Worte für einen bedingungslosen Revolutionär!

(5. Mai 1978)
(also jene Zeit, in der
die Medien die Abhöraffäre
um den Atomphysiker Klaus
Traube publizierten)

ANHANG 3

BEWEIS, DASS $0,\overline{9}... < 1$
ODER
DIE GEBURT DER UNENDLICHKLEINEN DEZIMALZAHLEN
AUS DER ASCHE DER DREI PUNKTE

> Was ich tue, ist nicht Rechnungen
> als falsch zu erweisen; sondern
> das *Interesse* von Rechnungen einer
> Prüfung zu unterziehen. Ich prüfe
> etwa die Berechtigung, hier noch
> das Wort ... zu gebrauchen.
> *Ludwig Wittgenstein*

Vorbemerkung: Im folgenden Text steht des öfteren das Wort 'wir'; es bezeichnet nicht den *pluralis majestatis*, sondern (mindestens) die Gemeinschaft, in die der Autor seinen Leser zwingt (wenigstens, solange der liest): damit er - der Autor - nicht ganz allein dasteht.

Bekanntlich ist $0,\overline{9}...$ kleiner als 1. Das weiß jeder, das sieht man ja. Dennoch ist es durchaus unangebracht, diese Weisheit in, sagen wir, einer Prüfung zu betonen. Denn in einer Prüfung geht es, wie ebenfalls jeder weiß, nicht darum, Weisheiten zu erzählen, sondern darum, den Prüfer zu beeindrucken. Und da es nicht nur möglich, sondern sogar höchst wahrscheinlich ist, daß die objektive Wahrheit und das subjektive Bewußtsein des Prüfers auseinanderfallen, empfiehlt es sich in einer Prüfung nachdrücklich, nicht zu sehr auf einem dem Prüfer unsympathischen Standpunkt zu beharren.

So auch in diesem Fall. Natürlich weiß jeder, daß $0,\overline{9}...$ kleiner ist als 1. Aber wehe, der Prüfungskandidat behauptet dies in seiner Prüfung! Dann ist er so gut wie durchgefallen. Denn der Prüfer verfügt nun über eine ausgefeilte Strategie, um den Kandidaten ins Bockshorn zu jagen, und da alles von langer Hand vorbereitet ist, hat der Prüfling während seiner Ausbildung natürlich auch nie gelernt, wie er sich verteidigen kann: er ist also in diesem Moment ganz auf seine Spontaneität angewiesen, und die hat gegen das ausgetüftelte System, das der Prüfer nun einbringt, keine Chance. Daß dieses System hier der Anschauung widerspricht, das geht naturgemäß zu Lasten der Anschauung (logisch argumentieren läßt sich nur in einem System, nicht in der Anschauung!) - oder personalisiert: Der Prüfer behält recht, der Kandidat wird dafür bestraft, daß er seine naive Anschauung gegen diesen systematischen Unsinn durchsetzen will. Eine sehr mißliche Situation! Jedenfalls für den Prüfling und für den Unbeteiligten - der Prüfer ist's in aller Regel zufrieden: schließlich hat er sich ja wieder einmal bestätigt. Dennoch: eine für den Nicht-Prüfer mißliche Situation. Was tun? Den Prüfer beschimpfen, weil er sein System auf Kosten der Anschauung durchsetzt? Das ist so naheliegend wie berechtigt; es hat jedoch den Nachteil, daß es den Prüfer unbeeindruckt läßt. Oder nein: beeindruckt ist der schon - von der Selbstsicherheit des Kandidaten, dessen Dummheit sich mit Faulheit paart, denn er senkt den Daumen. Nein, es ist gewiß nicht damit getan, den Prüfer zu *beeindrucken* - es gilt, *ihn in seine Schranken zu verweisen*: damit er nicht länger über die Stränge schlägt. Dazu gibt es eine Vielzahl von Mitteln, die bei unterschiedlichen Prüfern unterschiedlich erfolgreich sind.

Einschüchterung ist sicher ein selten erfolgreiches Mittel: die Macht des Prüfers ist entscheidend größer als die des Prüflings. *Verordnung von oben* hätte da gewiß mehr Chancen: die Mathematiker sind keineswegs als aufmüpfige, antiautoritäre Burschen verschrieen, und sie würden sich sicherlich einer Prüfungsordnung fügen, die da beinhaltet: Es ist untersagt, anschauungswidrige Lehrsätze abzuprüfen! Allerdings sagt man den Mathematikern ein gewisses Beharrungsvermögen, um nicht zu sagen: Eigenwilligkeit nach, und so steht zu erwarten, daß die Prüfer zwar diese Prüfungsverordnung respektieren würden (immerhin!), daß sie aber bei sich unzufrieden wären ob dieser Verordnung bürokratischer Dummköpfe, die vom Licht der exakten Wissenschaft in keiner Weise erleuchtet sind. - Nun, so könnten wir sagen, was interessiert uns die private Unzufriedenheit der Mathematiker? Hauptsache, sie verhalten sich in der Prüfung anständig! Mit derartigen machtpolitischen Argumenten wollen wir uns hier aber nicht zufrieden geben. Z.B. auch deswegen, weil wir selbst Mathematiker sind und uns deshalb das Seelenheil dieser Spezies durchaus am Herzen liegt. Denn es ist gewiß: *überzeugen lassen* würde sich ein Mathematiker auf diese Weise nicht - er würde auf seiner alten Überzeugung beharren. Und zu welchen Verzweiflungshandlungen Überzeugungstäter fähig sind, das wissen wir aus anderen Bereichen zur Genüge! Niemand ist gefährlicher und unberechenbarer als ein unterdrückter Fanatiker.

3Ω+2

(Wir stellen diese Überlegungen an, obwohl wir wissen, daß unser Gegenspieler - der selbstsichere Prüfer - sich seinerseits keinen Deut um derartiges schert: Für ihn ist der auf seiner Anschauung beharrende Kandidat schlicht ein Wirrkopf, dem, wenn er auf seiner falschen Einsicht beharrt, eben die wissenschaftliche Qualifikation abzusprechen ist; was aus dem Seelenheil des durchgefallenen Kandidaten wird, das kümmert den selbstsicheren Prüfer nicht im Geringsten.)

Wie aber lassen sich Mathematiker *überzeugen*? Da Mathematiker Menschen sind, ist dies eine keineswegs leicht zu beantwortende Frage. Dennoch haben wir Glück, mehr Glück vielleicht als bei einem anderen Menschenschlag: Der Mathematiker *argumentiert*, und insofern kann man ihm mit Argumenten entgegentreten. Freilich dürfen wir deswegen beileibe nicht erwarten, daß sich der Mathematiker von unseren Argumenten überzeugen lasse - bewahre! Dazu ist er zu sehr Mensch. Aber wenn wir ihm Argumente vorsetzen, dann kann er das nicht verhindern, dann muß er mit ihnen leben. Er kann sie zwar widerlegen oder übergehen oder verachten - aber er kann sie nicht wieder aus der Welt schaffen. Und je besser unsere Argumente den seinen angepaßt sind, desto weniger wird er um sie herumkommen, desto stärker werden sie ihn in seine Schranken verweisen.

Somit wissen wir nun also nicht nur, *was* wir zu tun haben (*argumentieren!*), sondern auch, *wie* wir das am besten ins Werk setzen: Sehen wir uns seine Beweisführung an und legen wir den Finger auf die wunde Stelle! Denn einen wunden Punkt muß er ja haben, der Beweis dafür, daß $0,\overline{9}...$ gleich 1 sei - sonst müßte uns die bewiesene Behauptung ja einleuchten. Sehen wir also zu, wie der Prüfer argumentiert!

(Wie der Leser bereits bemerkt hat, typisiere ich hier den selbstsicheren Prüfer ein wenig; deswegen übergehe ich nun auch die verschieden stark ausgeprägten sokratischen Fähigkeiten von Prüfer zu Prüfer, mit deren Hilfe er die dem Kandidaten eingeborenen Ideen ans Licht befördert; stattdessen lege ich alle Weisheit der Beweisführung in den Mund des Prüfers.)

Ja - so etwa wird der Prüfer einschmeichelnd beginnen, - ja, wenn $0,\overline{9}...$ kleiner ist als 1, wie groß ist denn dann diese Differenz:
$$1 - 0,\overline{9}...$$
Fragezeichen. Pause. Betretenes Schweigen des Kandidaten. Was auch soll er sagen? Eine Antwort auf diese Frage hat er nie gelernt (eine

(354)

derartige Frage wurde ihm bei seinem Studium gar nicht erst gestellt), und so selbstbewußt ist er nicht, daß er den geläufigen Trick der modernen Mathematiker aus dem Effeff beherrscht und einfach kontert: Ich weiß noch nicht genau, wie ich diese Differenz in Ziffern hinschreiben soll, und deswegen (kommt Zeit, kommt Rat!) gebe ich ihr erst einmal einen unverfänglichen Namen: θ, d.h. ich schreibe
$$1 - 0,\overline{9}\ldots =: \theta.$$
Diesen Trick der mathematischen Neuzeit beherrscht, wie gesagt, der Kandidat nicht (eine Schande für das Ausbildungssystem, das ihm diese - heute - elementare Fähigkeit nicht zu vermitteln vermochte!), geschweige denn fällt er ihm in dieser Prüfungssituation ein (eine Schande für das Prüfungssystem, das keine Prüfung ohne Angst zustande bringt!). Der Kandidat wird also schweigen.

Aus diesem Schweigen schließt der Prüfer nun nicht auf die Artikulationsschwierigkeiten des Kandidaten - das wäre ja wohl die freundlichste Reaktion! - sondern auf dessen fachliche Verwirrung, Unsicherheit, Unfähigkeit ... und das Unheil nimmt seinen Lauf:

Schauen Sie her, so etwa beginnt der Prüfer seinen Frontalangriff, schauen Sie her: Was ist denn $0,\overline{9}\ldots$?

(Ich lege nun, wie angekündigt, alle Weisheit in den Mund des Prüfers.)

Nun, $0,\overline{9}\ldots$ ist doch nichts anderes als
$$0 + \frac{9}{10} + \frac{9}{100} + \frac{9}{1000} + \ldots$$
und also eine unendliche Reihe,

(dem Kandidaten stockt der Atem: in diesem Gewand hat er $0,\overline{9}\ldots$ möglicherweise noch nie gesehen - aber warum eigentlich nicht: die erste Stelle hinter dem Komma gibt die Anzahl der Zehntel an, die zweite die der Hundertstel usw.; es sieht jedenfalls aufregend aus, und im übrigen erkennt er auch schon etwas Bekanntes:)

und zwar (wir lassen jetzt das Anfangsglied 0 weg) eine geometrische Reihe mit dem Quotienten $1/10$: jedes Glied dieser Reihe ist gerade ein Zehntel seines Vorgängers:
$$\frac{9}{10} + \frac{9}{100} + \frac{9}{1000} + \ldots$$
Die allgemeine Form der geometrischen Reihe ist ja, wenn wir diesen Quotienten (der in unserem Fall also $1/10$ ist) allgemein q nennen:

(355)

$$a + aq + aq^2 + aq^3 + \ldots$$

Wie groß ist nun die Summe dieser Reihe? Das können wir uns schnell ausrechnen! Nennen wir sie einfach S, also:
$$S = a + aq + aq^2 + \ldots$$
und berechnen S mal q:
$$Sq = aq + aq^2 + aq^3 + \ldots$$
Die Differenz S minus Sq ist nun ganz leicht zu berechnen:
$$S - Sq = a$$
oder S ausgeklammert:
$$S(1-q) = a.$$
Lösen wir nun nach S auf, so erhalten wir eine ganz einfache Formel für S:
$$S = \frac{a}{1-q}$$
Mit ihrer Hilfe ist es jetzt leicht, die Summe unserer geometrischen Reihe
$$\frac{9}{10} + \frac{9}{100} + \frac{9}{1000} + \ldots$$
anzugeben: In diesem Fall gilt ja für das erste Glied a: $a = \frac{9}{10}$,

für den Quotienten q: $q = \frac{1}{10}$,

und also erhalten wir:
$$S = \frac{a}{1-q} = \frac{9/10}{1 - 1/10} = \frac{9/10}{9/10} = 1.$$
Damit haben wir bewiesen, daß gilt
$$0,\overline{9}\ldots = 1.$$

Die Peinlichkeit der jetzt in der Prüfung folgenden Szene ersparen wir uns hier lieber - wir wollen ja Mathematik treiben und keine Prüfungspsychologie. Wo also können wir einhaken?

Nun, die meisten Erfolgsaussichten haben wir, wenn wir uns auf die schwächste Stelle stürzen. Wo aber liegt die? Doch offensichtlich bei den ersten drei Punkten: *Es ist allemal verdächtig, wenn etwas nur sehr andeutungsweise niedergeschrieben wird* - und so fragen wir: Bedeuten diese drei Punkte (sie kommen in der Herleitung der allgemeinen Formel für S zweimal vor) *beidesmal dasselbe?*

Die hier vorgeführte Rechnung ist zwar nur fünf Zeilen lang, aber trotzdem können wir noch eine zweite Frage stellen (eine allemal wichtige Frage beim Teilen): *Was ist, wenn der Teiler* $(1 - q)$ *Null wird?*

3Ω+5

Durch Null darf man ja bekanntlich nicht teilen, weil man sonst jeden
beliebigen Quatsch beweisen kann (etwa ließe sich aus $0 \cdot 1 = 0 \cdot 2$ dann
$1 = 2$ ableiten).

Beginnen wir mit der zweiten Frage: Was ist, wenn gilt
$1 - q = 0$, also $q = 1$?
Schauen wir uns die Herleitung für diesen Fall nochmals an! Die erste
Zeile heißt dann ganz einfach:
$$S = a + a + a + \ldots,$$
die zweite ebenso:
$$S = a + a + a + \ldots,$$
die dritte dann
$$S - S = a$$
— nanu? Da ist doch etwas faul! $S - S$ ist sicher 0, aber a soll doch
gewiß nicht 0 sein! Baufdich! Da ist die Rechnung geplatzt!

Nur ruhig Blut, hören wir den Fachmann im Hintergrund, nur keine
voreilige Aufregung — und spart Euch Eure Ausrufezeichen! (Denn diese
Entdeckung ist keineswegs neu, und erfreulicherweise haben sich die
Fachleute bereits mit diesem Argument auseinandergesetzt — was keineswegs selbstverständlich ist: siehe unten!) Selbstverständlich geht
dieser Beweis nur für q kleiner als 1 (und größer als -1) — denn für
q gleich oder größer als 1 ist es sinnlos, nach der Summe der Reihe
zu fragen!

Wieso *sinnlos*? fragen wir zurück. Na, weil z.B. die Reihe
$$1 + 1 + 1 + \ldots$$
(hier wäre also $q = 1$) keine Summe hat, ebensowenig wie die Reihe
$$1 + 2 + 4 + 8 + \ldots$$
(hier wäre $q = 2$).

Wieso soll es sinnlos sein zu sagen, diese Reihen hätten *keine*
Summe? fragen wir zurück. Alles, was wir sehen, ist: Diese Reihen
haben *gewiß keine endliche Summe*, ihr Wert wächst, je länger wir sum-
mieren, über alle endlichen Grenzen — nichts weiter.

(Jetzt nur nicht unterkriegen lassen: Wenn uns einer *vorschreiben*
will, was *sinnvoll* sei und was nicht, *dann ist er mit seinen sachli-*
chen Argumenten am Ende, und wir haben den Durchbruch so gut wie geschafft! Doch wir haben in diesem Fall soviele Argumente zur Hand,
daß wir sie gar nicht allesamt voll ausreizen müssen; wir können uns
direkt auf den Zentralpunkt beschränken:)

(357)

Aber lassen wir den Fall q größer als 1 aus dem Spiel, fahren wir
souverän fort: Der Fall $q = 1$ zeigt uns ja schon deutlich den wunden
Punkt der Herleitung: Beim Aufschreiben der Reihe für Sq wird mit
Suggestion gearbeitet - oder genauer: Suggestion geschieht bei der
Subtraktion der beiden Reihen für S und Sq: Wieso ziehen Sie da, so
fragen wir den Prüfer, das erste Glied der zweiten Reihe vom zweiten
Glied der ersten Reihe ab:

$$S = a + \boxed{aq} + \boxed{aq^2} + \ldots$$
$$Sq = \boxed{aq} + \boxed{aq^2} + \boxed{aq^3} + \ldots$$

und nicht vom ersten Glied der ersten Reihe:

$$S = \boxed{a} + \boxed{aq} + \boxed{aq^2} + \ldots$$
$$Sq = \boxed{aq} + \boxed{aq^2} + \boxed{aq^3} + \ldots$$

Fragezeichen. Nur, weil es Ihnen nicht in den Kram paßt? Denn täten
Sie das, so erhielten Sie die (zugegeben:) nicht sehr aussagekräftige,
aber (immerhin!) gewiß weniger falsche Formel:

$$S - Sq = (a-aq) + (aq-aq^2) + (aq^2-aq^3) + \ldots$$

also

$$S(1-q) = a(1-q) + aq(1-q) + aq^2(1-q) + \ldots$$

Stattdessen aber tun Sie etwas, das in gewissen Fällen *offenkundig
falsch* ist - man sieht das etwa im Fall $q = 1$ - und erklären diese
Widerlegung Ihres Argumentes als *sinnlos*. Eine ohne jeden Zweifel besonders
abgefeimte Strategie! (Und jetzt gehen wir zum Gegenangriff
über:) Darüberhinaus haben Sie schon vorher geschummelt! In Ihren
ersten beiden Formelzeilen

$$S = a + aq + aq^2 + \ldots$$

und

$$Sq = aq + aq^2 + aq^3 + \ldots$$

stehen die drei Punkte jeweils für verschiedene Dinge - in der ersten
Zeile für eine Reihe, die mit aq^3 beginnt, in der zweiten Zeile für
eine Reihe, die mit aq^4 beginnt! Korrekter müßten Sie etwa schreiben:

$$S = a + aq + aq^2 + aq^3 + \ldots$$
$$Sq = aq + aq^2 + aq^3 + \ldots$$

oder besser noch geben Sie jeweils das allgemeine (d.h. das n-te)
Glied an:

$$S = a + aq + aq^2 + aq^3 + \ldots + aq^{n-1} + \ldots$$
$$Sq = aq + aq^2 + aq^3 + \ldots + aq^n + \ldots$$

und verschiedene Punktzahlen stehen hier für tatsächlich Verschiedenes, was wir besser vielleicht so schreiben:

$$S = a + aq + aq^2 + aq^3 + A + aq^{n-1} + A'$$
$$Sq = aq + aq^2 + aq^3 + B + aq^n + B',$$

wobei dann die folgenden Beziehungen gelten:

$$B = aq^{n-1} + A$$
$$A' = aq^n + B'$$

also auch

$$S = a + aq + aq^2 + aq^3 + A + aq^{n-1} + aq^n + B'$$
$$Sq = aq + aq^2 + aq^3 + A + aq^{n-1} + aq^n + B'.$$

Na bitte, tönt es aus dem Hintergrund, jetzt seht Ihr es ja: Subtraktion liefert

$$S - Sq = a,$$

wie es auch nicht anders sein kann! Was wollt Ihr eigentlich?

Was wir wollen, so antworten wir, das ist doch klar: wir wollen nicht hinters Licht geführt werden – genau das aber tut Ihr dauernd! Und wir begründen das wie folgt: Mit dieser Subtraktion $S - Sq$ der beiden unendlichen Reihen ist offenbar folgende *schräge Subtraktion* gemeint:

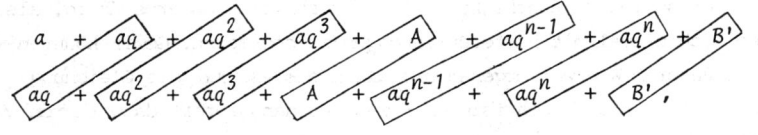

$$\begin{array}{ccccccccccccccc}
a & + & aq & + & aq^2 & + & aq^3 & + & A & + & aq^{n-1} & + & aq^n & + & B' \\
& & aq & + & aq^2 & + & aq^3 & + & A & + & aq^{n-1} & + & aq^n & + & B',
\end{array}$$

wobei jedoch bei der Subtraktion des unteren B' (das ist ja eine unendliche Reihe!) vom oberen B' (das ist dasselbe) das erste Glied vom ersten, das zweite vom zweiten usw. abgezogen wird: also eine *gerade Subtraktion*. Wenn wir nun Verschiedenes auch verschieden bezeichnen (ein Grundsatz, der jede Argumentation durchsichtiger macht, den Ihr aber permanent verletzt – zuerst bei den drei Punkten, jetzt schon wieder!), so müssen wir *zum ersten* die Subtraktion zweier unendlicher Reihen anders bezeichnen als die zweier Zahlen, und *zum zweiten* müssen wir diese beiden Arten der Subtraktion unendlicher Reihen, die *schräge* von der *geraden* unterscheiden. Bezeichnen wir die *schräge Subtraktion* zweier unendlicher Reihen mit $\bar{}_1$, die *gerade Subtraktion* zweier unendlicher Reihen mit $\bar{}_0$, so erhalten wir also nichts anderes als

$$S \bar{}_1 Sq = a + B' \bar{}_0 B',$$

und wir kommen so als Ergebnis zu der folgenden Aussage:

$S \bar{}_1 Sq = a$ gilt genau dann, wenn gilt $B' \bar{}_0 B' = 0$.

Und das sieht nun zwar auf den ersten Blick vernünftig aus – viel vernünftiger, als es auf den zweiten Blick ist!

Warum, so hören wir die Frage des Fachmannes aus dem Hintergrund, warum? Wollt Ihr etwa bestreiten, daß gilt $B' \bar{}_0 B' = 0$? Das müßt Ihr nämlich, wenn Ihr die Aussage $S \bar{}_1 Sq = a$ bestreiten wollt – und darum geht es Euch doch die ganze Zeit, oder?

In der Tat! beharren wir auf unserem Ziel. Selbstverständlich wollen wir $B' \bar{}_0 B' = 0$ nicht bestreiten – kein vernünftiger Mensch wird das tun! Aber dennoch wollen wir die Aussage $S \bar{}_1 Sq = a$ bestreiten! Jedenfalls dann, wenn $\bar{}_1$ als *die natürliche* Verallgemeinerung der Subtraktion zweier Zahlen behauptet wird.

Das geht nicht! triumphiert unser Gegenspieler: Das habt Ihr doch gerade selbst bewiesen! Wenn Ihr

$$B' \bar{}_0 B' = 0$$

zugebt, dann müßt Ihr nach Eurem eigenen Beweis auch

$$S \bar{}_1 Sq = a$$

zugeben!

Bei soviel Hartnäckigkeit bleibt uns nichts anderes übrig, als endlich einmal mit härteren Bandagen zu operieren. Gewiß könnten wir auf unserem Weg weitergehen und als nächstes nun die Gleichung $B' \bar{}_0 B' = 0$ problematisieren – was uns dann sofort dazu führen würde, die Beziehung

$$A' = aq^n + B'$$

anzuzweifeln: schließlich ist jedes k-te Glied der Reihe B' gerade das q-fache des k-ten Gliedes der Reihe A', was gegen Ende der Reihen dann zu Komplikationen führen muß ... Doch stattdessen erklären wir kurz und bündig: Wir halten diese gesamte Argumentation für viel zu umwegig, als daß wir sie noch länger anschauen und weiterverfolgen wollen! Wir möchten's viel lieber einfacher, *direkter* und *anschauli-*

cher! Wir sind es langsam leid, diesen denkbar umständlichen Überlegungen zu folgen, die *ausgesprochen spitzfindig* sind und, wenn man nicht ganz scharf aufpaßt, zu allem Überfluß noch zu *unschönen Ergebnissen führen!*
Was heißt hier spitzfindig? hören wir ihn fragen. Diese ganze Komplizierung stammt doch von Euch! Ursprünglich war's doch viel einfacher!

Einfacher vielleicht, geben wir zu – aber dafür ungeheuer schlampig: Da wurden mehrfach von vornherein gewisse Dinge mit gleichem Namen bezeichnet, *ohne daß diese Gleichheit bewiesen* oder wenigstens *als Setzung kenntlich gemacht* wurde – erinnern wir nur an die drei Punkte oder an die Subtraktionen! Denn zweierlei ist doch klar, wenn wir uns allein die Subtraktionen vornehmen: *Erstens* ist die Subtraktion zweier unendlicher Reihen zunächst einmal etwas ganz anderes als die Subtraktion zweier Zahlen, und wenn man beides miteinander identifizieren will, dann muß man das zumindest *offenlegen*, gegebenenfalls zusätzlich noch *begründen*, warum man dies tut. Und *zweitens* gibt es da viele verschiedene Möglichkeiten, zwei unendliche Reihen zu subtrahieren, und nur die zwei einfachsten (*gerade* und *schräge*, allgemeiner vielleicht: *0-schräge* und *1-schräge*) haben wir betrachtet. Natürlich kann man sich *im Nachhinein* überlegen, ob und wann diese verschiedenen Arten der Subtraktion (*0*-schräge, *1*-schräge usw.) alle zusammenfallen, also gleiches Ergebnis liefern – und welche Konsequenzen das hat und ob man diese Konsequenzen wünscht und dergleichen mehr. Das und nichts anderes haben wir ja überlegt:

Es gilt
$$a + aq + aq^2 + \ldots = a + aq + aq^2 + \ldots$$
also auch
$$aq + aq^2 + \ldots = aq + aq^2 + \ldots \;;$$

$\overline{\sigma}$ - Subtraktion der linken Seiten liefert
$$(a-aq) + (aq-aq^2) + (aq^2-aq^3) + \ldots$$
$$= (1-q)a + (1-q)aq + (1-q)aq^2 + \ldots$$
$$= (1-q)(a + aq + aq^2 + \ldots).$$

$\overline{\tau}$ - Subtraktion der rechten Seiten liefert schlicht
$$a + \ldots \;\overline{\tau}\; \ldots$$

Will man jetzt, daß $\overline{\sigma}$ und $\overline{\tau}$ gleich sind sowie daß gilt $.. = \ldots$ bzw. genauer $.. \;\overline{\tau}\; \ldots = 0$ (das sind zwei Entscheidungsfreiheiten, die immer verschwiegen wurden!), so erhält man Euer so gewaltsam angesteuertes Ergebnis:

$(1-q)S = a$.

Aber auch nur dann! Und nach welchen Mühen das alles! Und alles nur zu dem Zweck, uns die anschauliche Selbstverständlichkeit zu stehlen, daß $0,\overline{9}...$ kleiner ist als 1 - das ist denn doch die Höhe!

Ja - geht es denn einfacher? mischt sich schüchtern der Kandidat ein. Und so, daß $0,\overline{9}...$ kleiner ist als 1? Aber gewiß! versichern wir ihm und beginnen mit unserer Erklärung:

Das Problem besteht, wie wir gesehen haben, darin, die Summe einer unendlichen (geometrischen) Reihe zu bestimmen. Das können wir dadurch bewerkstelligen - auch das haben wir gesehen - , daß wir uns Gedanken darüber machen, wie wir zwei unendliche Reihen sinnvoll subtrahieren wollen, eben

$a + aq + aq^2 + aq^3 + ...$

und

$aq + aq^2 + aq^3 + ...$

Anstatt nun *unsystematisch* herumzuprobieren, welche Möglichkeiten es eigentlich gibt, eine solche Subtraktion durchzuführen (gerade Subtraktion, schräge Subtraktion usw.), um dann *anschließend* die Beziehung dieser irgendwie gefundenen Formen mit der althergebrachten Subtraktion zweier Zahlen herauszufinden - stattdessen entwickeln wir *von Beginn an systematisch* eine Idee, und die verfolgen wir dann konsequent.

Wie das geht? Ganz einfach! 'Die Idee [, die wir brauchen, ist] gerade die Formulierung des Problems. [...] Ein Problem fällt niemals vom Himmel. Immer hat es einen Bezug zu unserem Hintergrundwissen. [... Wir spüren einfach auf,] wie das Problem aus unserem Hintergrundwissen herauswuchs; oder welches die Erwartung war, deren Widerlegung das Problem aufwarf.'* In unserem Fall geht es darum, zwei unendliche geometrische Reihen zu subtrahieren - sehen wir uns also an, wie diese Subtraktion aus der Subtraktion zweier Zahlen, zweier Summen mit je zwei Summanden, zweier Summen mit je drei Summanden usw. sich entwickelt! Beginnen wir also mit einer Zahl:

---

* Lakatos [1961], S. 63f

a

Multiplikation mit q ergibt:

aq

Subtraktion führt zu:

$a - aq$.

Tun wir nun den nächsten Schritt und beginnen wir mit einer Summe aus zwei Zahlen:

$a + aq$

Multiplikation mit q ergibt:

$aq + aq^2$

Subtraktion

$a - aq^2$

Entsprechend mit drei Zahlen:

$a + aq + aq^2$

minus $aq + aq^2 + aq^3$

ergibt $a - aq^3$.

Und mit vier Zahlen:

$a + aq + aq^2 + aq^3$

minus $aq + aq^2 + aq^3 + aq^4$

ergibt $a - aq^4$,

und damit ist endgültig klar, daß bei endlich vielen Zahlen, sagen wir bei n Zahlen, das Ergebnis der Subtraktion gerade

$a - aq^n$

sein wird. Aber *sobald wir das Problem für jede endliche natürliche Zahl gelöst haben, haben wir es auch für eine unendliche natürliche Zahl gelöst* - das genau soll unser Grundsatz sein, nach dem wir mit dem Unendlichen rechnen wollen. In diesem Fall hier kommen wir also zu folgendem Ergebnis (Ω bezeichne diejenige unendlichgroße natürliche Zahl, auf die wir aus dem für alle endlichen natürlichen Zahlen n erhaltenen Ergebnis schließen wollen):

$a + aq + aq^2 + \ldots + aq^{\Omega}$

minus $aq + aq^2 + \ldots + aq^{\Omega} + aq^{\Omega+1}$

ergibt $a - aq^{\Omega+1}$.

Oder schreiben wir für die Summe der unendlichen Reihe

$a + aq + aq^2 + \ldots + aq^{\Omega}$

kurz S_{Ω}:

$$S_\Omega = a + aq + aq^2 + \ldots + aq^\Omega$$
minus
$$qS_\Omega = aq + aq^2 + \ldots + aq^\Omega + aq^{\Omega+1}$$
ergibt $S_\Omega(1-q) = a - aq^{\Omega+1}$

(selbstverständlich verwenden wir *gemäß unserem Grundsatz* dasselbe Minuszeichen bei unendlichgroßen Zahlen wie auch bei endlichen Zahlen!), und folglich erhalten wir*

$$S_\Omega = \frac{a}{1-q} - \frac{q^{\Omega+1}}{1-q} \cdot a \ ,$$

und da steht nun auch, was wir die ganze Zeit behauptet haben: Die Summe der geometrischen Reihe ist keineswegs $\frac{a}{1-q}$, sondern ein klein wenig kleiner (solange q kleiner als 1 und größer als 0 ist)! Und alles ganz kurz, schmerzlos und systematisch, ohne Taschenspielertricks, ohne unausgesprochene Unterstellungen und was dergleichen Nettigkeiten mehr sind, wie wir sie vorher erlebt haben! Bemerkenswert ist dabei außerdem, daß *die drei Punkte jetzt eine ganz andere Bedeutung haben als vorher*: sie stehen bei uns jeweils *zwischen* bestimmten Ausdrücken und zeigen lediglich an, daß zwischen diesen beiden niedergeschriebenen Ausdrücken noch mehrere andere hingeschrieben werden dürfen; aber es ist jeweils vollkommen klar und wohlbestimmt, welche das sind - und insbesondere: *wieviele* das sind (auf einen mehr oder weniger kommt es da sehr wohl an!), und diese Anzahl verändert sich im Verlauf der Rechnung niemals unter der Hand.

Es eröffnen sich hier auch noch großartige neue Perspektiven - z. B.: Was geschieht, wenn q größer ist als 1? oder kleiner als -1? usw.! Und wodurch haben wir das alles erreicht? Durch genau zwei einfache, keineswegs fernliegende und sicher nicht unvernünftige Dinge:

Erstens haben wir uns entschlossen, etwas genauer hinzuschreiben, was wir unter einer *unendlichen (geometrischen) Reihe* verstehen wollen; wir haben uns nicht mit diesem unscharfen Bild der drei Punkte zufrieden gegeben, sondern geschrieben:

$$a + aq + aq^2 + \ldots + aq^\Omega \ ,$$

wobei Ω eine bestimmte unendlichgroße Zahl ist. (Selbstverständlich

---

* Diese Formel ist natürlich nicht neu - sie findet sich beispielsweise schon in einem Brief vom 6. April 1743, den Nikolaus Bernoulli an Euler schrieb (Kline [1972], S. 462); vgl. auch Euler [1755], §§98 - 111. Die Tatsache, daß diese Formel im weiteren Verlauf meines Textes nicht argumentativ zerfleischt wird, spiegelt nichts weiter als die wirkliche Geschichte wider.

ist dies keineswegs die einzige Möglichkeit, den Begriff der unendlichen (geometrischen) Reihe schärfer zu fassen - wir können sie auch durchaus doppelt so lang machen:
$$a + aq + aq^2 + \ldots + aq^{\Omega} + aq^{\Omega+1} + \ldots + aq^{2\Omega}$$
oder aber nur halb so lang:
$$a + aq + aq^2 + \ldots + aq^{\Omega/2}$$
oder wie lang auch immer wir es beim vorliegenden Problem gerade brauchen - die jeweiligen Summen können wir spielend angeben; in den eben gewählten Beispielen sind das natürlich
$$S_{2\Omega} = \frac{a}{1-q} - \frac{q^{2\Omega+1}}{1-q} \cdot a$$
und
$$S_{\Omega/2} = \frac{a}{1-q} - \frac{q^{\Omega/2+1}}{1-q} \cdot a \; .)$$
Wir haben somit *die Unschärfe der drei Punkte beseitigt*!

Und *zweitens* haben wir uns anhand des Rechnens mit endlich vielen Zahlen überlegt, wie man *in entsprechender Weise* mit unendlichvielen Zahlen rechnen kann: so daß keine 'Kluften' beim 'Sprung' vom Endlichen ins Unendliche entstehen, die nachher nur schwer und unter Mühsal überbrückt werden können. Auf diese Art hoffen wir, unserer Anschauung nicht davonzuspringen. In unserem Beispiel ist uns das zweifellos gelungen - womit wir (endlich!) zu den konkreten Ratschlägen für den geplagten Prüfling kommen:

Die Frage an ihn lautete: Wie groß ist
$$1 - 0,\overline{9}\ldots \; ?$$
Wir hatten das bereits θ genannt:
$$\theta := 1 - 0,\overline{9}\ldots \; ,$$
aber es fehlte noch *der Beweis, daß θ ungleich 0 ist*. Den können wir jetzt mühelos führen: $0,\overline{9}\ldots$ ist definiert als
$$\frac{9}{10} + \frac{9}{100} + \frac{9}{1000} + \ldots$$
Wir möchten die Unbestimmtheit der drei Punkte beseitigen, also schreiben wir eindeutig (beispielsweise):
$$\frac{9}{10} + \frac{9}{100} + \frac{9}{1000} + \ldots + \frac{9}{10^{\Omega}}$$
(das sieht am einfachsten aus; natürlich könnten wir auch eine andere Wahl treffen - aber unser Argument bliebe jedesmal bestehen: es gilt in jedem Fall $\theta \neq 0$). Nun wissen wir

3Ω+14

$$\frac{9}{10} + \frac{9}{100} + \frac{9}{1000} + \cdots + \frac{9}{10^\Omega} = \frac{9/10}{1 - 1/10} - \frac{(1/10)^\Omega}{1 - 1/10} \cdot \frac{9}{10}$$

$$= 1 - \frac{10}{9} \cdot \left(\frac{1}{10}\right)^\Omega \cdot \frac{9}{10}$$

$$= 1 - \left(\frac{1}{10}\right)^\Omega,$$

und dies ist sicher kleiner als *1*, da $(1/10)^n$ für jede endliche natürliche Zahl *n* ungleich *0* ist. Also haben wir die (jedem anschaulich klare) Tatsache begründet, daß gilt:

$0,\overline{9}\ldots < 1$,

und zwar dadurch, daß wir bewiesen haben:

$1 - 0,\overline{9}\ldots =: \theta > 0$.

Und wir sehen auch, daß wir θ in der folgenden Form schreiben können:

$$\theta = \left(\frac{1}{10}\right)^\Omega = 10^{-\Omega}.$$

Was ist damit gewonnen? Nun, zunächst eben nicht mehr (und nicht weniger!) als eine mathematische Form, die unserer Anschauung in diesem bewußten Punkt näher kommt, als es die gängige Form vermag. Zum anderen ist damit eine *unendlichkleine Zahl in unserer Zifferschreibweise eingefangen* - denn daß θ kleiner ist als jede Dezimalzahl (im geläufigen Sinn), ist offenkundig. Jetzt verstehen wir übrigens auch, warum in der gängigen Theorie beim Hantieren mit Dezimalzahlen *Neunerenden stets verboten* werden: weil man von unendlichkleinen Zahlen nicht reden *will*; schieben sie sich *von selbst* ins Blickfeld, so werden sie schlicht gestrichen! Eine feine Methode ist das.

Weitere detailliertere Ausführungen können wir uns ersparen - es ist klar, wie man mit dieser unendlichkleinen Zahl θ rechnen wird[*]: Wir kennen ihre *Zifferndarstellung*, und wir kennen den *Grundsatz, nach dem wir rechnen werden*. Eine kleine Hilfe ist vielleicht noch die folgende Darstellungsweise: Die Dezimalstellen von θ (oder jeder anderen endlichen oder unendlichen Zahl) lassen sich unmißverständlich, etwa im Sinne von 'Projektionen', durch die *Stellenfunktion* Δ angeben, die genau sagt, welche Ziffer der Dezimalzahl an der *n*-ten Stelle hinter dem Komma steht; so sind

---

[*] Dies ist natürlich eine kleine Beschönigung der wirklichen Verhältnisse: Diese Idee benötigte eine knappe Stunde des Probierens, dann eine zweimonatige Pause fürs Unterbewußtsein und dann nochmals drei Minuten zu ihrer Geburt.

$$\Delta_n(0,\overline{9}\ldots) = \begin{cases} 9 & \text{für } n \leq \Omega \\ 0 & \text{für } n > \Omega \end{cases}$$

$$\Delta_n(1) = 0 \text{ für alle natürlichen Zahlen } n \text{ (auch die unendlichgroßen!)}$$

$$\Delta_n(\theta) = \begin{cases} 0 & \text{für } n \neq \Omega \\ 1 & \text{für } n = \Omega \end{cases}$$

Geht das überhaupt, ist das konsistent (d.h. ist Δ ein Homomorphismus)? Selbstverständlich! Natürliches Verallgemeinern ist stets ein Homomorphismus. Überlegen wir es uns am Beispiel: Was ist die Hälfte von θ in Zifferndarstellung? Nun, wir erwarten natürlich:

$$\Delta_n(\tfrac{1}{2}\theta) = \begin{cases} 0 & \text{für } n \neq \Omega+1 \\ 5 & \text{für } n = \Omega+1 \end{cases},$$

denn die Addition zweier Fünfen an der Stelle $\Omega+1$ liefert eine 10, also eine 0 an der Stelle $\Omega+1$ und einen Übertrag 1 an der Stelle Ω - wie es bei θ sein muß. Stimmt das aber mit den üblichen Rechengesetzen für $1 - 0,\overline{9}\ldots$ überein? Sehen wir nach! Die Hälfte von $(1 - 0,\overline{9}\ldots)$ ist die Hälfte von 1 minus der Hälfte von $0,\overline{9}\ldots$ Wegen

$$\Delta_n(1) = 0 \text{ für alle } n$$

ist $\Delta_n(\tfrac{1}{2} \cdot 1) = \begin{cases} 5 & \text{für } n = 1 \\ 0 & \text{für } n \neq 1 \end{cases}$.

Ebenso ist wegen

$$\Delta_n(0,\overline{9}\ldots) = \begin{cases} 9 & \text{für } n \leq \Omega \\ 0 & \text{für } n > \Omega \end{cases}$$

auch

$$\Delta_n(\tfrac{1}{2} \cdot 0,\overline{9}\ldots) = \begin{cases} 4 & \text{für } n = 1 \\ 9 & \text{für } 1 < n \leq \Omega \\ 5 & \text{für } n = \Omega+1 \\ 0 & \text{für } n > \Omega+1 \end{cases}$$

(denn die Hälfte von $0,9$ ist $0,45$,

die Hälfte von $0,99$ ist $0,495$,

die Hälfte von $0,999$ ist $0,4995$ usw.)

Was also ist $\Delta_n(\tfrac{1}{2} \cdot 1) - \Delta_n(\tfrac{1}{2} \cdot 0,\overline{9}\ldots)$? Rechnen wir's aus!

$0,5 - 0,45 = 0,05$

$0,50 - 0,495 = 0,005$

$0,500 - 0,4995 = 0,0005$,

also tatsächlich

$$\Delta_n(\tfrac{1}{2} \cdot 1) - \Delta_n(\tfrac{1}{2} \cdot 0,\overline{9}\ldots) = \begin{cases} 0 & \text{für } n \neq \Omega+1 \\ 5 & \text{für } n = \Omega+1 \end{cases}$$

- wie es auch sein muß.

Nun ist auch endgültig klar, wie wir uns die Zifferndarstellung jedes Rechenausdrucks beschaffen können, in dem neben gewöhnlichen Dezimalzahlen auch θ vorkommt: Wir machen uns mit der Systematik der Dezimalzahlentwicklung bei Berücksichtigung von immer mehr Dezimalstellen vertraut. Es verläuft alles ganz natürlich: Selbstverständlich etwa hat θ^2 doppelt soviele Dezimalstellen (deren letzte ungleich 0 ist) wie θ:

$$\theta^2 = (10^{-\Omega})^2 = 10^{-2\Omega}$$

oder mit der Stellenfunktion geschrieben:

$$\Delta_n(\theta^2) = \begin{cases} 0 & \text{für } n \neq 2\Omega \\ 1 & \text{für } n = 2\Omega \end{cases},$$

und ebenso verhält es sich in den anderen Fällen - berechnen wir nur $0,\overline{9}\ldots^2$:

$$0,9^2 = 0,81$$

$$0,99^2 = 0,9801$$

$$0,999^2 = 0,998001$$

$$0,9999^2 = 0,99980001,$$

und wir sehen:

$$\Delta_n(0,\overline{9}\ldots^2) = \begin{cases} 9 & \text{für } n < \Omega \\ 8 & \text{für } n = \Omega \\ 0 & \text{für } \Omega < n \neq 2\Omega \\ 1 & \text{für } n = 2\Omega \end{cases}.$$

Wenn wir also berechnen:

$$(1 - 0,\overline{9}\ldots)^2 = 1 - 2\cdot 0,\overline{9}\ldots + (0,\overline{9}\ldots)^2 =$$
$$= (1 + (0,\overline{9}\ldots)^2) - 2\cdot 0,\overline{9}\ldots,$$

so brauchen wir nur von

$$1,\underset{12}{99\ldots 99}\underset{\Omega}{800\ldots 0}\underset{2\Omega}{01}$$

die Zahl $2\cdot 0,\overline{9}\ldots$, also

$$1,\underset{12}{99\ldots 99}\underset{\Omega}{800\ldots 0}\underset{2\Omega}{00}$$

zu subtrahieren, was nichts anderes als

$$0,\underset{12}{00\ldots 00}\underset{\Omega}{000\ldots 0}\underset{2\Omega}{01}$$

oder θ^2 ergibt, wie es gar nicht anders sein kann. -

Der Kandidat blickt uns halb verschreckt, halb erfreut an: das Ganze kommt ihm denn doch ein wenig ungewohnt vor, ein bißchen wie Zauberei - obwohl, das gibt er gerne zu, er in gewisser Weise doch zufrieden ist. Daß er nun wieder sagen darf, $0,\overline{9}\ldots$ sei kleiner als

$3\Omega+17$

1, das gefällt ihm, aber daß er dafür etwas längere Zahlen inkauf nehmen muß, das trübt ein wenig seine Begeisterung. Aber Genauigkeit hat eben ihren Preis, selbst wenn er noch so klein ist, und so zeigen wir ihm, daß er ohne diesen Tropfen Wasser im Wein nicht auskommen wird, indem wir ihn den Fehler im folgenden Beweis finden lassen:

Was, so fragen wir ihn, hältst du denn von dem folgenden Beweis der Gleichung

$$0,\overline{9}\ldots = 1,$$

der mit den zu kurzen Zahlen in dieser Weise geführt werden kann: Man setzt

$$x = 0,\overline{9}\ldots,$$

multipliziert mit *10*:

$$10x = 9,\overline{9}\ldots,$$

subtrahiert die erste Gleichung von der zweiten:

$$9x = 9,\overline{0}\ldots = 9$$

und dividiert durch *9*:

$$x = 1,$$

insgesamt also

$$0,\overline{9}\ldots = x = 1.$$

Ja, das ist doch klar, sagt der Kandidat sofort – der Fehler dieser Rechnung liegt ja auf der Hand. Selbstverständlich muß sie exakt so lauten:

$$x = 0,9\ldots 99_{\Omega}$$
$$10x = 9,9\ldots 90$$
$$9x = 8,9\ldots 91$$
$$x = 0,9\ldots 99$$

und eben nicht *1*. Der Fehler in der von Euch vorgeführten Rechnung besteht einfach darin, daß Ihr bei der Multiplikation mit *10* *eine zusätzliche Neun eingeschmuggelt habt* – daß solcher Schwindel dann zu Unsinn führt, ist nicht weiter verwunderlich!

Sehr gut! loben wir den Kandidaten – jetzt zeige uns zum Schluß auch noch den Fehler im folgenden Beweis mit den zu kurzen Zahlen: Es gilt ja

$$\frac{1}{3} = 0,\overline{3}\ldots$$

Multiplikation mit *3* ergibt

(369)

3Ω+18

$$3 \cdot \frac{1}{3} = 3 \cdot 0,\overline{3}\ldots$$

also $1 = 0,\overline{9}\ldots$

Was ist daran falsch?

Der Kandidat stutzt: Da man eine Gleichung mit 3 durchmultiplizieren darf, muß etwas an der Ausgangsgleichung falsch sein! Richtig, bestätigen wir ihn: 1/3 ist natürlich nicht gleich $0,\overline{3}\ldots$, denn *die Division 1 : 3 geht niemals auf*, natürlich auch nicht nach Ω-*vielen Schritten* - es bleibt stets ein Rest:

$$\frac{1}{3} = 0,3\ldots\underset{\Omega}{3} + \frac{\theta}{3}$$

oder $\frac{1}{3} = 0,\overline{3}\ldots + \frac{\theta}{3}$.

Damit ist dann alles klar, denn Multiplikation *dieser* Gleichung mit 3 ergibt

$$3 \cdot \frac{1}{3} = 3 \cdot (0,\overline{3}\ldots + \frac{\theta}{3})$$
$$1 = 0,\overline{9}\ldots + \theta,$$

wie es ja richtig ist.

Kein Zweifel: Der Kandidat hat sich als auffassungsfreudiger, im Denken flexibler Mathematiker erwiesen - er hätte die Prüfung bestehen sollen.

> Heißt dies nun, daß wir vor Irrtümern und erneuter Orientierungslosigkeit gefeit sind, wenn wir Zweifel und Kritik ausgeräumt haben, wenn nichts mehr gegen unsere Urteile spricht, wenn sie also begründet sind? Können wir uns jetzt endlich in Sicherheit wiegen? Gewiß können wir das. Und sollten irgendwann neue Zweifel auftauchen, dann werden wir schon weitersehen.
> *Hans Peter Duerr*

Die hier ausdrücklich herangezogene Literatur ist: Duerr [1974], Euler [1755], Kline [1972], Lakatos [1961], Wittgenstein [1974]. Nicht minderen Einfluß auf die Entstehung dieses Textes hatten: Earnshaw [1847], Laugwitz [1973],[1976], Young [1847].

(18. Dezember 1978)

LITERATUR

> Auf vieles bin ich überhaupt
> nur zufällig gestoßen.
> *Heinrich Burkhardt*

ABEL, Niels Henrik [1826a] *Untersuchungen über die Reihe*: $1 + \frac{m}{1}x + \frac{m \cdot (m-1)}{1 \cdot 2} \cdot x^2 + \frac{m \cdot (m-1) \cdot (m-2)}{1 \cdot 2 \cdot 3} \cdot x^3 + \ldots\ldots$ *u.s.w.* Journal für die reine und angewandte Mathematik 1, S. 311-39

ABEL, Niels Henrik [1826b] *Extrait d'une lettre à Hansteen* Œuvres Complètes, hrsg. von L. Sylow und S. Lie, Bd. 2. Grøndahl: Christiania 1881

ACHTERNBUSCH, Herbert [1977] *Land in Sicht* Suhrkamp: Frankfurt am Main

d'ALEMBERT, Jean le Rond [1754] *Différentiel* Encyclopédie, ou dictionnaire raisonne des sciences, des arts es des métiers, par une société de gens lettres. Mis en ordre et publié par M. Diderot; et quant à la partie mathématique, par M. d'Alembert, Bd. 4: Paris, S. 985-9

d'ALEMBERT, Jean le Rond [1756] *Fluxion* Encyclopédie ..., Bd. 6: Paris, S. 923f

d'ALEMBERT, Jean le Rond [1757] *Grandeur* Encyclopédie ..., Bd. 7: Paris, S. 855

d'ALEMBERT, Jean le Rond [1765a] *Limite* Encyclopédie ... Mis en ordre et publié par M: ***, Bd. 9: Neufchastel, S. 542

d'ALEMEBRT, Jean le Rond [1765b] *Série* Encyclopédie ..., Bd. 15, S. 93-6

d'ALEMEBRT, Jean le Rond [1777] *Progression* Supplement à l'éncyclopedie ou dictionnaire raisonné des sciences, des arts et des metiers, par une société de gens de lettres. Mis en ordre et publié par M. ***, Bd. 4: Amsterdam, S. 535

AMERY, Jean [1976] *Hand an sich legen. Diskurs über den Freitod* Klett-Cotta: Stuttgart 1978

APPELL [1898] *D'analyse mathématique à l'usage des ingénieurs et des physiciens* Carré et Naud: Paris

AUTENHEIMER, Friedrich [^{2}1875] *Elementarbuch der Differential- und Integralrechnung mit zahlreichen Anwendungen aus der Analysis, Geometrie, Mechanik, Physik etc.* Bernhard Friedrich Voigt: Weimar

ARZELA, Cesare [1883] *Un' osservatione intorno alle serie di funzioni.* Rendiconto delle sessioni della Accademia delle scienze dell'Instituto di Bologna, (1) 19, S. 142-59

ARZELA, Cesare [1899] *Sulle serie di funzioni* Memorie della R. Accad. degli Sci. di Bologna, Serie 5, Bd. 8 (1900), S. 131-86

BARFUSS, Friedrich Wilhelm [^{2}1869]*Lehrbuch der mathematischen Analysis besonders in Hinsicht ihrer Entwicklungsmethoden* S. Mode: Berlin

BECKER, Oskar [1954] *Grundlagen der Mathematik in geschichtlicher Entwicklung* Karl Alber: Freiburg, München ^{2}1964

BELL, Eric Temple [1940] *The development of mathematics* McGraw-Hill: New York, London ^{2}1945

BERKELEY, George [1734] *The analyst, a discourse addressed to an infidel mathematician wherein it is examined, whether the object, principles, and inferences of the modern analysis are more distinctly conceived, or more evidently deduced, than religious mysteries and points of faith 'First cast out the beam out of thine own eye; and than shalt thou see clearly to cast out the mode out of thy brother's eye.'* Auszüge in Newman [1956], S. 288-93

BERTRAND, J. [1864] *Traité de calcul différentiel et de calcul intégral* Gauthier-Villars: Paris

BIRKHOFF, Garrett [1973] *A source book in classical analysis* Harvard University Press: Cambridge (Massachusetts)

BJÖRLING, Em. Gabr. [1847] *Doctrinae serierum infinitarum exercitationes* 2 Teile. Nova acta regiae societatis scientiarum Upsaliensis 13: Upsala, S. 61-86; 143-86

du BOIS-REYMOND, Paul [1871] *Notiz über einen Cauchy'schen Satz, die Stetigkeit von Summen endlicher Reihen betreffend* Mathematische Annalen 4, S. 135-7

du BOIS-REYMOND, Paul [1876] *Abhandlung über die Darstellung der Funktionen durch trigonometrische Reihen (1876)* hrsg. von Philip E. B. Jourdain, Ostwald's Klassiker Nr. 186. Wilhelm Engelmann: Leipzig 1913

du BOIS-REYMOND, Paul [1882] *Die allgemeine Functionentheorie*: Tübingen. Nachdruck Wissenschaftliche Buchgesellschaft: Darmstadt 1968

BOLZANO, Bernard [1817] *Rein analytischer Beweis des Lehrsatzes, daß zwischen je zwey Werthen, die ein entgegengesetztes Resultat gewähren, wenigstens eine reelle Wurzel der Gleichung liege* Ostwald's Klassiker Nr. 153, hrsg. von Philip E. B. Jourdain. Wilhelm Engelmann: Leipzig 1905, S. 3-43

BOLZANO, Bernard [≥1830] *Reine Zahlenlehre* hrsg. von Jan Berg. Friedrich Frommann: Stuttgart - Bad Cannstadt 1976

BOLZANO, Bernard [1850] *Paradoxien des Unendlichen* hrsg. von Fr. Přihonsky. Mayer und Müller: Berlin ^{2}1899

BOS, Henk J. M. [1973] *Differentials, higher-order differentials and the derivative in the Leibnizian calculus* Archive for the history of exact sciences 14. Springer 1974, S. 1-90

BOUCHARLAT, J.-L. [1814] *Elémens de calcul différentiel et de calcul intégral* Mme Ve Courcier: Paris

BOURBAKI, Nicolas [1960] *Elemente der Mathematikgeschichte* VandenHoeck & Ruprecht: Göttingen 1971

BOUSSINESQ, Joseph [1890] *Cours d'analyse infinitésimale à l'usage des personnes qui étudient cette science, en vue de ses applications méchaniques et physiques* Bd. 2, Gauthier-Villars: Paris

BRIESKORN, Egbert [1974] *Über die Dialektik in der Mathematik* Mathematiker über die Mathematik, hrsg. von Michael Otte. Springer: Berlin usw. 1974, S. 221-86

BURG, Adam [1833] *Ausführliches Lehrbuch der höhern Mathematik. Mit besonderer Rücksicht auf die Zwecke des practischen Lebens* Bd. Carl Gerold: Wien

BURG, Adam [^{2}1851] *Compendium der höheren Mathematik* Carl Gerold: Wien

BURHENNE, Georg Heinrich [1849] *Grundriss der höhern Analysis* J. C. Krieger: Cassel

BÜRJA, Abel [1801] *Der selbstlehrende Algebraist, oder deutliche Anweisung zur ganzen Rechenkunst, worunter sowohl die Arithmetik und gemeine Algebra, als auch die Differenzial= und Integral= Rechnung begriffen ist* 2 Bde, F. T. Lagarde: Berlin

BURKHARDT, Heinrich [1908] *Entwicklungen nach oscillirenden Functionen und Integration der Differentialgleichungen der mathematischen Physik. Erster Hauptteil* Jahresbericht der Deutschen Mathematiker-Vereinigung, Bd. 10/2. Teubner: Leipzig, S.III-XII, 1-1804

BURKHARDT, Heinrich [1914] *Trigonometrische Reihen und Integrale (bis etwa 1850)* Encyklopädie der mathematischen Wissenschaften, Bd. 3, II.1.2 Teubner: Leipzig 1904-16, S. 819-1354

BUZENGEIGER, Carl [1809] *Leichte und kurze Darstellung der Differential-Rechnung* W. G. Gassert: Ansbach

CANTOR, Georg [1872] *Über die Ausdehnung eines Satzes aus der Theorie der trigonometrischen Reihen* Mathematische Annalen 5, S. 123-32. In Cantor [1932], S. 92-102

CANTOR, Georg [1885] *Über die verschiedenen Standpunkte in bezug auf das aktuelle Unendliche* Ztschr. f. Philos. u. philos. Kritik 88, S. 224-33. In Cantor [1932], S. 370-7

CANTOR, Georg [1932] *Gesammelte Abhandlungen mathematischen und philosophischen Inhalts* hrsg. von Ernst Zermelo: Berlin. Nachdruck Georg Olms: Hildesheim 1966

CANTOR, Moritz [1892/1898] *Vorlesungen über Geschichte der Mathematik* Bd. 2 und 3, Teubner: Leipzig ^{2}1899 / ^{2}1901

CARTAN, Henry [1958] *Nicolas Bourbaki und die heutige Mathematik* Arbeitsgemeinschaft für Forschung des Landes Nordrhein-Westfalen, Heft 76, Westdeutscher Verlag: Köln, Opladen 1959

CASSIRER, Ernst [1969] *Philosophie und exakte Wissenschaft* Klostermann: Frankfurt am Main

CAUCHY, Augustin-Louis [1814] *Mémoire sur les intégrales définies* Œuvres complètes (1) 1, Gauthier-Villars: Paris 1882, S. 329-475

CAUCHY, Augustin-Louis [1821] *Cours d'analyse de l'Ecole Royale Polytechnique* Œuvres complètes (2) 3, Gauthier-Villars: Paris 1897

CAUCHY, Augustin-Louis [1822] *Mémoire sur l'intégration des équations linéaires aux différentielles partielles et à coefficients constants* Œuvres complètes (2) 1, Gauthier-Villars: Paris 1905, S. 275-357

CAUCHY, Augustin- Louis [1823] *Résumé des leçons données à l'Ecole Royale Polytechnique sur le calcul infinitésimal* Œuvres complètes (2) 4, Gauthier-Villars: Paris 1899

CAUCHY, Augustin-Louis [1833] *Résumés analytiques à Turin* Œuvres complètes (2) 10, Gauthier-Villars: Paris 1895, S. 7-184

CAUCHY, Augustin-Louis [1853] *Note sur les séries convergentes dont les divers termes sont des fonctions continues d'une variable réelle ou imaginaire, entre des limites données* Œuvres complètes (1) 12, Gauthier-Villars: Paris 1900, S. 30-6

CHWISTEK, Leon [1948] *The limits of science* Kegan Paul, Trench, Trubner: London

CLEAVE, John P. [1970] *Cauchy, convergence and continuity* British Journal for the Philosophy of Science 22 (1971), 27-37

CONDORCET [1777] *Séries* Supplement à l'Encyclopédie ..., Bd. 4, S. 781-3

COURNOT, A. A. [1845] *Elementarlehrbuch der Theorie der Functionen oder der Infinitesimalanalysis. Mit besonderer Beziehung auf ihre Anwendungen in den Naturwissenschaften, Künsten und Gewerben* deutsch bearbeitet von C. H. Schnuse. Carl Wilhelm Leske: Darmstadt

CZUBER, Emanuel [1898] *Vorlesungen über Differential- und Integralrechnung* Bd. 2. Teubner: Leipzig

DEDEKIND, Richard [1858] *Stetigkeit und Irrationale Zahlen* in: *Was sind und was sollen die Zahlen? und Stetigkeit und Irrationale Zahlen* Deutscher Verlag der Wissenschaften: Berlin (Ost) 1967

DELEUZE, Gilles und Félix Guattari [1976] *Rhizom* Merve: Berlin (West)

DETER, Chr. G. Joh. [^{2}1892] *Repetitorium der Differential- und Integralrechnung* Max Rockenstein: Berlin

DIENGER, J. [1857] *Die Differential- und Integralrechnung, umfassend und mit steter Berücksichtigung der Anwendung dargestellt* J. B. Metzler: Stuttgart

DINI, Ulisse [1878] *Grundlagen für eine Theorie der Functionen einer veränderlichen reellen Grösse* dt. von Jacob Lüroth und Adolf Schepp. Teubner: Leipzig 1892

DIRAC, P. A. M. [1926] The physical interpretation of the quantum dynamics Proceedings of the Royal Society of London (A) 113: London 1927, S. 621-41

DIRICHLET, Peter Gustav Lejeune [1829] *Sur la convergence des séries trigonométriques qui servent à représenter une fonction arbitraire entre des limites données* Journal für die reine und angewandte Mathematik 4, S. 157-69

DIRICHLET, Peter Gustav Lejeune [1837] *Ueber die Darstellung ganz willkürlicher Funktionen durch Sinus- und Cosinusreihen* Repertorium der Physik 1. von Veit: Berlin, S. 152-74

DUERR, Hans Peter [1974] *Ni Dieu - ni mètre. Anarchistische Bemerkungen zur Bewußtseins- und Erkenntnistheorie* Suhrkamp: Frankfurt am Main

DUERR, Hans Peter [1978] *Traumzeit. Über die Grenze zwischen Wildnis und Zivilisation* Syndikat: Frankfurt am Main

DUHAMEL, Jean Marie Constant [^{2}1847] *Cours d'analyse de l'Ecole Polytechnique* Bachelier: Paris

DUSCHEK, Adalbert [1949] *Vorlesungen über höhere Mathematik* Bd. 1.
   Springer: Wien, New York ^{4}1965
EARNSHAW, S. [1847] *On the values of the sine and cosine of an infinite angle* Transactions of the Cambridge Philosophical Society 8, S. 255-68
ENDL, Kurt und Wolfgang Luh [1972] *Analysis I. Eine integrierte Darstellung* Akademische Verlagsgesellschaft: Frankfurt am Main
ENGEL, Arthur [1973] *Wahrscheinlichkeitsrechnung und Statistik* Bd. 1, Klett: Stuttgart (Bd. 2: 1976)
ENGELS, Friedrich [1878] *Herrn Eugen Dührings Umwälzung der Wissenschaft* Dietz: Berlin (Ost) ^{18}1975
ERWE, Friedhelm [1962] *Differential- und Integralrechnung* 2 Bde. Bibliographisches Institut: Mannheim 1972
ETIENNE, F. [1854] *Versuch eines Cursus der Mathematik für höhere Lehranstalten I. Theil, IV. Cursus (Grundzüge der Differential- und Integralrechnung).* Rud. Friedr. Hergt.: Coblenz
von ETTINGSHAUSEN, Andreas [1827] *Vorlesungen über die höhere Mathematik* Bd. 1. Carl Gerold: Wien
EULER, Leonhard [1739] *Consideratio progressionis cuiusdam ad circuli quadraturam inveniendam idoneae* Opera omnia (1) 14, hrsg. von Carl Boehm und Georg Faber. Teubner: Leipzig und Berlin 1925, S. 350-63
EULER, Leonhard [1748] *Introductio in analysin infinitorum* Bd. 1. Opera omnia (1) 8, hrsg. von Adolf Krazer und Ferdinand Rudio. Teubner: Leipzig und Berlin 1922
EULER, Leonhard [1749] *De vibratione chordarum exercitatio* Opera omnia (2) 10, hrsg. von Fritz Stüssi und Henri Favre: Bern 1947, S. 50-62
EULER, Leonhard [1753] *Remarques sur les memoires precedens de M. Bernoulli* Opera omnia (2) 10, hrsg. von Fritz Stüssi und Henri Favre: Bern 1947, S. 233-54
EULER, Leonhard [1755] *Institutiones calculi differentialis cum eius usu in Analysi finitorum ac doctrina serierum* Opera omnia (1) 10. Dt. Vollständige Anleitung zur Differenzial-Rechnung Bd. 1, übers. von Johann Andreas Christian Michelsen: Berlin, Libau 1790
EULER, Leonhard [1768] *Institutionum calculi integralis* Opera omnia (1) 11-13. Dt. Vollständige Anleitung zur Integralrechnung, übers. von Joseph Salomon, Bd. 1. Carl Gerold: Wien 1828

EYTELWEIN, J. A. [1824] *Grundlehren der höhern Analysis* 2 Bde, G. Reimer: Berlin

FEYERABEND, Paul Kurt [1972] *Von der beschränkten Gültigkeit methodologischer Regeln* Neue Hefte für Philosophie 2/3 (1972), vandenHoeck & Ruprecht, S. 124-71; wiederabgedruckt in Feyerabend [1978], S. 205-48

FEYERABEND, Paul Kurt [1976] *Wider den Methodenzwang. Skizze einer anarchistischen Erkenntnistheorie* Suhrkamp: Frankfurt am Main

FEYERABEND, Paul Kurt [1978] *Der wissenschaftstheoretische Realismus und die Autorität der Wissenschaften. Ausgewählte Schriften* Bd. 1. Vieweg: Braunschweig, Wiesbaden

FEYERABEND, Paul Kurt [1979a] *Rationalismus in der Mathematik* Unveröffentlichtes Vorwort zur deutschen Ausgabe von Lakatos [1961]

FEYERABEND, Paul Kurt [1979b] *Erkenntnis für freie Menschen* Suhrkamp: Frankfurt am Main

FICHTE, Hubert [1976] *Xango* S. Fischer: Frankfurt am Main

FICHTENHOLZ, G. M. [1958a/b]/[1960] *Differential- und Integralrechnung* 3 Bde Deutscher Verlag der Wissenschaften: Berlin (Ost) 1964

FISHER, Gordon M. [1978] *Cauchy and the infinitely small* Historia Mathematica 5, S. 313-31

FOUCAULT, Michel [1966] *Die Ordnung der Dinge. Eine Archäologie der Humanwissenschaften*, übers. von Ulrich Köppen. Suhrkamp: Frankfurt am Main 1974

FOUCAULT, Michel [1970] *Die Ordnung des Diskurses. Inauguralvorlesung* Ullstein: Frankfurt am Main usw. 1977

FOUCAULT, Michel [1975] *Überwachen und Strafen. Die Geburt des Gefängnisses*, übers. von Walter Seitter. Suhrkamp: Frankfurt am Main ^{2}1977

FOUCAULT, Michel [1976] *Sexualität und Wahrheit. Erster Band: Der Wille zum Wissen*, übers. von Ulrich Kaulf und Walter Seitter. Suhrkamp: Frankfurt am Main 1977

FOURIER, Jean Baptiste Joseph [1807] *Mémoire sur la propagation de la chaleur dans les corps solides* Nouveau Bulletin des Sciences, par la Société Philomatique 1: Paris 1808, S. 112-6

FOURIER, Jean Baptiste Joseph [1822] *Théorie analytique de la chaleur* Œuvres de Fourier, hrsg. von Gaston Darboux, Bd. 1, Gauthier-Villars: Paris 1888. dt.: Weinstein [1884]

FRECHET-ROSENTHAL [1923] *Funktionenfolgen* Encyklopädie der mathematischen Wissenschaften Bd. II.3.2. Teubner: Leipzig 1923-7, S. 1136-87

FREGE, Gottlob [1891] *Funktion und Begriff* in: Frege [1962], S. 18-39

FREGE, Gottlob [1892a] *Über Sinn und Bedeutung* Ztschr. f. Philos. u. philos. Kritik, NF 100, S. 25-50; wiederabgedruckt und zit. nach Frege [1962], S. 40-65

FREGE, Gottlob [1892b] *Über Begriff und Gegenstand* Vjschr. f. wissensch. Philosophie 16, S. 192-205; wiederabgedruckt und zit. nach Frege [1962], S. 66-80

FREGE, Gottlob [1962] *Funktion, Begriff, Bedeutung* hrsg. von Günther Patzig, vandenHoeck & Ruprecht: Göttingen ^{4}1975

FREUDENTHAL, Hans [1970] *Did Cauchy plagiarize Bolzano?* Archive for History of Exact Sciences 7, S. 375-92

FREUDENTHAL, Hans [1973] *Mathematik als pädagogische Aufgabe* 2 Bde, Klett: Stuttgart

FRICKE, Robert [1897] *Hauptsätze der Differential- und Integralrechnung als Leitfaden zum Gebrauch bei Vorlesungen* Vieweg: Braunschweig

GALILEI, Galileo [1638] *Unterredungen und mathematische Demonstrationen über zwei neue Wissenszweige, die Mechanik und die Fallgesetze betreffend* Nachdruck Wissenschaftliche Buchgesellschaft: Darmstadt 1964

GEIGENMÜLLER, Robert [1895] *Das Wichtigste aus der Differential- und Integralrechnung* Die Schule des Maschinentechnikers, hrsg. von Karl Georg Weitzel, Bd. 9, Schäfer: Leipzig, Philadelphia

GIBBS, Josiah Willard [1899] *Fourier's series* Nature 59: London 1898-9, S. 606

GILBERT, Philippe [1872] *Cours d'analyse infinitésimale* Louvain: Paris, Bruxelles

GIVSAN, Hassan [1979] *Materialismus und Geschichte. Studie zu einer radikalen Historisierung der Kategorien* Peter D. Lang: Frankfurt am Main, Bern 1981

GLUCKSMANN, André [1977] *Die Meisterdenker* Rowohlt: Hamburg 1978

GRABINER, Judith V. [1974] *Is mathematical truth time-dependent?* American Mathematical Monthly 81, S. 354-65

GRABINER, Judith V. [1975] *The mathematician, the historian, and the history of mathematics* Historia Mathematica 2, S. 439-47

GRATTAN-GUINESS, Ivor [1970] *Bolzano, Cauchy and the 'New Analysis' of the early nineteenth century* Archive for History of Exact Sciences 6 (1969/70), S. 372-400

GRATTAN-GUINESS, Ivor [1979] (*Leserbrief*) The Mathematical Intelligencer 1, S. 192f

GRAVELIUS, Harry [1892] *Lehrbuch der Differentialrechnung. Zum Gebrauche bei Vorlesungen an Universitäten und technischen Hochschulen* Dümmler: Berlin

GREENHILL, Alfred George [1896] *Calculus with applications* MacMillan: London

GREGORY, Duncan F. [1841] *Examples of the process of the differential and integral calculus* Cambridge University Press: Cambridge

GRUNERT, Johann August [1837] *Elemente der Differential- und Integralrechnung zum Gebrauche bei Vorlesungen* 2 Bde, E. B. Schwickert: Leipzig

GUATTARI, Félix: siehe Deleuze / Guattari

GUDERMANN, Christof [1838] *Theorie der Modular-Funktionen und der Modular-Integrale (Forts.)* Journal für die reine und angewandte Mathematik 18, S. 220-58

GUGGENHEIMER, H. [1979] (*Leserbrief*) The Mathematical Intelligencer 1, S. 192f

HAHN, Hans [1921] *Theorie der reellen Funktionen* Bd. 1, Springer: Berlin

HANKEL, Herrmann [1870] *Untersuchungen über die unendlich oft oscillirenden und unstetigen Functionen* Mathematische Annalen 20 (1882), S. 63-112

HARDY, Godfrey Harold [1918] *Sir George Stokes and the concept of uniform convergence* Proceedings of the Cambridge Philosophical Society 19 (1916-9), S. 148-56

HARNACK, Axel [1881] *Die Elemente der Differential- und Integralrechnung. Zur Einführung in das Studium* Teubner: Leipzig

HEAVISIDE, Oliver [1892] *On operators in physical mathematics, Part I* Proceedings of the Royal Society of London 52 (1893), S. 504-29

HEAVISIDE, Oliver [1893] *On operators in physical mathematics, Part II* Proceedings of the Royal Society of London 54 (1893), S. 105-43

HEINE, Eduard [1870] *Ueber trigonometrische Reihen* Journal für die reine und angewandte Mathematik 71, S. 353-65

HERMITE, Chr. [1873] *Cours d'analyse de l'Ecole Polytechnique* Gauthier-Villars: Paris

HESSEL J. F. [1832] *Nachtrag zum Euler'schen Lehrsatze von Polyedern* Journal für die reine und angewandte Mathematik 8, S. 13-20

van HIELE, P. M. und van Hiele-Geldorf [1958] *Die Bedeutung der Denkebenen im Unterrichtssystem nach der deduktiven Methode* in: H. G. Steiner (Hrsg.): *Didaktik der Mathematik* Wissenschaftliche Buchgesellschaft: Darmstadt 1978

HOBSON, E. W. [1903] *On modes of convergence of an infinite series of functions of a real variable* Proceedings of the London Mathematical Society (2) 1 (1903-4), S. 373-87

HODGKIN, Luke [1979] *Mathematics and revolution from Lacroix to Cauchy* Unveröffentlichtes Manuskript eines Beitrages für den 'Workshop on the Social History of Mathematics', Berlin (West), Juli 1979

HOFFMANN, Johann Josef Ignatius [1817] *Grundlehren der Algebra, höhern Geometrie und Infinitesimalrechnung, zur Erleichterung dieses Studiums faßlich vorgetragen* Georg Friedrich Tasché: Giesen

HOPPE, Reinhold [1865] *Lehrbuch der Differentialrechnung und Reihentheorie mit strenger Begründung der Infinitesimalrechnung* G. F. Otto Müller: Berlin

HOÜEL, Guillaume Jules [1878] *Cours de calcul infinitésimal* Gauthier-Villars: Paris

HUCKLENBROICH, Peter [1972] *Wissenschaftstheorie als rationale Rekonstruktion? - Zur Analyse und Kritik des 'Kritischen Rationalismus'* in: Heinrich Hülsmann (Hrsg.): *Strategie und Hypothese. Zur Beliebigkeit bürgerlicher Wissenschaftstheorie* Bertelsmann: Düsseldorf, S. 85-108

JACOBI, Carl Gustav Jacob [1835] *Über die Pariser Polytechnische Schule* Gesammelte Werke 7, hrsg. von Karl Weierstraß. Georg Reimer: Berlin 1891, S. 355-70

JAHNKE, Niels und Michael Otte [1979] *Zum Gegenstandsverständnis der Mathematik im frühen 19. Jahrhundert: Thesen zum Problem und zum Kontext der 'Arithmetisierung der Mathematik'* Unveröffentlichtes Manuskript eines Beitrages für der 'Workshop on the Social History of Mathematics', Berlin (West), Juli 1979

JAROSCHKA, Markus [1976] *Das Problem des Erkenntnis- und Wissenschaftsfortschrittes in der Mathematik* Dissertation: Graz

JOLLY, Ph. [1846] *Anleitung zur Differential- und Integralrechnung*
C. F. Winter: Heidelberg

Josiah Willard Gibbs [1904] Proceedings of the London Mathematical
Society (2) 1 (1904), S. xix-xxi

JOURDAIN, Philip E. B. [1913] *The origin of Cauchy's conceptions of
a definite integral and of the continuity of a function* Isis 1:
Cambridge (Mass.), S. 661-703

JUSCHKEWITSCH, A. P. [1957] *Euler und Lagrange über die Grundlagen
der Analysis* in: Sammelband der zu Ehren des 250. Geburtstages
Leonhard Eulers der deutschen Akademie der Wissenschaften zu
Berlin vorgelegten Abhandlungen, Redaktion Kurt Schröder. Akademie-Verlag: Berlin (Ost) 1959, S. 224-44

KIEPERT, Ludwig siehe Stegemann / Kiepert

KIRSCH, Arnold [1979] *Anschauung und Strenge bei der Behandlung der
Sinusfunktion und ihrer Ableitung* Der Mathematikunterricht 25,
Heft 3, S. 51-71

KLEIN, Felix [1919] *Vorlesungen über die Entwicklung der Mathematik
im 19. Jahrhundert, Teil 1*. Für den Druck bearbeitet von R. Courant und O. Neugebauer. Springer: Berlin 1926

KLEYER, Adolph [1888] *Lehrbuch der Differentialrechnung* Julius Maier:
Stuttgart

KLINE, Morris [1972] *Mathematical thought from ancient to modern
times* Oxford University Press: New York

KLÜGEL, Georg Simon [1803/5] *Mathematisches Wörterbuch* Bde 1, 2.
Schwickert: Leipzig

KLÜGEL, Simon und Carl Brandan Mollweide [1823] *Mathematisches Wörterbuch* Bd. 4. Schwickert: Leipzig

KUHN, Thmoas S. [1962] *Die Struktur wissenschaftlicher Revolutionen*
übers. von Kurt Simon. Suhrkamp: Frankfurt am Main 1967

LACROIX, Sylvestre François [^{2}1810] *Traité du calcul différentiel et
du calcul intégral* Courcier: Paris

LACROIX, Sylvestre François [^{4}1828] *Traité élémentaire de calcul différentiel et de calcul intégral* Bachelier: Paris. Dt. von Fr.
Baumann *Handbuch der Differential- und Integral-Rechnung* G. Reimer: Berlin 1830

LAKATOS, Imre [1961] *Proofs and refutations* Erstveröffentlichung in
British Journal for the Philosophy of Science 14 (1963-4), S. 1-25, 120-39, 221-45, 296-342. Buch bei Cambridge University Press:

(381)

Cambridge 1976. Dt. *Beweise und Widerlegungen* Vieweg: Braunschweig und Wiesbaden 1979

LAKATOS, Imre [1962] *Infinite regress and the foundations of mathematics* The Aristotelian Society, Supplementary Volume 36, S. 155-84; wiederabgedruckt in Lakatos [1978b], S. 3-23

LAKATOS, Imre [1966] *Cauchy and the continuum: the significance of non-standard analysis for the history of mathematics* in: Lakatos [1978b], S. 43-60

LAKATOS, Imre [1970a] *Falsifikation und die Methodologie wissenschaftlicher Forschungsprogramme* in: Lakatos / Musgrave [1970], S. 89-189

LAKATOS, Imre [1970b] *Die Geschichte der Wissenschaft und ihre rationalen Rekonstruktionen* in: Lakatos / Musgrave [1970], S. 271-311

LAKATOS, Imre [1971] *Popper zum Abgrenzungs- und Induktionsproblem* in: H. Lenk (Hrsg.) *Neue Aspekte der Wissenschaftstheorie* Vieweg: Braunschweig, S. 75-110; auch in Lakatos [1978a], S. 139-67

LAKATOS, Imre [1978a/b] *Philosophical papers. Vol. 1: The methodology of scientific research programmes / Vol. 2: Mathematics, science and epistemology* Cambridge University Press: Cambridge

LAKATOS, Imre und Alan Musgrave [1970] (Hrsg.) *Kritik und Erkenntnisfortschritt*, dt. von P. K. Feyerabend und A. Szabó. Vieweg: Braunschweig 1974

LAMBERT, P. A. [1898] *Differential and integral calculus for technical schools and colleges* MacMillan: New York

LANGSDORF, Karl Christian [1817] *Leichtfaßliche Anleitung zur Analysis endlicher Größen und des Unendlichen und zur höheren Geometrie für Physiker, Architekten, Hydrotekten, Berg- und Salzwerksbeamte, Ingenieurs und Technologen* Schwan und Götz: Mannheim und Heidelberg

LAUGWITZ, Detlef [1959] *Eine Einführung der δ-Funktionen* Sitzungsberichte der bayerischen Akademie der Wissenschaften, mathematisch-naturwissenschaftliche Klasse. C. H. Beck: München, S. 41-59

LAUGWITZ, Detlef [1961a/b] *Anwendungen unendlichkleiner Zahlen* 2 Teile. Journal für reine und angewandte Mathematik 207, S. 53-60 / 208, S. 22-34

LAUGWITZ, Detlef [1965] *Bemerkungen zu Bolzanos Größenlehre* Archive for History of Exact Sciences 2, S. 398-409

LAUGWITZ, Detlef [1973] *Ein Weg zur Nonstandard-Analysis* Jahresberichte der Deutschen Mathematiker-Vereinigung 75, S. 66-93

LAUGWITZ, Detlef [1976] *Unendlich als Rechenzahl* Der Mathematik-Unterricht 22 (5), S. 101-17

LAUGWITZ, Detlef [1978a] *Infinitesimalkalkül. Eine elementare Einführung in die Nichtstandard-Analysis* Bibliographisches Institut: Mannheim usw.

LAUGWITZ, Detlef [1978b] *Unendlich Großes und unendlich Kleines bei Leonhard Euler* Preprint Nr. 407 des Fachbereiches Mathematik, TH Darmstadt

LAUGWITZ, Detlef siehe auch Schmieden / Laugwitz

LAURENT, Hermann [1885] *Traité d'analyse* Gauthier-Villars: Paris

MacLAURIN, Colin [1742] *A Treatise on fluxions* 2 Bde. Baynes and Davis: London ^{2}1801

LEFEVRE, Wolfgang [1978] *Naturtheorie und Produktionsweise* Luchterhand: Darmstadt und Neuwied

LEHMUS, Daniel Christian Ludolf [1842] *Kurzer Leitfaden für den Vortrag der höhern Analysis, höhern Geometrie und analytischen Mechanik* Duncker und Humblot: Berlin

LEIBNIZ, Gottfried Wilhelm [1684] *Nova methodus pro maximis et minimis, itemque tangentibus, quae nec fractas, nec irrationales quantitates moratur, et singulare pro illis calculi genus* Acta Eruditorum, S. 467-73. Dt. in Leibniz [1908], S. 3-11

LEIBNIZ, Gottfried Wilhelm [1702] *(Brief an Varignon vom 2. Februar)* in: *Mathematische Schriften* hrsg. von C. I. Gerhard, Bd. 4: Halle 1859. Nachdruck Olms: Hildesheim 1962, S. 91-5

LEIBNIZ, Gottfried Wilhelm [1710] *Symbolismus memorabilis calculi algebraici et infinitesimalis, in comparatione potentiarum et differentiarum* Miscellanea Berolinensia, S. 160-5. Dt. in Leibniz [1908], S. 65-71

LEIBNIZ, Gottfried Wilhelm [1908] *Leibniz über die Analysis des Unendlichen* hrsg. von Gerhard Kowalewski, Ostwald's Klassiker Nr. 162. Wilhelm Engelmann: Leipzig

LENIN, Wladimir Illjitsch [1920] *Der 'linke Radikalismus', die Kinderkrankheit im Kommunismus* Dietz: Berlin (Ost) ^{10}1974

LIETZMANN, Walter [1953] *Wo steckt der Fehler?* Teubner: Leipzig ^{4}1966

LINDEMANN, Ferdinand [1881] *Ueber das Verhalten der Fourier'schen Reihe an Sprungstellen* Mathematische Annalen 19 (1882), S. 517-23

LINDEMANN, Ferdinand [1898] *Ludwig Seidel* Jahresberichte der Deutschen Mathematiker-Vereinigung 7, Teubner: Leipzig 1899, S. 23-33

LIPSCHITZ, Rudolf [1877] *Grundlagen der Analysis* Max Cohen & Sohn: Bonn

LITTROW, J. J. [1836] *Anleitung zur höheren Mathematik* Carl Gerold: Wien

LOREY, Wilhelm [1916] *Das Studium der Mathematik an den deutschen Universitäten seit Anfang des 19. Jahrhunderts* Teubner: Leipzig und Berlin

LUH, Wolfgang siehe Endl / Luh

MARTENSEN, Erich [1969] *Analysis I. Für Mathematiker, Physiker, Elektrotechniker* Bibliographisches Institut: Mannheim usw.

MARX, Karl [1844] *Ökonomisch-philosophische Manuskripte aus dem Jahre 1844* in MEW Ergänzungsband, Erster Teil, Dietz: Berlin (Ost) ^{2}1973, S. 465-588

MARX, Karl [1867/94] *Das Kapital. Kritik der politischen Ökonomie* Bde 1 / 3, MEW Bde 23 / 25, Dietz: Berlin (Ost) ^{13}1979 / ^{10}1979

MARX, Karl [1968] *Mathematische Manuskripte* hrsg. von Wolfgang Endemann, Scriptor: Kronberg, Taunus 1974

MAYER, Johann Tobias [1818] *Vollständiger Lehrbegriff der höhern Analysis* Vandenhoeck & Ruprecht: Göttingen

MERAY, Charles [1894] *Leçons nouvelles sur l'analyse infinitésimale et ses applications géométriques* Gauthier-Villars: Paris

MERTEN, Susi [1970] *Konrads Weg zu den Zahlen* Neue Sammlung 10, S. 307-15

MESCHKOWSKI, Herbert [1968] *Mathematiker-Lexikon* Bibliographisches Institut: Mannheim usw. ^{2}1973

MINDING, Ferdinand [1836] *Handbuch der Differential- und Integralrechnung und ihrer Anwendungen auf Geometrie* Dümmler: Berlin

MOLLWEIDE, Carl Brandan siehe Klügel / Mollweide

MONTEL-ROSENTHAL [1923] *Integration und Differentiation* Encyklopädie der mathematischen Wissenschaften, Bd. II.3.2. Teubner: Leipzig 1923-7, S. 1031-135

MUSGRAVE, Alan siehe Lakatos / Musgrave

NAVIER, Louis [1848] *Lehrbuch der Differential- und Integralrechnung mit Zusätzen von Liouville*, dt. von Theodor Wittstein, Bd. 1, Hahn: Hannover

NEDER, Ludwig [1941] *Modell einer Leibnizschen Differentialrechnung mit aktual unendlichkleinen Größen sämtlicher Ordnungen* Mathematische Annalen 118 (1941-3), S. 718-32

NERNST, W. und A. Schönflies [^{2}1898] *Einführung in die mathematische Behandlung der Naturwissenschaften* Wolff: München und Leipzig

NEWMAN, Francis W. [1848] *On the values of a periodic series at certain limits* The Cambridge and Dublin Mathematical Journal 3: Cambridge, S. 108-12

NEWMAN, James R. [1956] *The world of mathematics* Bd. 1, Simon and Schuster: New York

NEWTON, Isaac [1686] *Philosophiae naturalis principia mathematica. De motu corporum liber primus, sectio prima* Auszugsweise dt. in Becker [1954], S. 150-2

NEWTON, Isaac [1704] *Newtons Abhandlung über die Quadratur der Kurven* dt. von Gerhard Kowalewski. Ostwald's Klassiker Nr. 164, Wilhelm Engelmann: Leipzig 1908

NIESSEN, K. F. siehe van der Pol / Niessen

NITZSCHKE, Bernd [1979] *Die Folter in uns. Nachgetragene Notizen zur Zerstörung der Sinnlichkeit* Konkursbuch 3. Gehrke & Poertner: Tübingen

OHM, Martin [1839] *Lehrbuch der gesamten höhern Mathematik* 2 Bde; Bd. 1 Volckmar: Leipzig

ORWELL, George [1949] *Neunzehnhundertvierundachtzig. Ein utopischer Roman* Dina: Konstanz und Stuttgart ^{11}1962

OSGOOD, William F. [1896] *Non-uniform convergence and the integration of series term by term* American Journal of Mathematics 19 (1897), S. 155-90

OTTE, Michael siehe Jahnke / Otte

PASCH, Moritz [1882] *Einleitung in die Differential- und Integralrechnung* Teubner: Leipzig

PERKO, Richard [1978] *Der Beweis als Verschleierungsinstrument des paradigmatischen Charakters der mathematischen Entwicklung unter Zugrundelegung des epistemologischen Kuhnschen Konzeptes* in: Willibald Dörfler und Roland Fischer (Hrsg.) *Beweisen im Mathematikunterricht* Hölder-Pichler-Tempsky: Wien / Teubner: Stuttgart 1979, S. 335-47

Philosophisches Wörterbuch [1964] 2 Bde, hrsg. von Georg Klaus und Manfred Buhr, Bibliographisches Institut: Leipzig ^{8}1971

PICARD, Emile [1891] *Traité d'analyse* Bd. 1, Gauthier-Villars: Paris ²1901

PLACK, Arno [1976] *Ohne Lüge leben. Zur Situation des Einzelnen in der Gesellschaft* Deutsche Verlagsanstalt: o. O.

van der POL, Balth. und K. F. Niessen [1931] *Symbolic calculus* The London, Edinburgh and Dublin Philosophical Magazine and Journal of Science (7) 13 (1932), S. 639-869

POPPER, Karl Raimund [1934] *Logik der Forschung* Mohr (Siebeck): Tübingen ⁴1971

de PRASSE, Mauricii [1813] *Institutiones analyticae* Kühniano: Lipsiae

PRINGSHEIM, Alfred [1899] *Grundlagen der allgemeinen Funktionentheorie* Encyklopädie der mathematischen Wissenschaften Bd. II.1.1. Teubner: Leipzig 1899-1916, S. 1-53

Projektstudium Mathematik [1975] Roter Stern: Frankfurt am Main

RAABE, Josef Ludwig [1839] *Die Differenzial- und Integralrechnung mit Functionen einer Variabeln* Orell, Füßli und Cie: Zürich

RALLIER DES OURMES [1765] *Progression* Encyclopédie ... Bd. 13, S. 430-5

RICHTER, Kurt [1969] *Der Begriff des Grenzwertes bei d'Alembert und Hankel - ein Vergleich* Mathematik in der Schule 7, S. 321-35

RIEMANN, Bernhard [1854] *Ueber die Darstellbarkeit einer Function durch eine trigonometrische Reihe* Abhandlungen der mathematischen Classe der königlichen Gesellschaft der Wissenschaften zu Göttingen 13: Göttingen 1868. Wiederabgedruckt in Riemann [1876], S. 227-71

RIEMANN, Bernhard [1876] *Gesammelte mathematische Werke* hrsg. von Heinrich Weber. Nachdruck der zweiten Auflage Dover Publications: New York 1953

RIESZ, Frédéric und Béla Szökefalvi-Nagy [1952] *Leçons d'analyse fonctionelle*: Budapest ²1953

ROBINS, Benjamin [1753] *A discourse concerning the nature and certainty of Sir Isaac Newton's methods of fluxions, and of prime and ultimate ratios* The Present State of the Republick of Letters 16, S. 245-70

ROBINS, Benjamin [1736] *A dissertation shewing, that the account of the doctrines of fluxions, and of prime and ultimate ratios, delivered in a treatise, entitled, A discourse concerning the* nature and certainty of Sir Isaac Newton's methods of fluxions, and of prime and ultimate ratios, *is agreeable to the real sense and meaning of their great inventor* The Present State of the Republick of Letters 17, S. 290-335

ROBINSON, Abraham [1966] *Non-standard analysis* North-Holland: Amsterdam

RODEWALD, Bernd [1981] *Leonhard Eulers Entdeckung der Gamma-Funktion. Versuch einer heuristischen Rekonstruktion.* Diplomarbeit TH Darmstadt

ROHDE, [1799] *Anfangsgründe der Differenzialrechnung. Nach Lagrange's Théorie des fonctions analytiques* Carl Christian Horvath: Potsdam

ROSENTHAL, A. siehe Fréchet-Rosenthal, Montel-Rosenthal, Zoretti-Rosenthal

RÖSLING, Christian Leberecht [1805] *Grundlehren von den Formen, Differenzen, Differentialien und Integralien der Functionen nebst den Principien der Anwendung derselben auf die Auflösung mathematischer Probleme, mit besonderer Rücksicht auf diejenigen, welche sich blos durch Selbststudium Kenntnisse in der Mathematik verschaffen wollen, und mit Vermeidung aller Begriffe von dem unendlich Kleinen* Johann Jakob Palm: Erlangen

RUSSELL, Betrand [1967] *Autobiographie I 1872-1914* Suhrkamp: o. O. 1972

RYCHLIK, Karel [1962] *Theorie der reellen Zahlen in Bolzanos handschriftlichem Nachlasse*: Prag

SCHAFFER, J. F. [1824] *Vollständiger Lehrbegriff der höhern, auf Combination der Größen gegründeten, Analysis, und der höhern phoronomischen Geometrie* Schulze: Oldenburg

SCHEUERMANN, Erich [o.J.] (Hrsg.) *Der Papalagi. Die Reden des Südseehäuptlings Tuiavii aus Tiavea* Packpapier: Münster

SCHLÖMILCH, Oskar [1849] *Bemerkung über die Continuität der Funktionen* Archiv der Mathematik und Physik 12: Greifswald, S. 430-2

SCHLÖMILCH, Oskar [^{2}1851] *Handbuch der algebraischen Analysis* Frommann: Jena

SCHLÖMILCH, Oskar [1853] *Compendium der höheren Analysis* Vieweg: Braunschweig

SCHMIEDEN, Curt und Detlef Laugwitz [1958] *Eine Erweiterung der Infinitesimalrechnung* Mathematische Zeitschrift 69, S. 1-39

SCHNUSE, C. H. [1858] *Die Grundlehren der höhern Analysis für angehende Mathematiker und Techniker so wie als Leitfaden bei öffentlichen Vorträgen an höhern Lehranstalten einfach und leicht faßlich entwickelt* Eduard Leibrock: Braunschweig

SCHÖNFLIES, A. siehe Nernst / Schönflies

SCHUBRING, Gert [1979] *The conception of pure mathematics as an instrument for the professionalization of mathematics* Unveröffentlichtes Manuskript eines Beitrages für den 'Workshop on the Social History of Mathematics', Berlin (West), Juli 1979

SCHWARTZ, Laurent [1945] *Généralisation de la notion de fonction, de dérivation, de transformation de Fourier et applications matématiques et physiques* Annals de l'Université de Grenoble, Section Sciences mathématiques et physiques 21: Grenoble, S. 57-74

SCHWARTZ, Laurent [1966] *Théorie des distributions* Hermann: Paris

SCHWEINS, Ferdinand [1825] *Theorie der Differenzen und Differenziale* C. F. Winter: Heidelberg

SEIDEL, Philipp Ludwig [1848] *Note über eine Eigenschaft der Reihen, welche discontinuirliche Functionen darstellen* Abhandlungen der mathematisch-physikalischen Classe der königlich Bayerischen Akademie der Wissenschaften 5: München 1850, S. 381-93

SERRET, Joseph-Alfred [1868] *Cours de calcul différentiel et intégral* Bd. 1, Gauthier-Villars: Paris

SMIRNOW, W. I. [1951] *Lehrgang der höheren Mathematik* Teil 1, Deutscher Verlag der Wissenschaften: Berlin (Ost) ^{4}1961

SMITH, William Benjamin [1898] *Infinitesimal analysis* Bd. 1, MacMillan: London

SPALT Detlef D. [1979] *Was ist und was soll die Mathematische Biologie?* Wissenschaftliche Buchgesellschaft: Darmstadt

SPITZ, Carl [1871] *Erster Cursus der Differential- und Integralrechnung nebst einer Sammlung von 1450 Beispielen und Uebungsaufgaben zum Gebrauche an höheren Lehranstalten und beim Selbststudium* C. F. Winter: Leipzig und Heidelberg

STEGEMANN, Max [^{4}1886] *Grundriss der Differential- und Integral-Rechnung* II. Theil, Helwing: Hannover

STEGEMANN, Max und Ludwig Kiepert [^{5}1888] *Grundriss der Differential- und Integral-Rechnung* I. Theil, Helwing: Hannover

STEGEMANN, Max und Ludwig Kiepert [^{8}1897] *Grundriss der Differential- und Integral-Rechnung* I. Theil, Helwing: Hannover

STERN, Moritz Abraham [1860] *Lehrbuch der algebraischen Analysis* C. F. Winter: Leipzig und Heidelberg

STOKES, George G. [1847] *On the critical values of the sums of periodic series* Transactions of the Cambridge Philosophical Society 8_5: Cambridge 1849, S. 533-83

STOLZ, Otto [1893] *Grundzüge der Differential- und Integralrechnung* 1. Theil, Teubner: Leipzig

STOWASSER, Roland J. K. [1979] *Zur Wechselbeziehung zwischen Problem und Theorie am Beispiel der Analysis - Prospekt eines neuzugeschnittenen Analysisunterrichts* Der Mathematik-Unterricht 2/79, S. 6-9

STRUBECKER, Karl [1967] *Einführung in die höhere Mathematik* Bd. 2, Oldenbourg: München und Wien

STRUIK, Dirk J. [1948] *Abriß der Geschichte der Mathematik* Deutscher Verlag der Wissenschaften: Berlin (Ost) ^{6}1976

STRUIK, Dirk J. [1979] *Mathematics in the early nineteenth century* Unveröffentlichtes Manuskript eines Beitrages für den 'Workshop on the Social History of Mathematics', Berlin (West), Juli 1979

STURM, Ch. [^{4}1873] *Cours d'analyse de l'Ecole Polytechnique* Gauthier-Villars: Paris

SZÖKEFALVI-NAGY, Béla siehe Riesz / Szökefalvi

von TEGETHOFF, Albrecht [1869] *Compendium der Differenzial- und Integralrechnung* Wilhelm Essmann: Triest

VIETH, Gerhard Ulrich Anton [1823] *Kurze Anleitung zur Differentialrechnung als Ergänzung zum Lehrbuche der reinen Mathematik* Joh. Ambr. Barth: Leipzig

VIVANTI, Giulio [1908] *Infinitesimalrechnung* in: Moritz Cantor (Hrsg.) *Vorlesungen über Geschichte der Mathematik* Bd. 4, Teubner: Leipzig, S. 639-869

VIVANTI, Giulio [1910] *Nuova dimostratione del teorema di Arzelà* Rendiconti del Circolo Mathematico di Palermo 30, S. 85f

WEIERSTRASS, Karl [1841] *Zur Theorie der Potenzreihen* in: *Mathematische Werke* Bd. 1, Mayer & Müller: Berlin 1894, S. 67-74

WEINSTEIN, B. [1884] *Analytische Theorie der Wärme von M. Fourier* Springer: Berlin

WEISBACH, Julius [1860] *Die ersten Grundlehren der höhern Analysis oder der Differenzial- und Integralrechnung* Vieweg: Braunschweig

WILBRAHAM, Henry [1848] *On a certain periodic function* The Cambridge and Dublin Mathematical Journal 3: Cambridge, S. 198-201

WITTGENSTEIN, Ludwig [1944] *Bemerkungen über die Grundlagen der Mathematik* hrsg. von G. E. M. Anscombe, Rush Rhees und G. H. von Wright, Suhrkamp: Frankfurt am Main 1974

WITTSTEIN, Theodor siehe Navier

WORPITZKY, Julius [1880] *Lehrbuch der Differential- und Integral-Rechnung* Weidmann: Berlin

YOUNG, J. R. [1847] *On the principle of continuity, in reference to certain results of analysis* Transactions of the Cambridge Philosophical Society 8_4, S. 429-40

YOUNG, W. H. [1903a] *On non-uniform convergence and term-by-term integration of series* Proceedings of the London Mathematical Society (2) 1 (1904), S. 89-102

YOUNG, W. H. [1903b] *On the distribution of the points of uniform convergence of a series of functions* Proceedings of the London Mathematical Society (2) 1 (1904), S. 356-60

YOUNG, W. H. [1907] *On uniform and non-uniform convergence and divergence of a series of continuous functions and the distinction of right and left* Proceedings of the London Mathematical Society (2) 6 (1908), S. 29-33

ZEUTHEN, H. G. [1903] *Geschichte der Mathematik im 16. und 17. Jahrhundert* Nachdruck Teubner: Stuttgart 1966

ZILSEL, Edgar [1940-45] *Die sozialen Ursprünge der neuzeitlichen Wissenschaft* hrsg. und übersetzt von Wolfgang Krohn. Suhrkamp: Frankfurt am Main 1976

ZORETTI-ROSENTHAL [1923] *Die Punktmengen* Encyklopädie der mathematischen Wissenschaften Bd. II.3.2. Teubner: Leipzig 1923-7, S. 855-1030

ZORN, Fritz [1977] *Mars* Kindler: München

SACHREGISTER

Die besonders wichtigen Stellen sind *kursiv*, die Fußnoten durch F bezeichnet.

Algebraisierungsprogramm *288*, 291
Allgemeinheit der Algebra 311f
Anschaulichkeit 17, 111, 267f
Autorität 54, 71, 169, 235, 264f, F643, 310
axiomatische Methode → Bourbakismus

Begründung → Rechtfertigung
Beispiele sind Tatsachen 78
Berechtigung → Rechtfertigung
Bewußtsein von der mathematischen Tätigkeit 27, 141, 310, 311f
Bourbakismus F71, 170-6

Chaos → Irrationalität
Chronologie der Lakatos-Veröffentlichungen zum Cauchyschen Summensatz F96

Definition 37
Deltafunktion → Diracsche Sprungfunktionen
Denkebene *305*
Dialektik 27f, 179, F405, F423, 216, F433, 318
Didaktik F50, 171, 198f, F597, F687
Differenzial *F326*, F351
Diracsche Sprungfunktionen 214f, 218-22, F446, 234
Dirichlet-Funktion 104f, F186, F187
Distribution → Diracsche Sprungfunktionen
Dogmatismus 28, 169f, F423, → Autorität

Entdeckung → Entwicklung
Entfremdung: Mathematik als e Tätigkeit 27, 42
Entwicklung der Mathematik 10, 15f, → mathematischer Fortschritt

Finitärprogramm *73f*
Fluxion 195, 200
Forschungsprogramm *72f*, 286f, → Fortschritt eines

Fortschritt 329; eines Forschungsprogramms 77, 96f, 110, 188, 204, 207, 231-3, 233-5, 247, 302f; mathematischer 8, 10, *18-24*, 25-32, 62, 78, 79, 95-7, 102-12, 119, 126, 141-3, 168, 204f, 207, 214, F472, 259, 266, 270f, 290, 304-13
Funktion: willkürliche 128, 129-30, 132, 313
Funktionenklassen: Bairesche 105-9

Genie F5, 21, 71f, F163, 112, 115, F221, 168, 189, 264f, 266
Geschichtsschreibung: Orwell 71, F161
Geschmack → Irrationalität
Gewißheit 15, 26, 75, 100, 171, F494, 243, →Dogmatismus, Skeptizismus
Glaube contra Wissenschaft 16, 28, 95, 170-7, 189, 191f, 196, 206, 219, 266, 289, 298f, F632
Gleichheitszeichen: Geschichte des F528

Herrschaft → Macht
Heuristik, heuristisch 10, 15, 18, 25, 27, 72, F229, 136, 146, 187f, 232, 289, 303
Homogenitätsgesetze 186f

idealistisch 189, F369, 261-3, 319
ideell 189, 198
Integral: Cauchy~ *F99*, 120; Darboux~ F225, *F227*; Euler~ *F489*; Riemann~ *121-3*
Integralsinus 57f, 75, 156, 164f
Irrationalität 128, 130, 133, F249, F262, F272, 185, 264, 297, 298, 302, 318

Kalkül 47, 127, 134ff, 182ff, 194
Konsistenz 32, 45f
Kontinuitätsprinzip: du Bois-Reymonds~ *F469*; Cauchysches ~ für die natürlichen Zahlen *45f*; Leibnizsches~ *187f*, F343, F351, 190f; Schiedens~ *224*
Kontinuitätsprogramm *73*

(391)

5Ω+1

Kontinuum 154-8, 185
Konvergenz: gewöhnliche F655;
  gleichmäßige: Anthologie
  F179; bei Cauchy *62, 63,*
  F104; erstes Auftauchen
  F56
Korrektheit → Strenge
Kurve als Unendlicheck F326,
  Ω+3f, 2Ω - 2Ω+10

Lehre 280-4; → Didaktik
Logik 16, 28, 36, 37, 44, 45,
  47, 50, 128, 179f, F352,
  193, 215, 220, 222, F459,
  229, 246, 250, 251-3, 266,
  267, 277, F598, 291, 298,
  309; → Fortschritt

Macht 129, 168f, 174, 206, 216,
  238, 247, 248, F561, 277,
  F599, 326
Mathematik, inhaltliche 10, 28,
  172-7
Mathematikgeschichte, Hauptsatz
  der 181
materialistisch F352, 205, F423,
  261, 261-3, 270-84, 319
materiell 189, 198, 263
Methode: 'Beweise und Widerlegungen' *10*, 25f, 27, 28, 30,
  74, 95; der Ausnahmensperre
  18f, 54, 95
Methodenlehre 24, *25-9*, 31; Euklidische 19, 27

Objektivität: der Mathematik 27,
  72, 283, 297, 298, 310,
  311f; der Wissenschaft 28,
  → Glaube contra Wissenschaft;
  in der Mathematik 38, 42f,
  50, 141, 177-9, 180, F494,
  244, F524, 291, 295, 296
ökonomische Verhältnisse → Verhältnisse, gesellschaftliche

Polemik 106, F262, 173f, F352,
  256, 269
Praxis F188, 106f, 109f, 169,
  260f, F586, 319f
Propaganda 74f, 107, F139, 173,
  187, F360, F403, 203, F433,
  256-9, 265, 275, 296
Prüfungen 281-4

Rechnung als Experiment 69f, F122
Rechtfertigung 1, 6, 23, 32, 92,
  99-101, 107f, 110, 167-77,
  192f, 200, 218, 228f, F494,
  246, 274f, 298, 310
Rekonstruktion: der Begriffsgeschichte 8, 23, 27, F52, 46f,
  102, 107f, 173f, 329; rationale 22, 179f, 185, F370,
  F415, 236f, 251-3, 263, 265,
  F559, 268, 289, 297, F632,
  302f, 311, 312, F667, F674
Rhetorik → Propaganda
Ritual, Euklidisches 168

Sachverhalt 173
Saitenschwingung 11, 127f, 132f
Sinn 17, 36, 37, 38, 45, 46, 217,
  219, 228f, 257, 310
Skeptizismus 28f, 170f
Sprungfunktionen, Riemannsche 112
  -9, 299-301
Stetigkeit: Definition von Baire
  F102; ε-δ-Definition 35;
  Grenzwertdefinition 36; Infinitesimal-Definition 34f
Strenge 9, 10, 12, *14-7*, 18-24,
  30, 31, 35, 70, 95, F252,
  F262, 169, F313, 175f, 177-9,
  187, 199, 209, 213, 218, 241f,
  242-4, F522, F524, F529, F530,
  259, 264, 265f, F558, 266f,
  274, 280, 283, F619, 316, 326f
Struktur 172
Strukturalismus 318-27, F721, F722,
Strukturmathematik → Bourbakismus
Summensatz: Bairescher 103; Björlingscher F168; Cauchyscher
  41, F73; Dinische F164; Egoroffscher 107; Seidelscher 67;
  Stokes'scher 80, 85

Technik 270-81; mathematische 107,
  160

Unendlicheck → Kurve

Verhältnisse, gesellschaftliche 16f,
  61, 168f, 205f, 236f, 249,
  262f, 269-84, 329
Verwendung 37, F67, 99, 193, 203,
  F423, 225f, F459, 242f, 256f,
  281, 296; → Sinn
Vorliebe → Irrationalität

(392)

Wandel → Fortschritt
Wahrheit → Dogmatismus, Logik,
  Skeptizismus
Wärmeleitproblem 11, 79, 131,
  132
Willkür → Funktion; Irrationalität

Zeitgeist 20, F318, 237, 248f,
  266, F561, 302, 320-4
Zweifel → Dogmatismus, Skeptizismus

NAMENREGISTER

Seiten, auf denen auch wörtliche Zitate stehen, sind *kursiv*, die Fußnoten durch F bezeichnet.

Abel 2, 3, *4*, 5, 8, 12, *19f, 22*,
  24, 29, F85, 53, *54f*, 71,
  F126, *F492, 265f*, 310f,
  F660, *315*
Achternbusch F459
d'Alembert 129, F325, F352,
  201-5, 206, *207f*, F414,
  208-13, 238, 274
Amêry Ω+5
Ampère 296
Appell 294
Arbogast F677
Autenheimer 293
Arzelà 4, F164, F179, F638
Ascoli 4, F227

Baire F102, 103, 105, 109,
  F637
Barfuß *F139*, 293
Becker *196*
Bell *F85*
Berg *248, F511,* F519
Berkeley 178, F359, *196f, F369*,
  198, 219, 262, F608
Bernoulli, Joh. F212
Bernoulli, N. 3Ω+12F*
Bertrand 293
Birkhoff *F85*
Björling *F168*
du Bois-Reymond 4, *F67, F84,*
  F85, F187, F227, F262,
  F496, F502, *F506, F522,*
  F598, 300
Bolzano 2, 3, 8, 238f, F485,
  F494, F496, *248-53*, 307,
  314, *F675*, F677
Borel F164
Bos 180f, *F326*, 183, *F329, 185,*
  F336, F337, F339, F340,
  F342, FF348-51, F354,
  FF356-8, *F360*

Boucharlat 292
Bourbaki *2-4*, F5, 24, 29f, F85, 71,
  171, 173f, 176, F364, 284
Boussinesq 294
Brieskorn F433
Burg 292, 293
Burhenne 293
Bürja 292
Burkhardt *F85, F168, F232, F235,*
  F240, *F248, F249, F252,* F262
Buzengeiger 292

Cantor, G. 6, F415, *243ff*, 251ff
Cantor, M. *F528*
Carnot F359, 279
Cartan *171f, F311, 174, 176*
Cassirer *F404*
Cauchy 2, 3, 4f, 6, 8, 9, 11f, *15,*
  19f, 21, 26, 27, 29ff, *34-52,*
  54f, 56, *57-62*, 63, 69, 71,
  F126, 73, 94, 157f, 188f, 231,
  F485, 239, F491, *F492*, 307,
  310, F660, F676, 314, F677
Chwistek F443, 234
Cleave F96
Condorcet F408
Cournot 293
Cuvier *325*
Czuber 294

Darboux F227, F250, *F252, F259*
Dedekind *242*, F498, *243-6*, 251, 253,
  F592
Deleuze *331*
Descartes 186, F528
Deter 294
Dienger 293
Dini 4, *67*, F161, *F164*, F165, F167,
  F181
Dirac *214f, F426*, 218, F437, 219ff,
  233

(393)

5Ω+3

Dirichlet 12, F168, 132, F252, F259, *F262*, F684
Duerr *F459*, *286*, *296*, *F623*, *302*, F657, *320*, *F721*, *F722*, *330*, *333*, *3Ω+18*, 5Ω+3
Duhamel 293
Duschek *112*, *F222*, F227, F228, F294, *177f*

Earnshaw 3Ω+18
Egoroff 107
Endl F62, *F187*
Engel F313
Engels *179*, F367
Erwe F62, F227, F228
Etienne 293
von Ettingshausen 292
Euler 61, F213, 129, 239, *F489*, *254-61*, 262, *271f*, 274, 281, 296, 297f, 306f, F646, 313, 3Ω+12F*
Eytelwein 292

Feyerabend *F5*, *213*, *F425*, *F459*, *F481*, *F537*, F571, *F616*, *297*, *310*, *F658*
Fichte, H. 285
Fichtenholz F227, F228, *160-7*, F294
Fisher F78
Fontenelle F423
Foucault *F599*, *318-27*, F723, F727, *332*, *F736*
Fourier 9, 11f, 14, 21, 23, 26, *F99*, F126, 126f, *130-42*, *143-5*, *F673*
Fréchet F179, *F187*
Frege *36f*
Freudenthal *F50*, *F71*, *F80*, *F304*, F644, *311f*, *F675*, *F677*
Fricke 294

Galilei *2Ω+7f*
Gauß 253, F660
Geigenmüller 294
Gibbs *158f*
Gilbert 293
Girard F528
Givsan *F585*
Glucksmann *277*
Goethe *0*
Grabiner *237-41*, *267f*, *F588*, *281*
Grattan-Guiness F56, F71, *F78*, F677
Gravelius 294
Greenhill 294

Gregory 292
Grunert 292
Guattari *331*
Gudermann F56
Guggenheimer F69

Hahn F205
Hankel 4, F684
Hansteen 265
Hardy *F85*, *F109*, F110, *F160*, *F161*, *F163*, F164, G165, F179
Harnack 294
Harriot F528
Heaviside F437
Hegel 28, F585
Heine, E. 6, F120
Hermite 293
Hessel F659
van Hiele *F639*, F640, *305-9*, F723
van Hiele-Geldorf *F639*, F640, *305-9*, F723
Hlawka *70*
Hobson F164, F165, F638
Hodgkin F544
Hoffmann 292
Hoppe 293, F626
Houël 293
Hucklenbroich *F667*, *F668*

Jacobi F590, 280f, *282*, *F597*
Jahnke *F524*, *F561*
Jaroschka F364, *F459*
Jolly 293, 296
Jourdain *F45*, F252, F262, F671, F677, F684
Juschkewitsch *F529*, *F536*

Kiepert 294
Kirsch Ω+4F*
Klein *F85*
Kleyer 294
Kline *4-7*, F5, 24, 29f, F85, 53, 71, F554, *264*, *F557*, *F558*, F610, 3Ω+12F*
Klügel *F383*, *F408*, *F655*
Kowalewski F361
Kuhn F556, F643

Lacroix 292
Lagrange 129, F248, 132f, F249, 140f, F359, 274, 281, F608, F610, 296
Lakatos 9, *10-4*, 18, *19f*, 21, *22-4*, *25f*, *27*, *28*, *F52*, *30*, F80, *F85*, *F96*, F101, *F126*, *72f*, *75*, *F168*, *168*, *169*, *170*, *F304*, *172*, F308, F309, F310, *185*, F347, *F360*, →

Lakatos (Forts.) *216, 219,* F440,
    F471, F495, *F533, 286f, 289,*
    297, F628, *302,* F659, F 667,
    Ω, $3\Omega+10$
Lambert 294
Langsdorf 292, 296
Laplace F235, 274, 279
Laugwitz F56, *F85,* F212, *F213,*
    F443, *223-6,* 230f, *F475,* 234,
    249, 253, 260, $\Omega+5$, $3\Omega+18$
Laurent 294
MacLaurin F359, *197-200,* 238, 298
Lawvere F433
Lebesgue F188, 106
Lefêvre *270, F565, F567, F570,*
    F586, F600, F667, *329,* F727
Legendre F235, 274, 279
Lehmus *F544,* 292
Leibniz 11, 178f, *181-94,* 231,
    259, 296, 297f, $\Omega+2$
Lenin 2Ω
Lietzmann $2\Omega+2$, $2\Omega+6$
Lindemann F120, *F121,* F150
Lipschitz 293
Littrow 292
Lorey F152, *F597, F626, F660*
Luh F62, *F187*

Martensen F62
Marx *F352, 276f*
Mayer 255, *F530,* 292, 295f, *F619,*
    F620
Méray 294
Merten F122
Meschkowski *248*
Michelsen *F529,* F535, *F537*
Mikusiński 219f
Minding 292
Mollweide F655
Monge 279, F597
Montel 4
Moses 1

Napoleon 279
Navier 293
Neder F480
Nernst 294
Neumann *F597*
Newman F. W. *145, F267*
Newman J. R. F359
Newton 178f, *186,* F348, *194-6,*
    197, *198, F378,* 202, 219,
    296, 298
Niessen F437
Nietzsche F721

Nieuwentijt 178, 193, F356, F423
Nitzschke *262*

Ohm 292
Osgood F638
Otte *F524, F561*

Pascal 19
Pasch 294
Peano 219
Perko *F643*
Picard 294
Plack *332*
Poisson 282
van der Pol F437
Popper F123, F360, F434, F560, F628
de Prasse 292
Pringsheim *F85*

Quine 219

Raabe 292
Rallier des Ourmes F408
Recorde F528
Richter F352, *205,* F410, F413, *208,*
    F414, F420, *F423*
Riemann *112-26, 127f, 131, 132f,*
    F364
Riesz F200, 219f
Robins *F363,* 197, *F378, F382, F389*
Robinson F60, F81, F82, F83, *F85*
Rodewald F528
Rohde F546, *273-6,* F586, *285-8,*
    292, F647
Rolle F423
Rosenthal F115, F164, *F187*
Rösling 292
Russell 219, *332, F732*
Rychlik F509

Schaffer *F530,* 292
Schermann *34*
Schlömilch F139, 293, *316-8*
Schmieden F84, *F85,* F443, *224,* 230,
    234
Schnuse 293
Schönflies 294
Schubring *F561,* F590
Schwartz *215f,* F433, *218, 219f,*
    F475
Schweins 292
Seidel 3, 6, 12f, 25, *26,* 29f, *31,*
    F85, 63-9, 71, *73-5,* 76f, F152,
    94f, 240, F492, 245
Serret 293

(395)

Smirnow *F228*
Smith H. J. F227
Smith W. B. 294
Spitz 293
Stegemann 294
Stern *F660*
Stokes 3, 6, 29ff, 71, *76-91*, 94
Stolz 294
Stowasser F669
Strubecker *F59, 178f*, F364
Struik *16, 17, 28, F56, F369, F567, 271, 279f, F587, F590, 281*
Sturm 293
Szökefalvi-Nagy F200

von Tegethoff 293
von Tempelhoff 274f
Tralles *F597*
Thomae F227

Vieta F528
Vieth 292
Vitali F202

Vivanti F164, *287*, F608, *288*, F638

Weber *F226*, F228, F229
Weierstraß 3, 4, 6f, 8, 30, F52, *F56*, F626
Weinstein *127, 131*, F246, *F250, 140*
Weisbach 293, Ω+3f
Weyl *158*
Whewell *11*
Wilbraham *145-53*, 158
Wittgenstein *37*, F122, *F633, 3*Ω
Wittstein 293
Worpitzky 294

Young, J. R. 3Ω+18
Young, W. H. F638

Zeuthen *F528*
Zilsel F566
Zorn *331f*